JN269440

❶2011年3月14日に3号機の原子炉建屋が水素爆発を起こし、大破した。21日には煙が発生し、作業員が一時避難した。右奥は4号機=2011年3月21日、東京電力撮影

❷福島第一原発の免震重要棟にある緊急対策室の様子。東電のほか、協力会社やメーカーの作業員が詰めかけ、緊迫した様子だ=2011年4月1日、東京電力撮影

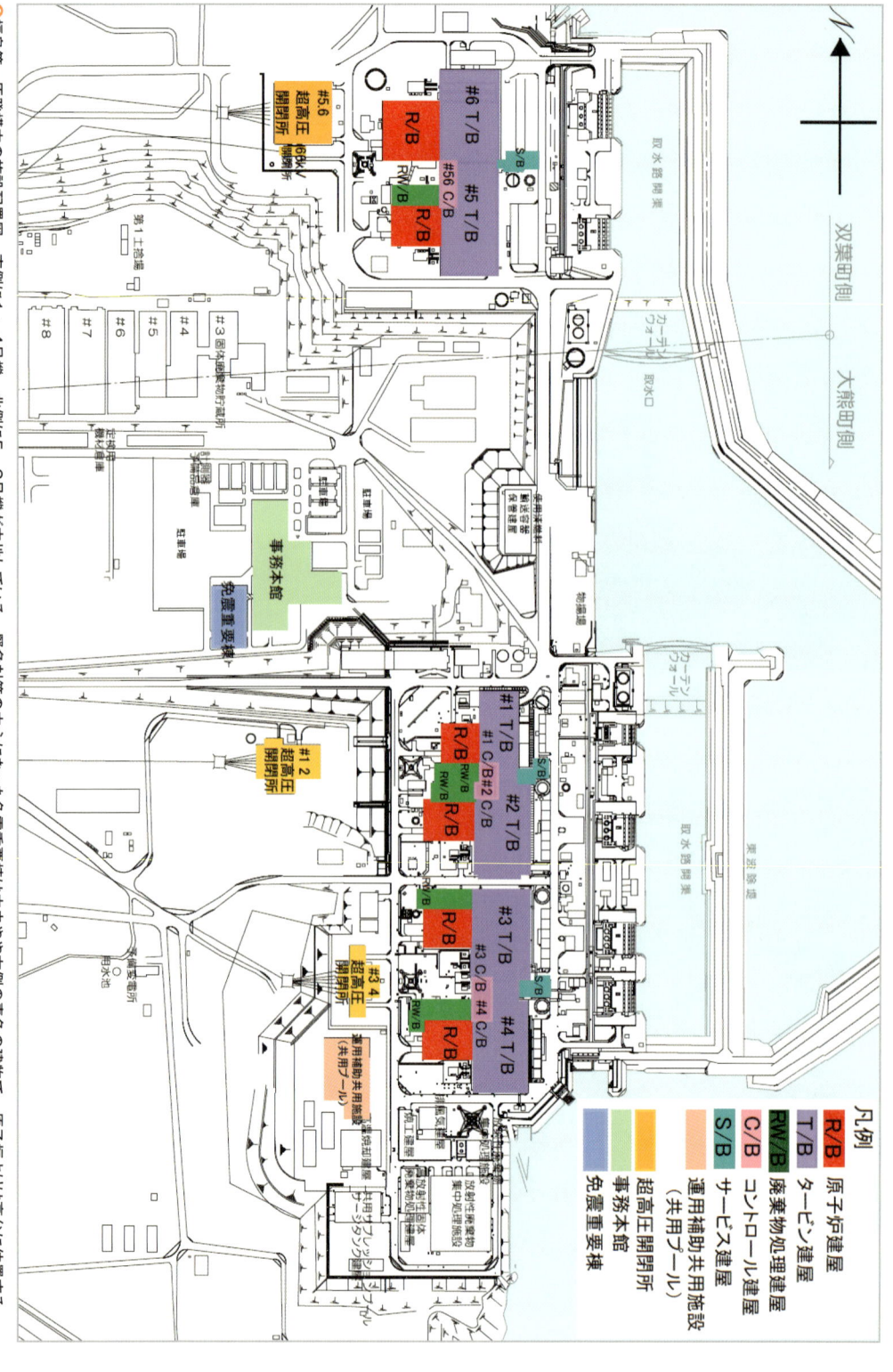

③ 福島第一原発構内の施設配置図。南側に1～4号機、北側に5、6号機が立地している。緊急対策の中心になった免震重要棟は中央やや左側の青色の建物で、原子炉よりは高台に位置する。政府事故調中間報告資料より転載

凡例
- R/B　原子炉建屋
- T/B　タービン建屋
- RW/B　廃棄物処理建屋
- C/B　コントロール建屋
- S/B　サービス建屋
- 超高圧開閉所
- 運用補助共用施設（共用プール）
- 事務本館
- 免震重要棟

❹ 福島第一原発構内の空撮写真。「Unit」とあるのが各号機を示す。手前から
大津波が襲いかかり、主要な施設を浸水させて原子炉に激甚な被害を与えた。
東京電力撮影

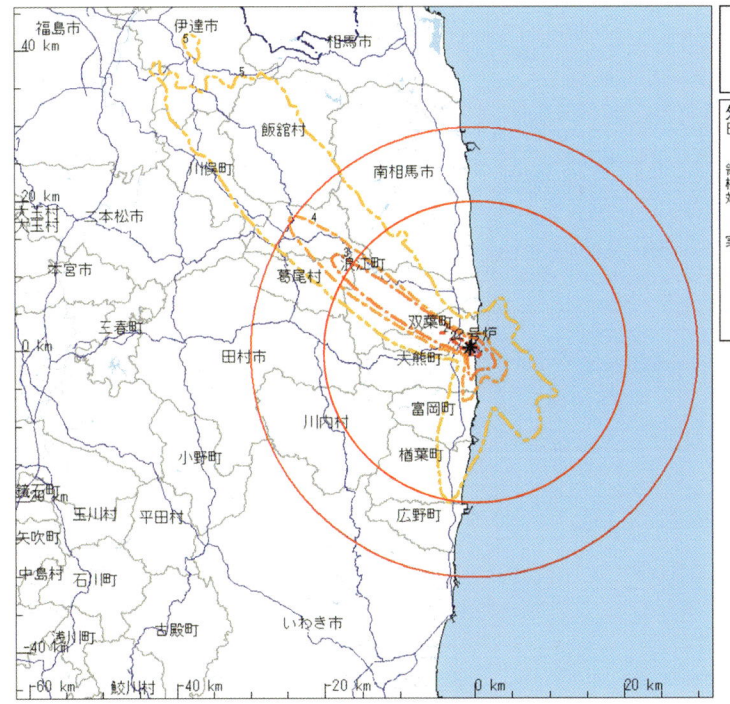

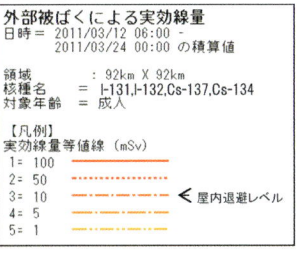

❺ SPEEDIの試算データ。3月12日から24日までの積算線量で、原発から
北西方向に放射能汚染が広がったことがわかる＝第5章第3節（P171）参照

緊急避難準備区域

警戒区域

東京電力福島第一原子力発電所

双葉厚生病院

田村市都路診療所

県立大野病院

双葉病院

今村病院

川内村国保診療所

高野病院

⑥ 福島第一原発から半径20km圏の警戒区域と半径30km圏の緊急準備避難区域、高濃度の放射能汚染により住民が避難を余儀なくされた計画的避難区域。原発事故では周辺の多くの病院や診療所が避難指示の対象となり、入院患者の避難などをめぐって大きな混乱が起きた→第5章「医療機関の被災」参照

計画的避難区域

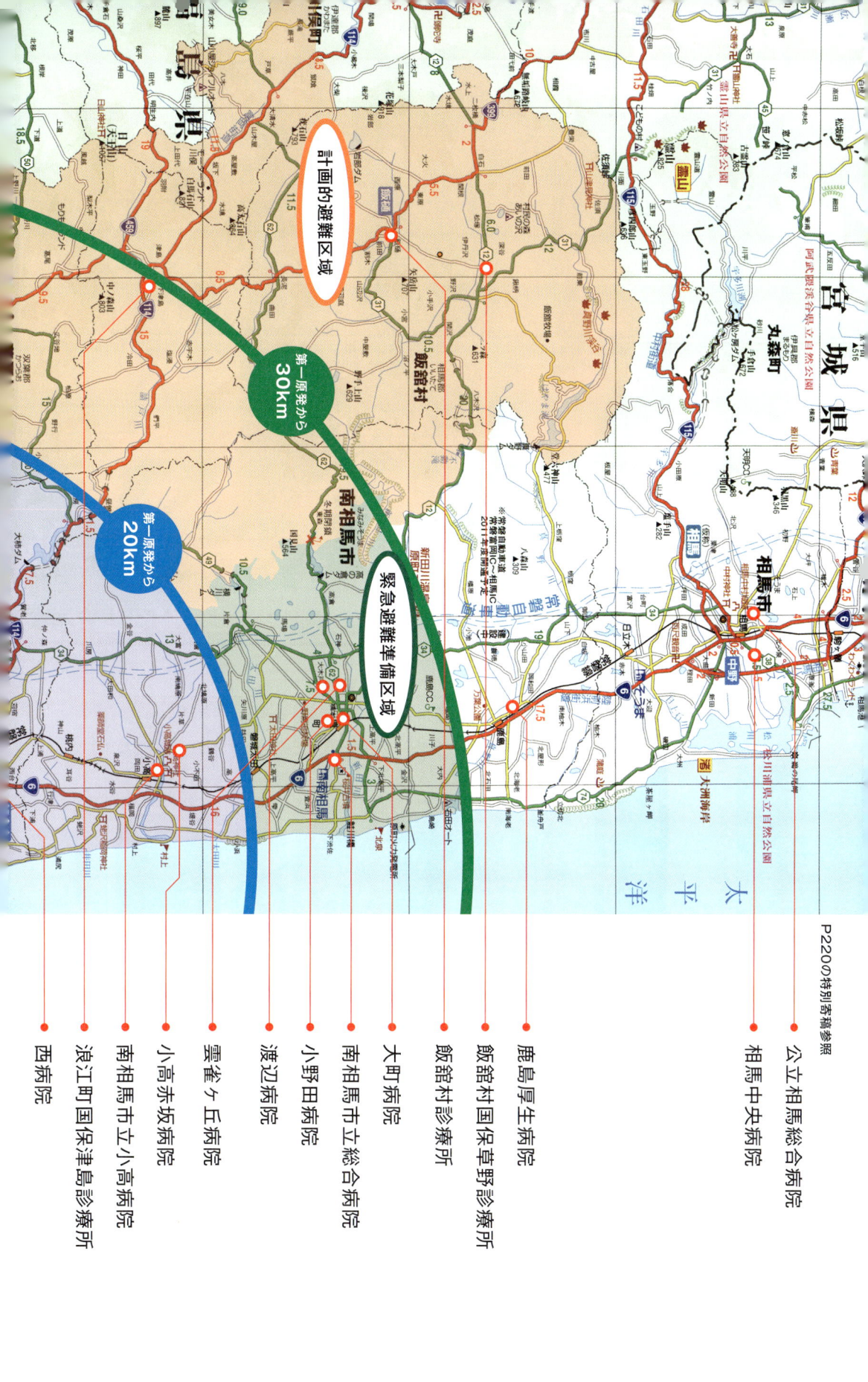

第一原発から 30km

第一原発から 20km

緊急避難準備区域

公立相馬総合病院
相馬中央病院
鹿島厚生病院
飯舘村国保草野診療所
飯舘村診療所
大町病院
南相馬市立総合病院
小野田病院
渡辺病院
雲雀ヶ丘病院
小高赤坂病院
南相馬市立小高病院
浪江町国保津島診療所
西病院

ワーキンググループ会合のゲストと検証委員会

❼菅直人前首相
（2012年1月14日）

❽第1回ワーキンググループ会合（中央がゲストの海江田万里元経済産業相、2011年10月1日）

❾細野豪志環境・原発事故担当相、前首相補佐官
（2011年11月19日）

❿海江田万里元経済産業相（2011年10月1日）

⓫枝野幸男経済産業相、前官房長官（2011年12月10日）　⓬班目春樹原子力安全委員長（2011年12月17日）

⓭深野弘行原子力安全・保安院長（2011年10月15日）　⓮福山哲郎前官房副長官（2011年10月29日）

⓯第1回検証委員会会合（中央奥は北澤宏一委員長、左列が委員、2011年10月14日）

避難した住民の暮らし

（写真は、富岡町民で日本原子力産業協会参事の北村俊郎氏提供）＝第5章の特別寄稿・被災記（P211）参照、2011年3月28日から7月27日にかけて撮影

多くの住民の避難所となった福島県郡山市のビッグパレットふくしま

ビッグパレットふくしまの内部。仕切りは段ボール

内部の様子❶

内部の様子❷

洗濯は水場で

一時帰宅のために防護服を着る

ボランティアによる炊き出し

炊き出しに並ぶ避難者たち

一時帰宅のバスの中

ビッグパレットの敷地で遊ぶ子どもたち

ビッグパレットから登校する小学生たち

配られた食事。これが一食分

犬、猫などのペットは避難所に入れずケージで生活

仮設の町役場

全国から届いた山のような支援物資

福島原発事故独立検証委員会

委員長　北澤　宏一　（前科学技術振興機構理事長）

委　員　遠藤　哲也　（元国際原子力機関理事会議長）

委　員　但木　敬一　（弁護士、森・濱田松本法律事務所）

委　員　野中 郁次郎　（一橋大学名誉教授）

委　員　藤井 眞理子　（東京大学先端科学技術研究センター教授）

委　員　山地　憲治　（地球環境産業技術研究機構理事・研究所長）

福島原発事故独立検証委員会　調査・検証報告書　もくじ

口絵　福島第一原発の状況、施設配置図、構内の空撮写真、
　　　SPEEDIの試算データ、被災した病院の地図、
　　　ワーキンググループ会合のゲストと検証委員会、避難した住民の暮らし

福島原発事故独立検証委員会 北澤宏一 委員長メッセージ
「不幸な事故の背景を明らかにし安全な国を目指す教訓に」............5

船橋洋一 プログラム・ディレクターからのメッセージ
――「真実、独立、世界」をモットーに............9

プロローグ　証言――防護服姿の作業員はみな、顔面蒼白だった――............16

第1部　事故・被害の経緯............21

第1章　福島第一原子力発電所の被災直後からの対応............22
　第1節　福島第一原子力発電所............22
　第2節　3月11日の対応............23
　第3節　3月12日の対応............25
　第4節　3月13日の対応............28
　第5節　3月14日の対応............30
　第6節　3月15日の対応............32
　第7節　3月16日以降の対応............33
　第8節　事故後に行われた解析、その他の注目すべき事項............34

第2章　環境中に放出された放射性物質の影響とその対応............44
　第1節　土壌および海水への影響............45
　第2節　食品および水への影響と対応............49
　第3節　環境修復と廃棄物の処理............58
　第4節　低線量被曝............62

第2部　原発事故への対応............69
　原子力施設の安全規制および法的枠組み............70

第3章　官邸における原子力災害への対応............74
　第1節　福島原発事故への官邸の初動対応............74
　第2節　官邸による現場介入の評価............94
　第3節　官邸の初動対応の背景と課題............99
　第4節　事故からの教訓............119

第4章　リスクコミュニケーション............120
　第1節　原子力災害の影響に対する国民の不安............120
　第2節　政府による危機時の情報発信............121
　第3節　海外への情報発信............129
　第4節　ソーシャルメディアの活用............132
　第5節　事故からの教訓............144

第5章 現地における原子力災害への対応 ………146
- 第1節 オフサイトセンターにおける原子力災害への対応 ………148
- 第2節 自衛隊・警察・消防における原子力災害への対応 ………158
- 第3節 SPEEDI ………171
- 第4節 避難指示 ………187
- 第5節 地方自治体における原子力災害への準備と実際の対応 ………197

特別寄稿 **原発事故の避難体験記**
日本原子力産業協会参事 **北村俊郎** ………211

特別寄稿 **原発周辺地域からの医療機関の緊急避難**
m3.com編集長 **橋本佳子** ………220

- 第6節 現地の被曝医療体制 ………238

第3部 歴史的・構造的要因の分析 ………245

第6章 原子力安全のための技術的思想 ………249
- 第1節 ステークホルダーの責任と役割 ………250
- 第2節 原子力安全研究の歴史 ………251
- 第3節 設計想定事象(DBE)と、決定論的安全評価 ………252
- 第4節 DBEを大幅に超える事故と、確率論的安全評価 ………253
- 第5節 深層防護 ………254
- 第6節 設計・建設に関する検証 ………256
- 第7節 運転管理や保守に関する検討 ………259
- 第8節 アクシデント・マネジメントの準備に関する検討 ………262

第7章 福島原発事故にかかわる原子力安全規制の課題 ………267
- 第1節 原子力安全規制の役割と責任 ………267
- 第2節 津波に対する規制上の「備え」と福島原発事故 ………268
- 第3節 全交流電源喪失(SBO)に対する規制上の「備え」と福島原発事故 ………276
- 第4節 シビアアクシデントに対する規制上の「備え」と福島原発事故 ………278
- 第5節 複合原子力災害への「備え」と福島原発事故 ………286
- 第6節 問題の背景についての考察 ………288

第8章 安全規制のガバナンス ………292
- 第1節 概要 ………292
- 第2節 原子力行政の多元性 ………294
- 第3節 原子力安全・保安院 ………303
- 第4節 原子力安全委員会 ………309
- 第5節 東京電力 ………312
- 第6節 まとめ ………320

第9章 「安全神話」の社会的背景 ………323
- 第1節 2つの「原子力ムラ」と日本社会 ………324
- 第2節 中央の「原子力ムラ」 ………325
- 第3節 地方の「原子力ムラ」 ………329
- 第4節 「原子力ムラ」の外部 ………332

第4部 グローバル・コンテクスト ……335

第10章 核セキュリティへのインプリケーション ……337
- 第1節 日本の核セキュリティ ……338
- 第2節 福島第一原子力発電所事故と核セキュリティ上の課題 ……340
- 第3節 核セキュリティをめぐる事故後の対応 ……344

第11章 原子力安全レジームの中の日本 ……345
- 第1節 国際的ピアレビューの発展 ……347
- 第2節 ピアレビューと日本の対応 ……348
- 第3節 地震と津波への備え：IAEAの指針と評価 ……352
- 第4節 国際社会への情報提供のあり方について ……354
- 第5節 放射線防護のレジーム ……357
- 第6節 国際レジーム強化・改正をめぐる論議 ……359
- 第7節 事故からの教訓 ……360

第12章 原発事故対応をめぐる日米関係 ……362
- 第1節 国際協力の概要 ……363
- 第2節 日米調整会合の設立と役割 ……364
- 第3節 ケーススタディ ……373
- 第4節 国際支援受け入れ態勢をめぐる論点 ……378
- 第5節 日米同盟は機能したのか ……379

最終章 福島第一原発事故の教訓──復元力をめざして ……381

検証委員会委員メッセージ
- 遠藤　哲也委員　福島事故が露呈した原子力発電の諸問題 ……398
- 但木　敬一委員　国は原発事故の責任を自ら認めるべきだ ……399
- 野中郁次郎委員　現実直視を欠いた政府の危機管理 ……400
- 藤井眞理子委員　危機における情報開示に大きな課題 ……401
- 山地　憲治委員　信頼の崩壊で危機を招いた事故対応 ……402
- 福島原発事故検証委員会ワーキンググループ・リスト ……403

資料　福島第一原子力発電所の不測事態シナリオの素描
　　　（近藤駿介原子力委員長作成のいわゆる「最悪シナリオ」全文）

福島原発事故独立検証委員会
北澤宏一 委員長メッセージ
不幸な事故の背景を明らかにし
安全な国を目指す教訓に

東京電力・福島第一原子力発電所事故の特徴
　福島第一原子力発電所の事故の最大の特徴は、「過密な配置と危機の増幅」でした。福島第一原発には、6つの原子炉と7つの使用済み燃料プールが接近して配置されていました。現場の運転員たちは、水位や圧力を示すセンサーなどの表示が信頼できないという絶望的な状況の中で、危険な状態に陥った多数の炉や使用済み燃料プールに同時に注意を払わなければならなくなりました。ある炉の状態の悪化による放射線量レベルの上昇や、爆発による瓦礫の飛散、設備の損傷などによって、他の炉や使用済み燃料貯蔵プールに対する対策が妨げられたことで、危機は次々と拡大していきました。
　国民に対してはっきりとは知らされていなかった今回の事故の最大の危機が、この検証の中で明らかになりました。2号機などの格納容器の圧力が上がり爆発により大量の放射能が一挙に放出される可能性があったことと、運転休止中の4号機の使用済み燃料プールが建屋の水素爆発で大気中にむき出しの状態となったことについて、政府上層部が長期にわたり強い危機感を抱いていたことがわかりました。事態が悪化すると住民避難区域は半径200km以上にも及び、首都圏を含む3000万人の避難が必要になる可能性もありました。原子力委員会の近藤駿介委員長らはこうした見通しを「最悪のシナリオ」として検討し、菅首相に報告していました。

危機時の情報共有—官邸による現場指揮とエリートパニック
　東日本大震災に連動して東南海大地震が起きる可能性が高いとする地震学者たちの警告もあって、官邸は異様な危機感の中で事故収拾作業に直接乗り出していきました。唐突に見えた菅直人首相（当時）の福島第一原発の訪問や「東電撤退を許さない」とした東電本店での演説、自衛隊ヘリによる上空からの原子炉建屋に向けた散水、さらには事故後1カ月半を経て中部電力浜岡原発に対してなされた官邸による運転停止要請などは、過密に配置された原子炉群に対して当時の官邸が抱いていた「このままでは国がもたないかもしれない」という大きな危機感の上に初めて理解されることです。
　今回の事故対応では不十分な情報共有体制が露呈しました。特に事故発生当初、現場から東電本店、原子力安全・保安院や原子力安全委員会、そして官邸との間には情報不足による疑心暗鬼の状態が生じていました。緊急事態に国が対処するためには、情報技術を活用した太い情報パイプとその共有体制の整備が重要です。さらに、いくつかの「エリートパニック」と呼ぶこと

のできる情報隠蔽、すなわち「国民がパニックに陥らないように」との配慮に従って行政の各階層が情報を伝えないという情報操作があったことも分かりました。その例はSPEEDIによる放射能汚染地域予測データが公表されなかった問題や「最悪のシナリオ」が公開されなかった問題などです。大きな危機に際し情報はどのように公開されていくべきでしょうか。「情報はだれのものか。国民に知る権利はあるのか、それとも各段階での担当者が自分たちの判断で秘匿して構わないものか」という疑問が政府や東電に突き付けられました。今後、日本では非常時にも円滑な情報共有がなされるような組織形成の努力が求められます。行政組織の各階層でのマルチ・チャンネルの情報共有、諸外国との迅速な情報共有についても工夫が必要です。

日本の原子力安全維持体制の形骸化

　この検証の中で、日本の原発の安全性維持の仕組みが制度的に形骸化し、張子のトラ状態になっていることが明らかになりました。その象徴は「安全神話」です。安全神話はもともと立地地域住民の納得を得るために作られていったとされますが、いつの間にか原子力推進側の人々自身が安全神話に縛られる状態となり、「安全性をより高める」といった言葉を使ってはならない雰囲気が醸成されていました。電力会社も原子炉メーカーも「絶対に安全なものにさらに安全性を高めるなどということは論理的にあり得ない」として彼ら自身の中で「安全性向上」といった観点からの改善や新規対策をとることができなくなっていったのです。メーカーから電力会社への書類でも「安全性向上」といった言葉は削除され、「安全のため」という理由では仕様の変更もできなくなっていました。

　原子力安全委員会が「長期間にわたる全交流動力電源喪失は、送電線の復旧又は非常用交流電源設備の修復が期待できるので考慮する必要はない」とする指針を有していたという事実がその好例です。なぜ高い安全性を実現しなければならないはずの原子力安全委員会がこのような内容を盛り込んだ指針を作らなければならないのでしょうか。この指針があることで、電気事業者は過酷事故への備えを怠った面があります。安全を犠牲にして電力事業者の負担をなるべく減らそうとするご機嫌取りにしか見えません。原子力推進側にいたことのある、ある政府高官は「当時は原子力安全委員会において、東電の発言権が大きかったことは確かです。そして一旦このような指針が決められると『間違っていた』として訂正することはほぼ不可能でした」と語っています。

　米国や欧州では1979年のスリーマイルアイランド事故や2001年9月11日の同時多発テロ事件の後、センサー類やベントのためのバルブの改善を含むいくつかの過酷事故対策が実施されました。しかし当時の日本政府や電気事

業者はこうした対策の多くを無視し、その結果、過酷事故への備えが不十分となっていました。世界平均の数十倍もの高い確率で巨大地震が発生する国である日本が過酷事故対策についてこのような態度をとってきたことは、国際社会に対しても恥ずべきことと言わねばなりません。

この調査中、政府の原子力安全関係の元高官や東京電力元経営陣は異口同音に「安全対策が不十分であることの問題意識は存在した。しかし、自分一人が流れに棹をさしてもことは変わらなかったであろう」と述べていました。じょじょに作り上げられた「安全神話」の舞台の上で、すべての関係者が「その場の空気を読んで、組織が困るかもしれないことは発言せず、流れに沿って行動する」態度をとるようになったということです。これは日本社会独特の特性であると解説する人もいます。しかし、もしも「空気を読む」ことが日本社会では不可避であるとすれば、そのような社会は原子力のようなリスクの高い大型で複雑な技術を安全に運営する資格はありません。

原子力コミュニティ

私たちのヒアリングでの元経済産業省高官の言葉は、原子力産業を規制する側の経済産業省と規制される側の事業者との関係を如実に物語っています。「東京電力はですね、自家発電事業者が東京電力の電線を用いて送電させてくれといってもことごとくたたき落とす。そのために利用するのが国の規制。つまり、東電は『我々はいいんですけど、国の規制で出来ませんから』と言って独占体制を固めてきた。我々、手取り足取りね、要するに指導、規制していることになっている。90年代の中頃に規制改革をやった。東京電力によって支配されている資源エネルギー庁っていう状態を改善するためにやるんだっていう見方が……。規制しているようで、道具にされている。保安院というのは東電に頭が上がらないとは言わないんですけど」。安全規制は、本質的に推進側と対立することができる存在でなければなりません。なれ合い体質を打破できる抜本的な法的・組織的改革が行われない限り、原子力の安全性の確保は非常に困難だと言えます。

さらに、「原子力ムラ」は多種多様な癒着構造を持っていることもわかりました。与野党双方の政治家への電力会社経営者および労働組合からの献金、マスメディア各社への電力会社からの巨額な広告費、原子力関連研究者への電力会社からの多額の寄付、電力会社や原子力関連財団への官庁からの天下り、電力会社から官庁や原子力関連財団への出向、子供たちの原子力親和教育を支援する文化財団や教員グループへの国からの支援、自治体への国からの交付金の支給、電力会社による自治体への文化施設などインフラの寄付など、様々な形で「ムラ」は結びついています。この「原子力ムラ」というコミュニティは、空気を読み合いつつ惰性によって動く利益共有型の集団と言

えます。したがって、このような集団の中に規制機関や安全に関する評価委員会を設置しても、それらが馴れ合いになってしまうことは明白です。法律・制度や組織体制の抜本的改革が必須で、かつ、シビリアン・コントロールの精神、すなわち、ムラの外側からも主要な人材を連続的に取り入れていくことのできる組織変革が必須の条件です。

安全な国づくりのために
　東日本大震災では約2万人の死者の93％は津波によるとされます。原発事故による直接の死者は出ていませんが、1年後の今日も10万人を超える住民が放射能汚染のため避難生活を続けています。そして、数十万を超す人々が今後長く続く放射能汚染の影響を不安に思いながら生活しています。
　東日本大震災では災害の状況が世界に放映され、避難者の姿は日本だけでなく、世界の注目を集めました。パニックに陥らず、辛抱強く耐え、仲間をいたわる日本人の絆の心は、今後の復興に向けて希望を与えるものです。諸外国からも多くの励ましの言葉と多額の義援金や援助物資、そして救援隊の支援を頂きました。この検証委員会は、この報告書の場をお借りして諸外国に深い感謝の意を表したいと願います。世界からの励ましは日本人のこころに残るもので、復興の力となるものであります。
　しかし、残念なことに東京電力・福島第一原子力発電所の事故によって、我が国は大量の放射性物質の放出で大気や公海を汚染することになりました。緊急の複合危機の中で対応に追われたとはいえ、日本政府による放射能漏えいの各国への通知が遅れました。このことについて、私たちは日本国民として世界にお詫びしたいと思います。
　この報告書は、若手や中堅の自然科学・工学者や人文科学の研究者、実務家、弁護士、ジャーナリストたちを中心に約30人のワーキンググループが、資料集めや関係者へのヒアリング調査を行い、私たち外部招聘委員の責任の下にその結果をまとめたものであり、英訳されて今夏までに世界に発表予定です。民間の事故調査委員会には何の権限もありません。しかし、事故対応に当たった政治家や官僚、自治体関係者、原発関係者などへの聞き取りを若者たちが熱心に行う中で、相手も詳細にわたる陳述をしてくれました。インタビューに応じてくださった方々に深くお礼を申し上げます。そして、この報告書が福島第一原子力発電所の複合過酷事故という不幸な事態の真実をより明らかにし、日本、および、世界が子供たちの未来に向けて有用な教訓を引き出すための一助となることを願っています。

福島原発事故独立検証委員会　委員長
北澤宏一

船橋洋一 プログラム・ディレクターからのメッセージ
──「真実、独立、世界」をモットーに

　福島原発事故独立検証委員会（Independent Investigation Commission on the Fukushima Nuclear Accident）による福島第一原子力発電所を中心にした事故・被害の調査・検証プロジェクトは、私たちが昨年、設立したシンクタンク、日本再建イニシアティブ財団の、最初のプロジェクトです。

　これは、2011年3月11日の東日本大震災を機に発生した東京電力福島第一原子力発電所のさまざまな事故の原因とその後の被害の要因を調査し、東京電力と政府（地方自治体を含む）の事故と被害に対する対応策と危機管理策を検証、評価し、このような事故・被害に至った背後にある構造的かつ歴史的な背景を分析するプロジェクトです。

　それを、政府からも企業からもどこからも独立した市民の立場から、進めて参りました。

　私は、日本再建イニシアティブの理事長として、このプロジェクトをプロデュースし、プロジェクトのプログラム・ディレクターも務めました。

「民間事故調」を立ち上げようと思ったのは、2011年3月末でした。

　原発事故がこれ以上悪くなることはなさそうだ、日本はなんとか生き延びた、と少し落ち着きを取りもどした頃です。

　そのころ、政府が事故調査委員会（事故調）をつくるらしいという情報が流れ始めました。

　政府が、事故調をつくり、事故を調査、検証するのは、政府の責任といってよいでしょう。

　しかし、政府の事故調査委員会一つではいかにも不十分だと私は感じました。

　真実に迫るにはいくつものアプローチがあるはずです。調査・検証の目的も、政府事故調は「危機にあたって、政府としてどうだったか」を対象とするでしょう。それは大切なことですが、対象はそれだけではないでしょう。政府の過去の政策、原子力安全規制体制と政官業の既得権益構造、官僚政治、それらの背後の社会意識や組織文化などにもメスを入れなければならないでしょう。

　政府事故調の報告書をきちんと評価できるだけの真摯な調査・検証が複数必要になる。それに、政府が任命した政府の事故調査委員会の報告書だけでは、その内容がいかに優れていても国民も世界も疑いのまなざしで見る可能性もある。

　日本では、政府の災害対応や政策の大きな失敗について、政府や国会が、

真実を究明し、そこから教訓を学び、それを国民の前に示し、二度と同じ間違いをくり返さないよう国民的合意をつくることをしてこなかったと思います。

日中戦争にしても太平洋戦争にしても、戦後、政府はそれに関する調査報告書をつくりませんでしたし、国会もその原因と背景と責任を調査し、検証することをしませんでした。それを営々と続けてきたのは民間の研究者でした。

冷戦後の20年に及ぶデフレと日本の国力の衰えについても、どの政権のどの政策に問題があったのか、政府も国会も徹底糾明をすべきですが、知らぬふりです。

東京電力福島原子力発電所の事故と被害についてだけは、同じことをくり返すわけにはいかない。いても立ってもいられない気持ちでした。

4月になって、別々の機会に話し合った秋山信将一橋大学准教授と塩崎彰久弁護士、古川勝久氏（現 国連安全保障理事会専門家パネルメンバー）が同じ思いを持っていることを知り、一緒にやろうという話になり、コア・グループをつくりました。

「民間事故調」には次のような歴史的意義があるはずだと私たちは考えました。

- 世界にとって普遍的な挑戦でもあるこのような巨大技術の事故と被害を専門的知見によって調査、検証し、そこから「ネバー・アゲイン」の教訓を学ぶ。それは、いまの世代の人々の、将来の世代の人々に対する大きな責任である。
- 公共政策の遂行と政府のパフォーマンスの検証と評価を、政府からも、業界からも、政治からも独立した民間の立場で行う。それは、健全な民主主義の発展にとって欠かせないオーバーサイト（監視・監督）機能を強化することにつながる。
- この事故・被害は単なる原子炉とプラントの技術的かつ運用上の破綻にとどまらず、企業、自治体、政府、さらには戦後の日本人のモノの考え方に及ぶ「ガバナンス危機」でもある。
- その点の検証をも的確に行い、教訓を導き出すことが、今後の日本のエネルギー政策、安全保障政策、そして、国家統治、さらにはリーダーシップといった「国のかたち」の再構築にとって重要である。
- 私たちの報告書を世界の知的共有財産として登録し、今後の知的、政策的なレファレンスとする。そのために、報告書を英語で世界に発信する。報告書作成に当たっては、事前に世界のこの分野での専門家にレビューしてもらい、それをウェブ上の報告書に織り込む。

私たちは、「民間事故調」のモットーを、「真実（truth）、独立（independence）、世界（humanity）」と決めました。
　この構想を進めるにあたって、私は、まっさらから始めようと思いました。どこかの大学や財団やシンクタンクにアイデアを持ち込むことはしない。いつ、どこから、どんな邪魔がはいるか分からないからです。
　調査・検証する対象は、原子力であり電力会社であり原子力産業です。産官学のそれこそ"原子力ムラ"と呼ばれる巨大システムです。政治にも行政にも大学にも法曹界にもメディアにもその影響力は浸透しています。
　もちろん、そのような既存の組織にもそうした影響力を極力排除して立派な研究をしているところは多数あるはずです。しかし、既存の組織に頼んでプロジェクトを進めるより、まったく新しく組織、つまり自分たちのシンクタンク（財団）を作り、そこでプロジェクトを動かす方がすっきりする、と私は割り切りました。
　プロジェクトの立ち上げは、シンクタンク（財団）の設立を待ってからということで、プロジェクトの発足は少し遅れましたが、近藤正晃ジェームズ氏（Twitter日本代表）と新浪剛史氏（ローソン社長）と3人で賛同者を募り、9月末、一般財団法人「日本再建イニシアティブ」を設立することができました。
　もっとも、プロジェクトの準備はその前から始めておかなくてはなりません。5月からその作業にとりかかり、ワーキング・グループの人選を経て、8月末、その準備会合を開きました。

　ただ、有識者委員会を立ち上げなければ、プロジェクトは正式に始まりません。
　幸いなことに、北澤宏一前科学技術振興機構（JST）理事長が委員長を引き受けて下さいました。私は4月頃、北澤理事長に「もしプロジェクトの基盤ができたら委員長を引き受けて下さい」と密かに打診していましたが、9月になって北澤理事長に正式に要請したのです。
　北澤理事長は快諾してくださいました。その後は、一気呵成に7人の有識者による有識者委員会を設立。10月14日、有識者委員会の第一回会合開催にこぎ着けました。

　有識者の方々は、いずれもその分野では日本を代表する第一人者であり、また、それぞれの専門分野を超え、公共と社会のために深く関わり、発言してこられた識者（パブリック・インテレクチュアル）の方々です。私自身、委員の方々の優れたお仕事は長年、存じ上げています。
　この委員会は、諸官庁の審議会ではありません。アジェンダも方向も結論

も予め決めておいて、ただ、大御所のお墨付きをもらうための儀式、とは違います。

　私たちの調査・検証は、有識者の委員が、報告書のオーサー（著者）です。私たちの仕事が、なにがしかの付加価値、信頼、さらには権威というものを勝ち得ることができるとすれば、それは政府の後ろ盾ではありません。オーソリティー（権威）は報告書のオーサー（著者）につけていただくしかありません。委員の方々は、理念、アジェンダ設定、方法論、実践論のすべての面で、委員会での真摯な議論に加わり、ワーキング・グループ有志との会合を持ち、インタビュー記録を丹念に読み、メールでコメントをし、草稿に手を入れ、全面的に参画してくださいました。北澤委員長は、ワーキング・グループの一人が米国に調査に赴いた際、科学者として長年の友であるチュー米国エネルギー省長官に紹介状を書いてくださいました。おかげで、チュー長官はじめ米国エネルギー省幹部からも話を聞くことが出来ました。

　報告書を書くにあたっては、有識者の方々がたびたび指摘された以下の点を、織り込むように努めました。

- 民間事故調の民間事故調たる所以は、東京電力と政府が、原発の過酷事故に際して、「国民を守る」責任をどのように、どこまで果たしたのか、そこを検証することに尽きる。とくに原発を国策として進めてきた政府の責任の在処を明確にすることだ。
- 事故対応に関しては、政府、それも首相官邸の意思決定の検証が重要だ。その際、意思決定の際の判断過程も綿密に検証しなければならない。
- 事故と被害の原因には、近因、中因、遠因とある。そのどれもが重要だが、それらを遠近法で描き分けることが肝心だ。
- 原発事故という「見えるもの」の背後にある「見えないもの」にも目を向け、見えるものを規定している真因を探究すべきだ。構造、パワー、メカニズム、行動スタイルなどの深層的現実をえぐり出すことが必要だ。自然科学的分析と社会科学的分析を統合して分析するのが望ましい。
- 「情報は誰のものか」という視点が必要だ。「パニックを起こしてはいけない」という心配から必要な情報が共有されなければ、かえって国民の不安は増大し、政府の情報発信への信頼性が低下する。
- 「世界のなかの東電の福島原発事故」という観点を忘れてはならない。グローバル化のなかでの原発の安全を含むさまざまなリスクの高まりとそれを管理するためのルール・メーキングや国際協調プロセスに日本が十分に応えられなかった側面を見落としてはならない。

　今回報告書がこのように刊行されたのは、ひとえに有識者の委員の方々の

おかげです。

　有識者委員会は当初7名で発足しましたが、途中で、委員の黒川清政策研究大学院大学教授が国会の東京電力福島原子力発電所事故調査委員会（「国会事故調」）の委員長に就任したため、黒川氏は委員を辞退しました。

検証手続き
　福島原発事故独立検証委員会（民間事故調）の実際の調査にあたるワーキング・グループは、途中、数名の異動がありましたが、30人近い陣容で構成しました。原子力工学、科学技術思想、科学行政、社会学、政治学、地方自治、危機管理、防災、国際政治、核軍縮・不拡散などを専攻する学者、研究者、弁護士、ジャーナリストが中心です。
　ワーキング・グループのメンバーではありませんが、2名の方には「避難住民」と「災害弱者」という観点から、特別に寄稿していただきました。
　富岡町の町民の一人である日本原子力産業協会参事の北村俊郎さんは、住民避難に巻き込まれた一人として体験記を寄稿して下さいました。
　また、事故の際、とくに放射性物質の飛散後、そして住民避難指示後、双葉厚生病院はじめ医療の現場で何が起こったのか、何が課題だったのか、それにどのように対応しようとしたのか。そのような視点から、医療ジャーナリストでM3編集長の橋本佳子さんに寄稿していただきました。

　また私たちは、事故の体験や現場の声、東京電力や政府の対応に対する疑問などに関する情報の提供について原発周辺住民を中心に広く国民に呼びかけ、ウェブの情報提供チャンネル（http://rebuildjpn.org/fukushima/infobox）を開設しました。
　この情報提供チャンネルに寄せられた多数の情報には重要なヒントもあり参考にさせていただきましたが、そのうちの一つに、3月11日の午後、地震と津波が発生し、全電源喪失、ベントを経て、水素爆発に至るあの危機のさなかに福島第一原発の免震重要棟で必死に働いた作業員の体験談がありました。
　私たちは、ワーキング・グループの一人を派遣し、直接お話をうかがった上で、ご本人の承諾を得た上で、その体験談を本報告書のプロローグとして紹介しました。

　ワーキング・グループは、8月27日の準備会合を含めると、合計10回の会合を行い、隔週土曜日の午前10時から午後6時までみっちり議論を重ねてきました。検証手法としては、主にヒアリングを通じたオーラルヒストリーの

記録を行い、そのデータを近因・中因・遠因のフレームワークで分析しました。ワーキング・グループの会合には、事故当時の政府の要人を中心としたゲストをお招きし、2時間から長いときは3時間にわたりインタビューを行いました。インタビューに応じてくださった方々は、以下の通りです（肩書はインタビュー当時）。

2011年
- 谷口富裕前IAEA事務次長（8月27日）
- 海江田万里前経済産業相（10月1日）
- 深野弘行原子力安全・保安院院長（10月15日）
- 福山哲郎前官房副長官（10月29日）
- 細野豪志環境・原発事故担当相（前総理大臣補佐官）（11月19日）
- 広瀬研吉内閣官房参与（11月26日）
- 枝野幸男経済産業相（前官房長官）（12月10日）
- 班目春樹原子力安全委員会委員長（12月17日）

2012年
- 菅直人前首相（1月14日）
- 吉岡斉九州大学副学長（政府事故調査委員会委員）（1月21日）

また、このほか、ワーキング・グループ担当別に政府職員や専門家との間で、ラウンドテーブルの形でインタビューを行いました。匿名を条件に承諾された方を除くと、インタビューに応じてくださった方々は以下の通りです。

2011年
- 小佐古敏荘前内閣官房参与・東京大学教授（12月20日）
- 下村健一内閣審議官（12月20日）
- 森口泰孝文部科学審議官（12月22日）
- 近藤駿介原子力委員長（12月26日）
- 大塚耕平前厚生労働副大臣（12月27日）

2012年
- 福島伸亨衆議院議員（1月10日）
- 酒井一夫放射線医学総合研究所　放射線防護研究センター長（1月13日）
- 久木田豊原子力安全委員会委員長代理（1月20日）
- 田坂広志前内閣官房参与・多摩大学大学院教授（2月2日）

もとより、これとは別にワーキング・グループのメンバーが、それぞれ担当分野で多くの方々に、背景説明的かつ非公式の形でインタビューをしています。それらを含めると、およそ300人の方々がわれわれのインタビューに応えてくださいました。

　これらのインタビューに応じてくださった方々に深くお礼を申し上げます。

　このほかお立場があってお名前を出すことは出来ませんが、3人のオブザーバーの方々に、ワーキング・グループ会合に参加していただき、様々な助言を頂きました。また、原子力問題を長年、研究され、国際的に活躍されている2人の専門家の方に最終草稿を読んでいただき、コメントを頂戴いたしました。

　これらの方々にも感謝の意を表します。

　報告書は全文、英語に翻訳し、この夏世界に発信します。その際に、原子力安全規制、原子力政策、危機管理などの分野の国際的な専門家に事前に英文草案を読んでいただき、レビューをしていただくことになっています。

　なお、ワーキング・グループが行った当事者へのインタビューのトランスクリプトや収集した資料は英文版を出版後、まとめてウェブで公表する予定です。

　事務局のスタッフは膨大なリサーチや事務手続きを手際良く行ってくれました。私が教えている慶應義塾大学湘南藤沢キャンパスでスチューデント・アシスタントを務めてくれた竹澤理絵、藤田夏輝、三門史人の3氏と、東京理科大学の竹政佳子氏は、事務局のインターンとしてリサーチや会議事務をテキパキと手伝ってくれました。お礼を申し上げます。

　最後になりましたが、北澤桂スタッフ・ディレクターと大塚隆エディターのお二人には、超人的な働きをしていただきました。心から感謝申し上げます。

　2012年2月6日

一般財団法人日本再建イニシアティブ　理事長
福島原発事故独立検証委員会プログラム・ディレクター
船橋洋一

プロローグ
◉証言
「防護服姿の作業員はみな、顔面蒼白だった」

　最初に紹介したいのは、3月11日、福島第一原発・免震重要棟2階にある発電所対策本部内で起きた一部始終である。今回、本プロジェクトはHPで調査協力を呼びかけ、対策本部にいた作業員に話を聞くことができた。あの日、2階に次々と届く報告に円卓に座る吉田昌郎所長はどんな判断を迫られたのか。まずは、作業員の一人に証言をしてもらった。

❖

　私が地震に遭ったのは、5/6号機そばの海側から構内に入るための侵入防止装置付きのゲートに向けて歩いている時でした。突然、アスファルトが波打ちだし、立っていられなくなって慌てて周りを見ると、120㍍の排気筒が折れんばかりのものすごい勢いで揺れています。5号機のタービン建屋と5号サービスビルの継ぎ目には亀裂が入り、土煙が上がっていました。揺れが収まるや、海側にいた200人以上の作業員たちが、ゲートに殺到しました。原子炉防護上、金属探知器を通過しなければゲートを通ることができません。「早く出せ！」「津波が来るかも！」。怒号が飛び交う中、警備員が「放射線安全グループの指示があるまで待て」と言うのです。この返答に作業員たちが怒り出しました。こうした対応は柏崎刈羽原発が地震に遭った時、ゲートを乗り越えて逃げる作業員がいて、のちに「法令違反」を指摘され問題になったためです。

　数分間待たされた後、「APD（警報付きポケット線量計）」と入域カードを警備員が回収。「各自、避難」と指示され、私は免震重要棟に向かいました。しかし、高低差が20〜30㍍もある階段は土砂崩れを起こし、地表の配管が破断して噴水のように水が噴き出ています。事務本館にたどり着くと、2階の窓ガラスが多数割れ、ブラインドが風になびいていました。屋上の冷却塔3、4台も斜めに倒れています。新しくつくられた5/6号機の壁が割れていたくらいだから、古い1〜4号機はもっと壊れているはずだと思いました。

　免震重要棟2階の対策本部はすし詰め状態でした。そこでテレビのニュースを見ていた私たちは、当初、女川原発のことを心配していました。NHKのニュースで、宮城県名取市の田んぼに津波が押し寄せているヘリの空撮が流れていたからです。ところが、円卓の吉田所長のもとに飛んできた部長が、「（海側の）タンクが流されて沈没した！」と報告したのです。私たちはビックリして青ざめました。流されたのは、サプレッションチェンバ・サージタンクです。

　吉田所長の席には入れ替わり立ち替わり人がやってきて、次々と報告があ

がっていました。そのたびに「そんなことは聞いていない！」「これとこれを教えろ！」と、所長の怒声がマイクで響きます。吉田所長のまわりにいた人たちが、1〜4号機の原子炉建屋と連絡を取ろうとしても、なかなかできない。構内専用PHSの構内基地局が、津波によって電源が落ちていたからです。16時過ぎ、サニーホースや土木作業用の小型ポンプ、軽油で動く非常用発電機を「集められるだけ集めろ」という指示が下りました。全電源を喪失したため、水没した電源室の排水をするためです。しかし、暗くて電源室には行けないのです。

　この時、免震重要棟には700人ほどが避難していましたが、前の週に防災訓練をしていたため、驚くほど統率が取れていました。東電の社員たちが、飲料水とクラッカーを配布し、外部と通話が可能な設定になっているPHSを使い、順番に家族と安否の連絡をとる。肩肘をついて談笑する外国人たちもいましたが、余震が起こるたびに女性社員たちの悲鳴があがっていました。

　夕方頃だったでしょうか、「水位が下がり始めたところで、計器が見えなくなった」「水位が把握できない」という報告がきました。1号機か2号機のことだったと思います。「このペースで水位が減り始めたら、22時には燃料の露出が始まります」。この報告に、吉田所長は「了解」としか答えることができませんでした。そして所長はこう指示をしたのです。「作業に従事していない人は逃げて下さい」。車の割り当てが始まりましたが、誰も帰ろうとしません。「何とかしなきゃ」と考えるばかりで、我先に逃げる雰囲気ではなくなっていたのです。

　「1号機の水位が見えた」という報告の後、「また見えなくなった」と連絡がくる。数値が報告されても、吉田所長は「本当にその数値が正しいのか」「妥当か？」と問い、担当者は「いや、わかりません」と答える。数値にまったく信用ができなくなったのです。

〈20時過ぎ、車のバッテリーや小型発電機を1/2号機の中央制御室に運んだ下請け企業の社員はこう話す。「中央制御室に入ると真っ暗で、当直が懐中電灯を手にしてメーターを読み取ろうとしていました。私が来ると『おー、明かりが来たか！』と、皆大喜びで、バッテリーを直接メーターの制御盤裏の端子に接続してメーターを読み始めました」。

　しかし、政府事故調が東電から聞き取った結果によると、21時19分の段階で1号機の水位は「TAF（有効燃料頂部）＋200㎜」という高い数値を出

していた。計器は正常に機能していなかった可能性が高い〉

　作業員の証言は続く。
　正確な時間をはっきり覚えていないのですが、「建屋がすごいことになっている！」という報告が来たのは、水位が下がり始めた19時以降だと記憶しています。1/2号機の運転員からの報告でした。1号機か2号機かは覚えていませんが、暗闇の中、原子炉建屋に懐中電灯を手にして近づいていったそうです。原子炉建屋は二重扉です。懐中電灯を照らして、まず外側の扉を開けて中に入り、次に内側の扉に近づき、扉のガラス窓に懐中電灯の光を当てた時です。ガラス窓の向こう側に白いモヤモヤの蒸気が充満しているのを、運転員が見たというのです。
「あれは生（ナマ）蒸気です！」
　この報告を聞いて、対策本部内にいた人たちは「どうするんだ」「まさか爆発しないよな」と口にし始めました。「生蒸気」は二つしか考えられません。一つは、暖房用の蒸気です。しかし、地震でボイラーが停止している上、暖房用スチーム管は細い。「暖房用ではないだろう」という声があがりました。そうなると、原子炉の蒸気をタービン建屋に送る主蒸気管しかない。主蒸気系が壊れているとなれば、非常に危険で、そのフロアでは作業ができないことを意味します。案の定、中央制御室の外側や、非管理区域まで放射線が検出されているという報告が来ました。非常に線量が高いというのです。
「もう、この原発は終わったな。東電は終わりだ」。この時、私はそう思いました。主蒸気系の配管の場所を考えると、津波で壊れたとは思えません。「生蒸気」の報告が来て、そこら中で「生蒸気が漏れているらしいぞ」と、多くの人たちがざわざわと口にし始めていました。

〈東京電力公表の1/2号機中央制御室ホワイトボード上には「廊下側からシューシュー音有」の記載があるが、3月11日夕方頃、1号機R/B付近廊下に行った複数の当直の中に、配管が破断して蒸気が漏れる音を聞いたとか、白いもやを見たなどと供述する者はいないとされる。
　政府事故調中間報告によると、1号機の原子炉建屋の二重扉で「白いモヤモヤ」が発見されたのは、もっと遅い12日3時45分とあり、発生場所については、証言にあるような「主蒸気管」ではなく、「既に原子炉圧力容器、配管、貫通部等のいずれかにリーク箇所が生じて蒸気がドライウェル外に抜けた可

能性も否定できない」としている。
　しかし、この報告以外にも早い段階で、白い蒸気を建屋で目撃した人がいる。やはり22時以降、下請け企業の作業員が「様子を見てきてくれ」と言われて、懐中電灯を手に二重扉に近づいている。「内側の扉の窓から白いモヤモヤとした蒸気が見えた。何かわからなかったが、本能的に〝これ以上、先に行ったらヤベエ〟と感じて、すぐに引き返しました」と証言する。〉

　吉田所長たちは夕方の段階から、原子炉に注水するために「消防車を応用できないか」とミーティングを始めていました。原子炉は非常に高い圧力になっているので、それ以上の圧力がないと注入できません。
　南明興産という東電系の会社が、日々、敷地内で放水訓練やパトロールを行っているのですが、この日、2台ある消防車のうち1台は海側で訓練していたらしく津波の被害に遭っていました。また、防火水槽から消防車を使って水をくみ上げても、それをどうやって配管につなぐかという話になると、「ホースがない」「プラグがない」「燃料がない」という声があがりました。防災上、すべての機器は準備されていたのですが、つなぐものがないし、「どこにつなぐんだ！」と話がまとまらない。
　東電本店からは「ベントしろ」「注水しろ」という指示が来ていました。吉田所長は東電本店への直通電話で、「何でもいいから液体を持ってきてくれ！」と伝えていました。
　いよいよ手動によるベントかと思っていると、そばにいた東電社員が「うちの会社はもう終わりだ」と落胆していました。免震重要棟の1階に行くと、東電社員たちを中心に、関連会社を含む人たちとの出動態勢が組まれていました。20人ずつくらいの隊列が5隊ほど並び、放射線管理グループの人たちに防護服を装着してもらっていました。そこには20代の女性がいて、防護服の継ぎ目にテープを貼る作業をしていました。
　「根性、あるなあ」と私は驚きました。彼女は志願して残っていたからです。1階は外気が入るため、非常に寒い。彼女のことは4月に報じられます。放射線業務従事者でない女性社員2人が、年間限度量の1ミリシーベルトを超える被曝をしていたからです。原子力安全・保安院は東電に厳重注意したというニュースでした。
　隊列を組んでいた社員たちの表情は今も忘れられません。死の危険にさらされて顔面蒼白で、言葉にはできないほど怖がっていました。みな、震えて

いました。本当に怖かったと思う。高線量の中、手動でベントをすれば、どうなるかわかりません。当然、死ぬ危険性があります。
　東電がバスを用意し、「口を何かでふさぎ、素早く乗車するように」という避難指示が私たちにあったのは、すでに朝日が昇った後でした。外部線量が高くなる中、バスの窓からサイトに到着した自衛隊員たちの姿が見えました。彼らはマスクをしていなかった。「あの人たちは大丈夫だろうか」と思いながら、バスはサイトを脱出したのでした。

〈吉田所長は関連企業社員らの避難を指示し、翌12日から徐々にバスで福島第二原子力発電所などに避難した。最終的に福島第一に残ったのは、東電の社員を中心に約50人だけとなった。これが「フクシマ・フィフティ」と呼ばれる人々である。しかし、原子炉建屋の爆発が続き、わずか50人による作業は困難を増していく。いったん避難した東電の社員や関連企業の作業員たちは再び呼び戻され、今に至る長い闘いが始まったのである。〉

第1部
事故・被害の経緯

第1章 福島第一原子力発電所の被災直後からの対応

〈概要〉

本章では、地震被災直後から放射性物質の大量放出、そして現在にいたるまでの福島第一原子力発電所の状況と、現場における対応を整理し、検証ポイントを示す。1〜7節において時系列的に事故の対応を示す。さらに8節で検証を試みる。

本章の記述のうち、事実認定に関する部分は、日本政府から国際原子力機関（IAEA）への報告書や、東京電力福島原子力発電所における事故調査・検証委員会（政府事故調）の中間報告などの調査報告書と、東京電力等が公開した資料、並びに、独自に実施したインタビューの結果に基づいている。複数の資料が食い違う場合には、本文中に出典を明記している。

〈検証すべきポイント・論点〉

福島第一原子力発電所事故における安全機能の劣化と喪失

原子炉を、運転状態から安定した停止状態へと導くためには、大別して「止める」、「冷やす」、「閉じ込める」という3つの機能を維持することが必要になる。この検証では、安全機能がどの様に劣化し喪失したかを整理する(詳細は第3部参照)。

アクシデント・マネジメント活動の妥当性と有効性

アクシデント・マネジメントとは、設計の想定を大幅に上回る事故が発生した場合でも、放射性物質の拡散を抑え、事故を収束させることができるよう、臨機応変に行われる対策である。発災後に福島第一原子力発電所で行われた活動のほとんどがアクシデント・マネジメントにあたる。この検証では、現場の判断の根拠となる情報を整理し、現場の活動の妥当性と有効性を考察する。

第1節 福島第一原子力発電所

福島第一原子力発電所は、福島県双葉郡大熊町と双葉町に位置する。敷地面積約350haに、1号機から6号機までの6基の沸騰水型軽水炉（総発電容量469.6万kw）が設置されている。1960年代から建設が開始されており、1号機は日本で3番目に古い商用発電用軽水炉として、1971年3月に運転を開始した。その後、1979年10月までに2〜6号機が相次いで運転を開始した。

通常、福島第一原子力発電所で勤務する東京電力の従業員は約1100人であり、このほかにプラントメーカーや防火・警備等を担当する多数の協力企業の社員が常駐しており、その数は約2000人である。地震発生時には、東京電力の従業員約750人が構内に勤務していた。また、4〜6号機の定期検査に携わっていた従業員を含めて、5600人の協力企業の従業員が構内に勤務していた。

●プラント諸元

		1号機	2号機	3号機	4号機	5号機	6号機
プラント主要諸元	電気出力(万kW)	46	78.4	78.4	78.4	78.4	110
	建設着工	1967年9月	1969年5月	1970年10月	1972年9月	1971年12月	1973年5月
	営業運転開始	1971年3月	1974年7月	1976年3月	1978年10月	1978年4月	1979年10月
	原子炉形式	BWR-3	BWR-4	BWR-4	BWR-4	BWR-4	BWR-5
	格納容器形式	マークI	マークI	マークI	マークI	マークI	マークII
	主契約者	GE	GE・東芝	東芝	日立	東芝	GE・東芝
原子炉	熱出力(万kW)	138	238.1	238.1	238.1	238.1	329.3
	燃料集合体数(体)	400	548	548	548	548	764
	格納容器 設計最大圧力(kPa gage)	427	427	427	427	427	310
	格納容器 設計最大温度(℃)	140	140	140	140	138	D/W 171 S/C 105

第2節　3月11日の対応

地震発生直後の対応

　2011年3月11日14時46分、東北地方太平洋沖地震が発生した。このとき、1〜3号機は運転中、4〜6号機は、定期点検中であった。また4号機は全燃料を使用済み燃料プールへ取り出して、原子炉内の炉心シュラウドの交換工事を実施中であった。

　1〜3号機では、地震を検知して原子炉が自動停止し、全制御棒が挿入された。14時54分〜15時02分の間に、1〜3号機全てで原子炉未臨界が確認された。

　1〜6号機では、地震直後に外部電源を喪失した。このため、1〜3号機ではフェイルセーフの機能が働き、主蒸気隔離弁が自動閉止して、原子炉がタービン系から隔離された。全てのプラントでは、ディーゼル発電機が直ちに自動起動し、電源はいったん回復している。

　制御棒が挿入され、主蒸気隔離弁が閉止した後、1〜3号機すべては原子炉への注水を開始した。原子炉の注水には、1号機で非常用復水器（IC）が、2、3号機では原子炉隔離時冷却系（RCIC）が、それぞれ用いられた。ここで、ICとは原子炉内の蒸気を原子炉格納容器の外へ導いて、熱交換器を通して水に戻し、再循環系配管から再び原子炉内へ注入する系統である。また、RCICとは原子炉内の蒸気を原子炉格納容器外に導いてタービンの動力とし、その動力でポンプを動かして、原子炉へ冷却水を注入する系統である。

1、2号機の中央制御室では、崩壊熱を最終ヒートシンクである海へと導くための操作も行われた。1号機では15時04分から15時11分にかけて原子炉格納容器冷却系を圧力抑制室冷却モードで起動した。2号機では15時00分から15時07分にかけて残留熱除去系を起動した。3号機では、津波の引き波から海水ポンプを保護する観点から、残留熱除去系を直ちに起動することをしなかった。

津波の来襲

15時27分、最初に大きな津波が福島第一原子力発電所に来襲した(水位は高さ4m)。次に大きな波は15時35分で、波高計（7.5mまで測定可能）を破壊し、高さ10mの防潮堤を超えて、主要建屋設置敷地内へと押し寄せた。1～6号機すべてにおいて非常用海水系ポンプが被水して機能喪失し、崩壊熱を導いて海で排熱することができなくなった。また、主要建屋設置敷地もほとんど冠水した。水は、主要建屋内にも浸水し、安全上重要な設備の多くが被水することになった。

15時37分から15時42分にかけて、1～5号機では全交流電源喪失状態となった。また、1、2、4号機では直流電源も喪失した。原子力災害対策特別措置法（原災法）第10条第1項の規定に基づく特定事象（全交流電源喪失）が発生したことが、15時42分に報告された。

●炉心注水手段の全容と使用状況

設備名	1号	2号	3号	被害状況	応用動作
高圧注水系（HPCI）	×	×	○	制御系の電源喪失	―
給復水系（FDW）	×	×	×	隔離信号により注水不可	―
炉心スプレイ系（CS）	×	×	×	電源・海水系喪失	―
停止時冷却系（SHC）	×	×	×	電源・海水系喪失	―
復水補給系（MUWC）	×	×	×	電源喪失、モーター被水	―
消火系（FP）	×	×	○	消防ポンプ起動不可	消防車使用
非常用復水器（IC）	△	―	―	電源喪失に伴う隔離弁閉止により、ほぼ機能喪失	―
原子炉隔離時冷却系（RCIC）	―	○	○	―	―

人的な被害

被災後、4号機タービン建屋において現場調査中の東京電力社員2人が行方不明となり、後に浸水した同建屋地下1階から遺体で発見された。津波に巻き込まれて亡くなったと見られている。また、福島第二原子力発電所でも、排気筒クレーン操縦室で作業中の協力社員1人が、地震により亡くなった。

1、2号機の炉心注水状況の確認

直流電源喪失の結果、1、2号機では原子炉の運転に必要な水位等のパラメータが監視できなくなり、原子炉に注水が行われているか否かも確認できなくなった。そのため、16時45分頃、原災法第15条第1項の規定に基づく

特定事象（非常用炉心冷却装置注水不能）が発生したとして報告が行われる。（水位計は、16時42分から14分間だけ表示が回復したが、その後再度表示が消えてしまった）

　大事な局面でプラントパラメータを参照できなかったことは、現場での対応を非常に難しくした。吉田昌郎発電所長は、17時10分頃、1/2号機を確実に冷却するために、事前にアクシデント・マネジメントの一環として備えられていたラインを使い、ディーゼル駆動消防ポンプか消防車を動力として、原子炉へ外部から注水できるよう準備するよう指示した。当直は、1号機の原子炉建屋内で、ディーゼル駆動消防ポンプの起動を確認し(17時30分頃)、注水ラインを構成した(18時30分頃)。また、1号機のICと2号機のRCICの運転状況を把握するための努力も継続された。

　1号機のICについては、18時18分から21時30分にかけて、表示灯の一部のみが回復したことから、当直によって操作が試みられた。しかし、（後述する理由により）ICの機能はほぼ喪失しており、原子炉への注水能力はほとんどなかった。当直は、18時25分頃、1/2号機の中央制御室のある建物の非常階段からICから発生する蒸気の観測を試みることによって、ICの熱交換能力が十分でないことを示す兆候を得ていた。しかし、当直の懸念は、発電所対策本部へ正しく伝達されなかった。この作業における問題は後述する。こうして、1号機の冷却に関する状況がつかめない中で、原子炉水位が低下して、核燃料が露出し、炉心損傷に至ったと見られている。

　21時19分、1号機の原子炉水位計の表示が復旧した。その結果、1号機の水位は低下しており、有効燃料頂部より200mm上部であることが判明した。（もっとも、この数値の信用性は低い。ひとたび著しく不安定な状態になってしまうと、圧力を利用した水位計は校正が必要になるのである。その点を当直も認識していたことは、11日深夜に1号機の中央制御室のホワイトボードを撮影した写真から示されている）。

　21時50分、2号機の原子炉水位計の表示が復旧した。水位計の値は、有効燃料頂部から、+3400mmの値を示していた。つまり、1号機よりも高い水位を維持していた。（この時点では2号機は安定であったことが後に明らかになっており、この時点での2号機原子炉水位計の信頼性は高い）。

　ドライウェル圧力計は、2号機で23:25頃に、1号機で23:50頃に、それぞれ復旧した。その結果、2号機では圧力が低いのに対し、1号機では最高使用圧力を超えていることが判明した。1号機は直ちに原子炉格納容器ベントが必要な状況であった。

第3節　3月12日の対応

1号機の原子炉格納容器ベントの準備

　吉田所長は、12日0時06分にベントの準備を進めるよう指示した。ベント

は本来遠隔操作で実施されるものだが、電源喪失により、遠隔操作の復旧を待つか、手動でのベントが必要な状況であった。発電所対策本部は、ベントラインの弁の具体的操作方法や手順の確認を開始するが、準備に時間を要した。

このことは、オフサイトの対応をしていた官邸に、東京電力への不信感を抱かせる要因となったことが、本検証のインタビューから明らかになっており、この間の官邸の動きについては、第2部で詳しく検証される。結果的に、官邸は、5時45分に福島第一原子力発電所から10km圏内に避難指示を出した。また、6時50分に、海江田万里経済産業相から原子炉等規制法64条に基づいて、1、2号機の原子炉格納容器圧力を抑制するよう命令を出した。そして、菅首相は、7時11分から8時4分の間、ヘリコプターで福島第一原子力発電所を視察に訪れた。

1号機の炉心への淡水注入

2時45分、1号機の原子炉圧力が低下している事を確認したため、減圧操作を行わずに消防車を用いた炉心への注水が可能になると判断した。消防車に蓄えられた淡水（約1t）の注水を行った。

5時46分には、1号機タービン建屋前の防火水槽から消火系ラインへ連続的に注水できるよう、消防車と2本の消防ホースを用いたラインが形成され、連続的な淡水注水が実施されるようになった。こうして、津波による全電源喪失から14時間以上を経て、外部からの連続的な炉心注水が可能となった。事前にどのような準備がなされていれば、原子炉注水等のアクシデント・マネジメントの活動を円滑に実行できたかについては、第3部で検証する。

12日6時から7時にかけて自衛隊の消防車2台が、10時52分頃には柏崎刈羽原子力発電所の消防車1台が、相次いで福島第一原子力発電所に到着した。防火水槽が枯渇した14時53分までに、累計80tの淡水が注入された。

電源復旧作業の進展

発電所内では三種類の交流電圧(6900V、480V、100V)が使用されている。一般的に、電源車は6900Vと100Vを供給するものしかなく、派遣された電源車もこの二種類であった。

11日深夜から、2号機で被水を免れたパワーセンターを利用して6900Vの高圧電源車から供給される電力を480Vへ降圧し、1、2号機の安全上重要な設備へ個々にケーブルを直接敷設して、送電する作業を開始した。しかし、重さ1トンものケーブルを敷設し、端末処理するには多くの時間を要する。15時30頃にようやく送電準備が整った。

低圧電源車による100V交流電源の供給準備は早く進み、12日7時20分頃から供給開始した。

1号機の原子炉格納容器ベント作業

　吉田所長は発電所対策本部に対し12日9時を目標として、ベントを実施するように指示した。

　8時37分頃、発電所対策本部は、福島県庁に対して、9時頃のベントの実施開始に向けて準備中であることを連絡した。この際、住民避難完了を待ってからベントを実施するという調整が行われた。

　9時02分頃、発電所対策本部は、1/2号機の当直長に対して、住民避難が完了したという認識の下に、ベントの操作開始を指示した。(なお、実際には10km圏内の全住民の避難は完了していない)

　9時04分、ベントラインを構成する作業に着手した。これには二つの弁の「開」操作が必要であった。第一班は、9時15分に、1号機原子炉建屋2階において、一つ目の弁の手動「開」操作に成功した。第二班は、二つ目の弁の「開」操作をするため、9時24分に原子炉建屋地下一階のトーラス室へ行ったが、放射線量がきわめて高く(線量限度の100mSvを超える被ばくを受ける可能性があった)、9時30分に手動「開」操作を断念した。

●**ベントラインの系統図（1号機）**

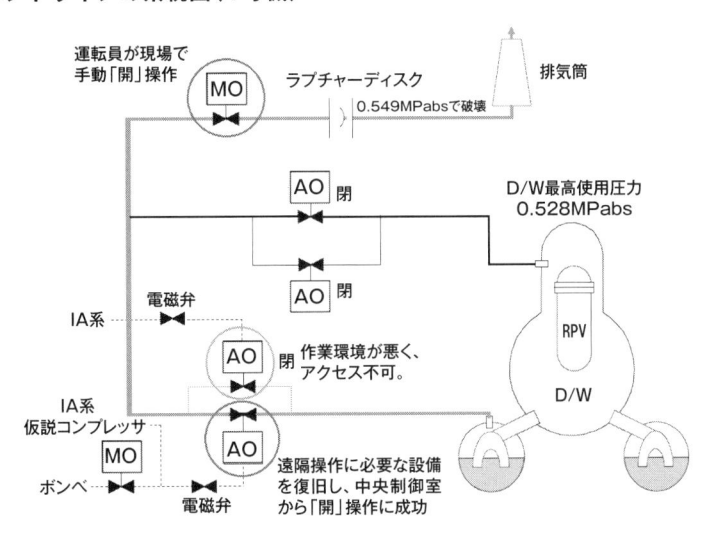

　そこで、より不確実な方法ではあるが、遠隔操作を復旧させることに方針転換した。10時24分頃から二つ目の弁の遠隔「開」操作を開始した。計装用の圧縮空気を供給するため、仮設コンプレッサを計装用圧縮空気系配管に接続した後、14時50分に、ドライウェル圧力が0.58（MPa [abs]）まで低下した。こうして、吉田所長の指示から14時間以上、作業開始から5時間以上を経て、ようやく1号機のベントが成功した。

1、3号機の炉心注水の変更

　14時54分、発電所長は、防火水槽の淡水がなくなったことから、1号機の

原子炉への海水注入を実施するよう指示した。また、消防車による代替注入と並行して、高圧電源車を利用した1、2号機の電源復旧作業も進められ、ほう酸注水系を用いた注水準備が整いつつあった。

3号機では地震直後から、RCICによる炉心注水が継続していたため状況は比較的安定していた。しかし11時36分にRCICは自動停止した。原子炉水位の低下を受けて、12時35分に高圧注水系（HPCI：交流電源を必要としない炉心冷却設備）が自動起動した。

1号機原子炉建屋における水素爆発と海水注入

12日15時36分に、1号機原子炉建屋で水素爆発と見られる爆発が発生し、原子炉建屋4、5階部分の壁が、鉄骨の骨組みを除いて、すべて吹き飛んだ。

この爆発により、けが人（東京電力社員3人、協力企業社員2人）が発生した。屋外で準備してきた海水注入や電源復旧のための設備も大きな被害を受け、海水注入などの準備作業は中止した。爆発後、1号機付近は放射線量の高いがれきが散乱した。

爆発による飛散物で仮設ケーブルが損傷し、高圧電源車を使った電源供給の計画は頓挫した。

その後、海水注入準備作業は再開し、19時04分頃、1号機への海水注入を開始した。20時45分頃からは、再臨界を防止するためにほう酸をピット内の海水と混ぜ、海水とともに炉心へ注入した。

（東京電力撮影）

3号機の直流電源枯渇と、原子炉圧力の低下

3号機では、HPCIによる原子炉への注水が続いていたが、12日夜にはHPCIの吐出圧力が次第に低下し、次第に原子炉圧力に拮抗するようになった。つまり、HPCIから原子炉内への給水量は少なくなった。また、原子炉圧力も低下し、HPCIの設計使用範囲を下回るようになった。

こうした状況の中、20時36分頃、3号機の原子炉水位計の電源（24V直流電源）がなくなり、原子炉水位の観測もできなくなった。

第4節　3月13日の対応

3号機のHPCIの手動停止

13日未明、当直は、HPCIを停止して、ディーゼル駆動消防ポンプを動力とする消火系配管からの原子炉注水へ切り替えを決めた。2時42分、当直はHPCIを手動で停止した。その直後、2時45分と2時55分に、主蒸気逃がし安全弁（SR弁）を制御盤上で操作して、原子炉を減圧しようとしたが失敗した。

（これは、直流電源（バッテリー）が枯渇したためだと見られている） 結果として、代替給水は実施できなかった。HPCIとRCICの再起動も試みたが、いずれも失敗した。

3号機の代替注水とベント

HPCIの停止は、3時55分頃に発電所対策本部全体で認識された。その後、SR弁の操作を復旧するための作業が実施された。6時頃から、減圧に使用するSR弁を駆動するためのバッテリーを探し、高台に駐車してあったため津波の被害を免れた社員の通勤用自動車からバッテリーを確保し、これを3/4号機中央制御室へ持ち込み、直列に接続してSR弁制御盤への接続作業を行った。これにより、制御盤操作によって炉心減圧を実施することが可能になった。

HPCI停止後に、原子炉格納容器の圧力は大きく上昇しており、原子炉減圧操作と共にベントのための操作も開始された。まず、4時50分頃に、遠隔操作を復旧させて一つ目の弁を「開」状態にした。次に、8時35分頃に、二つ目の弁を、原子炉建屋内で手動で「15％開」状態とした。こうして、8時41分にラプチャーディスクを除く、ベントラインが構成された。

電源が復旧したことでバルブが開き、9時08分から、炉心の急速減圧が実施された。原子炉圧力は8時55分の時点で7.300MPa[gage]あったが、9時25分には0.3500MPa[gage]まで低下した。そして、9時25分から、消防車を用いた給水が、ようやく開始した。しかし、注水が中断していた期間は7時間に及び、この間に炉心損傷に至ったと見られる。

9時10分から9時24分にかけて、ドライウェルの圧力は、0.637MPa[abs]から0.540MPa[abs]まで低下した。この間にラプチャーディスクが破断し、ベントが実施されたと見られる。

1号機原子炉建屋における白煙の発生

13日早朝、爆発後の1号機原子炉建屋から白煙が上がっているのが確認された。これは、1号機の使用済燃料プールから出る水蒸気であると考えられた。この後、発電所対策本部や本店は、使用済燃料プールの対策に注意を向け始めることになる。

2号機の原子炉格納容器ベントと海水注入の準備

同じころ、2号機でも、ベントの作業が実施されていた。1/2号機当直は、8時10分に作業に着手し、11時頃にはラプチャーディスクを除くベントラインが構成された。この時点では、ドライウェルの圧力は0.4MPa[abs]に満たない程度で、ラプチャーディスクが破断してベントが行われることはなかった。

3号機炉心への海水注入

13日12時20分に、3号機へ注水していた防火水槽の淡水が枯渇した。そこで、自衛消防隊、及び協力企業社員は、再度、3号機タービン建屋近傍の逆洗弁ピットから、3号機タービン建屋の送水口を通して、消火系へ海水を注入するよう、消防ホースを引き直し、13時12分から海水注入を開始した。同時に、同じ場所を水源として、2号機にも海水注入できるように、ホースの敷設作業などが行われた。

原子炉格納容器ベントラインの「開」保持作業

3号機においては、ベントラインを維持するために、多くの困難な作業が発生した。主な原因となったのは、ベント弁の開状態を維持するための空気圧の低下である。そこで、圧縮空気ボンベの交換や、仮設コンプレッサ設置などの作業が、ベント成功直後から13日夜にかけて、断続的に行われた。

第5節　3月14日の対応

2号機の圧力抑制室の温度と圧力の上昇

2号機では、3月11日から14日まで、RCICによる原子炉注水が続いていた。また、ラプチャーディスクを除くベントラインも完成していた。しかし、原子炉で発生した蒸気は、原子炉格納容器の圧力抑制室で凝集されており、崩壊熱をプラント外へ排熱することはできていなかった。

14日4時30分から、ようやく2号機の圧力抑制室のパラメータ監視が開始した。圧力抑制室プール水温は上昇傾向を示しており、12時30分には設計最高温度をわずかに超える147℃を示すようになった。圧力も増加傾向を示していたが、設計最高圧力を超えてはいなかった。

3号機における原子炉格納容器圧力上昇と、二つ目のベントラインの構成

3号機ドライウェルの圧力は14日1時頃から再び上昇傾向に転じた。これは、ベント弁の一つが閉止したためだと見られる。そこで、5時20分から6時10分までの間、3/4号機の中央制御室から、別のベントライン上の弁を遠隔「開」操作して、二つ目のベントラインを構成することにした。こうした作業にも関わらず、3号機のドライウェル圧力計の指示値が上昇傾向を示したため、吉田所長は6時30分から6時45分にかけて、作業員を免震重要棟へ退避させた。その後、圧力は0.5MPa[abs]程度で一定に推移するようになり、退避指示は解除された。

3号機原子炉建屋での水素爆発

14日11時01分に3号機原子炉建屋で水素爆発と見られる爆発が生じ、建屋は大きく損傷した。この爆発により、中央制御室の当直以外は、全員免震

重要棟に退避した。作業員の安否確認や、現場の状況確認などのため、復旧作業を中断した。

この爆発により、東京電力社員4人と、消防車の操作等を行っていた協力企業社員3人が負傷した。また、直前に自衛隊が水タンク車7台と共に到着し、3号機タービン建屋近傍のピットへ淡水を補給する準備をしていたが、爆発により自衛隊員4人が負傷した。そこで、自衛隊は負傷者を搬送するため、爆発による損傷を免れた水タンク車5台と共に、撤退した。

（東京電力撮影）

3号機原子炉建屋で発生した爆発により、1~3号機の炉心注水は中断した。1、3号機への水源として使用していた3号機タービン建屋前の逆洗弁ピットは、放射線量の高いがれきが散乱し、使用できなくなった。海水をピットへ送水していた2台の消防車は損傷を免れた。しかし、残りの消防車は、消防ポンプが停止した。また、敷設した消防ホースにも破損が見られた。

2号機の原子炉への海水注水

12時頃から、2号機では原子炉水位が著しい低下を始め、13時25分にはRCICが停止したものと判断された。そこで、3号機原子炉建屋の爆発で損傷した消防ホース等を直ちに復旧し、1、3号機に加えて2号機でも外部からの注水を行うことが必要であった。また、消防車を動力とする原子炉注水を可能にするには、原子炉圧力を減圧することが必要であった。減圧に際しては大量の蒸気が圧力抑制室へと流入し圧力が上昇することが予想されたが、爆発の衝撃によって2号機のベント弁が閉止していることが明らかになり、原子炉の状況が悪化する中、再度ベントラインを構成することが必要になった。

発電所対策本部は、ベント→減圧の順に作業を進めたいと考え、16時頃から遠隔操作のための設備を復旧して、閉止したベント弁を「開」操作しようとしたが、うまくいかなかった。そこで、16時35分頃から、別のベントラインについても「開」操作を開始した。

また、ベントに時間を要する見込みから、減圧を優先させることに決め、16時34分から減圧操作を開始した。圧力抑制室の温度が高く、蒸気が凝集しにくかったことから、減圧には時間を要したが、19時03分頃にようやく消防車を動力とした炉心への注水が可能になった。その後、消防車の燃料枯渇（19時20分頃）と、再起動（19時57分頃）を経て、ようやく継続的な海水注水が開始された。しかしながら、この間（18時22分頃）に燃料棒は完全に露出してしまった。結果として、炉心損傷に至ったと見られる。

14日の夜から15日1時頃までは、原子炉圧力が断続的に高い値を示すことがあり、十分な注水が行われているかについて疑念があった。したがって、原子炉の減圧を維持するためのSR弁の操作は、その後も継続された。

2号機の原子炉格納容器ベント

2号機では、減圧操作と同時に、ベントのための努力も継続されていた。ドライウェルの圧力は上昇し、22時50分には0.540MPa[abs]となって、ラプチャーディスク作動圧を超えた。このころには、圧力抑制室から出る2本のベントラインの1つが、僅かに使用可能な状態になったと思われた。

しかしながら、ラプチャーディスク作動圧を超えた後も、ドライウェル圧力は上昇傾向を続け、23時35分には0.740MPa[abs]に達した。一方で、圧力抑制室の圧力は、ドライウェル圧力が上昇するにつれて、逆に下降傾向を示した。そこで、圧力抑制室の代わりに、ドライウェルからラプチャーディスクに至るラインを構成し、ベントを実施することが決断され、ラインの構成が行われた。しかしながら、2号機のベントが結局実施されたか否かについては、今のところ明らかになっていない。ベントに関しては、技術的な側面から6章で、安全規制の観点から7章で、それぞれ検証する。

第6節　3月15日の対応

4号機原子炉建屋における水素爆発と見られる爆発

15日6時10分頃、4号機建屋において水素爆発と見られる爆発が発生した。原因は、3号機で発生した水素が4号機へと流入したためと考えられているが、爆発当時には原因が分からず、使用済燃料プールが枯渇して、燃料損傷を生じ、水素を発生したのではないかとも考えられていた。

2号機圧力抑制室の圧力指示値の下降

4号機原子炉建屋の爆発と同時刻の15日6時10分、2号機圧力抑制室圧力計の指示値が、0MPa[abs]を示した。2号機では、原子炉建屋には外観上損傷はないが、隣接する廃棄物処理建屋の屋根が破損していることが確認された。このことから、当初爆発は2号機の圧力抑制室付近で発生したのではないかとも考えられていたが、地震計の測定結果を分析した結果、その可能性は否定されている。

福島第一原子力発電所からの作業員の撤退

15日7時頃、プラントの監視や運転に最低限必要な人員を除く作業員（約650人）が、福島第二原子力発電所に一時撤退した。作業員の撤退に関しては、官邸でも15日未明に多くの動きがあったが、これらは第2部で詳しく説明されている。

4号機原子炉建屋における火災の発生

15日9時38分、4号機原子炉建屋3階北西コー

（東京電力撮影）

ナー付近より火災が発生しているのが認められたが、11時頃に自然鎮火した。

第7節　3月16日以降の対応

4号機燃料プールにおけるヘリコプターによる状況確認と散水作業

　16日午後、自衛隊ヘリコプターは、4号機に上空から接近し、現状の確認作業や、散水作業の準備に必要な放射線の計測を行った。その結果、使用済燃料プールの水面が目視で認められ、燃料が露出していないことが確認された。

　4号機の使用済燃料プールに水があることを確認した後、17日午前9時48分頃から、自衛隊のヘリコプターは4回にわたって、3号機の上部へ海水を散水し、合計30tの海水が投下された。

燃料プールへの地上からの放水作業

　警視庁機動隊は、17日19時05分から、高圧放水車を使用して、3号機の使用済燃料プールを目標に放水を実施した。次に、消防車を利用した給水が試みられた。3号機への放水は、17日から25日まで繰り返し行われた。4号機への消防車による放水は、20日と21日に、自衛隊などによって実施された。

　その後、高所コンクリートポンプ車(通称キリン。コンクリートを圧送するための作業機械で、約58mの高所までアームが伸びる)が導入された。最初のコンクリートポンプ車は22日に導入され、4号機の冷却に使われた。当初は海水が注入されていたが、30日に淡水へ切り替えられた。27日には新たなコンクリートポンプ車が3号機の冷却に導入され、初めは海水、29日からは淡水が注入された。31日からは、(発熱量が少なく優先順位の低かった)1号機へも、新たにコンクリートポンプ車が導入され、淡水が注入された。

　原子炉建屋が損傷しなかった2号機では、燃料プール冷却浄化材系の配管に消防ホースを接続して、海水を注入することが計画された。動力には消防ポンプが使用され、20日から海水注入が行われた。

中央制御室照明等の復旧

　1/2号機の電源の復旧については、福島第一発電所の建設当時に敷設された、東北電力東電原子力線が使用され、20日に2号機のパワーセンターへ受電させることに成功した。23日に1号機のパワーセンターから、必要な負荷へのケーブルが敷設され、1号機で外部電源を使用した作業が開始された。1/2号機の中央制御室の照明は23日に復旧された。

　3、4号機の電源の復旧については、4号機が受電していた新福島変電所変圧器の補修や、5号機と接続されていた夜ノ森線1号線と大熊線3号線とのバイパス工事等が行われ、18日には構内に設置した移動用の機械式開閉器まで充電を完了した。3/4号機の中央制御室の照明は、22日に復旧された。

5号機については、6号機の非常用ディーゼル発電機1台が稼働していたため、12日8時13分にシビアアクシデント対策として敷設していた5〜6号機間をつないでいた融通ケーブルを用いて、6号機から5号機原子炉建屋の低圧電源盤の一部に給電し、計器用電源などを確保した。13日18時29分には6号機の低圧配電盤から仮設ケーブルを敷設し、20時54分から交流電源を使用する炉心への注水系の使用を開始した。

第8節　事故後に行われた解析、その他の注目すべき事項

安全対策と深層防護

　原子力発電所における安全対策を特徴づけるのは、原子力の持つ2つの性質、放射線と膨大な熱量である。一つ目は、原子力の危険は、主に放射線に起因するということである。放射線による被曝は、可能な限り低減させるべきであると考えられる。一方で、自然界にも放射線は存在することから、被曝をゼロにすることは不可能であるともいえる。したがって、放射線の影響は、リスクとなる他の要因と比較して、十分低減されるべきであるとの考えのもとに、さまざまな対策が実施されてきた。

　二つ目は、原子力発電所が核燃料から取り出す熱量の膨大さである。原子核反応の停止後も燃料から発生し続ける崩壊熱は膨大であり、周辺の冷却水を蒸発させるのみならず、燃料自身や周辺の構造物までも溶解してしまうほどのエネルギーを放出する。よって、原子力発電所は以下の三つに関して高い信頼性が要求される。

A) 原子炉の核反応を制御すること(つまり原子炉を「止める」機能を維持すること)
B) 原子炉の熱を除去すること(つまり原子炉を「冷やす」機能を維持すること)
C) 放射性物質の拡散に対する障壁を維持すること(つまり放射性物質を「閉じ込める」機能を維持すること)

　これらの操作に関し、高い信頼性を維持するための工学的アプローチが、深層防護という考え方である。

　深層防護とは、英語のDefense in Depthを訳したもので、何層もの安全対策を施して、万が一いくつかの対策が破られても、全体としての安全性を確保するという考え方である。原子力発電所の場合、先述の「止める」「冷やす」「閉じ込める」の機能について、それぞれ多重かつ多様な対策が取られていた。また、設計で用意した対策がすべて失敗した場合についても、人と環境を放射線の影響から守れるように、一定の対策が立てられていた。

　IAEAは、深層防護の階層を、5つに区別している。

（1）異常の発生を防止するための対策

　原子力発電所における異常には、プラント内部に起因するもの（運転員の誤操作や機器の故障など）と、プラント外部に起因するもの（地震や津波、あるいは航空機の落下など）がある。異常の発生を防止するには、自然災害等の影響を受けにくい場所にプラントを立地するとともに、信頼度の高い機器等を使用することや、運転員が誤操作をしにくい設計や環境を作ることなどが重要である。

　今回の事故においては、当初の想定を大きく超える地震や津波により、異常が発生した。

（2）異常が拡大して事故に至ることを防止するための対策

　さまざまな対策を施したとしても、異常の発生を完全に防止することは不可能である。そのため、原子力発電所には、素早く異常を検知して、異常が事故に拡大しないように、適切な操作を実施するための系統が多数備えられている。

　今回の地震発生直後、原子炉へ制御棒が自動で挿入され、「止める」機能は達成された。また、フェイルセーフの機能で主蒸気隔離弁という弁が自動で閉止し、大きな配管が万が一損傷した場合にも、放射性物質を含んだ冷却水が格納容器の外側へ漏えいしないよう、「閉じ込める」機能が強化された。さらに、非常用復水器や隔離時冷却系といった「冷やす」装置が作動し、炉心への給水を継続した。

　しかしながら、今回の事故においては、津波による全交流電源や直流電源、海水ポンプ系の機能を喪失したため、異常の拡大を食い止めることができず、最終的に事故へと発展した。

（3）事故の影響を緩和し、放射性物質拡散に対する障壁を一つ以上守るための対策

　原子力発電所には、事故が発生したとしても、放射性物質の放出を防ぎながら、事故を収束させることができるよう、更なる安全設備が設けられている。

　今回の事故においては、「冷やす」ための安全設備の多くが、津波による全交流電源喪失によって機能を失った。交流電源を必要としない安全設備には使用できたものもあるが、長時間の使用には耐えられなかった。また電源復旧の試みも行われていたものの、「閉じ込める」機能が喪失し環境中に放射性物質を放出する前に、復旧することができなかった。結果として、核燃料から発生する崩壊熱が原因で、「閉じ込める」機能を持っていた燃料被覆管、原子炉圧力容器、原子炉格納容器はそれぞれ大きく損傷した。一部溶融したと思われる燃料ペレットからは、沸点の低いヨウ素やセシウムなどの放射性物質が大量に放出された。

（4）アクシデント・マネジメント

　深層防護では、設計段階で準備した手段を全て使用しても対処できない事態までを考えて対策することになっている。その場合、利用できるあらゆる手段をつかって、事態を収束させることが必要である。このような現場で行われる臨機応変な活動を、アクシデント・マネジメントという。

　今回の事故では、ほう酸の注入や、消防車を用いた原子炉注水、原子炉格納容器ベントなど、「止める」「冷やす」「閉じ込める」ためのアクシデント・マネジメント活動が行われた。しかし、地震や津波の被害（特に電源喪失による弁操作やプラントパラメータ把握の困難さ）に加え、余震の影響や、事故の拡大に伴う放射線量の上昇、そして水素爆発などの影響もあり、放射性物質の大量放出を抑えるには至らなかった。結果として、燃料ペレットから放出されたヨウ素やセシウムは、格納容器の外部へと拡散し、マイクロメートルサイズのヨウ化セシウムの微粒子の形態で大気中を拡散したと見られている。

（5）防災対策

　放射性物質の大量放出を防げなかった場合にも、公衆の健康を守るために、防災対策が講じられている。大気中を放射性物質が拡散している間は、屋内退避や住民避難などの措置が取られる。一方、放射性物質が地表へ沈着した後は、一時的な移住や除染、食物等の摂取制限が必要になる。これが深層防護の第5層にあたる。深層防護の1～4層は、電力事業者の責任で行われる活動であるが、防災対策は政府の責任で行われる活動である。

　今回の事故では、避難指示の結果、オフサイトで急性被曝による健康被害は発生しなかった。しかし、避難指示地域に居住していた数十名人高齢者等が、避難の際に亡くなった。また、未だに10万人を超える住民が、「避難」を余儀なくされており、地域コミュニティの崩壊も懸念されている。

地震動の影響について

　原子力発電所では、複数の震源地を仮定して、原子炉建屋の基礎部分で想定される地震動を設定し、安全上重要な機器がそれに十分耐えられるかの評価が、あらかじめ行われている。地震が構造物に与える影響は、地震の加速度だけでなく、周波数にも大きく依存する事が知られているので、周波数毎に想定される揺れの大きさを設定し、解析が行われている。

　東日本大震災による地震動は、安全対策上想定されていた地震動とほぼ同じか、想定をわずかに上回る規模のものであった。地震の最大の加速度は、2、3、5号機で設計基準地震動の最大応答加速度を上回った。これらのプラントでは、周波数3~5ヘルツ程度の振動が、設計で想定した値より大きかった。他のプラントでは、最大加速度は設計の想定を超えなかったが、一部の周波数帯で、設計の想定とほぼ同じか、わずかに上回る振動を受けた。

福島第一原子力発電所の中で、地震動が想定を超えてしまった箇所については、安全上重要な設備がどのような荷重を受けたのかについて、地震計による測定結果をもとに、シミュレーション解析が実施された。IAEAへの報告書によると、2、5号機の原子炉建屋の一部を除く設備で、評価値を下回った。つまり、変形等は生じていないと判断された。

評価の対象となっていない場所として、再循環系や非常用復水器（IC系）など炉心に接続されている口径の大きな配管と、原子炉格納容器の圧力抑制室が指摘できる。いずれの場合も、地震発生から電源喪失までの間に福島第一原子力発電所で取得された記録には、圧力や水位の急激な低下などは見られず、記録から読み取れるプラントパラメータに基づいて推察すると、破損したとは考え難い。

1号機のIC系の配管については、電源喪失前後にIC系配管の破断警報が出た記録があることから、破断しているのではないかとの指摘があった。しかしこれは、破断検出回路が電源喪失したことが原因とみられる。

圧力抑制室については、地震動が圧力抑制室に伝わり、さらに圧力抑制室のプール水に伝わって振動するため、非常に複雑な解析を要する。したがって、IAEAに対する報告書内に解析結果が記載されていない点は、理解できる。しかしながら、地震発生時に1号機では圧力抑制室水位のチャートが動いていなかった点があり、チャートから読み取れるプラントパラメータからの類推だけでは、破損していないことを証明できない。したがって、地震により破損しているとは考え難いとはいえ、地震計の測定結果に基づいた動荷重の解析が実施されることが望ましい。

津波の影響について

地震同様、津波についても設計津波水位が設定されている。福島第一原子力発電所の設計津波水位は、設置許可申請書では3.1mとなっていたが、2002年に土木学会の「原子力発電所の津波評価基準」に基づいて5.7mに引き上げ、海側の一部機器の据え付け高さのかさ上げが行われている。発電所の主要建屋部分の敷地高さは、1～4号機が10m、5、6号機が13mである。

地震発生後、約40分後から原発を襲った津波は、浸水後の痕跡の調査から、最大で14～15mであったと見られる。主要建屋部分の敷地は、ほぼ全域が冠水し、安全上重要な機器や系統がきわめて大きな損傷を受けた。

結果として、1～6号機すべてで、プラントの熱を海に排熱するための海水ポンプが破損し、崩壊熱が逃げ場を失った。

また、1～5号機においては、全交流電源が喪失した。ほとんどの非常用ディーゼル発電機が被水し、被水を免れた2、4号機のディーゼル発電機も、送電先の非常用電源盤（M/C）が浸水したことから交流電源を供給できなかった。6号機では、1台のディーゼル発電機が被水を免れ、接続先の非常用電源盤（M/C）も健全であったことから、交流電源を喪失しなかった。ま

た、6号機から5号機へと電力を融通することによって、5号機の安全上重要な機器について、使用を再開することができた。

　1、2、4号機においては、直流電源が喪失した。その結果、機器の制御やプラントの状態把握が極めて困難になった。3号機ではバッテリーから直流電源が供給され続けたが、これらも次第に枯渇した。結果として、3号機の機器の直流電源も、交流電源喪失から1日半程度で、次々に喪失した。

● 津波到来後の非常用DGの損傷状況

	機器	設置場所	備考	機器	設置場所	備考	機器	設置場所	備考
	1号機			2号機			3号機		
DG	1A	T/B 地下1階	—	2A	T/B 地下1階	—	3A	T/B 地下1階	—
	1B	T/B 地下1階	—	2B	共用プール1階	M/C(2E)被水	3B	T/B 地下1階	—
	—	—	—	—	—	—	—	—	—

	機器	設置場所	備考	機器	設置場所	備考	機器	設置場所	備考
	4号機			5号機			6号機		
DG	4A	T/B 地下1階	—	5A	T/B 地下1階	励磁機器被水	6A	T/B 地下1階	海水ポンプ被水
	4B	共用プール1階	M/C(4E)被水	5B	T/B 地下1階	励磁機器被水	6B	DG建屋1階	—
	—	—	—	—	—	—	HPCS用	R/B 地下1階	海水ポンプ被水

■機器自体が被水した　■機器は被水しなかった
■機器自体は被水しなかったが、関連機器が被水したために機能を喪失　■工事中

● 津波到来後のM/Cの損傷状況

	機器	設置場所	機器	設置場所	機器	設置場所	機器	設置場所	機器	設置場所	機器	設置場所
	1号機		2号機		3号機		4号機		5号機		6号	
非常用M/C	1C	T/B 1階	2C	T/B 地下1階	3C	T/B 地下1階	4C	T/B 地下1階	5C	T/B 地下1階	6C	R/B 地下2階
	1D	T/B 1階	2D	T/B 地下1階	3D	T/B 地下1階	4D	T/B 地下1階	5D	T/B 地下1階	6D	R/B 地下1階
	—	—	2E	共用プール 地下1階	—	—	4E	共用プール 地下1階	—	—	HPCS用	R/B 1階

■機器自体が被水した　■機器は被水しなかった
■機器自体は被水しなかったが、関連機器が被水したために機能を喪失　■工事中

● 津波到来後のP/Cの損傷状況

	機器	設置場所	機器	設置場所	機器	設置場所	機器	設置場所	機器	設置場所	機器	設置場所
	1号機		2号機		3号機		4号機		5号機		6号	
非常用P/C	1C	C/B地下1階	2C	T/B1階	3C	T/B地下1階	4C	T/B1階	5C	T/B地下1階	6C	R/B地下2階
	1D	C/B地下1階	2D	T/B1階	3D	T/B地下1階	4D	T/B1階	5D	T/B地下1階	6D	R/B地下1階
	—	—	2E	共用プール地下1階	—	—	4E	共用プール地下1階	—	—	6E	DG建屋地下1階

■ 機器自体が被水した　■ 機器は被水しなかった
■ 機器自体は被水しなかったが、関連機器が被水したために機能を喪失　■ 工事中

1号機ICの動作状況について

　福島第一原子力発電所における事故は、1号機の炉心損傷に端を発して、1号機の水素爆発、3号機の炉心損傷、3号機の水素爆発、2号機の炉心損傷と、連鎖的に進行していった。その発端となった1号機の炉心損傷の直接的な原因は、全電源喪失直後からICがほとんど機能しなかったことにある。

　ICは、配管を破断すると原子炉格納容器外へ原子炉冷却水が漏えいする恐れのある機器であることから、4つの隔離弁と、配管破断を監視する回路を備えている。津波の影響で、配管破断検出回路が電源喪失した際、フェイルセーフの機能が働いて、4つの隔離弁は全て閉止を開始したことが後の調査で明らかになった。原子炉格納容器の外側にある二つの隔離弁（弁2、弁3）は完全に閉止し、残り二つの隔離弁（弁1、弁4）は、途中で動力となる交流電源も喪失したことから、「中間開」の状態となった。

　1/2号機の当直はICの運転経験がなかったこともあり、「ICの復水器タンクの冷却水が枯渇し、すぐにICが空焚き状態になるのではないか」という誤った懸念を持っており、これを発電所対策本部へ伝えていた。一方、発電所対策本部は、復水器タンクへ外部から水を補給する手段があることから、復水器タンクの枯渇については懸念していなかった。

　当直は、11日18時18分頃、弁2と弁3の表示灯が回復し、どちらも「閉」状態になっていることに気づき、制御盤上で「開」操作した。当直は、電源喪失前に弁3しか操作しかしていなかったことから、フェイルセーフの機能が働いたことに気付いた。弁1と弁4については、表示が回復せず、当直は、これらの弁が閉止していることを懸念した。この新しい懸念に基いた対応を発電所対策本部へと伝えたが、先の懸念と混同された可能性が、政府事故調中間報告で指摘されている。

　18時25分頃、当直はICにおける熱交換によって発生する蒸気を、離れた場所から確認することを試みた。弁2と弁3を「開」操作した後、わずかに蒸気が発生したものの、すぐに蒸気は見えなくなった。このことは、弁1と弁4が（ほとんど）閉止しているか、復水器タンクが枯渇しているかのどちらかであった。当直は、復水器タンク枯渇の懸念から、操作可能であった弁

3を「閉」操作した。その後、制御盤の表示が再度消灯しそうになったことから、これ以後ICを操作できなくなると考え、21時30分に弁3を「開」操作した。その後、弁2と弁3の表示灯は再度消灯し、ICの操作は全くできなくなった。

3月11日21時30分以降、当該隔離弁は「開」状態になっていた。しかし、2011年10月18日の東京電力による調査では、復水器タンクには十分な水量が存在しており、ICの冷却機能は、ほとんど働かなかったことが示されている。これは、3月11日の時点で状態を確認できなかった二つの弁が、いずれも「中間開」の状態になっており、冷却がわずかしか実施されなかったためだと考えられている。

● **IC系統図**

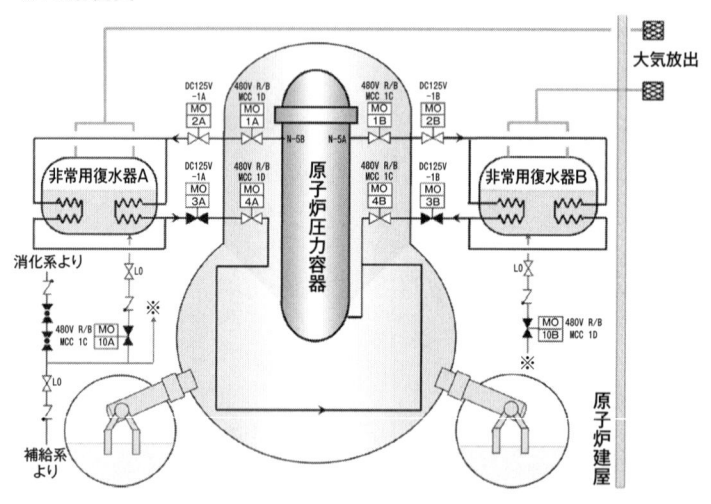

3月11日夜の時点で、吉田所長や発電所対策本部では、2号機の状況がもっとも深刻であり、次いで1号機であると認識していた。この認識は本店とも共有されていたようであり、官邸の主要メンバーに対しても、本店より官邸に派遣された武黒一郎フェローを通して共有されていたことが、本検証のインタビュー調査で明らかになっている。

1/2号機の当直は、11日18時18分以降、1号機ICの隔離弁がフェイルセーフの機能によって閉止し、制御できないことを懸念していた。しかし、この懸念を正しく、かつ迅速に、発電所対策本部へと共有することができなかった。従って、発電所対策本部は、2号機の危険度の方が高く、1号機ではICが動作し続けているとの誤った期待のもと復旧作業を行うことになった。

使用済み燃料プールについて

福島第一原子力発電所では、1～6号機すべてにおいて、最終ヒートシンクを喪失したことから、使用済燃料プールの冷却ができない状態が続いていた。その結果、使用済み燃料の発熱によって、保有水が蒸発し、使用済燃

料が露出することが懸念された。1、3、4号機では、爆発によってがれきが使用済み燃料プール上にも飛散しており、プールの構造を破壊して、冷却水が漏えいして枯渇している可能性もあった。特に4号機では、発災当時、大型炉内構造物の交換作業が計画されており、全炉心分の燃料が使用済み燃料プールへと移動されており、発熱量がきわめて大きい状況にあった。

　燃料被覆管に使用されているジルコニウム合金は、900℃以上まで加熱されると、急激な酸化反応を生じる。燃料被覆管を狭い範囲で大量に保管する場合、酸化反応による熱が他の被覆管に連鎖的に伝播し、被覆管が次々と破損する、いわゆるジルコニウム火災と呼ばれる現象を警戒する必要がある。そのため、崩壊熱の小さな使用済み燃料であっても、水中に保管するか、大気の循環を行うなどの方法により、温度上昇を防ぐことが必要であった。また、ジルコニウム火災が発生すると、そのエネルギーによって燃料は損傷し、放射性物質が使用済み燃料から放出される。沸騰水型軽水炉の使用済み燃料プールは原子炉格納容器の外側に位置するので、放射性物質の拡散をさえぎるものは少ない。つまり、使用済み燃料を長期間放置し、ジルコニウム火災が発生すれば、きわめて大量の放射性物質が火災のエネルギーを受けて大気中へと拡散し、広範囲にわたって汚染を生じる可能性もあった。

　4号機の使用済み燃料プールの状況については、多くの専門家が懸念していた。例えば、米原子力規制委員会（NRC）のヤツコ委員長は、連邦議会にて、4号機の使用済み燃料プールが枯渇しているとの見解を証言していた。これは、日米の情報共有のあり方に疑問を投げかける事例である。国際的な視点からの検証は第4部で行う。

　4号機の使用済み燃料が露出しなかった理由は、プール側の水の蒸発による水位の低下に伴い、ゲートを介してウエル側の水がプールへと流れ込んだためだと推定されている。

〈今回の調査で明らかになった課題とその原因〉
- 津波に対する事前の対策が不十分であった。
- シビアアクシデントに対する事前の対策が不十分であった
- 連絡系統の一部に混乱が見られた
- 複合災害の影響で、通信や輸送の手段が限られた
- 隣接するプラントの事故の影響を受け、作業が困難であった
- 関係者全員の安全に関する考え方が不十分であった

　事故の直接の原因は、津波に対する備えがまったく不十分で、電源喪失による多数の機器の故障が発生したことに尽きる。事故の影響を緩和するために行われた、事故後の関係者の努力は評価したいが、設計で用意された原子炉注水手段から、代替注水へと速やかに切り替えることができなかったことが決定的な要因となり、放射性物質の放出を抑制することができなかった。その原因は、シビアアクシデントに対する備えの不足と、連絡系統の混乱で

ある。また、その背景には、複合災害の影響として、通信や輸送の手段が限られたことや、隣接するプラントの水素爆発等の影響を受け、作業環境が悪化したことを指摘できる。

　事故後のオンサイトの活動の中には、安全に関する考え方に照らし合わせて、知識や発想が不十分であった可能性のある判断が、いくつか見られる。例えば、1号機ICと3号機HPCIの使用に関する判断である。また、2号機と3号機については、炉心の冷却より原子炉格納容器の保護を優先した傾向が見られるが、これが正しい判断であったかどうかは、今後、検証されるべきである。

主な参考文献（先行した検証報告の一覧）
1. 原子力災害対策本部　「原子力安全に関するＩＡＥＡ閣僚会議に対する日本国政府の報告書－東京電力福島原子力発電所の事故について－」、2011年6月
2. 原子力災害対策本部　「国際原子力機関に対する日本国政府の追加報告書－東京電力福島原子力発電所の事故について－（第2報）」、2011年9月
3. 日本原子力技術協会　福島第一原子力発電所事故調査検討会「東京電力（株）福島第一原子力発電所の事故の検討と対策の提言」、2011年10月28日
4. 東京電力株式会社　「福島原子力事故調査報告書（中間報告書）」、2011年12月2日
5. 東京電力福島原子力発電所における事故調査・検証委員会　「中間報告」、2011年12月26日
6. 日本原子力学会、「原子力安全」専門調査委員会「福島第一原子力発電所事故からの教訓」、2011年5月9日
7. N. Sekimura、「Overview of the Accident in Fukushima Daiichi Nuclear Power Plants」National Science Academy、United States. 2011年5月26日

第2章 環境中に放出された放射性物質の影響とその対応

〈概要〉

本章では事故によって環境中へ放出された放射性物質の影響とその対応について述べる。福島第一原発事故によって環境中へ放出された放射性物質は非常に大量であり、チェルノブイリ事故の約10分の1に相当すると推定されている。これらの放射性物質は、土壌や海水、食品や水などを汚染した。これらの汚染に対しては、住民帰還のための環境修復や廃棄物の処理などの対応が必要となる。

環境中に放出された放射性物質は、雨等により地表に沈着し、土壌汚染を引き起こしている。土壌汚染の状況については、空間線量率の測定および土壌サンプリングによるモニタリングが行われている。また原子炉冷却のために海水を注入したことにより大量の汚染水が発生し、配管等が損傷していたためその一部が海水中へ流出した。その過程でより高濃度の汚染水をサイト内にとどめるために、やむを得ず、低濃度汚染水を放出した。

環境中に放出された放射性物質の影響は、食物および水にも及んでいる。食物および水への汚染の問題は、公衆の安全および健康を守るという観点から重要な問題である。事故後には、原子力安全委員会の示した「飲食物摂取制限に関する指標」を、食品衛生法上の暫定規制値とし、複数の食物に関して出荷制限が行われた。また飲料水に関しても、摂取制限が指示された。

環境修復作業について、対応の遅さが指摘されるものの、子供達の保護を目的として校庭などでの線量の制限値が暫定的に定められ、除染の費用の議論や、市民による除染活動が始まっている。また環境中へ放出された放射性物質は一般廃棄物や災害廃棄物にも付着したが、このようにして発生した放射性廃棄物の処理については、従来の法体系の中では規定されていなかったため、事故後新たに法律が整備された。しかし、一般廃棄物の焼却処分や災害廃棄物の受け入れに支障が出ているケースが存在する。

これらの問題に関連して、低線量被曝に対する科学的理解の不十分さが、今回の社会的混乱を招いた一つの要因とも思われる。低線量被曝については長年の研究があるものの、いまだに人体への影響について統一された見解は得られていない。

〈検証すべきポイント・論点〉
1.土壌および海水への影響

土壌への影響については、汚染の程度を記述するとともに、政府等によるモニタリング（空間線量率の測定、土壌サンプリング等）の実施について時系列に沿って事実を記述する。

海水への影響についても、土壌汚染同様、汚染の程度を記述する。また第2部での検証の材料を提供するため、特に海水中への低濃度汚染水の放出に至った経緯を詳述する。

2.食品および水への影響と対応
　食物および水に対して、どのように出荷制限等の措置が取られたのか、時系列に沿って記述する。また報道等であいまいさを指摘された「暫定規制値」という言葉について、暫定規制値が設定された背景を述べる。
　さらに出荷制限に関わる判断は、生産者の利益を守ることや消費者の総合的な健康リスクを低減することと、時にトレードオフの関係となる。そのようなトレードオフが顕著に観察される、以下の3つの事例について記述する。
①地方自治体から出荷自粛を要請されていた農産物が自主的な判断で出荷された事例
②暫定規制値を超えた牛肉が検査をすり抜けて市場に流通した事例
③検査結果が暫定規制値を超えたことによる水道水の摂取制限の事例

3.環境修復と廃棄物の処理
　はじめに環境修復に関連し、子供の保護に関する事例を取り上げる。その後、除染の費用負担や、市民による除染活動について述べ、今後に向けた課題を指摘する。
　次に事故に起因する放射性物質の付着した一般廃棄物や災害廃棄物について、廃棄物処理に関する日本政府の方針と事故後に制定された法制度について述べる。またこれに関連して、廃棄物の焼却処分に関する問題や、災害廃棄物受入れに関する事例を取り上げる。

4.低線量被曝
　放射線の人体への影響にはどのようなものがあるのか、また低線量被曝の人体への影響はどの程度科学的知見が得られているのかを検証し、さらにどのような政策的混乱を招いたかを示す。

第1節　土壌および海水への影響

1.土壌モニタリングの実施
　日本政府のIAEAへの報告書によれば、地震・津波という自然現象と同時に事故が発生したことから、福島県の24基あるモニタリングポストのうち、23基が使用不能になっているが、その後行われた発電所敷地外のモニタリング開始状況は以下である。
- 福島第一原子力発電所より20km以遠の空間線量率：3月15日から
- 福島第一原子力発電所より20km圏内の空間線量率及び放射能濃度等：3

月30日から
- 大気中ダスト、環境試料及び土壌のモニタリング：3月18日から
- 海域モニタリング：3月23日から
- 航空機モニタリング：3月25日から

　文部科学省原子力災害支援対策支援本部によれば、「環境モニタリング強化計画」（2011年4月22日）及び「原子力被災者への対応に関する当面の取組方針」（2011年5月17日）に基づき、事故状況の全体像の把握や区域等の解除に向けて活用するために、放射線量等分布マップの作成が行われている[1]。

　それによれば、広域の放射性物質による影響の把握、今後の避難区域等における線量評価や放射性物質の蓄積状況の評価のため、東京電力福島第一原子力発電所から100kmの範囲内（福島第一原子力発電所の南側については120km程度の範囲内まで）及び近隣県について航空機モニタリングを実施している。図❶に地表面から1mの高さの空間線量率、及び地表面へのセシウム134、137の沈着量の合計を示す[2]。

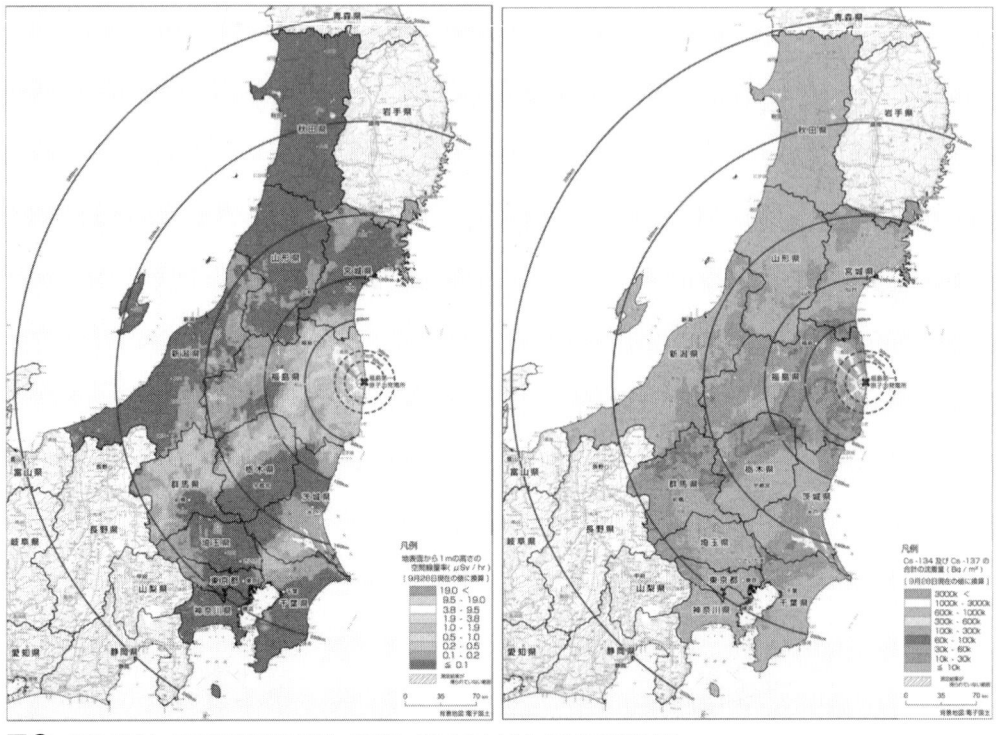

　参考としてプルトニウム（Pu）、ストロンチウム（Sr）の核種分析の結果について図❷に示す[3]（2011年9月30日時点）。文部科学省によれば、両者は今回の事故に起因するものと考えられている。しかしプルトニウム238、プルトニウム239＋プルトニウム240及びストロンチウム89とストロンチウム90の沈着量の最高値が検出された各箇所において、50年間の積算実効線量は、セシウム134、セシウム137の場合と比較して小さいため（^{134}Cs：

図❶　地表面から1m高さの空間線量率（左）、地表面へのセシウム134、137の沈着量（右）

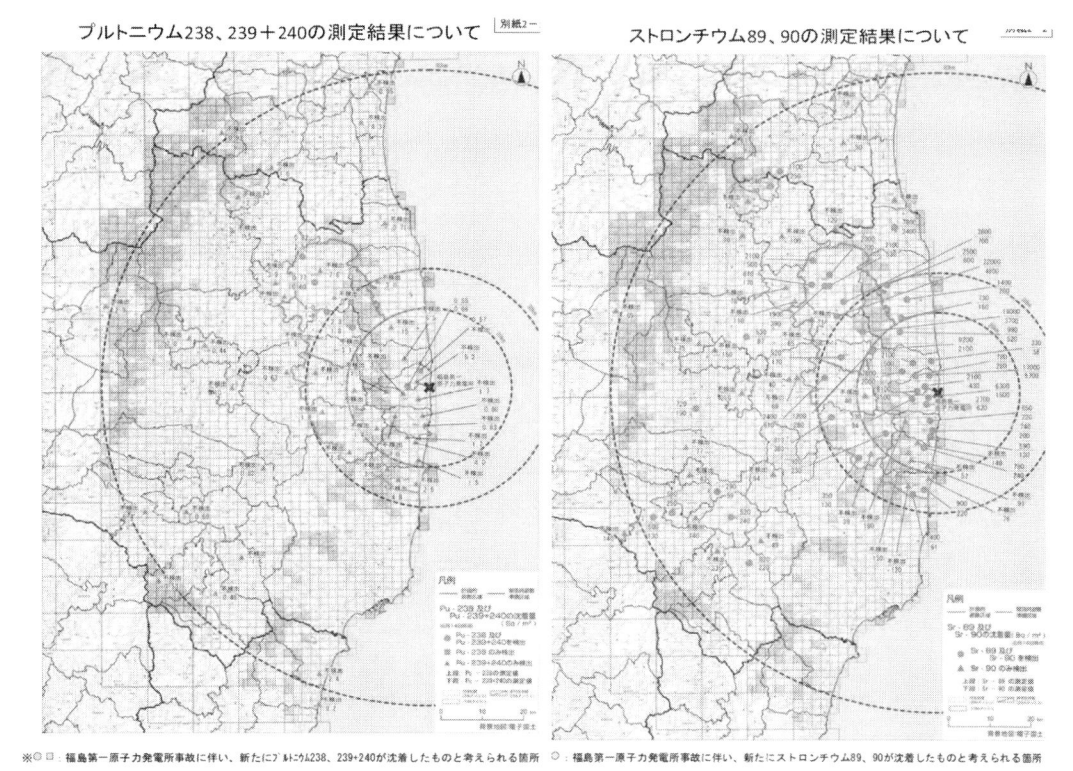

図❷ プルトニウム、ストロンチウムの核種分析の結果（2011年9月30日時点）

71mSv、^{137}Cs：2.0Sv）、被曝線量評価や除染対策においては、セシウムの沈着量に着目していくことが適切であると述べている。

海水のモニタリングの実施

　文部科学省は放射性物質の放出状況を確認するため、海上のモニタリングも行っている。沿岸約30kmの水域（空間線量率の測定を実施し、乗員の安全を確保できる距離）において、約10kmごとに海水の採取を8カ所で行っているが、例えば第1海域（福島第一原子力発電所沖合）において、ヨウ素131が76.8Bq/L、セシウムが24.1Bq/L最大で検出されている（3月23日）。なお海上の空間線量率や海上の塵中の放射能濃度もモニタリングが行われている。また海底土のモニタリングも宮城県、福島県、茨城県沖で行われてい

1　文部科学省　原子力災害対策支援本部「放射線量等分布マップの作成等に係る検討会」の開催について（2011年5月26日）http://www.mext.go.jp/b_menu/shingi/chousa/gijyutu/017/gaiyo/1307559.htm
2　http://radioactivity.mext.go.jp/ja/1910/2011/10/17485.pdf
3　文部科学省「文部科学省による、プルトニウム、ストロンチウムの核種分析の結果について」（2011年9月30日）
　http://radioactivity.mext.go.jp/ja/distribution_map_around_FukushimaNPP/0002/5600_0930.pdf

るが、今回の事故に起因すると思われるヨウ素131、セシウム134、セシウム137が検出されている。

なお4月からは、数値海況予測システムのJCOPE2やJCOPETを用いて海表面の放射性濃度の拡散を求めるシミュレーション等も行われている。

チェルノブイリ事故との比較

今回の事故と、1986年4月26日、当時のソビエト連邦（現在のウクライナ）で起きたチェルノブイリ事故とを簡単に比較する。原子力学会による報告では放出量は次のようになっている[4]。

表❶　発電所サイトからの放射性物質放出量

福島第一		チェルノブイリ	
大気中への放出量 *1		全核種	14×10^{18} Bq
^{131}I	0.15×10^{18} Bq	^{131}I	1.8×10^{18} Bq
^{137}Cs	12×10^{15} Bq	^{137}Cs	85×10^{15} Bq
海洋への放出量 *2		^{90}Sr	10×10^{15} Bq
^{131}I	2.8×10^{15} Bq	全Pu	3×10^{15} Bq
^{134}Cs	0.94×10^{15} Bq		
^{137}Cs	0.94×10^{15} Bq		

IAEA報告書"STI/PUB/1239"(2006)より

*1 2011/4/12 原子力安全委員会発表値
*2 2011/4/21 東京電力発表

例えばヨウ素は約10分の1の放出量となっている。なおこの表ではサイトからのプルトニウムやストロンチウムの放出量は含まれていない。

汚染された土壌面積については、汚染レベルにもよるが、例えば約600kBq/m²については、チェルノブイリの場合は約250倍以上の面積であるとされている（表❷）。なお汚染の面積がチェルノブイリの場合より小さいからといって、事故の問題も小さくなるわけではないことは注意を要する。両者とも国際評価尺度はレベル7とされており、また核反応暴走事故であるチェルノブイリは、本質的に汚染面積が大きくなり、炉心冷却水損失による炉心溶融の福島第一事故と単純な比較は出来ないという考え方も出来うる。図❸にその比較を示す。

参考までに、同報告によれば、サイト周囲の土地利用状況について、福島第一が、市街地：5％以下、水田：10％以下、その他の農用地：10％以下、森林・山林：75％以上であるのに対し、チェルノブイリ（汚染されたベラルーシ共和国全体）については、農地：43％、森林：39％、河川・湖沼：2％となっている。

表❷ 汚染レベル毎の面積

チェルノブイリ発電所事故

汚染レベル毎の面積	
37-185kBq／㎡	約162,160㎢
185-555kBq／㎡	約19,100㎢
555-1480kBq／㎡	約7,200㎢
>1480kBq／㎡	約3,100㎢

福島第一原子力発電所事故

汚染レベル毎の面積	
300-600kBq／㎡	約500㎢
600-1000kBq／㎡	約200㎢
1000-3000kBq／㎡	約400㎢
3000-14,700kBq／㎡	約200㎢

図❸ チェルノブイリと福島原発事故

チェルノブイリ

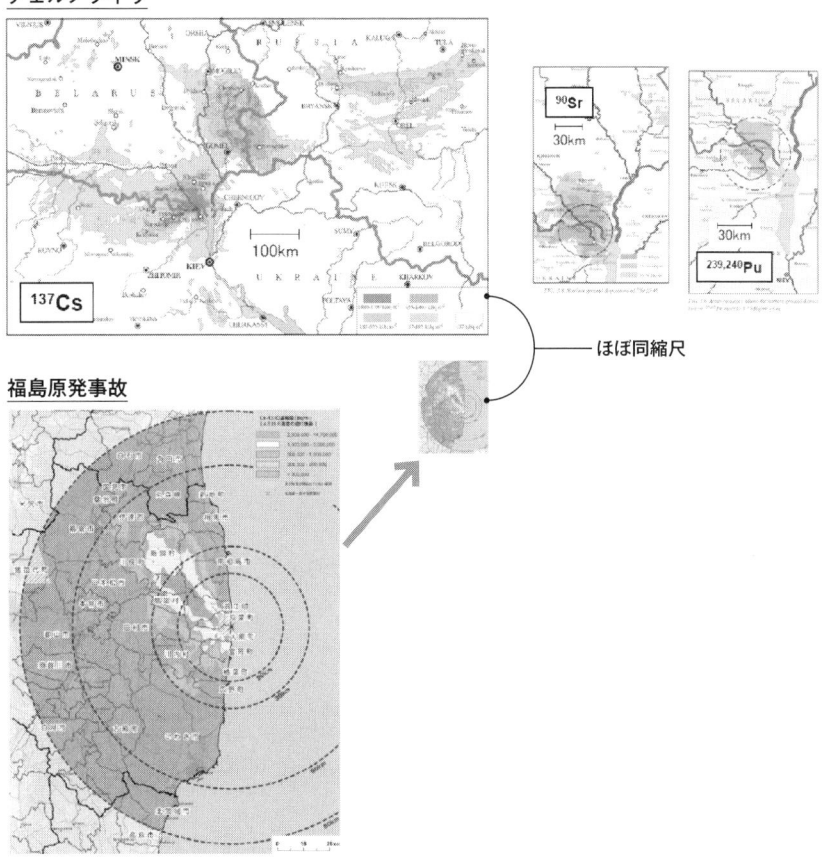

福島原発事故

ほぼ同縮尺

第2節 食品および水への影響と対応

食品への汚染と出荷制限

　3月17日に厚生労働省は、福島原発事故により環境中に放射性物質が放出されたことから、規制値を上回る放射能汚染が確認された食品について、当

4　高橋史明、原子力学会クリーンアップ分科会、「チェルノブイリ発電所事故による環境修復」、今回の事故による環境汚染との比較 一般社団法人　日本原子力学会　「原子力安全」調査専門委員会 福島第一原子力発電所事故に関する緊急シンポジウム
　　http://www.aesj.or.jp/aesj-symp/presentations/03-02_takahashi.pdf

分の間、食用に供されないよう対応するよう、各自治体に通達を出した。この通達は食品衛生法に基づくもので、出荷制限や摂取制限には原子力安全委員会の示した「飲食物摂取制限に関する指標」を暫定規制値として用いるとされた。その後、3月19日には福島県産の原乳と茨城県産のホウレンソウから、いずれも暫定規制値を上回るヨウ素131が検出されたことが報告された。

初めて出荷制限が指示されたのは3月21日である。対象は福島県産の原乳と、福島・茨城・栃木・群馬の各県産のホウレンソウ及びカキナである。この措置は原子力災害対策特別措置法（原災法）第20条第3項に基づき、原子力災害対策本部長である内閣総理大臣から、各県知事に対して指示が出された。

23日には、福島県及び茨城県産の食品に関して、出荷制限の品目が拡大され（福島県産食品の一部には摂取制限も併せて指示）、4月4日には千葉県の市町村で生産された食品についても出荷制限がかかるなど、各地での放射能汚染の検出に伴い、徐々に出荷制限の地域及び品目が拡大されていった。

当初、出荷制限の対象区域は県単位で設定されていたが、4月4日からは市町村単位など県を分割した区域毎に設定・解除を行うことが可能とされた。また出荷制限の解除は地方自治体からの申請により、解除条件は「1週間ごとの検査」で「3回連続暫定規制値以下」とされた。

4月5日には、前日に魚介類中の放射性ヨウ素を検出した事例が報告されたことから、暫定規制値が設定されていなかった魚介類中の放射性ヨウ素についても、暫定規制値について通知がなされ、規制値を超えるものについては食用に供しないよう全国の自治体に対して指示された。

出荷制限の解除については、4月4日に「1週間毎に検査を行い、3回連続で暫定規制値を下回った品目、区域に対して出荷制限の解除をする」という原則が示されたことを受け、4月8日に福島県の一部の地域で産出される原乳および群馬県全域で産出されるホウレンソウとカキナについての出荷制限が解除された。これ以降、上記の原則に従って出荷制限が解除されていった。

現在でも、シイタケや秋に収穫されたコメ等について、一部の地域で規制値を超えるものが見つかり、出荷制限がかけられている（2月12日時点）。

水への汚染と摂取制限

厚生労働省は、事故に伴う水道水に関する対応について、「飲料水を含む飲食物の摂取制限の実施の必要性」は原災法に基づき、「原子力災害対策本部が判断する」旨を、3月15日に各都道府県に対して伝達した。この伝達の中には、原子力災害対策本部が摂取制限を判断する目安として、前述の「飲食物摂取制限に関する指標」があることも含まれている。3月18日には文部科学省が水道蛇口から採取した上水（蛇口水）の調査を各都道府県に委託することになったため、各都道府県に対してモニタリング実施状況の把握と厚労省への情報提供を依頼した。翌19日には蛇口水のモニタリング結果が「飲

食物摂取制限に関する指標」を超えた場合に対して、①指標を超えるものは飲用を控えること、②生活用水としての利用には問題がないこと、③代替となる飲用水がない場合には、飲用しても差し支えないこととする見解を示している。この通知は地方自治体法に定める技術的な助言である。

実際の摂取制限の通達は、都道府県や市町村の水道局により行われた。例えば、京都では3月23日から24日まで、福島県飯舘村では3月21日から4月1日まで（乳児は5月9日まで）、摂取制限が出されていた。

暫定規制値の設定

食物や水に関する出荷制限等は、当初「暫定規制値」（報道では暫定基準値とも）と呼ばれた基準に基づいて判断された。ここでは暫定規制値の設定の背景について述べる。

食物の出荷制限等の措置の法的根拠となるのは、食品衛生法である。この法律は「食品の安全性の確保のために公衆衛生の見地から必要な規制その他の措置を講ずることにより」「国民の健康の保護を図ることを目的」（第1条）としたものである。しかし事故前までは今回問題となったような放射性物質の汚染については、規制等の措置を講ずるための判断基準となる指標が組み込まれていなかった。そのため事故発生後、原子力安全委員会の示した「飲食物摂取制限に関する指標」を基準値として用いた。下表は放射性ヨウ素及び放射性セシウムに関するその暫定規制値である。

核種	食品衛生法（1947年法律第233号）の規定に基づく食品中の放射性物質に関する暫定規制値(Bq／kg)	
放射性ヨウ素 （混合核種の代表核種：ヨウ素-131）	飲用水	300
	牛乳・乳製品	
	野菜類（根菜、芋類を除く）	2,000
	魚介類	
放射性セシウム	飲料水	200
	牛乳・乳製品	
	野菜類	500
	穀類	
	肉・卵・魚・その他	

注）100Bq／kgを超えるものは、乳児用調整粉乳及び直接飲用に供する乳に使用しないよう指導すること

原子力安全委員会は、防災指針の中で「飲食物摂取制限に関する指標」を示している。この指標は、緊急事態における介入のレベルの目安とする値であり、飲食物中の放射性物質が健康に悪影響を及ぼすか否かを示す濃度基準ではない。防護対策指標設定の基本となる国際放射線防護委員会（ICRP）、IAEA等の考え方に基づき、回避線量として実効線量5mSv/年（放射性ヨウ素による甲状腺等価線量の場合は50mSv/年）を基準にするとともに、わが国の食生活等の実態も考慮して制定された。

出荷制限等の措置は、実務的にはこうした指標に基づいた判断により実施されたが、出荷制限の根拠となる食品衛生法にこうした指標が組み込まれていなかったことから、食品衛生法の暫定規制値という表現が使用された。なお、指標を組み込むためには食品衛生法の改正が必要だが2012年1月末時点では、引き続き暫定規制値のまま運用がなされている。

生産者・消費者の保護とのトレードオフ
食物の出荷制限や水の摂取制限は、時として、生産者の利益の保護や消費者の総合的なリスク低減とのトレードオフとなることがある。本項ではこのようなトレードオフが観察された以下の3つの事例について述べる。
①地方自治体から出荷自粛を要請されていた農産物が自主的な判断で出荷された事例
②暫定規制値を超えた牛肉が検査をすり抜けて市場に流通した事例
③検査結果が暫定規制値を超えたことによる水道水の摂取制限の事例

①地方自治体から出荷自粛を要請されていた農産物が自主的な判断で出荷された事例

この事例は、地方自治体により出荷自粛を要請されていた農産物（サンチュ）が、検査結果が暫定規制値を下回っていたことから、国による出荷停止が指示されるまで、大手スーパーにより販売された、というものである。この事例からは、2つの異なるタイプの国民の保護（消費者の健康リスクの低減、生産者の利益確保）をバランスする必要があったこと、またそれに対してさまざまなレベルの行政主体（国、県、市）が異なるアクションを取っていたことがわかる。

3月20日に東京都が公表した放射能検査結果では、千葉県旭市産のシュンギクから暫定規制値を超えるヨウ素131が検出された（採取日は3月18日）。これを受け、旭市のちばみどり農業協同組合はシュンギクを含む農産物の出荷自粛を決定した。3月25日千葉県は、3月22日に採取された同県旭市産の農産物14品目を対象とした、放射能検査の結果を公表し、サンチュを含む5品目について暫定規制値を超えるヨウ素131が検出されたことが明らかになった。翌26日に旭市は、3月21日に採取した同市産の農産物27品目についての放射能検査の結果を公表し、同じくサンチュを含む11品目について暫定規制値を超えるヨウ素131が検出されたことが判明した。サンチュに関する放射能検査の結果は、千葉県の検査結果（採取22日、公表25日）では2,800Bq/kg、旭市の検査結果（採取21日、公表26日）では4,800Bq/kgであった（暫定規制値は2,000Bq/kg）。

千葉県の検査で暫定規制値を超えた5つの品目については、3月20日より旭市のちばみどり農業協同組合が出荷を自粛していたとされていたが、3月

第2章 環境中に放出された放射性物質の影響とその対応

29日に千葉県は旭市に対し、「当分の間、安定的な安全性が確認されるまで、出荷を控えるよう要請」した。一方で旭市は同日、3月25日に採取した同市産の農産物10品目について放射能検査の結果を公表し、サンチュを含む6品目について暫定規制値を下回ったことが明らかになった（サンチュに関する放射能検査の結果はヨウ素131で1,700Bq/kg）。

4月4日、政府は千葉県に対し、同県香取市及び多古町産のホウレンソウ、及び同県旭市産の農産物6品目（サンチュ含む）について、出荷制限を指示した（原災法第20条第3項に基づく）。これらの出荷制限は、4月22日に解除された。

4月13日に大手スーパーは、3月30日〜4月7日の間、旭市産のサンチュが関東エリアの57店舗で計2,200パック販売されていたことを公表した。同時に、売り場から回収された当該商品に含まれる放射性物質の量が暫定規制値を下回っていたこと、4月4日の出荷制限の指示以降は出荷されていないこともあわせて公表された。従って、販売されたサンチュは3月29日から4月4日までの間に出荷されたと見られる。これらのサンチュを大手スーパーに対して出荷したのは旭市の集配業者で、同社社長は「自分の判断で問題ないと判断した」としている。

なお、出荷制限の解除については、4月22日に千葉県より申請され、同日解除された。判断根拠は4月4日以降の3回の検査で暫定規制値を下回ったことである（下表の採取日で4月8日、4月14日、4月21日を参照）。

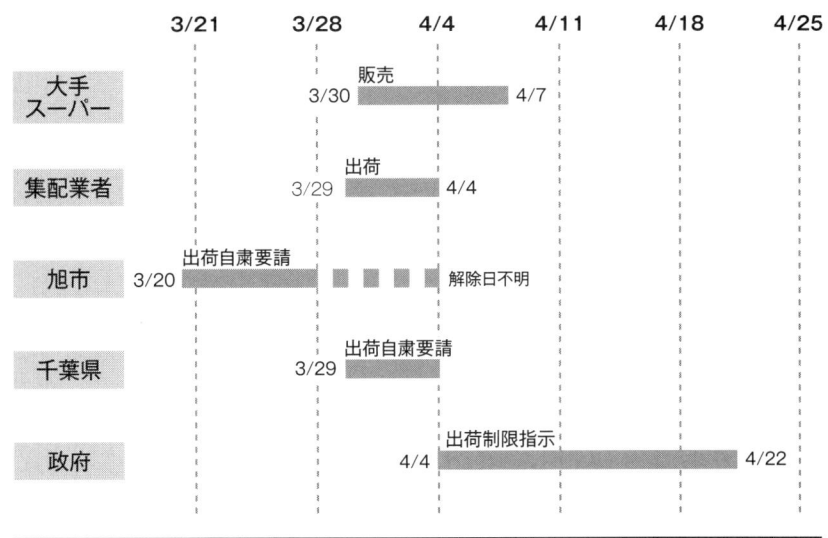

採取日	3/21	3/22	3/25	3/30	4/8	4/14	4/21	4/28
公表日	3/26	3/25	3/29	3/31	4/12	4/15	4/22	4/29
公表者	旭市	千葉県	旭市	千葉県	千葉県	千葉県	千葉県	千葉県
結果	**<u>4800</u>**	**<u>2800</u>**	1700	730	50以下	未検出	35	未検出

（検査結果の単位はBq/kg、暫定規制値を超えたものは太字・下線で表記）

主要な関係主体は、販売者である大手スーパー及び集配業者、旭市・千葉県・政府の3つの行政主体である。以下、主体別に行動を検証する。

　まず、販売者である大手スーパー及び集配業者であるが、問題となったサンチュが出荷されていたのは法的拘束力のある政府による出荷制限指示が出る4月4日以前であるため、法的には違反ではないが、旭市及び千葉県の出荷自粛要請には沿っていない。また結果的にではあるが、出荷していた期間の放射能検査の結果は、暫定規制値を下回るものであった。

　次に、地方自治体である旭市及び千葉県であるが、旭市は3月20日の東京都の放射能検査の結果（暫定規制値を超過）を受けて迅速に出荷自粛を決定している（東京都の検査はシュンギクのみであったが、それ以外の農産物についても出荷自粛をしていた）。これにより、最も放射能濃度が高く、かつ暫定規制値を超えていた期間については、汚染された農産物が市場へ流通することを防ぐことができた。一方の千葉県であるが、県は25日に暫定規制値を超える放射能検査の結果を受けながら、出荷自粛を要請したのは29日であり、かつ同日に旭市が暫定規制値を下回ったという結果を公表したことも重なり、若干の対応遅れが指摘され得る。しかし4月4日に示された政府による出荷制限指示解除の原則に照らせば、3月29日の段階で出荷を自粛することは妥当であり、またそもそも法的拘束力のある指示を出す権限を有していないことから、大きな問題とはいえない。

　最後に、政府であるが、今回の事例において実際に出荷制限を指示したのは、3月20日の東京都の結果公表後2週間以上経った4月4日である。3月29日公表の放射能検査の結果で暫定規制値を下回って以降、放射能濃度は下がり続けていたことから考えると、政府の出荷制限指示は遅れてしまったということができる。仮に旭市が出荷自粛を決定した3月20日に出荷制限が指示されていれば、政府の原則に従えば4月12日または15日には出荷制限が解除されていたはずだ。さらに放射能濃度が最も高かった期間についても、法的な拘束力がある形で出荷を制限することができたはずである。

　このような政府の対応遅れには、出荷制限の解除条件の決定・通知が遅かったことも含まれる。前述の通り、政府は4月4日に出荷制限の解除の原則を示したが、全国的には3月21日より出荷制限が指示されており、既に2週間が経過していた。集配業者は、旭市による放射能検査結果が1度暫定規制値を下がっただけで出荷を再開してしまい、これは政府の原則とは異なる判断だが、集配業者が判断した際には政府の原則はまだ示されておらず、仮に解除条件が示されていたら、出荷自粛を継続していた可能性も否定はできない。

　ただし、暫定規制値は1年間同程度の放射能濃度の食品を摂取し続けた場合に実効線量5mSv/年となる値であるため、規制値を超えるものを一時的に摂取したことによる、健康に対する影響は軽微である。

②暫定規制値を超えた牛肉が検査をすり抜けて市場に流通した事例

　この事例は、規制値を超えた牛肉が、当局の検査をすり抜け、市場に流通・販売された、というものである。原因となったのは、牛に与えていた飼料であったが、この点は検査体制から漏れてしまっており、また代替となる策も取られていなかった。

　7月8日、東京都は、福島県南相馬市内の緊急時避難準備区域から芝浦と場に搬入された牛11頭のうち1頭の食肉から、食品衛生法の暫定規制値を超える放射性セシウム（セシウム134、セシウム137）が検出されたことを発表した（検出結果は2,300Bq/kg、暫定規制値は500Bq/kg）。この検査は、7月6日に厚生労働省から依頼されて行われた。同8日には厚生労働省から福島県および隣接する6県に対して、牛肉のモニタリング検査強化の依頼が出された。翌9日には、残りの10頭の検査結果が公表されたが、結果は1,530〜3,200Bq/kgと全て暫定規制値を超えていた。

　7月11日、福島県は、計画的避難区域及び緊急時避難準備区域の全ての肉用牛農家に対して緊急に立入調査を行うことを発表し、同時に7月10日に行った南相馬市の畜産農家における放射線調査結果を公表した。調査の対象となったのは、5種類の飼料（稲わら・オーツ・牧草・配合飼料・家畜飲用水）で、このうち稲わら・オーツ・牧草から放射性セシウムが検出された。最も高濃度だったのは稲わらで75,000Bq/kg（水分の補正を行った値で17,045Bq/kg）である。

　7月14日には、福島県浅川町の肉用牛農家から、高濃度の放射性セシウムが含まれた稲わらを給与された肉牛が出荷・流通されていたことが明らかになり、福島県は、県内農家に対して、緊急立ち入り調査が完了する7月18日頃までを目途に、出荷を自粛するよう要請した。

　緊急立入調査の結果は7月18日公表され、3月28日から7月13日までの間に、放射性物質に汚染された稲わらを給餌され出荷された肉牛は計554頭であることが判明した。これを受けて7月19日に政府は、福島県産の肉用牛について県外への移動及びと場への出荷の制限を指示した。この後、県内全域の肉用牛農家への立入調査も行われ、8月6日に公表された調査結果の総括では、放射性物質に汚染された稲わらが給餌された（またはその可能性がある）肉用牛農家は計143戸、うち30戸から計867頭（と畜日3/28〜7/15）が出荷されていたことが明らかになった。

　この事例の原因は、第1に放射性物質で汚染された稲わらを飼料として供与してしまったこと、第2に汚染された稲わらで飼育された肉牛を検査で見つけることができなかったことである。

　まず稲わら等の飼料に関しては、農林水産省が所管しており、3月19日に事故前に刈り取ったものや屋内で保管しているものを使うこと、飼料や水に

放射性物質が付着しないように管理すること等を指示した。また4月14日には、牛乳や牛肉が食品衛生法上の暫定規制値を超えないようにするための当面の目安として、粗飼料中の放射性物質の暫定許容値を設定し、通達した。しかし保管している飼料に放射性物質が積もることの対応はしていたが、当時生えていた牧草を集めて飼料にすることは想定していなかった。

次に、肉牛の検査体制であるが、計画的避難区域及び緊急時避難準備区域からの牛の出荷・移動に際しては、人間同様、サーベイメータを用いたスクリーニングを行い、結果が10万cpmを超える場合は除染することとなっていた（4月23日～7月11日までにスクリーニングを行った1万1140頭については、約85％が1,000cpm以下、最大でも16,000cpmであり、除染が必要となったケースはなかった）。しかしこの検査では、表面線量しか測ることができず、内部に蓄積された分を検査することはできない。従ってスクリーニングのみでは、放射能汚染された食用牛が出荷されることは防ぐことができないが、と畜後の検査を十分に行っていれば、暫定規制値を超えるものが市場に出回ることはなかったと考えられる。

③水道水から規制値を超える放射性物質が検出された事例（東京、福島）

この事例は、規制値を超える放射性物質が検出された水道水の摂取に関するものである。水道水の場合、これまでの2事例で扱った農畜産物のケースとは異なり、政府や地方自治体は消費者に対して強制力のある措置を取ることができない。したがって飲用するか否かについての最終的な判断は、他の健康リスクとのバランスも含め、消費者に委ねられる。水道水の汚染と摂取制限については先に述べた通りだが、以下、東京都と福島県飯舘村の2つのケースについて、事実関係を述べる。

東京都水道局は、3月22日9時に金町浄水場から乳児の飲用に関する暫定規制値を超過する濃度のヨウ素131が測定されたと、23日に発表した（測定値は210Bq/kg、乳児の飲用に関する暫定規制値は100Bq/kg）。これと同時に23区及び一部の多摩地域に対して、乳児による水道水摂取を控えるよう通達した。翌24日には濃度は規制値以下の79Bq/kgに下がり、乳児も含めて摂取して問題ないことを発表した。

この間、多くの地域でミネラル・ウォーターが入手困難な状況になり、放射性物質を含む水を摂取するか、水の摂取を控えるかという判断を迫られるケースや、母体からの放射性物質の移行に配慮して母乳栄養を継続するか否かの判断を迫られるケースも発生した。東京都は24日および25日に、摂取を控えるよう通達を出した地域（特に乳児のいる家庭）に対して、ペットボトルの水を24万本ずつ配布した。

また乳児や妊婦による水道水の摂取に対しては、政府や学会などが見解や専門的助言を行っている。3月21日に厚生労働省が発表した見解では、暫定

規制値を超える場合は、水道水の摂取を控えること、また代替となる飲用水が確保できない場合には摂取しても差し支えないことが述べられている。また3月24日に3学会（日本小児科医学会、日本周産期・新生児医学会、日本未熟児新生児学会）が発表した共同声明では、幼児にミネラル・ウォーター（硬水）を与える事の危険性及び水分摂取を控える事の危険性を、放射線の危険と比較してアドバイスを行い、同日の日本産婦人科学会の発表では、妊婦が水分摂取を控える事の危険について注意喚起がなされた。

なお金町を含む各浄水場の放射能濃度は25日以降徐々に低減し、4月上旬頃からはどの浄水場でも検出限界値未満が続いている（検出限界値は場所によって異なるが、1桁Bq/kg）。

次に福島県飯舘村のケースについて述べる。3月21日、福島県飯舘村では、水道水の放射能検査により、ヨウ素131が965Bq/kgという結果が出たことを公表した（採取日は3月20日）。これは暫定基準値300Bq/kg（乳児は100Bq/kg）を大きく超えるもので、これに対して飯舘村は水道水の摂取を控えるよう通達した。その後数値は減少し、3月28日に採取され4月2日に公表された検査結果では、花塚・滝下・田尻の3つの浄水場すべてで、100Bq/kgを下回った。摂取制限は、乳児を除いて4月1日に解除され、乳児については5月9日に解除された。

水道水に関しては、政府や地方自治体は、強制力のある供給や摂取停止の措置を取ることが出来ない。したがって、微量の放射性物質を含んだ水の飲用によるリスクと、水を摂取しないことによるリスクのトレードオフを個人が判断する必要があった。そのために、政府は適切な判断材料を提示し、適切なリスク・コミュニケーションを行う必要があった。

また、飯舘村のケースでは、東京都と比べ長期間（10日間）にわたって摂取制限がかけられ、乳児に対しては1ヵ月半以上、摂取制限が継続された。このケースでは、前述のリスク・コミュニケーションに加えて、（特に乳児がいる家庭に対して）飲料水の配布等の措置は必要なかったか、摂取制限解除までの期間は適切であったか、といった点でも検証が必要である。特に後者については、放射能濃度の検査結果では、花塚・滝下両浄水場で3月26日（摂取日24日）に、田尻浄水場でも3月30日（摂取日29日）に、乳児の暫定規制値である100Bq/kgを初めて下回って以降、濃度は下がり続け、4月11日からはほとんどの結果が検出限界値以下となっていた（検出限界値は機器や測定条件により異なるが、概ね5～15Bq/kgであった）ことから、摂取制限によって生じる他のリスクとの兼ね合いでは、摂取制限期間を短縮すべきであった可能性もある。

第3節　環境修復と廃棄物の処理

子供の保護

特に子供たちへの影響の懸念が大きな課題となっている。福島県内の校舎や校庭における線量低減について、4月19日付けで、文部科学省はICRPの助言や声明等を受け、校舎や校庭利用について夏期休み終了（おおむね8月下旬）を対象とした「暫定的考え方」を示した。これによれば、校庭・園庭で毎時3.8μSv以上の空間線量率が測定された学校において、当面はその利用を一日あたり1時間に制限することが通知された。文部科学省は定期的に校庭等の空間線量率を測定しているが、例えば4月14日測定結果について、福島市の52の幼稚園、小中学校のうち13校がこの制限対象に該当している。

ようやく8月26日の通知において、ICRP勧告による非常事態収束後の参考レベルである年間1～20mSvを参考に、学校において児童生徒等が受ける線量について、原則年間1mSv以下とし、校庭や園庭の空間線量率について毎時1μSv未満を目安とすることが示された。

日本政府は「東北地方太平洋沖地震に伴う原子力発電所の事故により放出された放射性物質による環境の汚染への対処に関する特別措置法」を成立させ、8月30日に公布した。その概要を表1に示す。これにより環境大臣は汚染された廃棄物及び土壌処理の基準を設定し監視・測定を行う。なお費用の負担については、原子力損害賠償法に基づいて関係原子力事業者の負担で行うことになった。

環境省によれば、この法律に基づいて、「汚染状況重点調査地域」に指定された市町村は、追加被曝線量が年間1mSv以下になるように除染作業を行う。具体的な除染等のロードマップとして、2011年11月からモデル事業の実施を行い、2012年1月から本格的な除染作業を開始する。その後、仮置き場での保管を約3年程度行う予定であるが、その保管は市町村又はコミュニティ毎に確保し、また除染特別地域（警戒区域、計画的避難区域）では、市町村の協力を得て環境省が確保、またそれ以外の地域では、国が財政的・技術的な責任を果たしつつ市町村が確保する。その後中間貯蔵施設へ搬入することになる（詳細は第5節参照）。

除染の費用負担

環境省は、除染によって生じる除去土壌量及び廃棄物量の試算を行っている。それによれば、発生量が少ないケースで、福島県で約1,500万m³及びその他地域で約140万m³、また発生量が多いケースでは福島県が約2,800万m³、その他地域で約1,300m³としている。

事故に係る除染の総額費用はいくらになるのか、正式な想定額は公表されていない。なお計画的避難区域に指定された福島県飯舘村は、村の除染費用について概算で3244億円と示した。「東京電力に関する経営・財務調査委員

会報告書」によれば、除染を行う費用が特定出来ないため、損害額を具体的に見積もることができるようになるまでに「相当の期間を要する」と示している。なお原子力損害賠償紛争審査会によれば、2011年8月5日、「東京電力株式会社福島第一、第二原子力発電所事故による原子力損害の範囲の判定等に関する中間指針」において、当該財物の価値を上回る費用については、原則として損害賠償の範囲外（一部文化財等を除く）と述べている。

　国がどの程度除染に対して支援をしてくれるのか、費用が重要な課題になっている。12月9日、内閣府は、除染費用の目安を初めて福島県内の市町村に示した。年間の追加被曝線量が1mSv以上の地域については国が除染費用を支援することになった。例えば一戸建ての場合は70万円となっている。

市民による除染活動
　一般の人々が除染活動を行うことを制限するのではなく、専門家がその方法を積極的に提示するようになってきている。日本放射線安全管理学会は7月29日、一般向けのホットスポット発見や除染に関するマニュアルを公表した。また内閣府の原子力被災者生活支援チームは11月22日、家屋や道路、学校や公園、農地等の除染について安全上の注意や効果等をまとめた「除線技術カタログ」を公表した。なお環境省は除染ボランティアによる除染の取り組みを行っている。

　除染作業が進む一方で、福島県以外でも、市民の独自の測定により、線量率の高い場所が検出されている。例えば10月17日、東京都足立区では毎時3.99μSvの値が小学校で検出され立ち入り禁止となった。

課題
　子供達への影響、すなわち学校における被曝と除染は大きな問題になったものの、その対策は果たして十分であったか分析が必要である。例えば4月14日測定結果については、幼稚園と小学校では地上50cmの値で判断しているが、中学校では1mの高さとなっているので、50cmでの値が3.9μSvであっても制限とはなっていない。

　特別措置法の制定により、制度的に除染を行う準備はある程度整ってきたが、その汚染状況重点調査地域については、各自治体が自主的に「手を挙げる方式」となっている。風評被害の懸念から名乗りを上げることをちゅうちょする自治体が現れたり、またわずかな線量の違いによって対象とならなかったり、制度の妥当性や柔軟さについて検証が必要である。

　一方で、2011年12月6日付けのニューヨーク・タイムズ紙の記事にみるようにこの大規模な除染活動の経済に与える影響や、無用の長物（White elephant）になってしまう可能性を指摘する意見もある。

表❶

平成二十三年三月十一日に発生した東北地方太平洋沖地震に伴う原子力発電所の
事故により放出された放射性物質による環境の汚染への対処に関する特別措置法の概要

目 的
放射性物質による環境の汚染への対処に関し、国、地方公共団体、関係原子力事業者等が講ずべき措置等について定めることにより、環境の汚染による人の健康又は生活環境への影響を速やかに低減する

責 務
○国：原子力政策を推進してきたことに伴う社会的責任に鑑み、必要な措置を実施
○地方公共団体：国の施策への協力を通じて、適切な役割を果たす
○関係原子力事業者：誠意をもって必要な措置を実施するとともに、国又は地方公共団体の施策に協力

制 度

基本方針の策定
環境大臣は、放射性物質による環境の汚染への対処に関する基本方針の案を策定し、閣議の決定を求める

基準の設定
環境大臣は、放射性物質により汚染された廃棄物及び土壌等の処理に関する基準を設定

監視・測定の実施
国は、環境の汚染の状況を把握するための統一的な監視及び測定の体制を速やかに整備し、実施

放射性物質により汚染された廃棄物の処理	放射性物質により汚染された土壌等（草木、工作物等を含む）の除染等の措置等
① 環境大臣は、その地域内の廃棄物が特別な管理が必要な程度に放射性物質により汚染されているおそれがある地域を指定 ② 環境大臣は、①の地域における廃棄物の処理等に関する計画を策定 ③ 環境大臣は、①の地域外の廃棄物であって放射性物質による汚染状態が一定の基準を超えるものについて指定 ④ ①の地域内の廃棄物及び③の指定を受けた廃棄物（特定廃棄物）の処理は、国が実施 ⑤ ④以外の汚染レベルの低い廃棄物の処理については、廃棄物処理法の規定を適用 ⑥ ④の廃棄物の不法投棄等を禁止	① 環境大臣は、汚染の著しさ等を勘案し、国が除染等の措置等を実施する必要がある地域を指定 ② 環境大臣が①の地域における除染等の措置等の実施に係る計画を策定し、国が実施 ③ 環境大臣は、①以外の地域であって、汚染状態が要件に適合しないと見込まれる地域（市町村又はそれに準ずる地域を想定）を指定 ④ 都道府県知事等（※）は、③の地域における汚染状況の調査結果等により、汚染状態が要件に適合しないと認める区域について、土壌等の除染等の措置等に関する事項を定めた計画を策定 ⑤ 国、都道府県知事、市町村長等は、④の計画に基づき、除染等の措置等を実施 ⑥ 国による代行規定を設ける ⑦ 汚染土壌の不法投棄を禁止 ※政令で定める市町村長を含む

※原子力事業所内の廃棄物・土壌及びその周辺に飛散した原子炉施設等の一部の処理については関係原子力事業者が実施

特定廃棄物又は除去土壌（汚染廃棄物等）の処理等の推進
国は、地方公共団体の協力を得て、汚染廃棄物等の処理のために必要な施設の整備その他の放射性物質に汚染された廃棄物の処理及び除染等の措置等を適正に推進するために必要な措置を実施

費用の負担
○国は、汚染への対処に関する施策を推進するために必要な費用についての財政上の措置等を実施
○本法の措置は原子力損害賠償法による損害に係るものとして、関係原子力事業者の負担の下に実施
○国は、社会的責任に鑑み、地方公共団体等が講ずる本法に基づく措置の費用の支払いが関係原子力事業者により円滑に行われるよう、必要な措置を実施

検討条項
○本法施行から3年後、施行状況を検討し、所要の措置　　○放射性物質に関する環境法制の見直し
○事故の発生した原子力発電所における原子炉等についての必要な措置

廃棄物処理に関する日本政府の方針と法制度

　福島第一原発事故では、環境中への放射性物質の放出により、これまで見てきたような環境汚染を引き起こしたが、廃棄物も汚染されたものの中に含まれる。従来、放射性廃棄物の取扱いについては、原子炉等規制法などの法律や規則によって定められていたが、これらは全て原子力関連施設で発生したものを処理・処分するためのものであり、今回のような施設外で発生したものに適用できる法制度は整備されていなかった。

　8月26日に放射性物質汚染対処特措法が議員立法により可決・成立すると、これらの廃棄物に対する対応が可能になった。この法律では、環境相に対して「事故由来放射性物質による環境の汚染への対処に関する基本的な方針」を定めることを求めているが、11月11日に基本方針が定められ、閣議決定された。基本方針の中では、環境汚染の監視・測定や汚染された廃棄物の処理、土壌等の除染、などについて方針が示されており、特に事故由来の放射性物質によって汚染された廃棄物の処理については、住民の生活の妨げとなる廃棄物（除染した土壌や生活地近くの災害廃棄物など）の処理を優先するとしている。また汚染廃棄物は①汚染廃棄物対策地域内の廃棄物、②指定廃棄物、③その他の事故由来放射性物質によって汚染された廃棄物、の3つに分け、①については環境省が、②については廃棄物の種類に応じて所管官庁が、それぞれ処理を行うこと、③については放射性物質の監視測定や拡散防止措置を講じて処理することとしている。

焼却灰の処理・処分

　廃棄物処理場での焼却灰については、放射性物質の濃度が高くなることから、周辺住民の安全確保の点から懸念されていた。日本政府は監視測定を行い、8,000Bq/kg以下のものについては通常の廃棄物と同様の埋め立て処分、8,000Bq/kg以上100,000Bq/kg以下のものについては公共用水域や地下水への汚染を防止しつつ埋め立て処分、100,000Bq/kg以上のものは遮蔽できる施設で保管することとしている。

災害廃棄物の受け入れ

　東日本大震災では、主に津波によって建物等が破壊され、大量の災害廃棄物が発生した。災害廃棄物の処理・処分は大きな課題の一つだが、これらの災害廃棄物について、放射性物質による汚染を理由に、受け入れに難色を示す事例が出ている。例えば東京都は3年間で50万tの災害廃棄物の受け入れを決定しているが、これに対して苦情のメールや電話が多数届いている（報道によれば9月末から11月3日までで3,328件中2,874件が反対や苦情）。またこれと類似の事例として、8月の「京都五山送り火」において、被災地域である岩手県陸前高田市の「高田松原」の松で作った薪を使用する予定であったが、京都市や主催する保存会に対して放射性物質の汚染を心配する苦情が

寄せられ、中止された。なお、全ての薪は検査により放射性物質が検出されていたことが確認されていた。

第4節　低線量被曝

はじめに

　今回の事故における社会の混乱の一因としては「放射能」という目に見えず臭いもしない物質に対する一般の人々の不安が考えられる。その不安は現在でも収束せず、一般の人々が独自に情報を集め、その一方で関係当局からの情報が増すにつれ深刻化していると思われる。特に「低線量被曝」に関連するもの、つまりヒロシマ、ナガサキでの原爆被爆者のような高線量被曝ではなく、「一般公衆が被曝するような低線量で慢性的に受けるもの」について注目が集まっている[5]。

放射線の人体への影響[6]

　被曝、つまり放射線を浴びてしまうことの生物学的効果は大きく2つある。一つは確定的影響である。その影響は予測可能であり、また線量のしきい値が存在するために、それ以上の線量によって症状が現れるものである。もう一つが確率的影響で、その効果が線量によって確率的に引き起こされるものである。つまり確率でしか示すことのできないほどの効果であり、また言い換えれば、ある放射線レベル以下では影響が全くない、というようなことはいえないともいえる。これが、いわゆる低線量の被曝において「しきい値」があるかどうか、つまりある一定レベルでは影響があるのかないのか、という課題ではあるが、しきい値がないということは、国際的な合意事項とされている。

図❶　放射線の人体への影響

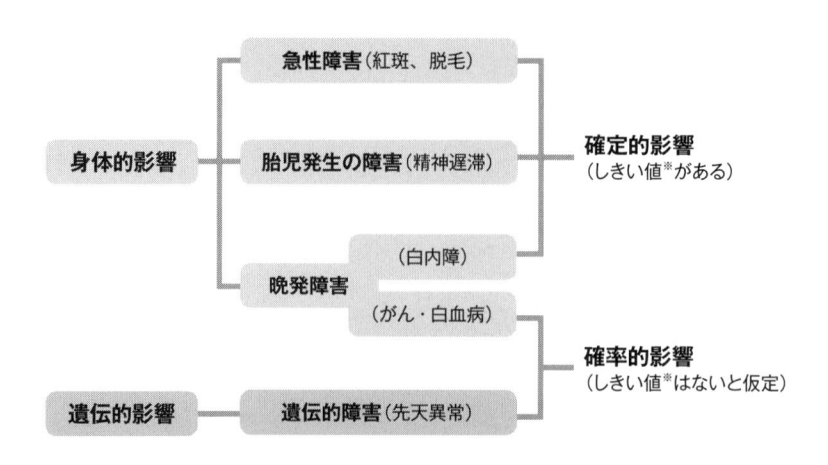

```
                 ┌─ 急性障害（紅斑、脱毛）─┐
                 │                          │  確定的影響
身体的影響 ──────┼─ 胎児発生の障害（精神遅滞）┤ （しきい値※がある）
                 │                          │
                 │         （白内障）────────┘
                 └─ 晩発障害
                           （がん・白血病）──┐
                                              │  確率的影響
遺伝的影響 ────── 遺伝的障害（先天異常）─────┘ （しきい値※はないと仮定）
```

※しきい値：ある作用が反応を起こすか起こさないかの境の値のこと

図❶に放射線の人体への影響を示すが、多くの複雑さを持っていることが分かる[7]。ここで身体的影響とは被曝した本人に現れる影響であり、次世代には伝わらないものである。被曝直後に現れるもの（急性障害）と、数年後程度から現れるもの（晩発障害）がある。一方の遺伝的影響とは次世代に伝わるとされているものである。一般に急性障害は本質的に確定的であり、晩発障害には確定的なものと確率的なものがある。

また被曝は2つに分けられる。一つが外部被曝、すなわち放射線を人体の外部から浴びる場合と、もう一つが内部被曝、つまり放射性物質を体内に取り込んだ結果起こる被曝である。

低線量被曝とは？

高線量の場合についてはその影響は確定的影響として比較的知見が得られているものの、低線量被曝については、どの値からが「低線量」なのか、国際的に合意された明確な定義はない。米国科学アカデミーの電離放射線生物影響委員会（Committee on the Biological Effects of Ionizing Radiations、BEIR）は100mSv以下としている[8]。目安としてバックグラウンドより10〜100倍程度（おおよそ100mSv程度）を考えれば良いという意見もある[9]。

現在の知見では、低線量被曝で人体に確実に影響が出るのかどうか合意は得られていない。例えば「科学コミュニティーは、被曝の危険性を評価しようと最大限の努力をしているが、低線量被曝に関する我々の知識レベルは十分とは言えないのが現状だ。2003年に研究チームが行った低線量被曝が健康に及ぼす影響についての研究は、現状できうるベストの見積もりであったが、それでもなお不確実な点が非常に多いのである」という意見もある[10]。

放射線障害を扱う最大の困難は、その非特異性、つまりその症状が放射線特有のものではなく、他の原因によっても同じ症状が現れることといえる。例えばがんにかかった場合、それが生活習慣からくるのか被曝によるのか特定は出来ない。

国際放射線防護委員会（International Commission on Radiological Protection、ICRP）は「しきい値」をとらない立場をとっている。これは低線量域における人体のデータの蓄積が不十分なことから、直線で外挿したモデル、つまり低線量領域の効果は、高線量における効果をゼロ線量まで直

---

5 なお放射線作業従事者の被曝は、1年間で50 mSvを超えず、また5年間で100 mSvを超えないとなっている。よって5年間での平均日被曝線量は20 mSv／年、つまり低線量被曝に相当する。
6 例えば、『放射線生物学入門』、『原子力の安全性』p.25、『原子核工学入門（下）』p.14。
7 電気事業連合会「原子力・エネルギー図面集2011」http://www.fepc.or.jp/library/publication/pamphlet/nuclear/zumenshu/
8 Committee to Assess Health Risks from Exposure to Low Levels of Ionizing Radiation、National Research Council "Health Risks from Exposure to Low Levels of Ionizing Radiation: BEIR VII – Phase 2"（2006）
9 例えばグロジェンスキー『放射線生物学入門』東京図書（1966）
10 Nature 2011年4月5日オンライン掲載　2011.206「低線量被曝の危険性に関する知識はまだ不十分」

線外挿して推定するものである（LNTモデル）。その他、全米科学アカデミーの電離放射線の生物影響に関する委員会（Committee on the Biological Effects of Ionizing Radiation、BEIR）や国連・原子放射線の影響に関する科学委員会（United Nations Scientific Committee on the Effects of Atomic Radiation、UNSCEAR）等が報告を行っているが、いずれもLNTモデルを用いている。図❷に確率的影響の概念図を示す[11]。

しかしこれらに対して反対の意見や研究がないわけではない。効果がないのであれば、その低線量域でのリスクは過大評価になることにもなり、また生物学的な自己修復システム効果を考慮する必要性を述べる意見もある。さらには正の効果、つまりむしろ人体にとって良い効果があるというホルミシス効果を主張する研究もある[12]（しかしこれに関してはBEIR VII報告ではほとんど否定されている。

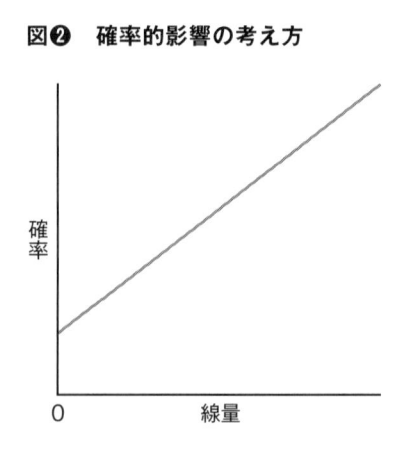

図❷　確率的影響の考え方

2011年11月9日、内閣官房において低線量被曝が長期間にわたる場合の検討を行う委員会が始まり報告書が12月に完成した[13]。それによると、100mSv以下の低線量被曝であったとしても、被曝線量に対して直線的にリスクが増加するという安全サイドにたった考え方をするべきことを述べている。

BEIR報告によれば、しきい値のある可能性を厳密な意味では排除出来ないことを示している（しかし、それでもLNTが最も妥当なリスク推定モデルとしている）[14]。また米国保健物理協会（Health Physics Society）は、定量的なリスク評価は、低線量では健康影響のリスクは小さくて観察できないか、あるいは存在しないという理由から、一年あたり50mSv、または生涯で100mSv以上の線量にすることを提言している[15]。

一方、欧州のECRR（European Committee on Radiation Risk、欧州放射線リスク委員会）は、ICRPの被曝モデルの限界等について調査を行い、ICRPは低線量被曝について過小評価していることを示しており、一般公衆の被曝限度を年間0.1mSvよりも低く設定することを勧告している[16]。

今回の福島原発事故のように長期的な低線量被曝をした場合について、その研究はチェルノブイリ原発事故について現在進行中と考えられる[17]。同じ低線量被曝であったとしても、「短時間に100mSv被曝した場合」と、「長期間に継続的に被曝して、積算量として100mSv被曝した場合」についての比較も必要と思われる[18]。

政策の招いた混乱

政府は事故後、比較的早い段階から、今回の事故による被曝はX線撮影やCT検査を受けるのと同程度、海外旅行と同程度、といった比較を提示していた。図❸は文部科学省が頻繁に提示したその影響を示す図である[19]。しかしながら自主的な被曝と事故として受ける被曝の違いを考慮しておらず、また十分な放射能の量が提示されていなかった状況だったので、より不信感を招いたと思われる。

また枝野幸男官房長官（当時）は「直ちに健康への影響はない」という表現を事故当時の記者会見で使用していたため、一般に「それではいつかは影響あるのだろうか」という疑念を抱かせた[20]。

さらに文部科学省は「被曝の低減化については、事故収束後においては年間20〜1mSvというICRPが提唱する参考レベルを参照しながら、長期的には平常時の一般公衆の線量限度である年間1mSv以下を目指していく」と述べた[21]が、その説明が事故から時間が経過した7月のことで、しかも不十分な説明であったことから余計に批判や不信感をもたれた結果になっている。内閣官房参与だった小佐古敏荘氏が4月29日の辞任表明の際に年間20mSvの学校への適用を非難したことなども理由と思われる。

「国際的な権威を持った機関」として、国内ではICRP、UNSCEAR等がたびたび紹介されている。前述の報告書においても「国際的に合意されている

---

11 USNRC Technical Training Center, "Biological Effects of Radiation" http://www.nrc.gov/reading-rm/basic-ref/teachers/09.pdf
12 例えば日本の電力中央研究所は、長年、大学など外部の研究機関と共同で低線量放射線の影響研究に取り組んでおり、「放射線ホルミシス効果の存在を明らかにし」たという。そして2001年には低線量放射線研究センターを設立した（http://www.denken.or.jp/jp/ldrc/information/event/symposium/symposium2001.html）ものの、現在では放射線安全研究センターと名称を変え、「当センターは現在、中立的立場を取っている」と述べている（http://criepi.denken.or.jp/jp/ldrc/index.html）。
13 内閣官房「低線量被ばくのリスク管理に関するワーキンググループ報告書」 2011年12月22日 http://www.cas.go.jp/jp/genpatsujiko/info/twg/111222a.pdf
14 ジョン・R・ラマーシュ『原子核工学入門（下）』ピアソン・エデュケーション（2003）p.28
15 Mossman,K.L.、et al.: Radiation Risk in Perspective（Health Physics Society Position Statement）、The Health Physics Society's Newsletter、XXIV（3）、3（1996）、http://www.hps.org/documents/radiationrisk.pdf
16 2010 Recommendations of the European Committee on Radiation Risk、p.181、http://www.euradcom.org/2011/ecrr2010.pdf
17 例えばAlexey V. Yablokov et al., Chernobyl Consequences of the Catastrophe for People and the Environment, New York Academy of Sciences（2009）
18 内閣官房の報告書（文献11）によれば、疫学調査において、同じ500mSvの被曝では、高自然放射線地域のインドのケララ地方住民では発がんリスクの増加がない一方で、旧ソビエト連邦の南ウラル核兵器施設による事故で被曝した住民の場合、発がんリスクの増加が見られているとされている。
19 例えばhttp://radioactivity.mext.go.jp/ja/monitoring_by_Fukushima_air_dose/2012/01/28537/index.html
20 なお2011年3月25日16時からの記者会見によれば、「人体に影響が出ることは無い」という発言について、「その時点で出ているさまざまな状況からは、現時点で出ることでは無い」と釈明している。その為、低線量被曝や遺伝的影響等を念頭においていたとは考えにくい。MSN産経ニュース『放射能漏れ 枝野長官会見（4完）「私は大丈夫と発言していない」（25日16時）』（2011.3.25）http://sankei.jp.msn.com/politics/news/110325/plc11032518580033-n1.htm（2012.1.12アクセス）
21 文部科学省「5月27日『当面の考え方』における『学校において［年間1mSv以下］を目指す』ことについて」 2011年7月20日 http://www.mext.go.jp/component/a_menu/other/detail/__icsFiles/afieldfile/2011/07/20/1305089_0720.pdf

科学的知見を持った」機関と示されている。しかしながら、福島原発事故の国や東電による対応の際、こうした機関の知見を持ち出すことにやや権威主義的な雰囲気があったことは否めない。ICRPやBEIRに対する批判も実際には存在する。例えばICRP報告については、作業者は年間50mSv、公衆は1mSvが被曝線量限度となっているが、前者について1934年では年間500mSvであった。後者は同年には設定もなく、1958年になって年間5mSvが定められた[22]。このように多くの議論を経て得られた現時点での知見を用いた評価であることを真摯に伝えることは行われていない。また手法に問題があり（例えば解析の過程が適切に示されていない等）、危険度が過小評価につながっているという意見もある[23]。

図❸　日常生活と放射線

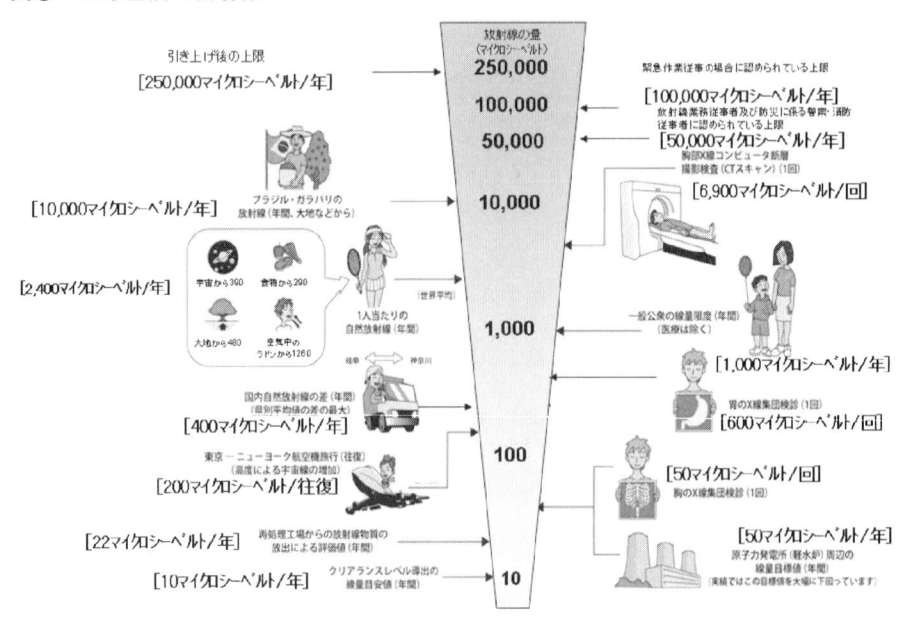

（図）

最後に

　このような科学的知見があいまいな中での避難指示や自主避難等について、国民に対する責任を国や東京電力はどうするのか、十分な議論は行われていない。政治判断の妥当性について検証はされつつあるが、確定出来ない確率的事象の判断を迫られる科学と社会の問題についての検証は行われていない。このようなリスク不明の中で、政策を決定しなくてはいけない難しさを当事者がどのように判断していたのか疑問は残る。

　海外では、いろんな立場の人間を入れた議論が行われている。例えばECRRでは、公衆衛生や疫学だけでなく、自然科学者以外の法律家や社会学者もメンバーに含まれている。今後は国内でも同様な手法が必要だとの意見

もある。

　ヒロシマとナガサキの被爆を経験した日本の特殊事情も混乱に寄与した可能性もある。日本国内は「核アレルギー」があるといわれるが、実際に原爆医療の専門家の中でも今回の福島の対応についても混乱が起き、議論が分かれている[24]。しかしその一方で、例えば米国では規制がされている[25]ようなラドンについて、その効用をうたった温泉（ラドン温泉）を利用したりするような感覚も持ち合わせていることも事実だ。

　今後、中長期的に住民の被曝の影響をどう管理していくのだろうか。例えば福島県は、原子力災害による放射線の影響を踏まえ、将来にわたる県民の健康管理を目的とした「県民健康管理調査」を実施することを決定した[26]。検討委員会による12月の報告[27]によれば、1,589人の累積被曝線量は、1mSv未満：998人（62.8％）、5mSv未満：1,547人（97.4％）、10mSv未満：1,585人（99.7％）、10mSv超は4人で、最大は14.5mSv（1人）となっている。しかしながらこれは「問診票による行動記録からの推計」である。また調査対象者数約200万人のうち回収数は約37万通だったが、この時点で回収率は18％である。今後は、この調査以外にも、国によるより正確で早い、長期にわたる専門的な調査も必要だと思われる。

22　中川保雄『増補 放射線被曝の歴史』明石書店 p.185
23　ジョン・W・ホフマン『人間と放射線』社会思想社（1991）p.276
24　中国新聞『福島適用　異議も』2011年7月11日付
25　Radon、U.S. Environmental Protection Agency http://www.epa.gov/radiation/radionuclides/radon.html
26　http://wwwcms.pref.fukushima.jp/pcp_portal/PortalServlet?DISPLAY_ID=DIRECT&NEXT_DISPLAY_ID=U000004&CONTENTS_ID=24287
27　福島県県民健康管理調査「基本調査（外部被ばく線量の推計）、甲状腺検査」の概要について、福島県「県民健康管理調査」検討委員会2011年12月13日
　　http://www.pref.fukushima.jp/imu/kenkoukanri/231213gaiyo.pdf

第2部
原発事故への対応

原子力施設の安全規制および法的枠組み

　我が国における原子力施設の安全規制及び災害対策は、条約、法律、政令、省令等により、重層的になされている。この法令の数、内容が膨大であるのみでなく、1999年に起きた東海村JCO臨界事故後に、同種の事故に対応することを目的として原子力災害対策特別措置法が極めて短期間に制定されたように、法体系全体は必ずしも整合的に整備されているわけではない。全体を俯瞰しつつ細部の制度趣旨を理解するのは、容易とは言いがたい面がある。

　福島原発事故において国・地方自治体が行った危機対応が、どのような法的根拠に基づいて行われたかを理解するために必要な範囲で、我が国における原子力施設等の安全規制及び災害対策の法的な枠組みについて説明する。

図　我が国の原子力施設における主な法的枠組み

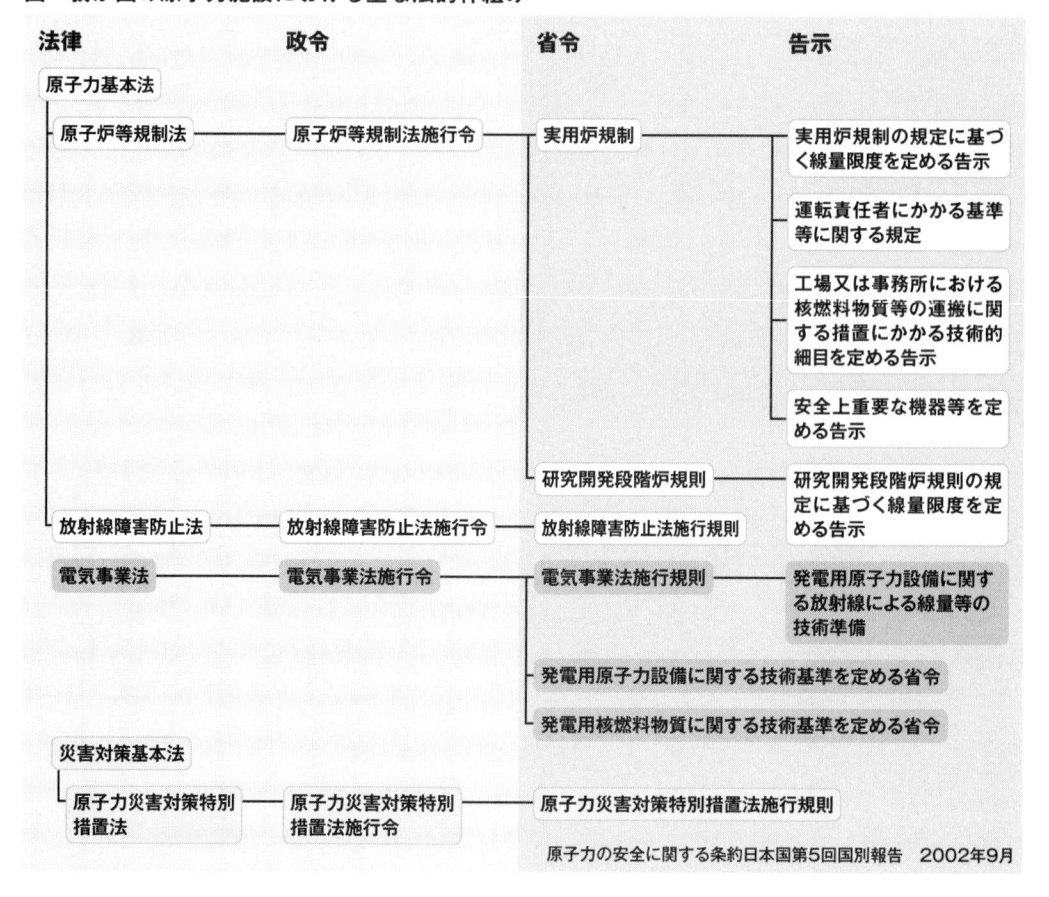

法律	政令	省令	告示
原子力基本法			
原子炉等規制法	原子炉等規制法施行令	実用炉規制	実用炉規制の規定に基づく線量限度を定める告示
			運転責任者にかかる基準等に関する規定
			工場又は事務所における核燃料物質等の運搬に関する措置にかかる技術的細目を定める告示
			安全上重要な機器等を定める告示
		研究開発段階炉規則	研究開発段階炉規則の規定に基づく線量限度を定める告示
放射線障害防止法	放射線障害防止法施行令	放射線障害防止法施行規則	
電気事業法	電気事業法施行令	電気事業法施行規則	発電用原子力設備に関する放射線による線量等の技術準備
		発電用原子力設備に関する技術基準を定める省令	
		発電用核燃料物質に関する技術基準を定める省令	
災害対策基本法			
原子力災害対策特別措置法	原子力災害対策特別措置法施行令	原子力災害対策特別措置法施行規則	

原子力の安全に関する条約日本国第5回国別報告　2002年9月

1.原子力基本法に基づく法体系

　原子力基本法は、我が国の原子力利用についての基本的な理念等を規定し、また、原子力委員会及び原子力安全委員会を設置すること、そして政府が原

子炉の建設等の規制を行うことを定めている。この原子力基本法に従い、政府の規制を具体的に規定するために、核原料物質、核燃料物質及び原子炉の規制に関する法律（炉規法）及び電気事業法が定められている。

2.災害対策基本法に基づく法体系

我が国においては、防災対策を規定する一般的な法律として、災害対策基本法が定められている。この法律は、防災に関し、国、地方公共団体等による防災体制の確立、防災計画の作成、災害応急対策等を規定する。災害対策基本法の制定後、1999年に発生した東海村JCO臨界事故により、原子力災害の特殊性が認識され、このため原子力災害に対する対策の強化を行う目的で、同年、原子力災害対策特別措置法（原災法）が制定された。原災法は、原子力災害の予防についての原子力事業者の義務、原子力緊急事態宣言、首相を本部長とする原子力災害対策本部の設置等について規定している。

3.原災法に基づき設置される原子力災害時における対応体制

原災法に基づき、一定の基準以上の原子力事故が生じた場合、原子力事業者は経済産業相に対して通報を行い、さらに、あらかじめ定められた原子力緊急事態にまで状況が推移すると、首相は原子力緊急事態宣言を行うとともに、自らを本部長とする原子力災害対策本部を設置する。このような場合における原子力災害に対する対応体制は、下記の図のようなものとなる。

図　原子力災害対策特別措置法下の対応体制

2009年版　原子力安全白書をもとに作成

4.福島原発事故でとられた行為についての法的根拠

福島原発事故においては、まず、福島第一原発で津波により全交流電源が失われたことで、東京電力が通報を行い、菅首相が原子力緊急事態宣言を出すとともに、原子力災害対策本部を設置した。これらは3月11日の19時頃ま

でになされた原災法に基づく対応である。(その後、3月12日8時前、福島第二原発についても原子力緊急事態宣言が出された)。11日深夜から12日朝にかけては、福島第一原発の1号機または2号機について、いかに速やかにベントを行うかが喫緊の課題となっていたが、12日6時50分に、海江田経産相が、炉規法第64条第3項に基づき、ベント措置を東電に対して命じた。同項は、原子力事業者が国の求める措置を行わない場合に、これを行うよう命令する権限を経産相に与えるものであるが、12日のベント措置命令は、東電が政府の度重なる要請に対してなかなかベントを実行せず、これに危機感を募らせた政府が、最後の手段として行ったものであった。なお、この項に基づいて経産相が東電に対して出した命令は、12日18時ころの1号機への海水注入、15日10時過ぎの2号機への注水及びベントに関するそれぞれの命令だった。今回の原発事故において、同項に基づく命令が出されたのは、この3度である。

　3月15日4時頃、菅首相は東京電力の清水社長と官邸で会談し、政府と東電の対策統合本部を東電本店に置くことを伝えた。この対策統合本部の設置については、これまで想定されたことがなかったため、菅首相と秘書官らはその可否及び法的根拠について検討した。最終的には、原災法第20条第3項で、「原子力災害対策本部長は、当該原子力災害対策本部の緊急事態応急対策実施区域における緊急事態応急対策を的確かつ迅速に実施するためとくに必要があると認めるときは、その必要な限度において原子力事業者に対し、必要な指示をすることができる」と規定されていることから、同項に基づきなされる必要な指示と整理できると判断して、対策統合本部の設置を東電に求めた。

第3章　官邸における原子力災害への対応

〈概要〉

　政府の原子力災害対策マニュアルでは、原子力発電所の事故が起きた場合には、発電所内のアクシデント・マネジメントについては原子力事業者が、それ以外のオフサイト（発電所外）の対応については現地のオフサイトセンターが、それぞれ主導権を握って被害拡大防止のための指揮・判断を行うとされている。官邸や各省庁についてはあくまで補助的な役割が想定されていた。しかし、3月11日の大震災という原子力災害対策マニュアルが想定しない大規模な地震・津波と原子力の複合災害が発生する中、官邸は原発事故の初動対応を皮切りに現場のアクシデント・マネジメントへと、積極的に乗り出していった。

　官邸では、有効なアクシデント・マネジメントを行うため、菅直人首相を中心に多くの人材と持てる資源を投入し、不眠不休で情報収集と分析にあたった。しかしながら、少なくとも15日に政府と東京電力の福島原子力発電所事故対策統合本部が設立されるまでの間、結果的にみて、官邸の現場への介入が本当に原子力災害の拡大防止に役立ったかどうか明らかではなく、むしろ場面によっては無用の混乱と事故がさらに発展するリスクを高めた可能性も否定できない。

　なぜ官邸は不慣れなアクシデント・マネジメントへの関与を深めていったのか。我々の検証からは主に4つの背景要因が浮かび上がった。①マニュアルの想定不備と官邸側における周知・認識不足、②東京電力及び原子力安全・保安院に対する官邸の強い不信感、③原子力災害の拡大に関する強い危機感、そして④菅首相のマネジメントスタイルの影響である。

　官邸の現場介入を検証する過程で、複合災害への備えを欠くマニュアル、危機対応に関する政治家の基本的な認識不足、情報経路の多層化による遅滞、官僚側の人材不足、技術アドバイザーの脆弱なサポート体制、首相のリーダーシップのあり方、現場の指示違背など、多くの問題が浮かび上がった。原子力災害に十分な備えを欠くなかで泥縄的な対応を強いられた今回の轍を踏まないためにも、こうした課題や教訓について早急な検討が行われるべきである。

第1節　福島原発事故への官邸の初動対応

　福島原子力発電所での緊急事態の報告を受けた首相ほか官邸中枢は、異様な緊張状態と混乱に陥った。平時の意思決定システムは役に立たず、パニックと極度の情報錯綜のなかでの危機管理が必要とされた。

本節では、菅政権における福島原発事故対応のうち、特に初期段階の官邸の意思決定プロセスを明らかにするため、主要ないくつかの事例をケーススタディとして取り上げる。具体的には、①3月11日から12日にかけての緊急災害対策本部の設置から1号機のベントまでの経緯、②3月12日の1号機水素爆発前後の官邸の対応、③3月15日の福島原子力発電所事故対策統合本部（対策統合本部）の設立に至る経緯、④15日以降の使用済み燃料プールへの注水、⑤「最悪のシナリオ」の作成等の経緯につき、関係者からのヒアリングや資料から事実関係を確認し、次節以降において官邸の危機管理対応の特徴とそこから浮かび上がる課題の背景を提供する。

1. 緊急災害対策本部の設置及び1号機ベントに至る経緯
（3月11日〜12日）

震災発生後、12日の6時50分に海江田万里経済産業相によりベントの実施命令が出されるまでの過程は、今回の福島原発事故対応において、限られた情報の中で重要な政治判断を迅速になさなければならない最初の象徴的な場面であった。現場の状況がなかなか官邸や原子力安全・保安院に伝わらない混乱の中で、ベントの実行や住民避難に関する重要な決定が下されていった経緯について、関係者の証言及びこの委員会の調査から判明した事実関係は以下のとおりである。

福島原発事故の主要な時系列

日付		出来事
11日	14:46	地震発生
	15:00頃	官邸地下の危機管理センターへ首相らが到着
	15:14	災害対策基本法に基づく緊急災害対策本部を設置
	15:37	第1回緊急災害対策本部会議開催
	15:42	原災法第10条に基づく特定事象発生の通報（第10条通報）
	16:45	原災法第15条に基づく特定事象発生の通報（第15条通報）
	夕方	危機管理センター横の中2階で原発対応が検討される態勢となる
	21:23	第一原発から半径3km圏内に対して避難指示が出される
12日	0:05	原災法第15条に基づく特定事象発生の通報
	1:30頃	東京電力からのベント申し入れを官邸が了解
	3:06	ベント実施に関する経産相及び東京電力の記者会見
	5:44	ベントが実行されないため、避難指示を10km圏に拡大
	6:14	菅首相がヘリコプターで現地視察に出発
	6:50	海江田経産相による炉規法に基づくベント命令が東京電力に出される
	8:03	吉田原発所長によるベント指示
	8:04	菅首相が福島第一原発を出発
	8:27	大熊町の一部で避難未了であることを東京電力が把握
	9:02	大熊町の避難完了が確認される
	9:04	作業員がベントに着手

①地震発生から緊急災害対策本部の設置まで

　地震発生直後、福山哲郎内閣官房副長官は官邸の執務室にいた。福山官房副長官は危機管理センターへの緊急参集チームの招集を秘書官を通じて危機管理監に指示し、15時00分ごろ、官邸の地下にある危機管理センターに到着した。このとき同時に、国会から官邸へ戻ってきた枝野幸男内閣官房長官も危機管理センターに入った。その約5分後、菅首相と松本龍防災担当相も危機管理センターへ到着した。

　危機管理センターには10面ほどの大きなモニターがあり、防衛省からの映像や各テレビの緊急報道の様子を流していた。センター内の円卓には各省庁の局長クラスの担当者（20人程度）が着席し、各自専用の緊急電話とマイクが置かれていた。緊急電話を通じて、国土交通省から鉄道運行状況や道路状況、気象庁から余震毎に震度とマグニチュード、警察庁から110番の件数、消防庁から119番や火災発生の件数が随時報告され、各担当者によりマイクでアナウンスされた。担当者の後にはそれぞれの部下が随時報告のために待機しており、危機管理センターには常に100人以上の人間が詰めている状態であった。この横には各役所のブースのようなエリアがあり、隣のより広い部屋にはさらにその下の部隊が待機していた。このように危機管理センターは発足直後から、かつての証券取引所の場立ちを思わせる大変な喧騒状態であった。

　この状況下では、書類を回して意思決定する状態ではなく、菅首相、枝野長官、福山副長官らは、危機管理センターに入ってから最初の15分ほどは、それぞれの報告を聞き、その場で判断を下していた。そして地震発生から約30分後の15時14分に、災害対策基本法に基づき緊急災害対策本部が設置された。

　菅首相、枝野長官、福山副長官らが顔を揃えた直後に緊急災害対策本部が設置されなかったのは、通信遮断、停電の状況等、被災全体を把握してから閣僚を招集し対策本部を設置したほうがよいという判断によるものであった。危機管理センターに首相、正副官房長官と各省庁が揃っており意思決定ができる状況で、地震発生直後にまだ何も情報を持たない各大臣を危機管理センターに招集するよりも、それぞれの省庁で情報を把握した大臣を招集する形で、15時37分に最初の対策本部会議が開催された。この会合では、地震・津波の応急対策の基本方針が決定された。

②第10条通報以降

　15時35分の津波第二波により福島第一原発の全交流電源が失われたため、原子力災害対策特別措置法（原災法）第10条に基づく特定事象発生の通報が、15時42分、東京電力より経産相、原子力安全・保安院、関係自治体に届けられた。福山副長官はこの時「全体が何となく緊張感がより上がった」と振り返った[1]。16時過ぎから第2回の緊急災害対策本部会議が開かれ、地震・津

波対策に加え、原発対策についても討議された。枝野長官はこのころ、被災地の自治体との連絡や帰宅難民対策といった初期の震災対応に追われていたため、原発対策については福山副長官が対応することになった。

海江田経産相は、地震発生時には国会の決算委員会に出席しており、その後経産省に戻っていた。経産相は、原発は制御棒が入って停止したという第一報と同時に、各地での停電と京葉コンビナートの火災報告を受けた。原発は緊急停止したとの報告であったため、コンビナート火災等の対応を行う会議に入り、その後大臣室に戻ってきたときに初めて、15時42分の第10条通報を伝えられた。全交流電源喪失と聞き、海江田経産相は事態の深刻さを知った[2]。

危機管理センターの喧騒状態が続いていたため、原発事故対応は、11日夕方からは危機管理センター横の中2階にある小さな会議室で行われた。この会議室のメンバーは、同日夕方の時点では、菅首相、枝野長官、海江田経産相、福山副長官、寺田首相補佐官、細野首相補佐官の6人の政治家と、寺坂信昭原子力安全・保安院長であり、同日21時または22時ごろからは、寺坂保安院長に代わり平岡英治保安院次長、これに枝野長官、班目春樹原子力安全委員長と東京電力の武黒一郎フェローが加わった。

この中2階の会議室での11日夜における最初の対応は、電源喪失に対応した電源車の手配であった。官邸が電源車を手配したにもかかわらず、11日夜から12日にかけて電源車につなぐコードがないなどの報告があり、手配した電源車は役に立たなかった。なお、枝野長官は後に「率直に申し上げて、東京電力に対する不信はそれぐらいから始まっている」と述べている[3]。

班目委員長は、21時ごろ官邸に到着した際には、「（原発事故担当である）保安院が何かやってくれているんだろう」と期待していた。しかし、保安院はその時点ではプラント状況や事故対処状況の把握に手間取っている状況であった。班目委員長は、官邸到着後、「相談する相手もいず、ハンドブックもない状態」で、首相らからの矢継ぎ早の質問に答えることとなったと述べている[4]。電源車による早期の電源回復が期待できず、原子炉に注水するための高圧ポンプも使用できなかったため、班目委員長は原子炉格納容器の圧力を下げるため、外界に直接排気するベントを進言した。特に異論を唱える者はおらず、ベントの必要性は会議室メンバー内で共有された。

ベントが必要という方針が固まったため、21時23分に、菅首相は第一原発から半径3km圏内に対して避難指示を出した。22時時点では、保安院も、27時ごろには2号機で燃料溶融が起こるという予測を出し、ベントの必要性

---

1 福山副長官インタビュー、2011年10月29日
2 海江田経産相インタビュー、2011年10月1日
3 枝野官房長官インタビュー、2011年12月10日
4 班目原子力安全委員長インタビュー、2011年12月17日

を指摘していた。23時ごろには、武黒フェローがベントについて「早く組織としての決定をしてくれ」と東京電力本店に電話をかけて催促している。しかし、ベントは実行されないまま格納容器の圧力は上昇を続け、12日0時55分、1号機の格納容器圧力異常上昇が原災法第15条に基づき通報された。ようやく、1時30分頃、武黒フェローが菅首相に、小森明生東京電力常務が海江田経産相と保安院にベントを申し入れ、いずれも了承された。海江田経産相は小森常務に対し、3時に合同記者会見を開いた後にベントを行うよう要請した。

　3時06分、ベント実施に関する経産相、東京電力及び保安院の共同記者会見が実施され、すぐにベントを実施する予定であると発表された。3時12分から官房長官も別途記者会見を行い、ベント実行を官邸が認めていることを発表した。しかし、ベントはすぐには実施されなかった。海江田経産相は武黒フェローに「なぜベントが始まらないのか」と質したが、「わかりません」との回答しかなかった[5]。このため、海江田経産相は東京電力に対し不信感を募らせ、原子炉等規制法（炉規法）に基づいたベント命令の必要があると考えはじめた。なお、この時点において発電所では2号機の原子炉隔離時冷却系（RCIC）が作動しているとの情報を把握していたが、この情報が記者会見に臨む経産相、保安院、東京電力の3者の間で十分に共有されていなかったため、いずれの原子炉についてベントを実施するかについて説明に混乱をきたした[6]。東京電力からのベント申し入れを了解した際、官邸中枢は圧力抑制室を通した放射性物質の放出量が少ないウェットベントが念頭にあり、班目委員長の「チェルノブイリでも30kmくらいまでしか立入禁止がありませんから、（放射性物質は）そんなに広く飛ぶわけではない」という説明に基づき、3km圏以遠の住民避難の必要性を考えていなかった[7]。1時42分、保安院と原子力安全委員会が会議を開き、3kmの避難区域を見直さない方針を了解した。

　他方、記者会見の後、東京電力本店対策本部は3時45分頃、ベント時の周辺被曝線量評価を作成し、福島原発現地と共有した。この評価においては、1号機におけるドライベントも視野に入っており、ドライベントの3時間後には南4.29kmの地点で28mSvという高線量の被曝があると予想していた。この予想は4時01分に福島原発から保安院に報告されたが、官邸トップには届かなかった。班目委員長は「ドライベントは失念していた。ドライベントをやる場合には避難は3kmでは足りない。10kmは避難しなくてはいけない」と後に述べている。

　3時頃のベントについての記者会見の後、3時59分の長野での地震対応に追われていた福山副長官が会議室に戻ると、まだベントが開始されていないことを知り驚いた。5時頃には、菅首相もベントができていないことを知り、その原因を東京電力の武黒一郎フェローに確認したところ、「停電しているので電動のベントができない」との答えであった[8]。ベントが開始されず1号

機の圧力が高まったため、爆発に備えて5時44分、避難指示の範囲が第一原発から10km圏内に拡大された。

その後、6時14分に、首相は自衛隊ヘリコプターにて官邸屋上から第一原発へ向かった。枝野長官は「絶対に後から政治的な批判をされる」と原発訪問に反対したが、「政治的に後から非難されるかどうかと、この局面でちゃんと原発を何とかコントロールできるのとどっちが大事なんだ」と菅首相は問い返した。枝野長官はそれに対して、「わかっているならどうぞ」と答えた。枝野長官は誰かが現地に行く必要があるとは考えていた。

菅首相の視察出発後もまだベントが実行されていなかったため、海江田経産相は「俺の責任でやる」と、ついに6時50分、炉規法第64条第3項に基づくベントの実施命令を口頭で出した。この時、何号機のベントなのか指定はなかったが、政府の内部資料によれば保安院としては、1号機と2号機の両方について指示を行ったものと認識していた。他方、現地の吉田昌郎所長は「まず急ぐのは1号機」と判断していた。なおこの頃、吉田所長が菅首相の突然の訪問予定に難色を示し、東京電力本店との間のテレビ電話回線を通じて「私が総理の対応をしてどうなるんですか」などと激しいやりとりをしていた様子が目撃されている[9]。

原発に向かうヘリコプターで班目委員長は菅首相にいろいろな懸念を伝えたかったが、菅首相は「俺の質問にだけ答えろ」とそれを許さなかった。その後ヘリコプターの中で一問一答の形で会話が交わされるが、そのなかの一つが「水素爆発は起こるのか」だった。班目委員長は「格納容器のなかでは窒素で全部置換されていて酸素がないから爆発はしない」と答えた[10]。格納容器から原子炉建屋へ水素が漏れる事態を想定していなかったためであるが、12日に1号機で水素爆発が起こると班目委員長は一気に菅首相の信頼を失うことになった。

7時11分に菅首相は第一原発に到着した。原発到着後、待機中のバスに乗り込むと隣に座った武藤栄東京電力副社長に「何故ベントをやらないのか」と初めから詰問調で迫った。免震重要棟に入った後、武藤副社長は電力がないため電動弁が開けられない点を説明すると、「そんな言い訳を聞くために来たんじゃない」と怒鳴った[11]。

免震重要棟における打ち合わせにおいて、吉田所長から「決死隊をつくってでもやります」と説明を受け、菅首相はやっと納得した。8時03分、所長

5　海江田経産相インタビュー、2011年12月10日
6　政府事故調中間報告
7　官邸関係者インタビュー
8　福山副長官インタビュー、2011年10月29日
9　保安院職員インタビュー、2012年2月3日
10　班目委員長インタビュー、2011年12月17日
11　班目委員長インタビュー、2011年12月17日

は9時を目標にベント操作を行うよう指示し、8時04分に首相は第一原発を出発した。官邸に到着後、菅首相は「吉田という所長はできる。あそこを軸にしてやるしかない」という感想を枝野長官に伝えている[12]。

8時27分、大熊町の一部で避難が完了していないとの情報を東京電力が得て、東京電力と福島県は10km圏内の住民避難が完了してからベントをすることを確認した。現地で住民避難の完了を待っていたという事実を官邸は一切知らされておらず、数カ月後にその事実を知った枝野長官は「えっ」と驚いている[13]。9時02分に大熊町の避難完了が確認され、9時04分、ベント操作のため作業員が現場へ出発した。この後、9時15分頃の原子炉格納容器ベント弁の手動開、そして10時17分の中央制御室からの開操作の後、ベントが成功したと判断された。

2. 1号機の水素爆発及び海水注入に関する経緯
（3月12日）

3月12日15時36分に1号機で最初の爆発が生じてから、20時41分の枝野長官会見まで、国民に対して具体的な説明がないまま5時間が経過した。福島第一原発の被害状況について国民に深刻な不安が高まったこの「空白の5時間」における官邸の対応について、関係者の証言及びこの委員会の調査から判明した概要は以下のとおりである。

福島原発事故の主要な時系列

日付		出来事
12日	14:53	消防車により1号機へ累計80000ℓ注水完了
	15:36	福島第一原発1号機水素爆発
	17:39	第二原発から半径10km圏内の住民へ避難指示
	17:45	官房長官会見 「何らかの爆発的事象があったということが報告をされております」
	17:55	海江田経産相より東京電力に対してRPV内を海水で満たすよう 炉規法第64条第3項の措置命令
	18:25	第一原発から半径20km圏内の住民に避難指示
	19:04	原子炉への海水注入を開始
	20:32	首相メッセージ 「そうした事態も生じたことに伴って、（中略）20km圏の皆さんに 退避をお願いすることに致しました」
	20:41	官房長官会見 「中の格納容器が爆発したものではないことが確認されました」 「現時点で爆発前からの放射性物質の外部への出方の状況には 大きな変化はないものと認められる」

①爆発の当初認識

3月12日15時36分、福島第一原発1号機が爆発した時、菅首相は野党と党首会談を行っている最中であった。会談を終え首相が官邸5階にある首相

執務室に戻ると、1号機から白煙が上がっているとの情報がもたらされた。福山副長官が班目委員長に対して「（これは）何なんですか」と説明を求めたところ、班目氏は当初「揮発性のものなどがあちこちにあるので、それが燃えているんじゃないか」という見立てを示した[14]。首相執務室とそれに隣接した応接室には、ホワイトボードやテレビが持ち込まれ[15]、12日午後以降、福島原発対応に関する政府の最高意思決定の舞台となっていた。関係者が引き続き状況を注視する中、第一報から1時間ほど経過した頃に寺田補佐官が首相執務室に駆け込みテレビのチャンネルを変えると[16]、大爆発により建屋が吹き飛び大量の白煙が上がっている映像が繰り返し流れていた。班目委員長の説明したイメージとのギャップに菅首相は「あれは白煙が上がっているのか。爆発しているじゃないですか。爆発しないって言ったじゃないですか」と班目委員長の説明していたイメージとのギャップに驚きを示したところ、班目委員長は「あー」と頭を前のめりに抱えるばかりであった。

　菅首相から保安院と東京電力に直ちに事実確認の報告が指示されたが、東京電力からは「今免震重要棟からスタッフが徒歩で様子を見に行っています」という報告だけが返ってきた。福山副長官が再度班目委員長に「あれはスリーマイルとかチェルノブイリの爆発じゃないんですか」と尋ねたが、班目委員長から明確な回答はなかった[17]。班目委員長は爆発映像をみて「水素爆発だ」とすぐに思いついたが、首相の原発視察同行時「水素爆発はない」と答えていたこともあり、茫然自失してそのことを「誰にも言えなかった」と証言する[18]。

　関係者が1号機の状況確認に奔走する中、菅首相も、知り合いの外部専門家らと電話でやりとりして、爆発の状況を理解しようと努めた[19]。しかし、17時45分に予定されていた官房長官会見のために事前に打ち合わせを行う段階になっても、爆発の事実関係が把握できていなかった。福山副長官は原子炉の格納容器や圧力容器の無事が分からない限り会見は延期すべきとの慎重論を唱えたが、枝野長官は爆発発生から2時間が経過しているのに記者会見を延期すれば国民はより動揺すると考え、会見を予定通り実施することとした。

　建屋爆発の後、東京電力の福島原発サイト正門入口の線量が上がっていないとの唯一の情報を踏まえ、枝野長官は会見冒頭で「何らかの爆発的事象」が発生したことを認めつつも、国民に冷静な対応を呼びかけた。記者たちは、

12　枝野長官インタビュー、2011年12月10日
13　枝野長官インタビュー、2011年12月10日
14　福山副長官インタビュー、2011年10月24日
15　海江田経産相インタビュー、2011年10月1日
16　枝野長官インタビュー、2011年12月10日
17　福山副長官インタビュー、2011年10月24日
18　班目委員長インタビュー、2011年12月17日
19　海江田経産相インタビュー、2011年10月1日

枝野長官の曖昧な表現に敏感に反応し、原子炉の破損状態や現状の10km圏内の避難で十分かなどと問い詰めたが、十分な情報を持たない枝野長官は曖昧な答えに終始した。枝野長官は「あのときの記者会見ほどつらい記者会見はありませんでした」と述懐している[20]。

　会見から2時間後の19時40分頃に首相執務室に細野補佐官が入室し、爆発後の周辺線量低下を確認したので、これは水素爆発だという結果を報告した。寺坂保安院長は後日、「原発1号機のベントが成功し、その後の爆発を想定していなかった。原因がしばらく判らず官邸への連絡が遅れた」と反省の弁を述べている[21]。

　なお、この間、1号機建屋の爆発を受けて、枝野長官は同日17時26分に福島第一・第二原発の両方について、半径20km圏内住民避難のシミュレーションをするよう、保安院に指示した[22]。そして17時39分、菅首相は半径10km圏内の住民への避難指示を出し、さらに、18時25分に福島第一原発の避難指示対象を半径10kmから20km圏内に拡大した。

②海水注入の是非を巡る議論

　官邸では、12日午後より断続的に、1号機炉心に水を入れることの重要性、及び淡水が難しければ海水注入の必要性についての検討が行われていた。17時45分からの枝野官房長官の会見が行われている間も、官邸5階の首相応接室では海江田経産相、細野補佐官、班目委員長らを中心に海水注入の具体的検討が続けられ、17時55分には経産相が口頭で炉規法第64条第3項に基づき1号機の原子炉内を海水で満たすよう措置命令を発した。

　18時[23]に菅首相が入室し、海江田経産相が海水注入の方針を報告すると、首相から「わかってるのか、塩が入ってるんだぞ、その影響は考えたのか[24]」などと海水注入の問題点が聞かれ、班目委員長が塩分が流路をふさぐリスクや腐食のリスク等について説明した。その中で、菅首相が強い調子で再臨界の可能性について一同に問いただしたところ[25]、班目委員長は「再臨界の可能性はゼロではない[26][27]」と回答し、これに首相は「じゃ、大変じゃないか」と答えた。武黒フェローが、ホースの損傷により海水注入には1時間半は準備に時間がかかるとの説明をしたこともあり[28]、首相が関係者にそれまでにほう酸投入など再臨界を防ぐ方法を含めた再検討を指示し、散会した。

　班目委員長の発言及びその後の菅首相の反応に驚いた関係者は、海水注入の実施ができなくなることを懸念し、散会後直ちに首相秘書官室横の小部屋に集まり今後の対応を協議した。経産省の柳瀬唯夫総務課長、原子力安全委員会の班目委員長及び久木田豊委員長代理、東京電力の武黒フェロー、首相秘書官らが集まった席で、班目委員長の発言の真意が確認された。班目委員長は「ああ言われたんで、技術者としてはそういうしかなかった[29]」と述べたが、参加者の間ではとにかく早急な海水注入が必要であるという認識で直ちに一致した。柳瀬課長は「今度失敗したら大変なことになる」と述べ、再

説明の機会に菅首相に疑念を抱かせないための各自の発言内容の確認と入念なリハーサルが行われた。再臨界の可能性の説明について、班目委員長は「久木田さんにお願いしたいと思います」と述べ、久木田委員長代理が「わかりました」と答えた。

19時40分に菅首相を交えて再開された会議においては、打ち合わせ通り武黒フェローが東京電力としては海水注入を実施したい旨をまず述べた。続いて久木田委員長代理が先の班目委員長の発言に関連して「再臨界の可能性については極めて低い一方、海水注入の必要性は極めて高い[30]」と述べた。また細野補佐官が、注水のためのホースが使用可能である確認がとれたことを報告した。菅首相も一連の説明に納得し、19時55分に海江田経産相に海水注入を指示した[31]。班目委員長は再開後の会議には参加せず、19時半には内閣府に戻っていた。

なお、この間、東京電力では18時05分に内部会議の席上、海江田経産相から法令に基づく注水指示があったことが共有され、19時04分に海水注入が開始された。その後まもなく官邸の武黒フェローから吉田所長に直接電話があり、「首相の了解がまだとれていない、海水注入を待って欲しい」という趣旨の連絡が行われた。政府事故調の中間報告によれば、現地の吉田所長はその後東京電力本店の武藤副社長らに対応を相談したが、本店側も一時中断はやむなしとの考えであった。しかし、吉田所長は自らの責任で海水注入の継続を決断、本店に対しては海水注入を中断すると事実と異なる報告をしつつ、注水作業の担当責任者に対しては直接、海水注入を指示して継続したとされる。

---

20 枝野長官インタビュー、2011年12月10日
21 寺坂保安院長・読売新聞インタビュー（2011.9.1）
22 原子力安全保安院「東北関東大震災・福島第一原子力災害クロノロジー」
23 班目委員長インタビューによれば、班目委員長から海水注入の提言があったのは15時過ぎ。もっと早い段階で決まっていたことになる
24 官邸関係者インタビュー、2012年1月24日
25 細野補佐官インタビュー、2011年11月19日
26 衆院東日本大震災復興特別委員会（2011.5.25）
27 なお、その場に同席したある関係者は、実際は当日班目委員長は「再臨界の可能性はあります」と述べたと記憶しているものの、その後国会対応等の関係から政府としての立場を整理する中で、班目委員長の納得する「ゼロではない」という表現で落ち着いたと述べる
28 衆院東日本大震災復興特別委員会（2011.5.25）
29 官邸関係者インタビュー、2012年1月24日
30 官邸関係者インタビュー、2012年1月24日
31 保安院メモ

3. 政府・東京電力の対策統合本部設立に至るまでの経緯
（3月14日～15日）

　3月15日未明、東京電力の清水正孝社長から福島第一原発の事故状況の悪化に伴う職員らの退避申し出があると、官邸側はこれに強い拒否反応を示し、逆に政府関係者を東京電力本社に常駐させる対策統合本部の設立を決定した。政府の原発事故対応における一つの転換点となった同日の経緯について、関係者の証言及びこの委員会の調査から判明している事実関係の概要は以下のとおりである。

福島原発事故の主要な時系列

日付		出来事
14日	11:01	3号機原子炉建屋が水素爆発
	18:22	2号機の冷却水が不足し、燃料棒が全露出
15日	3:00頃	東京電力清水社長より海江田経産相に対して電話 「現場職員を第二原発に退避させられないか」
	3:00頃	東京電力清水社長より枝野官房長官に対して同様に退避要請の電話
	4:17	東京電力清水社長が官邸に到着
	5:26	政府・東京電力による対策統合本部を設置
	5:40	菅首相らによる東京電力本店訪問

①東京電力からの退避申し出

　3月14日夜から15日未明にかけて、官邸5階の首相応接室にいた海江田経産相に対して東京電力清水社長より電話があり、2号機爆発の可能性が高まったため福島第一原発の現場職員を第二原発へ退避させられないかという打診が行われた。14日夜に2号機爆発の可能性が高まり、吉田所長も原発の炉心が溶融する「チャイナシンドローム」のような事態を懸念し、最低の人員を残した避難の準備を指示していた。海江田経産相は清水社長からの要請を作業員全員の「全面退避」の申し出と受け止め、「それでは（原発が）制御できなくなるからだめだ」と強く拒否した。電話を切った海江田経産相は「これは大変なことになる」と背筋が凍る思いがした。

　首相応接室に枝野長官が呼ばれ、海江田経産相が東京電力の要請を説明すると、枝野長官も「なんとしてでも押さえ込まないといけない」との認識で一致した。そこへ清水社長から枝野官房長官宛に同様の電話がかかり、枝野長官はその場で電話に応じ、東京電力の申出に対して難色を示した。清水社長が「いや、でも何とか。とても現場はこれ以上もちません[32]」と食い下がると、枝野長官は「私がはいと言えるような話じゃありません」と断りつつ、一応内部で相談はすると電話を切った[33]。細野補佐官が吉田所長に電話で状況をきいたところ、「まだやれます。ただ、武器がたりません。高い気圧でも注水できるポンプがあれば」などと述べた[34]。班目委員長と資源エネルギー庁から保安院に応援に来た安井正也部長も首相応接室で意見を求められ、人が

いなくなると炉の冷却もプールへの注水作業も困難になることなどを理由に、撤退に否定的な意見を具申した[35]。しかし、サイトに人員を残して取り得る対策については班目委員長らも「まだ何かやれることはあるはずだ[36]」と述べるだけで、現実的な打開策を見いだすにはほど遠い状況であった。首相応接室に集まった関係者の間では、東京電力の退避を明示的に容認する声はなかったものの、次第に事態の展開について悲観的な雰囲気が漂った[37]。

　東京電力からの退避申し出が人命にかかわる決定であるため、枝野長官らは3時20分頃、寝ていた菅首相を起こし、首相執務室に枝野経産相、海江田経産相、福山副長官、細野補佐官、寺田補佐官の6人の政務メンバーで集まった[38][39]。海江田経産相らから報告を受けた菅首相は、東京電力の退避申し出に対して「そんなことはあり得ない」と強い拒否反応を示した[40]。

　その後、菅首相らは首相応接室に場所を移し、重大な判断ということで藤井裕久官房副長官やそれまで寄宿舎で休んでいた松本防災担当相を招集した。応接室で待機していた班目委員長や保安院関係者らも加わり、あらためて東京電力撤退に反対する方針を確認した。福山副長官によれば、菅首相は「作業を止めてほったらかしたら1号機、2号機、3号機はどうなるんだ」「4号機の使用済み［燃料］プールをほったらかすのか」「このまま水を入れるのもやめて放置して放射性物質がどんどん出続けたら、東日本全体がおかしくなる」等の趣旨の発言を行ったという[41]。

　なお、この時の議論の中で官邸と東京電力との間の意思疎通、情報伝達の問題が話題に上り、菅首相が細野補佐官に「細野君、悪いけど、君は東京電力のほうに常駐してくれ[42]」と述べると共に、首相秘書官を呼んで、法律的に細野補佐官の東京電力本社での常駐が可能かどうかの確認を指示した。そうした中、菅首相より「今から東京電力を呼んでそのことを伝えよう[43]」との指示が下され、4時ごろ、清水社長に対して官邸へ来るよう連絡した。

　（なお、上記経緯に関し、東京電力側はあくまで全面退避の申し出をしたことはなく、必要な人員は残すことが前提であったと主張している[44]。また清水社長の14日深夜の寺坂院長への電話に関して寺坂院長は「2号機の状況の

32　枝野長官インタビュー、2011年12月10日
33　枝野長官インタビュー、2011年12月10日
34　政府クロノロジー
35　班目委員長インタビュー、2011年12月17日
36　久木田委員長代理インタビュー、2012年1月20日
37　官邸関係者インタビュー、2012年1月21日
38　官邸関係者インタビュー、2012年2月9日
39　福山副長官インタビュー、2011年10月29日
40　福山副長官インタビュー、2011年10月29日
41　以上、菅首相発言は全て福山副長官インタビュー、2011年10月29日
42　福山副長官インタビュー、2011年10月29日
43　福山副長官インタビュー、2011年10月29日
44　東京電力中間報告、別冊

厳しさについて言及していたが全面撤退を告げられた記憶はない」と述べている[45]。しかし政府事故調の調査に携わった関係者によれば、東京電力は政府事故調の調査においても、残すことを予定していたと主張する「必要な人員」の数や役職等につき何ら具体的に示していなかった[46]。また、本調査でヒアリングを実施した多くの官邸関係者が一致して東京電力からの申し出を全面撤退と受け止めていることに照らしても、東京電力の主張を支える十分な根拠があるとは言いがたい。）

②対策統合本部の設置

　官邸からの連絡で清水社長が到着したのは15日朝4時17分であった。菅首相から清水社長に対して「どうなんです。撤退なんてありえませんよ」と言うと、清水社長は「もちろん撤退などありえません」と答えた[47]。首相はそこで「そんなことないんですね」と言うと、清水社長は消え入るような声で「はい」と短く答えた[48]。

　菅首相が清水社長に「これから細野君を東京電力に常駐させるから、机を用意してくれ」と伝えると、清水社長はちょっと驚いた顔をしたが「はい、わかりました」と答えた。菅首相はさらに今から自分達が東京電力本社に行くことを伝え、受け入れに必要な時間を尋ねたところ、清水社長は「1、2時間で」と答えた。しかし、菅首相は「そんな時間はありません」とたたみかけ、「30分後に私達が行きますから、是非その準備をしてください」と通告した[49]。

　朝5時26分に正式に対策統合本部の設置を発表したあと、菅首相、海江田経産相、細野・寺田両補佐官らが官邸から東京電力に車で直行した。大勢の報道陣のフラッシュが焚かれる中、一同が東京電力本社に到着すると、2階の広いオペレーションルームに、社長以下大勢の東京電力社員がゼッケンをつけて臨戦態勢で詰めていた[50]。複数の大きなモニターには、福島第一や柏崎など各地の原発の現場職員らとテレビ電話回線がつながっていた。居並ぶ東京電力職員らを前に菅首相はマイクを手に取り「撤退はありえない。撤退したら東京電力は必ずつぶれる」と東京電力社員に訴えた[51]。しかし6時ごろ2号機圧力抑制室付近で衝撃音が聞こえ、爆発が起こったと見られるとの情報が伝わり、作業に必要な要員約50人を残し、約650人が福島第一原発から一時退避した。

4. 使用済み燃料プールへの注水に関する経緯
（3月15日以降）

主要な時系列

日付		出来事
15日	6:00	2号機圧力抑制室付近で大きな衝撃音、4号機建屋の損壊
	7:00	作業員約650人が一時福島第二へ退避
	11:00	福島第一原発の半径20～30km圏内の屋内退避指示
16日	5:45	4号機建屋4階北西付近より火災発生確認
	8:34	3号機より白煙が大きく噴出
17日	9:48	陸上自衛隊ヘリにより3号機使用済み燃料プールへ散水実施
	10:22	菅首相とオバマ米大統領との電話会談 米大統領より首都圏在住の米国民に対して避難勧告予定との発言
	14:15	米政府が日本滞在中の米国人に出国勧告
	19:00	以降警察、自衛隊の放水車により3号機使用済み燃料プールへの放水実施
18日	14:42	自衛隊や米軍高圧放水車を使用した3号機使用済み燃料プールへの放水
19日		緊急消防援助隊による3号機使用済み燃料プールへの放水
20日	17:17	コンクリートポンプ車による4号機使用済み燃料プールへの放水開始
24日		各使用済み燃料共用プールに関し、外部電源からの電源供給及び冷却ポンプ起動

　15日朝、菅首相が東電社員を前に演説を行った後、一同は本店内の小部屋に通され、東京電力の勝俣恒久会長及び清水社長が福島第一の事故状況の進展予測のシミュレーションを示しながら「これによれば、［避難は第一原発から半径］20kmの中におさまります」などと説明した。これに対して菅首相が、福島第一の原子炉と使用済み燃料プールの多さを指摘しながら「本当に大丈夫なのか」と確認したところ、清水社長が「そうすると30kmくらいですかね」と発言を変更した。菅首相は「必要があれば検討しなければならない」として、早急に避難区域の拡大検討を指示し、同日11時に20kmから30km圏内の住民に対して屋内退避の指示が出された。同席した官邸スタッフの一人は避難区域の想定に関する東京電力側の安易な発言変更に驚き、戸惑ったと振り返る[52]。

　対策統合本部の設置により、15日以降、東京電力本店内では菅首相を本部長とし、海江田経産相と清水東京電力社長を副本部長として、それぞれ政府と東京電力を代表する体制が作られた。ただ実際には菅首相は官邸に常駐しなければならないため、同本部には細野補佐官が常駐し、海江田経産相の

45　寺坂院長インタビュー、2012年2月9日
46　政府事故調関係者ヒアリング、2011年1月21日
47　菅首相の国会答弁、2011年4月18日、参議院予算委員会
48　福山副長官インタビュー、2011年10月29日、班目委員長インタビュー、2011年12月17日
49　福山副長官インタビュー、2011年10月29日
50　官邸関係者インタビュー、2012年1月17日
51　東京電力中間報告、別冊
52　官邸関係者インタビュー、2012年1月19日

判断のもとで東京電力との調整を補佐することとされた。海江田経産相の提案により福島第一原発にもカメラが設置され、現場の映像が統合本部に届けられるようになるなど、次第に情報収集体制の改善・強化が図られていった。対策統合本部で直ちに最大の検討課題となったのが、3号機と4号機を中心とした使用済み燃料プールに対する注水作業であった。複数の使用済み燃料プールにおける水温上昇が確認されたため、蒸発による水位低下を防ぐため、ヘリコプターによる散水や消防車による放水が検討された。

細野補佐官は防衛相や総務相、国家公安委員長と連絡をとり、「あらゆる手段を使って注水」することで政策調整を行った[53]。もともと法的根拠が希薄であると見られていた対策統合本部において、現場での対応には自衛隊や警察、消防庁への指示も必要になるが、経産相にはそうした指示権限はなく、また首相補佐官も行政機関の直接的指示権を持たないため、指示権限の根拠については政府内でも議論となった。最終的には、細野補佐官は原子力災害対策法第20条の原子力災害対策本部長たる首相の指示権を代行する形で指示を行うものと整理した。

注水作業の実施に当たっては、組織が異なる自衛隊、警察、消防の効率的な連携と役割分担は難しい調整を要する課題であった。そこで細野補佐官は、3月18日から20日にかけて、注水作業については「自衛隊が全体を取り仕切り、警察と消防がその下でやる」という体制をつくる菅首相の指示書を出させ、自衛隊が主導的役割を担う仕切りとなった。しかし、自衛隊のヘリコプターや警視庁機動隊の高圧放水車、陸上自衛隊の消防車などによる必死の注水努力にもかかわらず、大量の水を安定して冷却プールに注水することはできなかった。

こうした状況を打開するため、巨大なアームをもつ「キリン」と呼ばれるコンクリートポンプ車の活用が対策統合本部でも検討されることになった。

コンクリートポンプ車が実際に導入されたのは、3月22日17時17分からで、たまたまドイツのプツマイスター社がベトナムへの輸出用に横浜港に保管していたのを福島に回してもらったものである。このほか、四日市市の中央建設から2台、岐阜県の丸川商事から1台がこの日までに現場に派遣されていた。58mあるブームの先端にカメラを固定し、ポンプ車を派遣した建設会社のオペレーターなどから指導を受けて、地上30mの高さにある4号機の使用済み燃料プールに注水された[54]。その後、23日には中国の三一重工から62mのアームを持つポンプ車が無償で東京電力に提供されたほか、地上70mの高さから注水可能な世界最大級のポンプ車とより小型のポンプ車が米国から輸送された[55]。

その後24日頃まで自衛隊、消防、警察等を中心とした必死の注水努力が続き、24日にはようやく外部電源を用いて冷却ポンプを起動することができるようになった。

5.「最悪シナリオ」の作成に関する経緯（巻末の資料参照）

14日から15日にかけて2号機の状況が一気に悪化し、また、4号機の使用済み燃料プールの状態が深刻になる中、菅首相は、「最悪シナリオ」について想定しておく必要性を強く感じた。菅首相は、それまで何人もの専門家に対し、その懸念を表明し、イメージをつかもうとしたが、政府としてそれを作成する必要があると判断した。

14日夜、2号機が連続注水しても原子炉圧力が上昇し注水不可能な状態に陥った。東電の福島第一原発対策本部は、原子炉内の炉心溶融が進み、燃料が熔け落ちる可能性が強まったと判断し、吉田昌郎所長が細野補佐官にその深刻な状況を直接、伝えたほどだった[56]。このような恐怖感は、官邸の政治家も原子力安全・保安院や原子力安全委員会などの専門家たちも、共有していた[57]。例えば、久木田委員長代理は、2号機のベント操作や圧力容器の減圧操作ができなくなった時の格納容器の高圧メルトスルー（高圧の状態でパンクすると、中のものが飛び出し原子炉建屋まで一緒に壊してしまう状態）を「怖いモード」と考えていた[58]。

その前後から菅首相はじめ官邸の政治家は、「最悪シナリオ」という言葉を漏らすようになった。例えば枝野長官は、「最悪シナリオ」について次のようなイメージを持っていたと証言している。

「14日から15日というところがピークだったと思うんですが。1（福島第一）がダメになれば2（福島第二）もダメになる。2もダメになったら、今度は東海もダメになる、という悪魔の連鎖になる。だからそうならないように、とにかく近づけなくて手が打てない状況にならないよう、全てを押さえ込みながらやっていかなきゃいけない。福島第二もダメになり、東海もダメになる。そういう悪魔のシナリオ、これが頭にあった。そんなことになったら常識的に考えて東京までだめでしょうと私は思っていた[59]」

官邸の政治家は、住民避難指示を出す際に、どのような事故の進展状況を想定するかを考えるに際して、「最悪のケース」を念頭においておかなくてはならなかった。例えば、3月13日17時半すぎに枝野長官と海江田経産相は保安院に対して、「最悪のケースを想定した場合に避難範囲は20kmで十分

53　細野補佐官インタビュー、2011年11月19日
54　「生コンポンプ車で150トン注水、福島原発」日本経済新聞、2011年3月23日
55　「世界最大級のポンプ車が福島へ」CNNJapan、2011年4月2日。
56　細野補佐官インタビュー、2011年11月19日
57　班目委員長インタビュー、2011年12月17日
58　久木田委員長代理インタビュー、2012年1月20日
59　枝野官房長官インタビュー、2011年12月10日

かどうか、保安院としての見解を大至急、検討してほしい」と指示している[60]。また、官邸中枢のスタッフの一人は、「枝野長官は、最悪ケースの発生を念頭に、避難区域を30kmを超えて50kmに広げるシナリオを早い段階で意識していた」と明かしている[61]。そして、菅首相も、炉ごとの事態悪化のみならず、それらが連鎖反応した場合、福島第一原発全体としてどのような「最悪シナリオ」がありうるのか、に関心があった。

原子力防災では、原災対策本部長である首相に助言をする役目は原子力安全委員長と定められている。「最悪のケース」の想定づくりも本来なら、班目原子力安全委員長に助言を求めるところである。しかし、菅首相は12日の1号機の水素爆発の可能性に関する班目委員長の回答が的はずれだったとして、班目委員長への不信を深めていた。そこで、細野補佐官の進言を容れて、近藤駿介原子力委員長に「最悪シナリオ」の作成作業を依頼することにした。

3月22日、菅首相は、首相執務室に班目原子力安全委員長、近藤原子力委員長、保安院の寺坂院長の3人を招き、「最悪シナリオ」の作成について意見を求めた。枝野官房長官、福山官房副長官、細野首相補佐官、寺田首相補佐官が同席した。

その席で菅首相は、「そろそろ事態が落ち着いてきたから、最悪のシナリオをつくることにしたい」と述べた。これに対して、近藤委員長は、「いまが最悪です」と返答しつつ、「今後の最悪シナリオというより、オンサイトでこれからどこを注意して見ていかなくてはならないか、不測事態が起こらないようにするにはどうしたらいいか、を検討する必要がある」との意見を述べた。

近藤委員長は、菅首相の要請を受け入れ、作業を始めることを承諾した。菅首相は、3日で結論を出してほしいと求めた。近藤委員長は、班目委員長に「あなたはいまとても忙しいから、私のところでやりましょう」と言い、班目委員長もそれに同意した。

近藤委員長は、22日から25日にかけて、尾本彰原子力委員（東京大学特任教授）のほか保安院、JNES（原子力安全基盤機構）、JAEA（日本原子力研究開発機構）らの専門家を組織し、今後のありうる「最悪のシナリオ」をコンピューター解析で作成した。ただ、ここでの参加は全員、個人の資格だった。

近藤委員長のもとでの作業は、「事故が起きている福島第一原子力発電所においては、今後新たな事象が発生して不測の事態に至る恐れがないとは言えない」として、「不測の事態の概略の姿を示す」ことを目的とした。

作業は、3日間の突貫作業となり、専門家たちは徹夜してコンピューター解析に取り組んだ。そこでの分析と結果は、次の通りである（裏口絵に全資料掲載）。

①水素爆発の発生に伴って追加放出が発生し、それに続いて他の原子炉からの放出も続くと予想される場合でも、事象のもたらす線量評価結果からは現在の20kmという避難区域の範囲を変える必要はない。
②しかし、続いて4号機プールにおける燃料破壊に続くコアコンクリート相互作用が発生して放射性物質の放出が始まると予想されるので、その外側の区域に屋内退避を求めるのは適切ではない。少なくとも、その発生が本格化する14日後までに、7日間の線量から判断して屋内退避区域とされることになる50kmの範囲では、速やかに避難が行われるべきである。
③その外側の70kmまでの範囲ではとりあえず屋内退避を求めることになるが、110kmまでの範囲においては、ある範囲では土壌汚染レベルが高いため、移転を求めるべき地域が生じる。また、年間線量が自然放射線レベルを大幅に超えることを理由にした移転希望の受け入れは200km圏が対象となる。
④続いて、他の号機のプールにおいても燃料破壊に続いてコアコンクリート相互作用が発生して大量の放射性物質の放出が始まる。この結果、強制移転を求めるべき地域が170km以遠にも生じる可能性や、年間線量が自然放射線レベルを大幅に超えることを理由にした移転措置の認定範囲は250km以遠にも発生する可能性がある。
⑤これらの範囲は、時間の経過とともに小さくなるが、自然減衰にのみ任せておくならば、半径170km、250kmという地点が自然放射線レベルに戻るまでには数十年を要する。

すなわち、ここでは4号機にとどまらず、他の号機の使用済み燃料プールの燃料破壊が起こり、コアコンクリート相互作用を起こした場合を、「最悪シナリオ」とみなしたわけである。そして、住民を強制移転しなければならない地域は170km以遠に及ぶ可能性と、年間線量が自然放射線レベルを大幅に超えるため住民の移転希望を認めるべき地域が250km以遠に達する可能性がある、との結論を導き出した。250km以遠まで汚染されるとなると、首都圏がすっぽり入ってしまう。それは、3000万人の首都圏の住民の退避が必要となることを意味していた[62]。

3月25日、近藤駿介原子力委員長は、官邸で細野首相補佐官に「福島第一原子力発電所の不測事態シナリオの素描」と題する資料を手渡した。細野補佐官は同日、その内容を菅首相に報告し、また枝野、福山の両氏には概要をブリーフィングした。

「最悪シナリオ」作成作業が3日間という短時間で作成できたのは、近藤委

60　保安院「内部メモ」
61　官邸関係者インタビュー、2012年1月23日
62　菅首相インタビュー、2012年1月14日

員長がすでに個人的な「勉強会」を立ち上げており、そこで近藤委員長は、「プランB」と呼ばれた原子力災害の拡大を想定した対応策をあらかじめ検討していたからだった。「プランB」検討の目的は、「今後の新たな事象による事態の概略を示すこと」であり、具体的には「新たな事象を想定し、各事象の未然防止策、連鎖防止策を検討し、かつ事象の連鎖が発生した場合の緊急事態範囲、土壌汚染、海洋汚染などを検討する[63]」ことであった。

この「勉強会」の参加者は、尾本彰原子力委員、根井寿規原子力安全・保安院審議官、小佐古敏荘東京大学教授、空本誠喜衆議院議員（民主党）と電力中央研究所の専門家である。小佐古教授は、16日から内閣府参与に就任していた。近藤委員長は、久木田豊原子力安全委員会委員長代理にも「雑談」という形で、意見を聞いた[64]。

「勉強会」は、3月16日と17日にそれぞれ1回ずつ、原子力委員会の委員長室で開かれた。そこで議論された「プランB」は、検討の対象や前提やアプローチとして、次のような点を探求した[65]。

- 1～6号機の原子炉、使用済み燃料プール（SFP）を対象に、水蒸気爆発、水素爆発、加圧破損等を考慮。SFPでは冷却機能喪失後のコンクリート反応を考慮
- 事象連鎖の防止策と効果を検討し、最終的には、新たな事象の発生に伴い、発電所内の放射線環境が作業員の滞在が困難な状況まで悪化して、作業員が退避し、事象が順次付随して発生、進展していくシナリオを想定
- 事象シーケンスとして、水素爆発、格納容器加圧破損およびSFPの冷却手段の停止を想定して、各事故シーケンスによる被曝線量をレベル3PSAコードで解析
- 被曝線量のプラントからの距離依存症を算出し、指標となる線量（屋内退避10mSv、避難50mSv等）を超える領域を分析
- また、同様にセシウム137の地表汚染分布を算出し、指標となる汚染密度（チェルノブイリ原発事故の際の強制移転：1480Kbq/m^2、移転：555 Kbq/m^2）を超える領域を分析

ここでのポイントは、1号機が再び水素爆発する危険性と4号機の使用済み燃料プールの底が抜け、燃料がコアコンクリートと反応する危険性の2つだった。

15日朝の4号機の爆発を機に、原子炉もさることながら使用済み燃料プールの危険への官邸の関心が一気に高まった。米国からも4号機の使用済み燃料プールが空だきになっているのではないかとの懸念が重ねて寄せられていた。

ただ、政府は、翌16日、4号機の使用済み燃料プールに水が入っているこ

とを自衛隊のヘリの空撮映像で確認した。これにより、4号機プールが直ちに空だきになる恐れは、ひとまず遠のいたものの、4号機の使用済み燃料プールは建屋の最上階にあり、また、中には原子炉建屋の屋根が吹き飛んだがれきが落下しており、構造的にも脆弱であることに変わりはなかった。

久木田委員長代理は、「燃料が熔けて、さらに火災が起こってプールの底が抜けてバラバラっと燃料棒が落ちていく。それが最悪」とのシナリオを描いていたという[66]。近藤委員長も、4号機の使用済み燃料プールの強度を懸念。「とくに余震が起こった場合、底が崩落し、水が漏洩し、注水停止状態になる」ことを怖れた[67]。

並行連鎖型危機を特徴とする今回の危機の中で、防護が手薄な使用済み燃料プールは"死角"となった。それも、定期検査のため一時的に取り出して間もない残留熱の高い新燃料を、多数貯蔵した4号機の使用済み燃料プールがもっとも「弱い環」であることを露呈させた。

菅首相は退任後「今回の危機では、使用済み燃料プールがもっとも怖かった。最終処分地のないことがその背景にある」と述べている[68]。

政府と東電の対策統合本部は、4号機の使用済み燃料プールが「最悪のシナリオ」の引き金を引きかねないとして、プールに水を継続的かつ安定的に注入することとプールが余震でも壊れないように構造的に補強することを次の緊急課題とした。

菅首相は、3月26日に馬淵澄夫前国土交通相を首相補佐官に任命し、統合本部がつくる中長期対策チームの政府側責任者に据えた。それとともに対策統合本部は、①放射線遮蔽・放射性物質放出低減対策、②放射性燃料取り出し・移送、及び③リモートコントロール化、の3つの特別プロジェクトチームを立ち上げることにした。これらのチームには、米NRCをはじめ米国政府も加わったが、なかでも焦眉の急を要したのが、使用済み燃料プールのリスク対応だった。

3月26日に開かれた福島第一原発事故に関する日米協議では、日本側は同原発に使用済み燃料が約1万本以上あると指摘し、破損した燃料棒の調査、破損していない燃料棒を取り出す方法の確立、キャスクなどを使い燃料棒を搬出する手段の模索、の3つの課題に取り組む方針を明らかにし、米側の協力を求めた[69]。

菅首相が近藤委員長に作成を要請した「最悪シナリオ」の内容は、官邸中枢でも閲覧後は回収された。その存在自体が、9月に菅首相が退任し、それに言及するまで秘密に伏された。

---

63 「勉強会」メンバーインタビュー、2012年1月31日
64 近藤委員長インタビュー、2012年2月1日
65 「勉強会」メンバーインタビュー、2012年1月31日
66 久木田委員長代理インタビュー、2012年1月20日
67 近藤委員長インタビュー、2012年2月1日
68 菅首相インタビュー、2011年12月21日
69 外務省高官インタビュー、2012年1月30日

第2節　官邸による現場介入の評価

　今回の原発事故における官邸の危機対応の最大の特徴の一つが、官邸による発電所サイト現場での緊急時応急対策、いわゆるアクシデント・マネジメントへの踏み込んだ関与であった。本節では、第1節で検討した原発事故対応の具体的経緯を中心に、官邸の現場への関与の実態と原子力災害の拡大防止の観点からの影響について検証する。

1. オンサイトのアクシデント・マネジメントへの官邸の直接介入

　今回の原発事故における官邸の対応において平時に構想されていた各省・事業者間の役割分担を一挙に乗り越え、官邸の少人数の政治家と技術アドバイザーから構成されるチームが福島第一の現場対応に深く関わったことは、後述するように国全体としての危機対応の観点から多くの課題を生んだ。対応にあたった官邸中枢チームの政治家の一人は、事故直後の現場の情報収集と対応に右往左往した当時の官邸の様子を振り返り、「一つのボールに集中しすぎた」と子供のサッカーにたとえてみせた。

　そもそも政府の原子力災害対策マニュアルには原子力発電所等において事故が発生した場合、原子力災害の拡大防止を図るために関係省庁が実施すべき応急の対策（「緊急時応急対策」原子力災害対策特別措置法第2条第5号）に必要な手続き及び関係各機関の役割分担が具体的に定められている。そして、同マニュアルにおいては、緊急事態が発生した場合の基本的な役割分担として、①オンサイトの緊急事態応急対策については原子力事業者が担当し、②オフサイトでの緊急事態応急対策については、オフサイトセンターに設けた原子力災害合同対策協議会が主導的に対応し、重要な事項について必要に応じて官邸の原子力災害対策本部に判断を仰ぐことが予定されている。また、同マニュアルには、原子力災害に関係する政府及び民間の各機関の緊急事態応急対策における具体的な役割分担も以下のとおり明示されている。

　表にあるように、オンサイトのアクシデント・マネジメントに該当する「事業者の応急対策の実施、情報の連絡」については、原子力事業者が「主担当」とされ、これを地方公共団体、内閣府、文部科学省、経済産業省、海上保安庁が「連絡先」として指定を受けサポートすることが定められている。原子力安全委員会の策定した原子力安全指針においても、「施設周辺に、放射性物質又は放射線の異常な放出が発生した場合、原子力事業者は、原子力災害の発生やその拡大の防止活動について、責任を持って実行しなければならない[70]」と定められており、オンサイト及びその周辺における原子力事業者の

第3章 官邸における原子力災害への対応

一次的責任が明確にされている。

これに対し、官邸の役割は、原則として①原子力緊急事態宣言（原災法第15条）の判断及び関係機関への連絡（主担当として）、②公衆への情報提供（担当組織として）、③放射性物質拡散状況の把握（連絡先として）、④指定行政機関の応急対策の指示、情報伝達（連絡元として）の4分野に限定されており、専門性の高い技術的判断など、迅速に求められるアクシデント・マネジメン

70 「原子力施設等の防災対策について」（原子力安全委員会作成）

トへの関与は本来予定されていなかった。しかし、こうした法令上の想定とは裏腹に、前述のとおり、官邸は実際には電源車の搬送、ベントの指示、首相の現地視察、海水注入の指示など事故発生後1週間程度のアクシデント・マネジメントに関わり、意思決定において、積極的に関与した。

こうした積極的関与の主体を担った官邸中枢チームの中心メンバーは政治家では菅首相、海江田経産相、枝野長官、福山副長官、寺田補佐官、細野補佐官らであり、これを原子力安全委員会の班目委員長、東京電力の武黒フェロー、保安院の責任者などがサポートする体制がとられた。15日に対策統合本部が設立された後は、意思決定の権限が官邸5階から東京電力本部へ大幅に委譲されたことに伴い、官邸中枢チームも二分され、海江田経産相と細野補佐官は主に東京電力本店で指揮にあたることになる。官邸には菅首相、枝野長官、福山副長官らが残り、対策統合本部からの報告や相談に応じて適宜指示を行うスタイルに変容した。またこのころより菅首相は多数の参与を任命し、セカンドオピニオン、サードオピニオンを求めることができる体制を整えていった。

2. 官邸による現場関与の主要事例とその影響

では、実際に行われた官邸中枢チームによる福島第一の事故現場への直接関与は原子力災害の拡大防止という観点からどの程度の効果があったのか、以下個別に検証する。

①電源車の手配 （11日夜）

東京電力からの全交流電源喪失との報告を受けて、速やかな電源回復のために電源車を手配することが最優先された。官邸では福山副長官がその手配を中心的に担当し、どの道路が閉鎖されているかが分からないので、各方面から40数台の電源車を手配した。しかし、これらの電源車は事故対策にほとんど貢献しなかった。21時半ごろ自衛隊の電源車が現場に到着したが、コネクターの仕様が違うため使用できず、結局、実際に使用された電源車は東京電力所有の高圧電源車であった。

②1号機ベント （11日夜から12日早朝）

11日夜官邸到着後、班目委員長はベントの必要性を力説したが、官邸からの指示を待つまでもなく、1号機の圧力上昇を受けて12日0時06分に吉田所長はベント準備の指示を出した。東京電力本店はベントを承認し、1時半には官邸にベントの申し入れを行った。官邸は3時の記者会見後すぐにベントが実施されるものと理解していたが、現場では余震や停電、放射線量の上

昇などで作業は難航していた。6時50分、ベントの遅れに苛立った海江田経産相は法的に命令を下した。7時12分に菅首相が福島第一に到着し、重ねてベントの早期実施を要請した。しかし、実際にベント作業が開始したのは、10km圏内の住民避難完了後の9時04分だった。政府中間報告によれば、現場ではベント実施に向けた様々な検討が続けられており、少なくとも官邸の決定や経産相の命令、首相の要請がベントの早期実現に役立ったと認められる点はなかった。

③1号機への海水注入 （12日夕方）

　12日の12時54分に防火水槽の淡水がなくなったことを受けて、吉田所長は1号機への海水注入を指示し、消防車を3台直列につなぎ注水ラインを作った。しかし、15時36分に1号機建屋で水素爆発が発生した。夕方に官邸内で海水注入について議論が行われ、17時55分に海江田経産相から海水注入の措置命令が出されたが、これを聞いた菅首相は再臨界の可能性を疑い、すぐには納得しなかった。一方、現場では19時04分に消防ホースを引き直し海水注入を再開していた。まもなくして、官邸にいた武黒フェローから吉田所長に電話連絡があり、吉田所長がすでに注水を再開している旨を告げると官邸の決定まで中断するよう武黒フェローから要請された。吉田所長は、この要請を受けて東京電力本店に相談すると、本店は中断すべきとの意見であった。しかし、原子炉の状態悪化を懸念した吉田所長はそれを無視して注水を継続した。官邸の議論は結果的に影響を及ぼさなかったが、官邸の中断要請に従っていれば、作業が遅延していた可能性がある危険な状況であった。また、今回は結果的に大事に至らなかったものの、官邸及び東京電力本店の意向に明確に反する対応を現場が行ったことは、危機管理上の重大なリスクを含む問題である。

④3号機の注水変更 （13日）

　13日2時42分、高圧注水システム（HPCI）の故障を懸念した3、4号機の当直は同システムを手動で停止した。3時55分に初めてHPCIの停止を知らされた吉田所長は海水注入を指示し、7時ごろまでにはラインの接続が完了した。その頃、官邸で海水よりも淡水を優先する意見が出され、東京電力の部長から吉田所長にその旨が伝えられた。吉田所長は淡水注入を決断し、消防ホースの敷設をやり直し9時25分に淡水注入が開始された。しかし、淡水は約3時間後に枯渇し、その後海水注入に変えられた。淡水への変更は、結局ほとんど状況改善にはつながらず、経路変更で無駄な作業員の被曝を生んだ可能性があり、官邸の指示が作業を遅延させたばかりでなく、原子炉注水操作失敗の危険性を高めた疑いがある。

⑤東京電力の撤退判断 （14日夜から15日朝）

　14日2号機爆発の危険が高まり、吉田所長は必要人員以外の退避も考えた。東京電力の清水社長は、福島第一原発からの退避を政府に申し出た。東京電力側は全面撤退を意図した申し出ではないと主張しているが、直接電話で清水社長と話した海江田経産相、枝野官房長官、細野補佐官のいずれも全面撤退と受け止めている。菅首相が清水社長を官邸に呼びつけ、撤退はさせないと伝えた。一時的に2号機の状態が安定し注水が可能になった時でもあり、吉田所長は「まだ頑張れる」と伝えたが、6時ごろの2号機爆発後650人が一時退避した。この際にも、菅首相は注水関係者を現場に残すように指示を出した。菅首相による東電撤退の拒否は、必ずしも2号機の安定化に向けた具体的な方策を伴ったものではなく、撤退すれば最悪の状況に確実に至るという強い危機感を主な根拠としたものであった。しかし結果的に、この撤退拒否が東京電力により強い覚悟を迫り、今回の危機対応における一つのターニングポイントである、東京電力本店での対策統合本部設立の契機となった。

⑥使用済み燃料プールへの注水作業 （17日以降）

　15日以降政府からの現場介入については、対策統合本部が行うことになった。海江田経産相が所管大臣として、政府全体の調整が必要な事項については細野補佐官が首相の代行として、指示を行った。政府の連携により自衛隊や消防など4号機使用済み燃料プールの注水・補強作業に幅広いリソースが投入され、一定の成果を上げた。また、近藤原子力委員長の報告に基づき、同プールへの対応が重要視され、馬淵補佐官が4号機プールの構造補強に、細野補佐官が継続した注水のためのコンクリートポンプ車の手配と注水システム構築に尽力した。

　官邸による現場介入と考えられる個別の事例を検証すると、15日の撤退拒否と対策統合本部設置及びその後の対策統合本部を舞台としたアクシデント・マネジメントについては、一定の効果があったものと評価される。他方、少なくとも15日の対策統合本部設置までの間は、官邸による現場のアクシデント・マネジメントへの介入が事故対応として有効だった事例は少なく、ほとんどの場合、全く影響を与えていないか、無用な混乱やストレスにより状況を悪化させるリスクを高めていたものと考える。官邸側における技術的検討の中心となった班目委員長自身、「現場の状況をよく知らないままに外部の意見を伝えることは必ずしも良いことではないと考えていた。しかし、官邸5階はそうせざるを得ないような雰囲気でした」と振り返るように、政府のトップが原子力災害の現場対応に介入することに伴うリスクについては、今回の福島原発事故の重い教訓として共有されるべきである。

第3節　官邸の初動対応の背景と課題

　本節では、なぜ原子力災害に関する知識も経験も乏しい官邸中枢が、不慣れで危険な現場介入に踏みこんでいったのか、その背景が課題について考察する。

1.マニュアルの想定不備と官邸側における周知不足

　初動対応において官邸が現場への関与を深めた主要な要因（の一つ）に、まず、原子力災害対策マニュアルをはじめとする各種の制度想定が不十分であったこと、及び、これらのマニュアルを使う官邸側の認識不足が挙げられる。

①複合災害に対する不十分な備え

　原子力災害対策マニュアルは、今回のような原子力災害と大規模自然災害の複合発生を想定していたものでなく、機能しなかった。マニュアルによれば、今回のように原子力緊急事態宣言が発令された場合、国の対応として官邸に首相を本部長とする原子力災害対策本部が設置され、緊急事態応急対策拠点施設（オフサイトセンター）において担当副大臣を本部長とする現地対策本部が設置される。オフサイトセンターでは、この現地対策本部を中核として地方自治体、警察・消防機関、原子力事業者の代表者らによる「原子力災害合同対策協議会」が開催され、国の対策本部への提言や住民避難・事故収束など重要事項の調整にあたると共に、関係機関間の情報共有と相互協力の調整を行うなど、緊急事態応急対策の司令塔としての役割が期待されていた。

　しかし、マニュアルが想定していたオフサイトセンターの司令塔としての役割は、原子力災害と大規模自然災害の複合発生により、全く果たされなかった。3月11日19時03分に菅首相が原子力緊急事態宣言を発令すると、事故現場から約5km離れた大熊町の保安検査官事務所に現地対策本部が設置されたが、停電に加えて非常用電源の不具合による電源喪失のため各種の通信手段も利用できず、隣接する福島県原子力センターに一時的に移動した。12日3時20分に非常用電源が復旧し衛星回線システムの利用が可能になり再びオフサイトセンターに戻ったが、車での交通も遮断され関係職員等の初動参集割合はきわめて低かった。また責任者である池田経産副大臣と原子力安全委員、緊急事態応急対策調査委員の現地派遣も遅れた。その後、事故の進展に伴う高放射線量の影響、食料や燃料等の不足が深刻化したが、代替施設として想定されていた福島県南相馬合同庁舎は既に地震・津波による被害対応に使われていたため、現地対策本部は3月15日に福島市の福島県庁に移転

するに至った。

　また、原子力災害対策マニュアルで予定されていたモニタリング及び影響予測情報の共有についても十分に機能しなかった。地震と津波により福島第一原発の外部電源が喪失した結果、サイトから原子炉内の情報をデータ転送することができず、また、オフサイトセンターへの政府専用回線も使用できなくなったため、緊急放射能拡散予測のための緊急時対策支援システム（ERSS）及び緊急時迅速放射能影響予測ネットワークシステム（SPEEDI）は、その本来の機能を活用することができなかった。また、福島第一のサイト内外におけるほとんどのモニタリングポストが機能不全に陥った。

　こうした混乱の背景には、今回のような大規模な地震・津波・原発事故のような複合災害を想定していなかったマニュアルの甘さがあった。現在の原子力対策マニュアルは1999年のJCO臨界事故の教訓をベースに作られており、当該施設を中心とする局所的な局面において比較的短期間に事態の収束が図られるシナリオを前提とした対応が想定されていた。しかし、今回の対応を見る限り、地震・津波により電源が喪失し原発及びオフサイトセンターの通信手段が失われた場合の代替的対応や、交通網が断絶した場合の関係機関参集の方法、放射線量を低減するための方策などの点において、原子力災害対策マニュアルの想定が不十分であったと言わざるを得ない。中でも、電源喪失については、原子力安全委員会の策定した安全設計審査指針[71]において、「長期間にわたる全交流電源喪失は、送電線の復旧又は非常用交流電源設備の修復が期待できるので考慮する必要はない」と、明示的に安全設計上の考慮から除外されていることからも明らかなように、防災思想の背景に垣間見えるこうした甘い想定が今回の混乱の起因の一つとなったものと考えられる。また、そもそも今回ほどの大規模な原子力災害において、仮にオフサイトセンターやオンサイトの通信システムが物理的に機能していたとしても、現地の限られた人的・物的資源で広範にわたる住民避難や医療対応等の想定業務を主体的にこなせたかについては担当者の間にも疑問視する声がある。

　今回明らかになった数多くの問題点を踏まえ、これらの原子力災害対策マニュアル等については、様々な原子力災害の態様や程度を想定し早急かつ根本的な見直しが求められる。

②官邸中枢における原子力災害対応に関する制度認識
　同マニュアルの想定不備に加え、これを使う側の官邸中枢には災害対応法制に関する基本認識が不足していた。

　福島第一原発での原子力災害発生後、15日に対策統合本部が設置される

まで、菅首相に対して原子力災害時のマニュアルや関連法制の基本設計について事務的な説明は一度も行われなかった[72]。むしろ、地震発生直後の首相秘書官室では、首相秘書官らが六法全書を持ち出して慌ただしくページをめくりながら、原災法や炉規法など原子力災害に関する基本法制を自分たちも一から確認している状態であった。15日未明に対策統合本部を立ち上げる際に、民間事業者である東京電力に政府関係者を常駐させる権限の根拠の確認に伴い、菅首相ははじめて秘書官より、首相の法律上の指揮権限等、原子力災害対応の法制度に関する体系的な説明を受けている。

また、菅首相以外の官邸中枢メンバーも同様の状況であった。福山副長官は、事故対応の基本となる原子力災害対策マニュアルについて「そんな細かい防災マニュアルを当時政務は知らず、事務方から説明もなかった[73]」と述べるなど、原発事故への対応に関する基礎的知識が欠けていたことを認めている。また、官邸中枢チームには、菅政権発足後半年の間に、防災関係のレクチャーを一度も受けたことがない（または少なくとも記憶していない）者や、原子力安全・保安院の役割についても震災後初めて知った者なども含まれていた。事務方の副長官、危機管理監、安全保障・危機管理担当の副長官補など、本来災害対策の陣頭指揮に立つべき事務方の幹部が地震・津波対応や住民避難などに忙殺される中、こうした基本的な法令認識について政治家から体系だった説明を求めた形跡もなく、政治家をサポートする事務体制が脆弱であった様子が浮かび上がる。

官邸の中枢スタッフの一人が今回の対応を「場当たり的」と述べたように、官邸の政治家らは国の原子力災害対策の基本的枠組み、すなわちオンサイトのアクシデント・マネジメントに関する原子力事業者と国の協力のあり方や、政府内における関係省庁間の具体的役割分担について、基礎的な認識を欠いたまま泥縄的な対応に追われていた。仮に原子力災害対策マニュアルの想定がそもそも十分でなかったとしても、基本的な制度認識なくしては想定外の事態に対する適切な臨機応変の対応を期待することは困難である。頻繁に閣僚や政権が交代する中、危機発生時に危機管理の中枢に関わる政治家らに対して、基本的な制度設計や対策マニュアルを如何に周知するか、前提となる教育や訓練のあり方や危機発生時のアドバイス体制などにつき、早急に見直し強化する必要がある。

---

71 「発電用軽水型原子炉施設に関する安全設計審査指針」（1990年8月30日）
72 官邸関係者インタビュー、2012年1月19日
73 福山副長官インタビュー、2011年10月29日

2.東京電力及び保安院に対する官邸中枢チームの不信感

　官邸中枢メンバーらは震災直後の段階から、本来現場対応に一次的に当たるべき東京電力及び保安院に強い不信感を抱いていたことが認められる。官邸中枢チームが原発災害現場への緊急対応への関与の度合いを深めていった背景としては、こうした東京電力や保安院に対する疑念に基づき、「なら自分たちがやるしかない」と踏み込んでいった事情がある。

①東京電力に対する不信感

　複数の官邸関係者によれば、官邸中枢チームの東京電力に対する不信感は11日の夜の段階で既に始まっている。具体的には、11日夜に電源車を福島第一原発に手配したにもかかわらず電源が復旧しない理由がなかなか判明しなかった時点で、官邸中枢チームの間では東京電力の当事者能力に対する不信感が広がり始めていた[74]。12日1時半に1号機のベント実施方針が確認された後、長野県の地震対応のために離席した福山副長官は、12日4時半ごろに危機管理センターの小部屋に戻った際にまだベントが開始されていないことを知って驚き、武黒フェローらに対して「どういうことですか」と怒鳴っている[75]。朝5時ごろ、一向にベントがはじまらず、その理由について武黒フェローに確認しても「わかりません」という答えしか返ってこないことについて海江田経産相が大変苛立っている姿が確認されており、こうした東京電力への不信と苛立ちが朝6時50分の海江田経産相によるベント命令につながっていった[76]。

②保安院に対する不信感

　同様に、官邸中枢チームの保安院の働きに対する評価も極めて厳しかった。そもそも原子力災害対策マニュアル上は、政府の原子力災害対策本部の本部事務局は経産省緊急時対応センター（ERC）に置かれることとなっており、保安院長が事務局長として本部長である首相をはじめ政府レベルでの事故対応の事務的な司令塔の役割が期待されていた。しかし、寺坂保安院長、平岡次長をはじめ多くの保安院の幹部が3月11日以降官邸に詰めた結果、対策本部の事務局機能が、経済産業省のERCと官邸5階に実質的に分立される状況に陥った。こうした状況が、本部事務局としての保安院の情報集約及び分析・提案機能にさらなる制約を及ぼした可能性があるうえ、広範な省庁間調整を要する今回のような規模の原子力災害において、もともと経産省に本部事務局を置くというそもそもの想定に無理があったとも考えられる。11日19時03分に原子力緊急事態宣言が出されると同時にERCに本部事務局が設置されたものの、保安院の現場での目となり耳となるはずの保安検査官8人全員が3月12日5時までには福島第一原発から退避したため、保安院は早い段階で現地からの独自の情報収集チャネルを失った[77]。その結果、司令塔を担う

べき保安院による情報収集は、基本的に携帯電話等を通じた東京電力経由の現場情報に頼らざるを得なくなり、その質・量ともに不十分なものであった。加えて、官邸に詰めていた保安院の寺坂院長と平岡次長が、官邸中枢チームで積極的な対策の提案や情報提供を行った形跡はうかがわれず、意思決定に携わる政治家らは保安院トップの個人的資質に対する疑念を抱くようになった。ある政治家は、保安院のトップを名指しし、「危機管理をやるようなタイプでは全くない」、「聞かれたことと関係ないことを答えたり、全く能動的に考える姿勢が見られなかった」と厳しく批判した。別の官邸の中枢スタッフは、「保安院がもう少し一元的に仕切れていないと成り立たない。結局そこができていないから首相及びその周辺がぐっと乗り出さざるをえなくなってしまった」と述べた。

③ タテの多層化による不信感・混乱の拡大

官邸から東京電力と保安院に対する不信感の最大の要因となったのが、危機感に駆られる官邸中枢が、これらの組織を通じて事故現場の様子をタイムリーに把握するのに多大な時間と労力を要したことである。情報収集の遅滞の構造的背景について、以下さらに分析する。

a. 情報収集プロセスの多層化による不信と混乱の拡大

官邸が現場のアクシデント・マネジメントへの直接介入を強めた結果、福島原発事故直後の実際の意思決定及び情報集約プロセスは原子力災害対策マニュアルの想定とは大きく異なるものとなった。現場から遠く離れた官邸で具体的指示が出された結果、サイト情報の伝達報告経路に複雑化・多層化が生じ、情報収集の遅れや混乱、関係者間の相互不信等の問題を惹起する要因となった。

具体的には、福島第一原発免震重要棟の緊急対策室から東京電力本店へは、24時間体制のテレビ電話システムを通じて、随時事故現場の状況やデータが報告されていた。また、緊急対策室からは東京電力本店、原子力安全・保安院、福島県知事、大熊町長及び双葉町長に対して原災法第10条に基づき「異常事態連絡様式」という書式に則り、現場状況が刻々とファクスを通じて送信されていた。この書式には、炉内の圧力状況、モニタリングカーの観測データ、プラント関連パラメータ、ベント時の放射性物質拡散予測等の詳細な情報が含まれていた。東京電力本店では、その情報をもとに、取捨選択および評価を加え、保安院に対して書面及び口頭で報告を行っていた。

---

74 枝野長官インタビュー、2011年12月10日
75 福山副長官インタビュー、2011年10月29日
76 枝野長官インタビュー、2011年12月10日
77 4人の保安検査官は13日朝に一度海江田経産相の指示により福島第一の現場に戻っているが、翌14日の午後5時頃には再び退避してしまっている。（政府事故調中間報告）

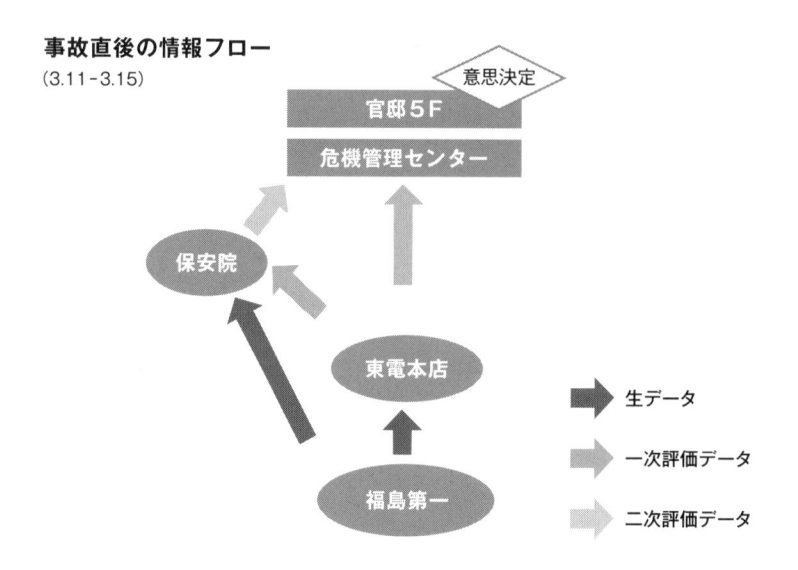

事故直後の情報フロー
(3.11-3.15)

　他方、保安院は前述のとおり本来は東京電力からの情報に加え、別途福島第一原発に駐在している保安検査官から独自に一定の現場情報の報告を受けることが想定されていたが、保安検査官の想定外の現場退避により、かかるチャネルは実質的に絶たれた。通信システムの機能不全により、事故の進展予測など独自の分析・検討も十分行えなかった。こうした状況の下、保安院は、ほとんど独自情報を持たず、東京電力から入手する現場情報を単に官邸に転送する機能を有するだけであった。

　このように、震災直後の初期段階においては福島第一原発の事故現場の様子が官邸に伝わるプロセスは、①福島第一→②東京電力本店→③保安院→④官邸と少なくとも4階層にまたがり、タテの情報伝達経路が多層化していた実態がうかがえる。もともと原子力災害対策マニュアルで採用されている、事故対応を重視し事故現場からオフサイトセンターに情報を集約しその場で主要方針を決定する2階層の情報伝達プロセスからは大きく乖離している。現場から官邸に向けて情報が階層を上る度に、フィルタリングと検証のプロセスを踏むため、重要な情報の停滞と情報伝達速度の遅延を招いた。

　こうした情報遅延に苛立つ官邸中枢チームは、5階に寺坂保安院長及び東京電力の武黒フェローらを常駐させ、また、首相の福島視察後の吉田所長と直接の接触をたびたび試みるなど、情報伝達経路の短縮を試みるが、いずれも安定恒常的な情報チャネルとして機能していない。情報伝達経路の多層化のため、1号機ベントや3号機の爆発後などに、現場の正確な情報が即時に官邸に届かず、東京電力と保安院への不信が高まり、さらに直接関与の度合いを深めようとする不信と介入のスパイラルに陥っていった。

b.危機管理センターと官邸5階の分断

　官邸中枢チームは当初11日夕方から12日未明にかけて官邸地下に位置する危機管理センター中2階の小部屋で主に議論及び意思決定を行っていた。しかし、12日の昼過ぎ以降は[78]、官邸中枢チームの議論と意思決定の舞台は主として官邸5階の首相執務室及びその隣の首相応接室に移った。首相応接室には官邸中枢チームのメンバーに加え、保安院長以下の保安院幹部や原子力安全委員会、原子力安全基盤機構の専門関係者等が常時詰めており、本来は保安院のERCに設置されることが想定されている原子力災害対策本部事務局の中枢機能が、官邸とERCに分立した状態となっていた[79]。

　こうした官邸中枢チームの5階への移動は、前述の情報収集プロセスの多層化にさらに拍車をかけた。例えば、初期段階のSPEEDIの試験情報が保安院から危機管理センターに届けられていたにもかかわらず、官邸中枢チームには届いていなかった。また、12日の1号機への海水注入の場面では、東京電力が19時04分に既に海水注入を開始していた事実が保安院から危機管理センターには伝えられたものの、官邸5階には伝わらなかった[80]。このように、意思決定舞台の移動の結果、危機管理センターと官邸中枢チームの間にさらなる情報ギャップが生じた可能性が高い。福山副長官も、「地下1階から総理の執務室の5階までいちいち報告にいくのもなかなか大変ですから」と認めるように、物理的距離が官邸5階の迅速・正確な状況判断のさらなる制約となった可能性は高い。

　官邸中枢チームが拠点を移した最大の理由は、危機管理センターでは携帯電話が使えない点にあった。同センターでは安全保障上の理由から携帯電話を預ける内規があり、外部への連絡手段が中２階の小部屋には2本の有線電話回線しかなかった[81]。官邸中枢チームのメンバーは、その点に不便を感じ、官邸5階に移動したと証言している。

　しかし情報通信の発達した時代に、自然災害等への対応において長期間にわたり国政の中枢メンバーを携帯電話から隔離して執務を強いる必要性はない。こうした不都合に鑑み、時代に即した情報通信機能を備え、危機管理に当たる国家の首脳陣が状況を判断できるシチュエーションルーム機能をどこに設けるのが最適か、徹底的に討議されるべきである。

78　海江田経産相インタビュー、2011年10月1日
79　班目委員長インタビュー、2011年12月17日

c. 対策統合本部設置による情報収集フローのフラット化

3月15日の対策統合本部設置以降は、こうした情報収集プロセスの多層化による弊害は幾分解消された。現場及びオフサイト対応に関する重要な意思決定の権限が官邸から対策統合本部に大幅に委譲された結果、情報伝達経路が大幅に短縮化され、より迅速な情報収集及び共有につながった。

対策統合本部が設置された東京電力本店のオペレーションルームには、各原子力発電所との間で、24時間体制でテレビ電話回線がつながり、福島第一原発の事故現場の状況もオンタイムで把握できた。その設備を見た菅首相は、そこに政府の人間が常駐すれば情報は滞らないと考えたと証言している[82]。また、現場からのファクス情報もその場で関係者に共有された。

オペレーションルームに政府の代表、東京電力関係者、そして保安院など各省関係者が一堂に集まることにより、現地から上がってくる情報を直ちに共有、検討し、具体的判断に活かすことが可能になった。その結果、海江田経産相は、情報収集能力の向上に加え、官邸側の意向を直接、直ちに現場に伝えられることにより対応の迅速化と不信感の解消につながったと証言している[83]。保安院に派遣されていた安井正也資源エネルギー庁省エネルギー・新エネルギー部長も同様に「同じ情報をもとに議論できるようになった。一周遅れの情報をもとにバラバラに判断することがなくなった」と情報収集・意思決定プロセスが改善したことを認めた[84]。

対策統合本部の設置は11日以降の一連の事故対応において、政府と東京電力との間の情報共有に不満を抱いた菅首相のほぼ一存で決まった。法的に

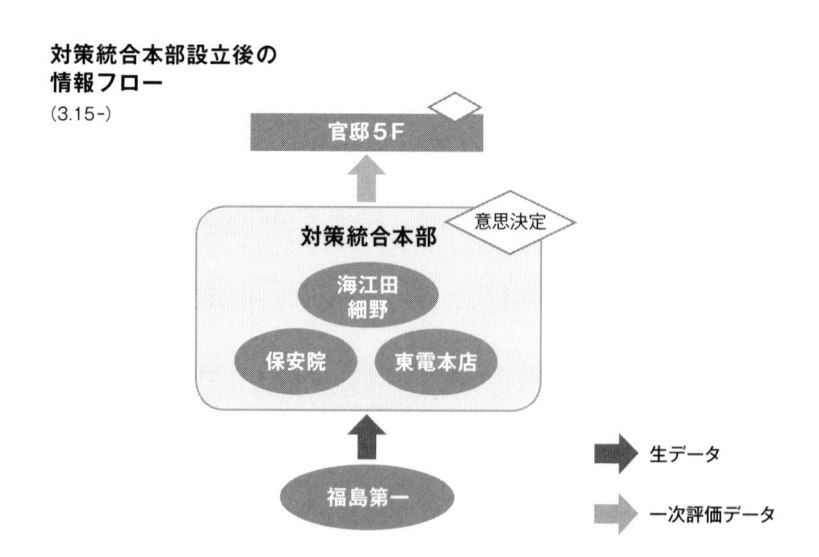

対策統合本部設立後の情報フロー
(3.15-)

は、原子力災害対策本部の下部組織として位置づけられ、原災法第20条の総理の指示権を根拠とするという法的整理を行ったが、関係者によればこれは後付けであったという。同様の重大事故の再発に備え、政府・関係団体間の混乱と不信を回避し、効率的な情報共有と意思決定に適した組織のあり方について早急に検討されるべきである。

3.原子力災害の拡大に関する官邸中枢の危機感

官邸中枢チームにおいては、震災直後の初期段階において、原子力災害の拡大に関する相当悲観的な進展予測が共有されていた。そして、15日未明に菅首相が東京電力に乗りこむことを決断した際、「［このままいけば］東日本全体がおかしくなる」と述べたことに象徴されるように、官邸中枢チームが、現地での対応への関与を深めていった要因の一つとして、事故の進展に関する強い危機感があったことが認められる。

複数の官邸中枢チームメンバーの証言によれば、震災直後より同チームの中では、原子力災害の進展予測に関して常に「最悪のシナリオ」が念頭にあったものと認められる。

震災直後から最初の1週間程度の時期に懸念されていたシナリオは、連鎖的な原子炉の水素爆発のリスクであった。福島第一原発のいずれかの原子炉の制御が利かなくなって水素爆発が起きた場合、放射線量が高くなりすぎて人が近づくことは不可能になるため、他の全ての原子炉や使用済み燃料プールも制御できず空焚き状態になり、爆発が連鎖する。その段階になれば、福島第二原発にも近づけなくなり、その結果、200km近く離れた東京都民の避難なども現実のものとなりかねない。シナリオといっても、ペーパーが作成された形跡はなく、11日から15日頃までの間、官邸中枢チームを中心に共通認識が形成されていった。「悪魔の連鎖」と呼ばれたシナリオについては、枝野長官は「もう議論するまでもなくみんな共有していた」と認める。このシナリオの現実化に対する官邸の危機感は2号機に水が入らなくなった15日未明から17日ごろまでにピークを迎え、多くの関係者は今回の事故対応において官邸内で最も緊張が高まった時期であるとの意見で一致している。
なお、官邸中枢が当初漠然と共有していた連鎖爆発に伴う最悪ケースの想定は、この時点では具体的な科学的分析に基づくものではなかった。しかし

---

80 政府クロノロジー
81 海江田経産相インタビュー、2011年10月1日
82 菅首相・週刊朝日インタビュー
83 海江田経産相インタビュー、2011年10月1日
84 安井保安院付インタビュー、2012年2月9日

3月25日、近藤原子力委員長が作成した「最悪のシナリオ」で、その想定ははじめて具体的なシナリオとして明らかにされた。「最悪シナリオ」に示されたのは、使用済み燃料プールが空焚き状態になり、そこから放射性物質が放出された場合に生じる甚大な被害と、広大な区域にわたる住民避難の必要性であった。シナリオを見せられたある官邸アドバイザーは「厳しいことはわかっていたが、それでもなんとかなるのではないかとかすかに楽観的な気分が残っていた。それが吹き飛んだ[85]」と厳しい現実に絶句したと語る。

当時、原発事故対応に奔走していたある官邸アドバイザーは「[4号機の爆発など]我々の知見では本当に予想もできないような事態が次々と展開していた」と振り返り、「人間の力ではコントロールできないものと向き合っていた」と当時の危機感・緊迫感を語る[86]。

危機時においてこうしたワーストケースシナリオを検討することは珍しいことではない。ただし最悪シナリオについて、その存在自体が長期間伏せられ、作成後は閲覧後に直ちに回収されるなど、公文書としての扱いを避けるかのような取り扱いがされていた。その後明らかになった官邸議事録の不作成の問題などとあわせ、機密性の高い公文書管理のあり方については、改めて広く議論されるべきである。

4.菅首相のマネジメント・スタイルの影響

これまでに判明している事実経緯や関係者の証言を総合すると、福島原発事故後の初期対応において、菅首相の個人的資質に基づくマネジメント手法が、現場のアクシデント・マネジメントへの積極的な関与に一定の影響を及ぼしていたと考えられる。判断の難しい局面で、菅首相の行動力と決断力が頼りになったと評価する関係者もいる一方、菅首相の個性が政府全体の危機対応の観点からは混乱や摩擦の原因ともなったとの見方もある。

①トップダウン型のマネジメント・スタイル

菅首相のマネジメント・スタイルに対する関係者の評価は多様だが、多くの関係者があげるのは、自ら重要な意思決定のプロセス及び判断に主導的役割を果たそうとする「トップダウン」型へのこだわりである。細野補佐官が、「総理のスタイルは、トップダウンで、自分が前に出て情報をとって、自分で判断を下すというスタイルです[87]」と述べるとおり、15日の東京電力からの退避申し出の拒否や対策統合本部の設置に象徴されるような重大なリスクやトレードオフを伴う判断から、11日夜の電源車の手配のような事務的な手続きに至るまで、大小様々な意思決定の場面において菅首相が主体的役割を果たそうとしている姿が確認される。官邸スタッフの一人が「震災対応でよかったところは、危機直後に首相がぱっぱっぱっと判断を出していける、そういうキャラクターの総理だったこと」と述べるように、こうした菅首相

のスタイルについて、行動力と決断力のあらわれとして肯定的に評価する関係者もいる。そして、細野補佐官は、菅首相がこうしたトップダウンスタイルで、12日早朝に自ら福島第一原発への視察を強行したことが、その後の官邸による現場関与が深まっていく原動力となったと述べる[88]。

　他方で、首相自身による細かな技術的判断や情報収集過程への関与を、過剰なマイクロマネジメントとして批判する声もある。例えば、11日夜の電源車の手配に際して、危機管理センターでのオペレーションと並行して官邸5階の首相執務室においても、首相がその手配の進捗状況に重大な関心を示し、「どこに何台あるか私に教えろ[89]」と秘書官らに指示を行っていた。首相執務室にホワイトボードが運び込まれ、秘書官の一人が各地から集められる電源車の手配状況について、「何時にどこを何台出発した」「何時にどこを通過した」「何時に福島第一に到着した」といった情報を随時細かく一覧表にして書き出す等、首相直々の行程管理が行われていた。菅首相は時折「警察の先導車をつけてはどうか」「まだつかないのか」などと述べながら直接的な関与を続け、秘書官らが「後は警察にやらせますから」と述べても「いいから俺に報告しろ」などと取り合わなかった。また、福島第一原発に代替バッテリーが必要と判明した際には、首相が自分の携帯を取り出し、「必要なバッテリーの大きさは？　縦横何ｍ？　重さは？　ということはヘリコプターで運べるのか？」などと電話で担当者に質問し、居並ぶ秘書官らを前に自身で熱心にメモをとっていた。こうした状況に、同席者の一人は「首相がそんな細かいことを聞くというのは、国としてどうなのかとぞっとした」と述べている。

　また原子力事故の初期段階以降も、菅首相が他の大臣や事務レベルに適切な権限委譲を行わず、引き続き直接的な関与を続けたことについては批判がある。例えば、15日に対策統合本部が設置された後、菅首相が頻繁に細野補佐官に「どうなっているの」と近況報告を求め続けた事に関し、ある官邸スタッフは「直に聞かれると細野さんも10分とか20分とか中断して説明しなくてはいけなくなる。それが統合本部の士気を低下させるから、なるべく菅さんに出てこないように言って欲しいと何人かの人から頼まれた」と述べる。また、当の細野補佐官も「4月以降の、ストレステストであるとか玄海［原発］の問題であるとか、ああいうところの判断は任せるところは任せて最終

85　官邸アドバイザーインタビュー、2012年2月2日
86　官邸アドバイザーインタビュー、2012年2月2日
87　細野補佐官インタビュー、2011年11月19日

的にそれをしっかりと受け止めるという方法もあったかもしれません[90]」と振り返る。

　一般に危機対応で、現場の対応能力を超えた事象が発生した場合、より組織の上位者が対応責任を引き取る必要が生じることは珍しくない。しかし、本来国の危機管理の最高責任者が代替バッテリーのサイズ確認に自ら奔走するという事態は到底望ましい状態とはいいがたい。福島原発事故の対応を見る限り、菅首相が、どの判断を首相自身の対応が必要な事項として引き上げ、どの判断については他の大臣や事務レベルに任せるべきかについて、詰めた検討を行った形跡はない。こうした状態は、当時の官邸の意思決定手続の混乱ぶりを象徴している。

②強い個性
　菅首相のマネジメント・スタイルのもう一つの特徴として、強く自身の意見を主張する傾向が挙げられる。

　例えば、池田元久経産副大臣は自身の手記で、菅首相が3月11日に福島原発に視察に訪れた際の状況について「怒鳴り声ばかり聞こえ、話の内容はそばにいてもよく分からなかった[91]」と記述している。また、班目委員長は当初福島視察のヘリの中で自身の懸念を伝えて解説するつもりであった。しかし、菅首相に一喝され、「おれは基本的なことはわかっている。俺の質問にだけ答えろ」と言われ、以降は一問一答の形でしか進講できなかった[92]。班目委員長は、「わたしとしてはもっと色々伝えたかった」、「菅首相の前で大きな声で元気よく言える人は、相当の心臓の持ち主[93]」と述べ、実際、班目委員長は、12日の1号機爆発時における海水注入論議に際して、菅首相に強い口調で再臨界の可能性を問われて、「いや、ゼロではありません」と答えているが、後日、国会でこの発言の真意について問われ、「限りなくゼロに近いという意味」であったと矛盾ともとられかねない証言をしている。こうした一見矛盾する班目委員長の説明には、首相の剣幕に押され、首相が疑う再臨界の可能性を真っ向から否定することを躊躇したという背景があった。

　こうした首相の強い態度を前に、官邸中枢チームの政務メンバーの中でも、本心では菅首相の判断に異論がありつつも、強く反対することを躊躇していた様子もうかがわれる。具体的には、12日の福島視察の場面では、当初は枝野長官、海江田経産相、福山副長官など複数の政治家が首相の現地視察に反対であった、と述べている。しかし、首相の強い意向を前に、海江田経産相は「これは首相が自分から言い出したことで、それをとめる権限は私にはありません[94]」と最終的には現地視察を容認している。最側近の一人である福山副長官も、言い出したら聞かない菅首相を前に、「首相が現実に現場を

見たいと言っているときに、なかなかとめにくいということはありました。」と証言する[95]。

しかし、たとえば細野補佐官は、「『あの人はこういうことを言うものなんだ、反論しても全然問題ない人だ』と知っている人間からすると全然問題ないが、初めて会う人とか、しかもそれが首相という最高権力者で、［その首相が］でっかい声を出したときは、もうそれに対して反論できない人も多い、もしくは普通はそういうものである」と認める一方、自身については「私は、菅首相から叱責されたときは倍ぐらいの声で言い返す。それは全然問題ない」と述べ、遠慮や萎縮などの影響はなかったことを強調する。さらに複数の政府高官や官邸スタッフは、他人に対して強く意見を言う菅首相の性格は、緊急事態における重大なリスクやトレードオフを伴う決断を下す上で効果的だったと評価している。

こうした事実関係から見れば、トップリーダーである菅首相の強い自己主張は、危機対応において物事を決断し実行するための効果という正の面、関係者を委縮させるなど心理的抑制効果という負の面の両方の影響があったと言える。

③ライン情報に対する不信とスタッフへの依存
菅首相のマネジメント・スタイルの3点目の特徴として、霞が関や東京電力など正式な組織上の指揮系統（ライン）を通じて上がってくる情報に対する猜疑心と、その裏返しとして、首相の個人的アドバイザー（スタッフ）への依存が挙げられる。

菅首相は、首相就任前から官僚組織に対して批判的であった。
事故後のインタビューで菅首相が事故対応を振り返り、「霞が関は自分の都合のいいデータしか出さない。結果として十分な情報発信ができなかった[96]」と述べているように、こうした首相の官僚機構の能力及び姿勢に対する不信感は、震災時にも持続していたものと見られる。ある官邸中枢スタッ

---

88 細野補佐官インタビュー、2011年11月19日
89 官邸関係者インタビュー、2012年1月24日
90 細野補佐官インタビュー、2011年11月19日
91 池田元久「福島原子力発電所事故3月11日～15日/2011年 メモランダム-覚書」（2011年12月19日）
92 班目委員長インタビュー、2011年12月17日
93 班目委員長インタビュー、2011年12月17日
94 海江田経産相インタビュー、2011年10月1日

フは、原発事故に関して菅首相が「全然俺のところに情報が来ないじゃないか」と苛立ちを表明する度に、関係省庁が大急ぎで説明資料を作成して報告に上がろうとするが、説明を開始してまもなく「事務的な長い説明はもういい」と追い出されるパターンの繰り返しであったと述べている[97]。

　ライン情報に対する不信とは裏腹に、菅首相は信頼するスタッフアドバイザーを重用した。細野補佐官と寺田補佐官は特に最も信頼の厚い側近として、正式な組織上の指揮命令権限はないものの、あらゆる重要な意思決定の場面に深く関与した。また、技術的な専門家についても多くの個人的アドバイザーを頼った。11日の電源車手配、12日の1号機水素爆発の現状把握等、初期対応の複数の場面において菅首相が自身の携帯電話を通じて、官僚機構や東京電力とは別のチャネルを通じて直接情報収集にあたっている姿が確認されている。そして、3月29日までに小佐古敏荘氏、日比野靖氏、山口昇氏、有富正憲氏、斎藤正樹氏、田坂広志氏という異例の人数の内閣官房参与が正式に任命された。しかし、枝野長官は相次ぐ内閣参与の任命に「常にやめた方がいいですよと止めていました」と述べている。なお、内閣参与や首相の個人的アドバイザーなどの非公式な情報ソースとのやりとりは菅首相の携帯で行われるため、その場に同席している者であっても会話の断片等から内容を推察するほかなく、その内容等については具体的に知らされないことが多かった[98]。こうした首相の個人的アドバイザーの関与状況の不透明性について、ある官邸中枢スタッフは「何の責任も権限もない、専門知識だって疑わしい人たちが密室の中での決定に関与するのは、個人的には問題だと思う[99]」と批判する。

5.官僚機構の関与の薄さ

　政府の福島原発対応の初期段階において、保安院を中心とする霞が関の官僚機構の対応は総じて事後的・受け身なものであり、その存在感は希薄だった。官僚側から能動的に有効な対応策が提案された事例は少なく、重要な意思決定の場面では「後は政務で決める」とされ、官僚は除外された。その背景には、複合災害に対よる人的リソースの限界と、危機に対応できる人材不足などの課題が浮かび上がる。

　法制上、原発事故のような緊急事態に対する事務方の責任者は事務の内閣官房副長官、内閣危機管理監、そして安全保障・危機管理担当の官房副長官補の3人である。特に、内閣危機管理監は、内閣官房の事務のうち国民の生命・身体等に重大な被害等を及ぼす危機管理に関する事項（うち国の防衛に関するものを除く）を統理するものとされている[100]。そして、3人の官房副長官補のうち安全保障・危機管理担当が内閣危機管理監を補佐することとなって

いる（図参照[101]）。このように本来であれば危機管理監督と安危担当の官房副長官補が協働して政府各省の動きの統括・調整にあたるところを、今回は震災・津波・原発事故という特殊な大規模複合災害だったため、伊藤危機管理監が原発を、事務方トップの瀧野官房副長官と西川官房副長官補が地震と津波対応を担当する大まかな役割分担が早期に決められた[102]。こうして、地震・津波と原子力災害の複合災害という事例の特殊性から、本来危機管理対応の先頭に立つべき事務方トップ3人のうち、2人が原子力災害以外の対応に忙殺されることとなった。

また、原子力災害対策に注力することになった伊藤危機管理監も、官邸5階の首相執務室や応接室で開かれていた重要な意思決定に関する会議への参加は限定的であった。むしろ、伊藤危機管理監は、官邸地下の危機管理センターや自身の執務室を中心として住民避難の分野に注力しており、計画策定や受け入れ先の確保、自衛隊や消防との連携などに奔走していた[103]。しかしそれ以外の場面において、伊藤危機管理監の行動は目立たない。

また、原子力災害対策本部の事務局を務める保安院の果たした役割についても、政務側からの評価は総じて低い。特に事務局長の寺坂保安院長及び事務局次長の平岡保安院次長については、もともと原子力の専門家ではなかったこともあり、複数の官邸関係者が「彼らから何か具体的な提案がでてきたことはなかった」「二人は危機管理をやるようなタイプの人では全くない」と口をそろえて厳しい評価を述べる。こうした状況を見かねてか、13日午後以降、両氏に代わって保安院は、経済産業省資源エネルギー庁の省エネルギー・新エネルギー部長であった安井正也保安院付を急遽官邸に置く異例の人事を行った。複数の関係者によれば、安井保安院付は原子力に関する豊富な知見と安定した説明能力で官邸中枢チームのメンバーの信頼を得た。枝野長官も「彼だけでしたよね。わからないことはわからないということも含めて、きちっとわかるように説明してくれたのは」と評価するように、安井保安院付の配置は保安院と官邸との関係改善に一定の効果があった。

その他にも、保安院の広報を担当していた中村審議官が実質的に更迭された際に、3月13日から直前まで経済産業省の通商政策局大臣官房審議官であった西山英彦審議官を後任とした事例や、原子力安全委員会の岩橋理彦事

95　福山副長官インタビュー、2011年10月29日
96　菅首相インタビュー・読売新聞
97　官邸関係者インタビュー、2012年1月23日
98　海江田経産相インタビュー、2011年10月1日
99　官邸関係者インタビュー、2012年1月23日
100　内閣法第15条第2項

内閣官房の危機管理に関する組織

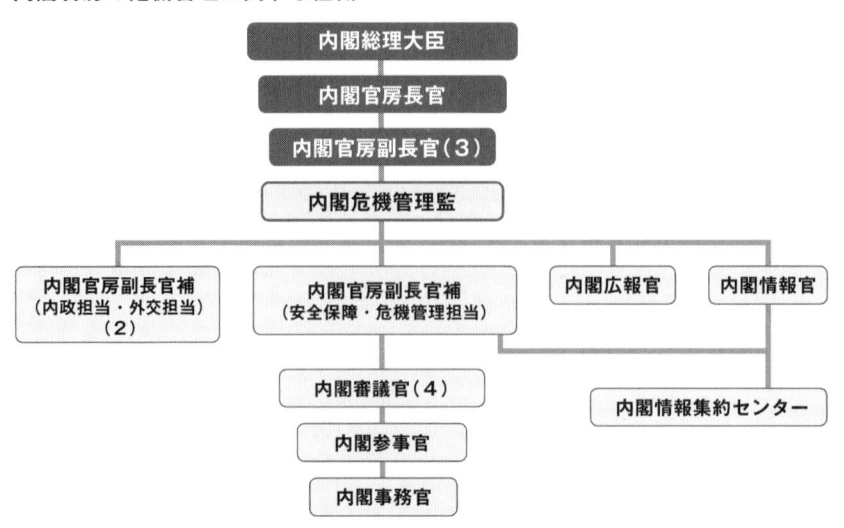

```
                    内閣総理大臣
                        │
                    内閣官房長官
                        │
                  内閣官房副長官（3）
                        │
                   内閣危機管理監
                        │
        ┌───────────────┼───────────────┬───────────┐
  内閣官房副長官補    内閣官房副長官補    内閣広報官    内閣情報官
  （内政担当・外交担当）（安全保障・危機管理担当）
        （2）              │                          │
                      内閣審議官（4）          内閣情報集約センター
                           │
                        内閣参事官
                           │
                        内閣事務官
```

務局長のサポート役として、元保安院長の広瀬研吉東海大教授を内閣府参与にした事例など、震災後に人事で事務的な体制の補強を行った事例は少なくない。

　こうした官僚人事の異動について、菅首相は「この人を外せ、この組織を変えろ、とは言わなかった。ただ説明できる人に説明させてくれ、とお願いした」と述べている。また枝野長官も「事故が起こるということを想定した人事をやっていなかったんです[104]」と振り返る。他方で、いつ起きるかわからない危機管理の担当部署に最適な人材を常に置いておくことを期待するのも現実的ではない。一連の原発事故対応からは、危機が起きた際には、平時とは異なる柔軟な人事を遂行し、早急にベストな布陣に組み替えることの重要性が教訓として浮かび上がる。

6.政治家の専門家に対する不信感

　前述のとおり、官邸中枢チームは主に政治家5、6人を中心とする政務グループと、原子力安全委員会、東京電力、保安院の幹部らからなる専門家グループから構成されていた。しかし、以下のとおり、初期の事故対応が進む中で、次第に政務グループの中で班目委員長や保安院、東電関係者ら専門家グループに対する不信・疑念が深まっていった様子が認められる。また、そうした不信につながる展開の背景には、東京電力、保安院、原子力安全委員会との間の平時からの情報共有の不十分さが認められる。

①官邸中枢チームの原子力安全委員会、保安院への不信感

　11日の震災発生直後から深夜の段階では、政務グループは原発についてはほとんどが素人のため、「ベントとは何か」「何でベントしなければいけないのか」「ベントしたらどれくらい放射性物質がでるのか」などの原発対応の基礎的認識について専門家グループに尋ねていた。他方、専門家の側は事故直後より基本的な問題認識を共有しており、班目委員長も21時過ぎに官邸に呼ばれた直後に武黒フェローとの間で、「『これベントしかないよね』とあっと言う間に意見が一致した[105]」と述べている。こうして班目委員長が専門家側の意見を代表する形で、チェルノブイリの立ち入り禁止区域を引き合いに、放射性物質拡散のリスクが限定的であることなどの説明を行った[106]。政務グループは難解な技術的説明に当初かなり理解に苦しんでいたが[107]、未曾有の緊急事態が進展する中で、少なくとも事故直後は政務グループが専門家グループに対して一定の信頼を置いていたことがうかがわれる。

　専門家グループへの信頼が揺らぐ最大の転機となったのが、12日の1号機の水素爆発であった。菅首相によれば、12日朝の視察ヘリの中で班目委員長に水素爆発が起きないか確認したところ、「大丈夫です。起きない。格納容器には窒素が入ってますから」との回答を得ていた[108]。しかし、その数時間後、同日15時半に1号機が爆発した。首相執務室で爆発の説明を求められた班目委員長はなおも、「揮発性のものなどがあちこちにあるので、それが燃えているんじゃないか」などと水素爆発の可能性を否定していたが、テレビ画面に映る爆発映像とは整合しない説明を受け、菅首相をはじめ、政務グループが班目委員長らの説明に疑念を深めていった。東京電力の武黒フェロー、保安院の寺坂院長からも事前に水素爆発の可能性について指摘はなく、爆発の5時間後に細野補佐官の報告により水素爆発であることが確認される

---

[101] http://www.fdma.go.jp/html/intro/form/pdf/kokumin_071130_s2-3.pdf
[102] 官邸関係者インタビュー、2011年10月13日
[103] 枝野長官インタビュー、2011年12月10日
[104] 枝野長官インタビュー、2011年12月10日

まで、専門家グループから現場状況の理解に有益な知見が提供された事実は確認できない。海江田経産相は当時の経緯を振り返り、専門家グループについて「この人たちは本当に平気なのだろうか」「この人たちの言うことも疑ってかからなければいけないな」という不信を覚えたと述べている[109]。

　1号機の爆発前後に菅首相は、「俺が相談できる相手はほかにいないのか」と班目委員長に対して直接問い質すことになり、これ以降、原子力安全委員会からは班目委員長と久木田委員長代理が交代で助言にあたる体制となった[110]。爆発直後には、菅首相が携帯電話で外部のアドバイザーと直接やりとりをして情報収集にあたっている姿が確認されている[111]。さらに16日から次々に専門家を内閣官房参与に任命し、科学的見地からのアドバイザーの増員を図っている。菅首相がこのように正規ライン以外のセカンドオピニオン、サードオピニオンを求めるようになった様子は、1号機の水素爆発を契機に班目委員長ら当初の官邸中枢チーム内の科学専門家への信頼感が失われた経緯と符合する。

　15日の東京電力撤退の場面をはじめ、重要な意思決定の局面においては、官邸中枢チームではまず菅首相抜きで海江田経産相が議長として班目委員長ら専門家から意見を聴取し、その後「あとは政治家で判断するから」という形で首相執務室において首相を交えて政務メンバーを中心に意思決定が下されるプロセスが増えていった[112]。

②原子力安全委員会に対する東京電力・保安院からの情報共有の不足

　他方、班目委員長や久木田委員長代理らが仮に十分な専門的知見を有していたとしても、それを必ずしも十分に発揮できる環境が整っていたかどうかは疑わしい。

　班目委員長や久木田委員長代理らの証言によれば、原子力安全委員会の幹部は、初期対応の段階においては関係者から極めて限られた現場情報しか与えられないまま、突如として首相や大臣がいる場で専門的アドバイスを求められることが多かったという。11日の夜に班目委員長が官邸に呼ばれて以降、原子力安全委員会の委員や事務局幹部らは、政治家らとの打ち合わせの時間以外は、官邸5階の控室や官邸中2階の会議室の一角で待機していた。その間、保安院の関係者は別室で待機しており、途中から中2階の会議室で同室になった後も、原子力安全委員会への情報提供などはほとんどなかったという[113]。また東京電力は、保安院には現地状況の報告を上げるものの、班目委員長ら原子力安全委員会に対して情報を積極的に提供することはなかった。また原子力安全委員会からも、保安院等から法律上の権限を用いてそうした情報の取得を働き掛けることはなかった。

加えて、官邸にいる班目委員長などに対する原子力安全委員会事務局からのサポートも脆弱であった。11日の危機管理センター2階での打ち合わせの際には、部屋のサイズの制約から、当初は原子力安全委員会の岩橋事務局長すら入室を許されなかった[114]。こうして、班目委員長は、少なくとも当初段階においては原子力安全委員会の事務局や保安院からの組織的な情報供与やサポートはほとんどないまま、実質的には個人の識見に基づいて助言を行わざるを得なかった。重要な意思決定の場に臨席していたのは、原子力安全委員会という組織体の代表ではなく、「私一人です」と班目委員長は述べる[115]。

こうした脆弱なサポート体制と科学的専門家としての役割を期待される組織間の連携の悪さが、官邸中枢チーム内の不信感につながっていった可能性が高い。

---

[105] 班目委員長インタビュー、2011年12月17日
[106] 福山副長官インタビュー、2011年10月29日
[107] 福山副長官インタビュー、2011年10月29日
[108] 菅首相・日本経済新聞インタビュー（2011.9.21）、菅インタビュー・東京新聞（2011/09/06）
[109] 海江田経産相インタビュー、2011年10月1日
[110] 班目委員長インタビュー、2011年12月17日
[111] 海江田経産相インタビュー、2011年10月1日
[112] 班目委員長インタビュー、2011年12月17日
[113] 久木田原子安全委員長代理インタビュー、2012年1月20日
[114] 班目委員長インタビュー、2011年12月17日

7.官邸・東京電力・現場を巡る指示系統の乱れ

　第2節でみたように、福島原発事故の初期段階におけるアクシデント・マネジメントを巡っては、一度ならず、東京電力（吉田所長を長とする発電所対策本部）が官邸の指示・意向と異なる対応を遂行した異例の状況が確認される。具体的には少なくとも①12日朝、海江田経産相のベント命令が出ており、菅首相の現地視察においても重ねてベントの早期実現を要請されていたにもかかわらず、東京電力が住民避難が完了するまでベントを実施しないことを福島県との協議で独自に判断した事例、②官邸の武黒フェロー及び東電本店より首相の承認が得られるまで1号機への海水注入の停止を求められたにもかかわらず、吉田所長が「自己の責任で」継続した事例、及び政府事故調の中間報告によれば③3月14日に、2号機のベントラインの確保と、2号機への注水とのどちらを優先して行うか判断を迫られた場面においても、吉田所長がいったん官邸の指示と異なる判断を行うことを本店に打診していた事例（最終的には、吉田所長は清水社長の指示を受け入れ、注水作業にとりかかった）などが認められる。

　たしかに事故の収拾に奮闘した吉田所長は賞賛に値すると評価する向きが多い。しかしこうした指示系統の乱れは、一歩間違えれば災害がさらに拡大するかもしれないという危険な問題を孕んでいることも指摘されるべきである。事後的・客観的に見て現場の判断が正しかったとしても、上位機関の命令・指示に従わない対応をとることには大きな問題がある。こうした重大事態において最終責任を負うのはあくまで上位機関であり、下位機関が「自分の責任」で指示と異なる行動をとることは本来であれば許されない。特に今回の原子力災害のような重大災害の場合には、「最悪シナリオ」が指し示したように、現場の責任者の「自己の責任」で責任をとる問題ではない。
　上位機関の指示が現場の最新状況に適したものではなかったり、かえって危険性を高めたりする可能性のあるものなら、そうした見解をきちんと上位機関に伝えることが望まれる。しかし、今回の事故対応では現場から東電本店、そして東電本店から官邸に対してそうした報告が十分にされていなかった。指示への違背が単純な美談として語り継がれていくことは悪しき前例となりかねず、危機管理上は、下位機関は上位機関の指示や命令に従うことが求められ、これに対する例外を認めることは、大きな問題となりうる。

　なお、こうした指示違背ともとれる指示系統の乱れがどこまで吉田所長の独断であったか、あるいは東京電力本店の明示的または暗黙の了解のもとに行われていたのかは、東京電力が我々の調査に応じていないことから判然としない。但し、政府事故調の調査に携わった関係者が、こうした吉田所長の行動の背景には「原子力ムラの自治[116]」を守ろうとする潜在意識があったの

ではないかと推測していることは興味深い。官邸の現場介入に対する原発関係者の受け止め方について問われた近藤原子力委員長は「もともとそんなことは屁とも思わない人たちです。自己責任のある世界で生きている人たちだから、多分全然気にしていないし、影響も受けていないと思う。むしろ、一番おたおたしていたのは板挟みになった本店ではないか[117]」との感想を述べており、同じような状況下においてこうした問題が再発する危険性を示唆している。

第4節　事故からの教訓

「この国にはやっぱり神様がついていると心から思った[118]」

　我々の調査に応じた官邸の中枢スタッフがこう述べたほど、今回の福島事故直後の官邸の初動対応は、危機の連続であった。制度的な想定を外れた展開の中で、専門知識・経験を欠いた少数の政治家が中心となり、次々と展開する危機に場当たり的な対応をつづけた。決して洗練されていたとはいえない、むしろ、稚拙で泥縄的な危機管理であった。情報収集体制の面においても、意思決定をサポートする体制の面においても必ずしも十分とはいえない状況で、未曾有の原子力災害に対する強い危機感に迫られた官邸中枢の政治家たちは、不眠不休で現場のアクシデント・マネジメントに深く関与していった。

　結果において原子炉の連鎖爆発や大規模な放射性物質の拡散といった事態には至らなかったものの、一歩間違えれば大災害につながりかねない危険な状況が何度も出現していた。こうした未曾有の危機を生き抜いた貴重な経験を真摯に見つめなおし、そこから最大限の教訓を日本と世界とで共有する責任が我が国にはある。今回確認された多くの課題と教訓、すなわち、複合災害への備えを欠くマニュアル、危機対応に関する政治家の基本的な認識不足、情報伝達の多層化による遅滞、官僚機構の人材不足、技術アドバイザーの脆弱なサポート体制、首相のリーダーシップのあり方、現場の指示への違背などについて、早急に議論を進めるべきだろう。また、これらの課題や教訓は、単に原子力災害にとどまらず、我が国の危機管理全般に通ずる多くの課題をはらんでいることを強く指摘しておきたい。

---

115 班目委員長インタビュー、2011年12月17日
116 政府事故調関係者インタビュー、2012年1月21日
117 近藤委員長インタビュー、2011年12月26日
118 官邸関係者インタビュー、2012年1月19日

第4章 リスクコミュニケーション

〈概要〉

　本章では、福島原発事故に関する菅政権のリスクコミュニケーションのあり方、及びそれらが国民不安、事故の収束等に与えた影響について検証する。世論調査の結果からは国民が政府の原子力災害に関する情報提供のあり方に対して強い不安を感じていたことが浮かび上がる。原子炉の状態や低線量被曝のリスクに関するパブリックコミュニケーションは政府にとっても経験のない分野で、迅速かつ正確な開示のあり方を巡り様々な試行錯誤があった。また、官邸においてはもともと外国向けの広報機能が脆弱であり、今回の震災後に泥縄的にこうした体制が整えられていった。

　また、ソーシャルメディア時代におけるリスクコミュニケーションのあり方についても検証を行う。ツイッターやフェイスブック、ブログといったソーシャルメディアが福島第一原子力発電所事故におけるコミュニケーションでも活用された。ここでは、ネット上における人々や専門家の情報発信と、政府や東京電力といった公式な発信を比較し、政府は人々が求める情報発信を行っていたかを考察する。

第1節　原子力災害の影響に対する国民の不安

　原子力技術や放射能の健康被害については、一般国民のリスク認知と専門家のリスク評価との間で非常に大きな乖離があり、知識や情報量にも大きな差があるため、もともと一般国民と専門家とのコミュニケーションが難しいという問題を抱えている。こうした事象の特殊性に鑑み、原子力災害時には特に国民への正確かつわかりやすい情報提供が重要となる。ヒロシマ・ナガサキという歴史的特殊事情を抱える我が国においては特にこの点に関する国民のセンシティビティは高いものと考えられる。

　しかし、この度の福島第一原発における事故以降、我が国の市民の間では、事故の状況や放出された放射性物質の健康への影響について深刻な不安が広がった。2010年4月に全国紙各紙が行った世論調査によれば、回答者の7割前後が政府の情報提供・説明について「適切でない」と回答しており、未知の災害に対する強い不安と政府の説明への不満が広く共有されていた様子を数量的に裏付けている[1]。また、NHKの世論調査によれば、政府の福島第一原発事故対応に関する評価については事故後より6割から7割の回答者が「評価しない」と答えるなどもともと厳しい視線が向けられていたが、5月中旬以降、東京電力により地震後早い段階で炉心溶融が起きていたことなどが公表され、また政府の初動対応に関する批判が高まると、その評価はさらに大

きく下落した[2]。

また、第4節で詳述するとおり、ソーシャルネットワーク上のトレンドもこうした国民の放射能汚染に対する不安の高まりが随所に見て取れる。事故後より「セシウム」「炉心溶融」などといった原子力災害関連の用語の検索ヒットが急増し、また政府の役職についていない在野の研究者などの専門家などのウェブサイトやツイッターアカウントが政府情報のセカンドオピニオンを求める国民層から高い注目を浴びた。

事故直後より政府内で原発対応に奔走しつつ、原子力災害の情報開示における社会心理的リスクの重要性を指摘し続けていた田坂広志内閣官房参与は、今回の一連の政府の事故対応を振り返り、国民からの信頼の喪失が現実に起きてしまったと指摘する。そして同氏は、「まず、政府が、原子力行政について、国民からの信頼を失ったということを、深く自覚するべき」と政府のリスクコミュニケーションの失敗から学ぶべきと厳しく指摘する。

リスクコミュニケーションに関する主要な時系列

日付	出来事
3月11日	地震発生
12日	保安院・中村審議官の「炉心溶融」発言及びその後の担当者交代
20日	千葉県旭市産のシュンギクから暫定規制値をこえるヨウ素が検出
23日	・SPEEDIによる試算結果を公表 ・東京都の金町浄水場（葛飾区）より乳児の暫定基準値の2倍を超える放射性物質検出（水道水1キロあたり210ベクレル） ・原災法20条3項に基づき、福島県知事に対して野菜、原乳など一部食品の出荷制限及び摂取制限
4月12日	原子力・安全保安院が、福島原発事故につき、「国際的評価尺度」においてレベル5からレベル7への引き上げを決定
25日	対策統合本部による共同記者会見開始
5月3日	対策統合本部においてSPEEDIの未公開データ5000件の公表を発表
15日	東京電力が、3月12日朝6時50分ごろには炉心溶融（メルトダウン）が生じていたとの解析結果を発表

第2節　政府による危機時の情報発信

1.首相の対外発信

（1）首相のメディア発信機会の減少

3月12日の20時32分、菅首相は官邸1階の記者会見場で記者会見を行った。前日16時54分に行われた第1回首相会見はわずか2分20秒の短い事務的な

---

[1] 朝日新聞世論調査（4月16日〜17日）では、73％の回答者が福島第一原発事故に関する政府の情報提供は「適切でない」と答えており、「適切だ」と回答した者は16％に留まる。同様に読売新聞世論調査（4月1日〜3日）でも、66％の回答者が事故に関する政府の説明につき「適切だと思わない」と答えており、「適切だ」と回答した者は24％に留まる

[2] 政府の福島第一原発事故への対処についての評価（NHK世論調査）：4月（評価する：28％、評価しない68％）、5月（評価する：31％、評価しない65％）、6月（評価する：19％、評価しない：75％）

メッセージであったが、この会見は9分14秒にわたる国民に向けた本格的メッセージであった。同日午後に発生した1号機爆発の実態解明に世界の注目が集まる中、その様子は地上波テレビ及び官邸のインターネットＴＶを通じてリアルタイムで日本及び全世界に配信された。しかし、肝心の1号機の爆発状況の説明について菅首相の口から直接語られることはなく、続く枝野長官の会見に委ねられた。菅首相は予定された会見原稿を読み上げるにとどまり、記者からの質疑応答は行われなかった。

官邸中枢チーム内では、震災発生直後は、こうした危機時においては国民から首相の顔が見える必要があるとして、少なくとも一日一度は首相の記者会見を行うべきとの意見もあった。しかしながら、その後官邸中枢チーム内でも菅首相の会見の頻度を抑えた方がよい、との意見が多数を占めるようになった。結局、菅首相が記者会見に応じたのは3月13日、15日、18日、25日、4月1日、12日と、急速にその頻度は低下していった。

また菅首相は震災前までは、内閣記者会のぶら下がり取材に原則一日一回応じていたものの、震災発生後は震災対応を理由にこれを断り続けた。首相の対外発信不足に苛立つマスコミからの連日の批判に対し、枝野官房長官は4月5日の記者会見において「首相が可能な限り国民に直接発信することは必要だと、私からも首相側に申し上げている」と述べたが、その後も状況が改善されることはなかった。

（2）首相の対外発信を支えるサポート体制の制約

こうした菅首相の国民へ向けた発信機会の低下については、首相自身の元来のマスコミ嫌いと、失言等による政治的リスクを避けたい首相周辺の意向が働いていた。

記者との質疑応答については、菅首相は従来からあまり積極的な姿勢をとってこなかったことに加え、事故発生直後の初期対応時においては質疑応答への十分な準備が困難であったことから実施されなかった。

他方、菅首相自身が理系出身であることを自負し、震災対応時には官邸内でも原発に関する専門的な議論において持論を述べる場面が見られたことなどから、官邸中枢チームや首相秘書官らの一部の間では、原子力に関する技術的・専門的事項に関する質問を記者から振られた場合に菅首相が自説をとうとうと展開し、失言や混乱が生じるリスクが懸念されていた。こうした配慮もあり、事務的な発表事項の中でも原発に関する技術的・専門的事項は、説明に安定感のある枝野長官の会見に委ね、菅首相の会見メッセージからは極力落とされた。

なお、首相の会見原稿を作成するのは、原則として官僚である事務方の首相秘書官の職責とされており、欧米によく見られる国家リーダー専属のスピーチライターのように、フルタイムで首相原稿の考案・検討に注力する専門スタッフは組織上配置されていない。平時であれば、首相が会見を行う際

には5人いる事務方の首相秘書官（財務・外務・警察・経産・厚労）が10省庁を担当ごとに割り振り、会見のテーマごとに各省から必要な情報を事務的に吸い上げてスピーチ原稿を作成する。担当が不明なものについては広報担当の秘書官が中心となって起草する。ぶら下がり取材の対応についても、事前に首相の番記者から関心事項を官邸スタッフが聞き取り、これをベースに作成された想定応答要領をもとに、首相執務室において綿密な準備が行われるのが常であった。

今回の震災後の、首相会見の原稿作成の基本的な流れは、まず首相秘書官の統括的立場にあった山崎史郎秘書官（厚生労働省出身）と広報担当の貞森恵祐秘書官（経済産業省出身）が事務的な発表事項をとりまとめて起草し、これに広報官室の下村健一審議官がコメントを加える形でファーストドラフトを作成していた。首相秘書官は分刻みの重要案件を多数抱える多忙な身であり、また、下村審議官も他の政府広報全体の管理・指導を担当しており、首相会見の原稿は、そうした多忙なスタッフの日常業務の合間を縫って作成しているのが実情であった。

なお、内閣広報官の下には約20人のスタッフがおり、官邸広報全般に従事しているが、実際はこれら広報官室の事務スタッフは首相会見の原稿作成にはほとんど関与しない。首相の会見またはメディアのぶら下がり取材の実施はもともと多忙な首相秘書官らにおいて多大な事務的負担を要するものである。もともと菅首相及びその周辺においてはぶら下がり取材対応に要する多大な労力と政治的リスクを敬遠する傾向があり、事故の初動対応が収束した後も、ぶら下がり取材が復活することはなかった。

このように首相が直接国民に語りかける機会が急速に減少する中、3月16日夜に菅首相と面会した笹森清内閣特別顧問がその後メディアに対して、菅首相が「最悪の場合は東日本がつぶれることも想定しなければならない」という趣旨の発言を行ったと紹介するなど、首相の危機感は次第に間接的に世間に伝わる形となった。

2.原子炉の状況に関する政府の説明

①保安院・中村審議官の交代を巡る経緯

3月12日14時過ぎの原子力安全・保安院の記者会見において、当時広報を担当していた原子力安全・保安院の中村幸一郎審議官が、1号機の状況について「炉心溶融の可能性がある。炉心溶融がほぼ進んでいるのではないだろうか」「炉心溶融が起こっている訳ですので、そういった意味からすると（スリーマイルアイランド原発事故と）同じグループに入るのかもしれません」等と発言し、炉心溶融の可能性が高いことを示唆したものとして注目された。

すでに11日22時の段階では保安院のプラント解析予測システム（ERSS）により、2号機のプラント状況について早ければ同日22時50分時点で炉心露

出が始まり、翌12日1時50分時点で燃料溶融が始まる可能性が指摘されていた。結果的に1号機の方が先に危機を迎えることになったが、複数の証言によれば官邸中枢チームにおいても遅くとも12日の朝の段階では何号機という特定はなくとも炉心溶融の可能性を十分認識されていた。しかし、12日午後の中村審議官の会見発言が官邸に知らされると、官邸中枢チームからは「まだわからないことをあったかのように言うのはまずいだろう[3]」と異論が上がった。また、枝野長官の不快感は強く、官邸5階の首相応接室に詰めていた保安院関係者に対して「まず官邸に知らせないということは何たることだ[4]」と怒鳴り声をあげたのを複数の関係者が記憶している[5]。そして枝野長官は、保安院や東電に対して重大な記者発表の内容について「同時に少なくとも官邸には連絡すること」の徹底を指示した[6]。

　その後、12日17時50分の会見を最後に保安院の広報は中村審議官から野口哲男審査官に交代した。同日21時半の会見には野口審査官が、「(炉心融解という言い方は)まだ状況をきちっと把握した上での話ではないかなと思います」などと同日の中村発言よりもあいまいな回答を行った。さらに、13日未明の会見では根井寿規審議官が「幹部からの指示で交代した」と中村審議官からの担当者交代を発表し、「炉心溶融」ではなく、「燃料棒損壊の可能性は否定できない」との表現を使用。さらに13日夕方には再度、西山英彦審議官に交代し、同氏は「燃料棒の外側の被覆材の損傷というのが適切な表現だ」と述べ、従前の炉心溶融への言及を事実上否定するニュアンスの発言を行った。

　その後、5月15日に東電は1号機が事故直後に炉心融解が起きていたとの解析結果を発表し、結果的に中村審議官の3月12日当時の発言は客観的事実に則したものであったことが裏付けられた。

②中村審議官交代は実質的な更迭

　寺坂信昭原子力安全・保安院長は2011年8月10日行われた自身の退任会見において、「中村審議官は元々通常業務では国際部門を担当している。その後の事態の進展とともに、いろいろな人員や体制を整えていくということが必要となって広報担当が交代した」と説明。「[中村審議官の炉心溶融]発言自体そのもので担当が交代したということではない」と強調し、中村審議官が12日の会見発言を理由に更迭されたとの見方を否定した。また、政府事故調中間報告においても、中村審議官の交代は同氏が自主的に願いでたことによると記述されている。

　しかしながら、上述のとおり複数の証言によれば、当時12日の炉心溶融に関する中村審議官の発言に対しては官邸内で強い異論・不快感が表明されており、直後の同氏の交代を中村審議官の自発的な意志によるものと単純に評価することはできない。政府のNo.2であり、総合調整機能を担う官房長官が保安院の会見内容について強い不快感を表明すれば、当然その意図は速

やかに官房長官秘書官らを通じて事務ルートで保安院に伝えられるのが通常である。官邸における不快感の表明と会見担当者の交代のタイミングが近接していることや、1号機の水素爆発発生等の非常時に会見担当者という重要なポジションの担当者を変更する理由が他に見当たらないことなどに照らせば、中村審議官の交代が官邸の不快感の表明と関連するものと考えるのが自然である。

なお、枝野長官側は同氏が不快感を表したのは、政府の他部署で重要な事実が公表された後に官邸が知るという情報伝達手続きの乱れについてであり、原子炉の状況に関する発言内容自体を批判したものではないと述べる。確かに、枝野長官自身、13日午前11時からの会見において記者から1号機の炉心溶融の可能性について問われ、「これは十分可能性があるということで、当然、炉の中だから確認ができないが、その想定のもとに対応をしている。」と述べている。

他方、保安院側は官邸の不快感の対象を発言の内容面まで含むものとしてより重く受け止めた可能性が高い。事故後の保安院ERC内の経緯を記録した保安院の内部メモには、「(12日) 15:23 炉心溶融の発表は官邸に連絡してから発表してくれとのこと。」との記載があり、官邸からの指摘について、公表のタイミングに対する指摘と、炉心溶融という表現に関する指摘が混在した表現となっている。さらに「(12日) 17:55 官邸からプレスしてよいとの指示が広報班にあったのか？院長電話受け、次官から」との記載があり、経産省次官までもが保安院の広報対応に関心を寄せ、直接寺坂院長に対して官邸の指示遵守につき確認を行った形跡が記録されている。また、必ずしも枝野長官自身ではないとしても、官邸内では「まだわからないことをあったかのように言うのはまずいだろう」との声があったとの証言もある。その後、前述のとおり保安院会見における炉心溶融を巡る表現が保守化していった経緯に照らしても、保安院においては、中村審議官の発言に関する官邸の指摘を受け止めた際、手続き面のみならず内容面にわたる指摘と受け止めた可能性が高い。

こうした事実関係を前提とすれば、中村審議官の交代は正式な更迭、すなわち上司の人事権に基づく強制的な担当者の交代ではなかったとしても、官邸の状況を認識した保安院側が、中村氏に事情を説明した上で、同氏の自発的な交代の申し出というより穏便な手段により官邸の意向に沿った対応を実施した、実質的な更迭と評価するのが自然である。

中村審議官の不自然な交代劇は政府の広報のあり方について国民に初期段階において疑念を抱かせる契機の一つとなった可能性を否定できない。そし

3 　官邸スタッフインタビュー
4 　班目春樹原子力安全委員長インタビュー
5 　官邸スタッフ
6 　枝野長官インタビュー（枝野官房長官は日付を明言していないが、前後の文脈等から3月12日にこの指示が出された可能性が高い。）

て、本当は原子炉の状態は政府が発表しているものよりもずっと悪いのではないかという国民の漠然とした疑念は、5月中旬に東京電力が事故後初期段階において炉心溶融が起きていたとの解析結果を公表するに至り現実のものとなった。

3. 低線量被曝のリスクに関する国民への説明

第1節で取り上げた政府の情報提供に関する国民の高い不満のレベルを見ても、事故後、国民の間に低線量被曝のリスクに関する不安が広がっていたことに疑いはない。こうした国民の不安が広がったのは、第2章第2節及び第4節において論じているように複合的な背景に基づくものであるが、政府のコミュニケーションの観点から浮かびあがる課題も少なくない。以下、首相に代わって原子力災害に関する国民への説明の実質的な最高責任者となった枝野長官の発言を中心に検証する。

政府は、枝野長官を筆頭に、放射線の人体の健康への影響につき、「直ちに影響を及ぼすものではない。」という表現を繰り返した。しかし、その後この表現の多義性を理由として、長期的な放射線による健康への悪影響の有無につき、国民の間で議論が起こるに至った。

この点、枝野長官は、本年11月8日の衆議院予算委員会において、以下の答弁を行っている。

> 「わたくしは3月11日からの最初の二週間で、39回の記者会見を行っておりますが、そのうち『ただちに人体、健康に害が無い』ということを申し上げたのは全部で7回でございます。そのうちの5回は食べ物、飲み物の話でございまして、一般論としてただちに影響がないと申し上げたのではなくて、放射性物質が検出された牛乳が1年間飲み続ければ健康に被害を与えると定められた基準値がありまして、万が一そういったものを一度か二度摂取しても、ただちに問題ないとくり返し申し上げたものです」

この点、前記表のとおり、「すぐに」という表現を含めれば、枝野長官が放射線の人体への影響につき上記趣旨の発言を行った回数は最初の2週間で少なくとも10回は確認された。

また、枝野長官は国会でこれらの発言の趣旨は、一度か二度の摂取に限定した発言であったと述べているのであるが、具体的な発言記録を読む限りそのような説明が合理的と言えるか疑問である。例えば、3月20日の会見では「なお、昨日も申し上げたが、今回検出された放射性物質濃度のホウレンソウを摂取し続けたからといって、直ちに健康に影響を及ぼすものとは考えられない。」と述べており、「摂取し続ける」という表現からは少数回の限定というニュアンスは伝わりにくい。また上記国会論戦でもテーマとなった牛乳

第４章　リスクコミュニケーション

については、3月19日の会見において「今回検出された放射性物質濃度の牛乳を仮に日本人の平均摂取量で一年間摂取し続けた場合の被曝線量はCTスキャン1回程度のもの」と発言している。「CTスキャン1回程度のもの」という表現は、多大な被曝量ではないというニュアンスを含んでいると受け止めるのが自然であり、かかる発言を前提としながら、国民には少数回以上の摂取については健康上の安全性を保証していないとの弁明は苦しいと言わざるを得ない。

　確かに、3月23日の会見における「たまたま数回、あるいは数日こうした数値を超えたものを摂取しても、直ちにはもとより、将来にわたっても健康への影響がでる可能性はない。」との発言のように、一定の数量的限界が前提となっていることがわかる発言も見受けられるが、こうした発言とともに「暫定基準値」については1年間服用しても影響がでない基準として説明していること等も国民からは誤解を招きやすく、仮に国会での答弁が真の意図であったとするならば、全体としてミスリーディングな表現があったとの評価は免れないであろう。

　また、枝野長官は会見においてたびたび放射線リスクの軽微性を説明する手段として、国際航空線やCTスキャン、年間自然被曝量などとの比較を行っているが、こうした比較基準の乱立による混乱の可能性や、そもそも受動的な被曝のケースに自主的な被曝事例が比較基準としてふさわしいのか、などさらに検証されるべき課題は少なくない。

　そもそも一般市民にとっては、「シーベルト」、「ベクレル」、「放射性ヨウ素」、「放射性セシウム」など、放射能の健康被害に関して次々と難解な専門用語が報道等で用いられ、それぞれの用語間の関係性や健康への影響度合いについて十分な理解を期待することが大変困難な状況であった。その上、今回の震災後の混乱状況の中では、きちんとした想定問答を作成している時間的余裕は全くなかったと枝野長官の会見ブリーフィングに立ち会った複数の関係者が語る[7]。原発の最新状況やモニタリングの状況等については、危機管理センターや東京電力から上がってくるペーパーをもとに、秘書官や保安院関係者等が口頭で簡単に概況を説明するだけで会見に臨まざるを得ないことも少なくなかったという。

　枝野長官が当時の会見準備を振り返り、「私のところに持ってくる報告の中身をそのまましゃべったのでは絶対ほとんどの人は何を言っているかわからない。」「今の話をどれくらいぎりぎりわかりやすくしゃべれるかなというのに頭を一番悩ませたんです。」[8]と述べているように、時間的切迫状況の中、こうした難解な専門用語を平易な日本語へ翻訳する作業は、保安院の安井審議官や放医研の酒井教授などのごく少数のアドバイザーとの間のかけ足の議論又はほぼ枝野長官のアドリブに近い状態で進めざるを得ない実情であった。

---

[7]　官邸中枢スタッフインタビュー
[8]　枝野長官インタビュー

改めて明らかになった放射線による健康被害のリスクコミュニケーションの本質的難しさを教訓とし、政府としてメディアと共にさらに国民にわかりやすい放射線リスクの伝え方の工夫や政府として統一されたリスクスケールの作成などを検討することを提案したい。

4.危機管理広報のジレンマ：安全確保とパニック回避のせめぎ合い

　危機下における広報のあり方について、特に関係者の生命・身体の安全が懸念される場合などには、とにかく現場からの徹底かつ迅速な情報開示を優先すべきとの考え方がある。但し、この場合、複数の情報源から生まれる矛盾や、正確性を欠く情報の伝播による混乱・パニックの懸念が生じる。他方、こうした混乱・パニックを回避するために、情報発信については中央管理を徹底し、その内容を事前に検証した上で一元的に発信すべきとの考え方もある。当然、このアプローチを突き詰めると情報開示の遅れや隠蔽批判のリスクなどが生じる。前述の中村審議官の交代を巡る経緯に代表されるように、震災直後における原発事故に関する政府広報のあり方を巡っては、このような迅速な情報開示の要請と正確性の確保の要請のせめぎあいで政府として試行錯誤していた様子がうかがえる。

　枝野長官は、こうした政府のリスクコミュニケーションの難しさについて3月13日の会見で以下のように率直に認めている。「率直にいって、どういう情報の整理をした段階でどういう風にご報告をするのかということは、大変悩みながらやっている。正確な情報をきちっと適切にお示しをするのが特にこうした案件については重要だと思っている。一方で、不確実な情報をお伝えをするということはあってはいけないとも思っている。従って確実な情報だけをしっかりとスピーディに報告をする。」[9]

　本節でとりあげた中村審議官の交代劇およびそれをめぐる保安院の炉心状況に関する説明の後退、低線量被曝に関する政府説明の解釈をめぐる混乱などに加え、他章でもとりあげるSPEEDIの情報開示の遅れや、国際的評価尺度の唐突なレベル7への引き上げ、小佐古参与の退任会見に象徴されるような専門家の意見対立、早期に炉心溶融が起きていたとの解析結果の公表などの間接事実が積み重なり、次第に国民の情報に対する根深い不信感が広がっていく土壌となっていった。

第3節　海外への情報発信

①官邸からの原発情報の英語発信

　2010年6月に就任した古川元久官房副長官は、政府全体の立場を英語で発信できる機能がないことが日本を不利にしていると認識し、海外メディアに対する体制が外務省以外にないことを問題視していた。そこで日本政府の対外情報発信能力を向上させようと、同年7月末に官邸内に国際広報室を作り、その初代室長に古川副長官が指名したのは、外務省国際報道官や在米日本大使館の広報担当も務めた四方敬之氏だった[10]。

　当初の目的は、日本の技術や経済政策、新成長戦略などについて、海外に積極的に宣伝していくことであった。しかし3月11日以降、震災と原発事故の情報発信が中心となった。まず、2月に始めたばかりの四方自身のツイッターアカウントから、震災直後から英語で首相の会見などの情報を発信し始めた。政府からの英語による情報発信はほとんど存在しなかったため、当初100人ほどだったフォロワーが1万人以上に膨れ上がった。3月14日には官邸のツイッターアカウントが立ち上がり、官房長官の会見をはじめとする災害情報の発信が始まった。2日後の16日にはその英語版のアカウントを開始し、フォロワー数は約2週間で2万2000人以上になった。23日には、海外ユーザーが多いフェイスブックにも官邸のアカウントを立ち上げ、英語情報を提供し始めた[11]。

　国際広報室は、官邸の英語版のホームページにも震災対策の特設ページを設置した。そこでは、首相メッセージのほか、官房長官による会見の質疑応答部分についても英語で発信し、英語圏の読者が最新の日本政府発の情報に触れられるようにした。さらに、そこには各省が作成する英文ウェブサイトへのリンクを掲載し、多様な情報のニーズに応えられるようにした[12]。

　こういったソーシャルメディアだけでなく、既存の伝統的メディアに対しても対応が強化された。震災直後から海外メディアからの取材が殺到し、国際広報室は枝野長官と福山官房副長官の許可を得て、政府の公式見解を英語で海外に伝える主な窓口となった。日本にいる外国特派員だけではなく、海外から直接取材の要請があり、四方室長は3月11日から30日までに、外国プレスからの電話や対面のインタビューを65回実施した。しかしながら、こうした取り組みも官房長官会見などの政府発表の枠をこえられず、そのため情報不足との批判もあった。

9　枝野長官2011年3月13日午後3時半記者会見
10　古川元久副長官インタビュー
11　Office of Global Communications, Prime Minister's Office, "Global Communication Activities of PMO," September 23, 2011
12　首相官邸国際広報室「東日本大震災と官邸国際広報活動」2011年9月

国際広報室は四方室長によるインタビュー対応だけでなく、菅首相をはじめ、枝野長官、福山官房副長官、細野補佐官らと外国メディアとの取材を積極的にアレンジした。それまではそれぞれの政治家が海外メディアに個々に対応していたため、時間の都合がつかないことが多かった。そこで国際広報室が外国メディアの窓口となり、どの政治リーダーが最適かを考え、戦略的にインタビューを受けるようになった。その結果、首相や官房長官をはじめとする高官が頻繁に外国メディアに登場するようになった。

②官邸による国際広報機能の評価

東日本大震災発生直後は、外国メディアから未曾有の被害に対して同情を示すと同時に、日本人の規律の正しさや忍耐強さなどを賞賛する報道が多く出された。また、マグニチュード9の地震に耐えた日本の耐震建築や、地震にも事故をおこすことのなかった新幹線の鉄道技術の素晴らしさ、日本の若者の被災地における活躍ぶりなど好意的な報道も少なくなかった。その一方、原発事故に関する国際報道については、誇張された表現も見受けられた。とくにドイツの報道関係者の一部はいち早く日本から脱出し、香港やソウルを拠点に恐怖心をあおるような報道を流し始めた。たとえば、ドイツのヴェルト紙は「死の恐怖にある東京」との見出しで「4000万人が脅かされている」といった記事を載せた[13]。またCNNも原発の危険性を強調する映像を送り続けた。メディアは、その特性としてネガティブでセンセーショナルなものをより多く大きく報道する傾向にある。震災の報道についても、救助や国際協力など肯定的な側面よりも、放射能の影響や原発事故などネガティブな側面が多く報道された。

東北地方の外国人留学生が一斉に帰国したり、比較的安全と考えられた関西に避難したりした。震災後40日の時点で留学生の65％が所属する日本の大学に戻っていなかった。これは、留学生本人の不安だけでなく、CNNなど国際メディアの報道内容を見た家族が学生に避難するよう要請したことが大きいだろう。観光客は日本への旅行をキャンセルし、入国者数は震災前の半分程度の水準に激減した。また、ある金融系の外資系企業では従事する者の約270人が東京から香港に避難した[14]。

ビジネスの場面でも日本への投資が凍結されるようになった。支社設立計画を見送ったり、医療目的の旅行先が日本からタイやシンガポールに流れたり、多くの外資系企業が投資の引き上げを検討するようになった。

こういった影響を防ぐためにも、官邸の国際広報室は4月以降も積極的なメディア戦略を展開した。たとえば、菅首相名による「日本の復興と新生への道(Japan's Road to Recovery and Rebirth)」と題する論説投稿を4月17日にワシントン・ポスト紙に寄稿した。これはインターナショナル・ヘラルド・トリビューン紙にも転載され、英語圏に届いた。また四方室長は、外務省を通じて在外公館から外国メディアに対して働きかけるよう要請、その結

果計62ヵ国・地域の128のメディアに同じ原稿が掲載された。さらに、内閣府政府広報室と外務省が協力して、菅首相名で諸外国に対する協力や援助への感謝広告をインターナショナル・ヘラルド・トリビューン、ウォールストリート・ジャーナル、フィナンシャル・タイムズの3紙に加え、中国、韓国、フランス、ロシアの4ヵ国の新聞に掲載した。その後、世界の63ヵ国・地域の216紙で感謝広告の無料掲載が実現した[15]。しかしながら、日本の安全管理体制や情報公開への対応に批判的な海外記事が途絶えることはなかった。たとえば、原子力産業をめぐって規制当局と政府との間の癒着を指摘する解説記事などが発表されている。また、震災直後の状況について新たな事実が判明するにつれて、政府当局が情報を隠ぺいしていたとの批判も強まっていった。

---

13 "Tokio Todesangst," Die Welt, 16 March 2011.
14 「東日本大震災と官邸国際広報活動」
15 「東日本大震災と官邸国際広報活動」
16 『平成23年版情報通信白書』

第4節　ソーシャルメディアの活用

　東日本大震災は、多くの人々がインターネットを利用する時代に起きた災害である。インターネットの利用者数は2010年に9462万人、人口普及率は78.2%[16]となっている。ネットを利用して情報を得るだけでなく、ブログやツイッター、フェイスブックやmixi、YouTubeにニコニコ動画など、ソーシャルメディアと呼ばれる、ネットユーザーが簡単に情報発信できるウェブサービスが広がり、情報発信する機会は大きく広がっている。

　東日本大震災においてもソーシャルメディアは、災害の記録、安否確認、情報収集、意見表明といった多様なコミュニケーションに利用された。福島第一原子力発電所事故でも、被災状況、放射性物質の拡散を心配する声などが、ソーシャルメディアを通じて飛び交った。専門家が意見を述べ、政府も情報を発信した。官邸のツイッターや研究者の行動など、個別の事象については各種の報道で知られている部分もあるが、ネットはマスメディアと異なり、広く、全体を把握することは難しいが網羅する範囲がいくつかのウェブサービスを使えば意識の変化を捉えることが出来る。

人々の関心を推察する

　人々の情報発信は、その人々が関心を持つことの表われでもある。ここでは検索キーワードとツイッターで話題となっていたキーワードから、人々の関心を推察する。

　検索キーワードは、一見ソーシャルメディアのように自発的な情報発信ではないように見えるが、知りたいことというその個人の関心を示しているといってよい。GoogleのGoogleトレンド[17]は、Googleにおける特定のキーワー

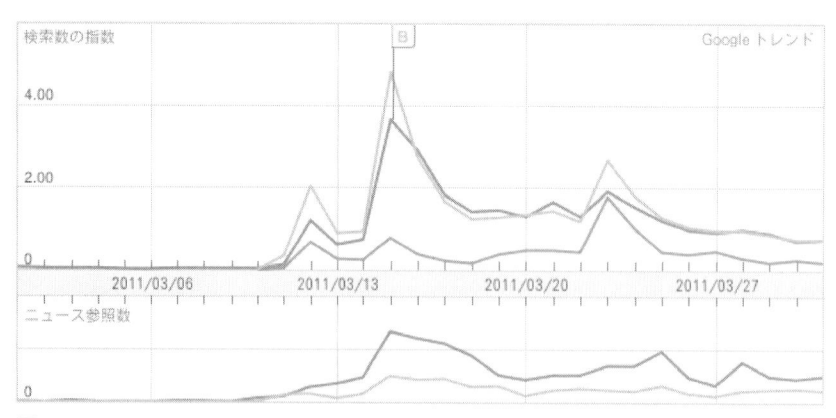

図　2011年3月における放射能、放射線、ヨウ素（上図の順）のキーワード検索数の変化

17　http://www.google.co.jp/trends/
18　http://www.google.co.jp/trends/hottrends
19　http://searchranking.yahoo.co.jp/burst_ranking/
20　http://tr.twipple.jp/hotword/

第4章　リスクコミュニケーション

　ドの検索回数が時間経過に沿ってどのように変化しているかをグラフで参照することが出来るウェブサービスである。2011年の3月に期間をしぼり、「放射能」「放射線」と「ヨウ素」の3つのキーワードを調査した。青がヨウ素、

	Google	Yahoo!	twitter
3月11日	仙台市若林区 九段会館 テレコムセンター	袴田吉彦 中村明花 中村仁美	地震 津波 停電
12日	セシウム 炉心溶融 炉心融解		地震 避難 被災地
13日	annニュース 多摩市 東京電力		停電 地震 被災地
14日	引き波 東京電力 さいたま市	計画停電 東京電力ホームページ 清水麻奈	地震 津波 計画停電
15日	静岡 富士宮グリーンホテル 富士宮市	大竹真 計画停電時間検索 Skype Access	地震 静岡 停電
16日	静岡 富士山 富士宮グリーンホテル	400ミリシーベルト ギルバート・ゴットフリード 新宿　放射能	地震 被災地 計画停電
17日	大規模停電 goo.gl/sagas（Googleパーソンファインダー） 統合幕僚長	辰巳琢郎 Nate Dogg 西野みっちゃん	地震 被災地 節電
18日	ごくせん EATR（ロボット） レベル5	大規模停電 道八 80km	地震 黙祷 被災地
19日	金曜ロードショー せきしろ ごくせん		地震 原発 チョッパー
20日	りんご娘 プラダを着た悪魔 レベルファイブ		地震 #nitiasa #precure
21日	東京都 液状化マップ 交通取り締まり情報 カキナ		地震 ジブリ 計画停電
22日	交通取り締まり情報 ドックベストセメント 警察 取り締まり 情報	長田義明 液状化危険度マップ シャリシャリ君	地震 緊急地震速報 計画停電
23日	金町浄水場 東京都水道局 主婦魂	岩沢海岸 かっさ ドックベストセメント	地震 水道水 乳児
24日	ベータ線熱傷 銘菓 ビーアイシー	金町浄水場 信夫冬菜 AZ FLASH	地震 濃縮 水道水中
25日	Cocco 銘菓 JT	ベータ線熱傷 桜塚やっくん 藤沢恭史朗	計画停電 地震 原発

表　GoogleとYahoo!において検索されたキーワードとツイッターで話題になったキーワードの一覧

赤が放射線、オレンジが放射能というキーワードを示す調査の対象は日本国内からの検索のみに限っている。なお指数は相対的なものである。

グラフを見ると、Googleを通して検索された3つのキーワードのひとつめのピークは15日にある。もうひとつは、23日前後にあることが分かった。Googleトレンドは特定キーワードの相対的な変化しか捉えられない。

そこで、検索数が急増しているキーワードを示す「Google今日の急上昇ワード[18]」と「Yahoo!急上昇ワードランキング[19]」の2つのウェブサービスを利用する。これらは、前日に比べて検索数が急増しているキーワードを示すもので、[前日に比べて]どのようなキーワードへの感心が高まっているかが分かる仕組みとなっている。

もうひとつツイッターのキーワードも調査した。ツイッター上で話題となっている言葉や話題を共有するために使うハッシュタグを参考に、盛り上がりを分析している「ツイップルトレンドHOTワード[20]」を利用した。

表にはそれぞれのウェブサービスにおいて3月11日から25日までの日々の上位3キーワードを抽出した。なお、Googleとツイッターはリアルタイムの集計、Yahoo!は翌日集計のため、Yahoo!のキーワードが後ろへのずれが見られる。また、Yahoo!は平日のみ更新となっている。

表で見ると分かるように人々の意識は刻々と変化していく。

リアルタイム性が高いツイッターでは、11日から「地震」「津波」「停電」といったキーワードがすぐに登場している。原発事故に関連するものでは、12日にGoogleで「セシウム」「炉心溶融」「炉心融解」といったキーワードが上位にきており、ネットユーザーが原子炉の状況について情報を得ようとしていたことが分かる。その後も地震や事故に関連する検索キーワードやツイッターのキーワードが頻出している。1週間経過するとテレビで放映している映画やアニメの話題が上位となるが、16日のYahoo!のランキングには「新宿　放射能」という言葉が登場しており、都心の放射線の影響について関心が高まっている。

再び事故関連に関心が高まったのは、23日から24日にかけて。Googleトレンドの調査とも一致している。これは東京都葛飾区の金町浄水場で放射性ヨウ素が検出されたことに関連していると考えられる。直後には、東京ではミネラルウォーターが売り切れた。

ネット上の動き

次に、ネット上では何が起きていたのかを整理する。

3月11日	東京大学早野龍五教授のツイッター（@hayano）に注目集まる、テレビの会見を見ながらツイッターに書き込み
13日	早野教授のツイートを基にした原発に関するQ&A[21]がサイエンスメディアセンター（SMC）にアップされる。 ガイガーカウンターのUstreamの生中継サイトが次々と立ち上がる 官邸災害ツイッター（@Kantei_Saigai）開始

14日	放射線医学総合研究所のホームページに「ヨウ素のかわりにうがい薬を飲むな」という注意が掲載される[22] 枝野官房長官を応援する「枝野寝ろ」がツイッターで広がる[23]
15日	ドイツの「spiegelオンライン」がオーストリアの放射性物質拡散予測図報道[24] 個人の観測所「ナチュラル研究所」(東京都日野市) がガイガーカウンターでリアルタイムに計測している放射線量の数値が上昇[25] 東京大病院放射線科の中川恵一氏がチームで活動開始。ツイッター(@team_nakagawa)で情報提供 大前研一氏の原稿「福島第一原発で何が起きているのか―米スリーマイル島原発事故より状況は悪い」が日経BPサイトに掲載[26]
16日	高エネルギー加速器研究機構の一宮亮氏らによる放射線データをまとめた「放射線量モニターデータまとめページ」[27]が開設
17日	個人が放射線量をグラフ化した「全国の放射能濃度一覧サイト」[28]が開設 東京電力がツイッター(@OfficialTEPCO)開始
18日	R-DAN (Radiation Disaster Alert Network)とEarthDay-Tokyoによる地図サイト「放射線災害警報ネットワーク」[29]が開設
22日	フランスのIRSN(放射線防護原子力安全研究所)が日本語で情報発信[30]
27日	関東の放射線量を可視化するサイト「Micro sievert」[31]公開
29日	ドイツ気象局拡散予測の邦訳プロジェクトが始まる[32]

表 インターネット上での事故や放射線に関する動き

　ネットで最初に注目されたのは、東京大学の早野教授のツイッターにおける書き込みである。3月7日2255人だったフォロワーは、14日には2万3112人に急増。21日には15万1757人へ膨れ上がっていく。

　早野教授はテレビで中継される原子力安全・保安院や官房長官の会見を見ながらその内容を解説したり、書き込みを見ているツイッターユーザーからの質問に答えたりしていく。以前からネット上に公開されていた放射線の観測データや線量を図表で解説。早野教授の分かりやすい表現、質問に回答するといったやり取りが評判となり書き込みを見るフォロワーが増えていった。

　ツイッターの書き込みは、時間が経てば画面から消えてしまうため、その瞬間のやり取りしか見ることが出来ない。サイエンスメディアセンターが、早野教授のツイッターの書き込みをひとつのページにまとめて分かりやすくしたことでアクセスが急増。ミラーサイトと呼ばれるコピーサイトがつくられ、ユーザーの閲覧を助けた。

　早野教授は、研究者らに放射線データの提供なども呼びかけるとともに、

---

21 http://smc-japan.org/?p=956
22 http://www.nirs.go.jp/data/pdf/youso-3.pdf
23 http://jp.wsj.com/japanrealtime/2011/03/15/ツイッターユーザーが枝野官房長官に「枝野寝ろ/
24 http://www.spiegel.de/panorama/0,1518,751072,00.html
25 http://www.ishikawa-lab.com/index.html
26 http://www.nikkeibp.co.jp/article/column/20110315/263842/
27 http://sites.google.com/site/radmonitor311/
28 http://atmc.jp/
29 http://bit.ly/r-dan
30 http://www.irsn.fr/EN/news/Pages/201103_seism-in-japan.aspx
31 http://microsievert.net/
32 http://www.witheyesclosed.net/post/4169481471/dwd0329

一宮亮氏らによる放射線データをまとめた「放射線量モニターデータまとめページ」を紹介するなど、放射線に関するモニタリングや知識をカバーする研究者らの情報ハブとなっていく。中川恵一氏による放射線医療チームのツイッターも早野氏が紹介した。1週間もたたずにチーム中川のフォロワーが約20万人となる。

　早野教授がツイッター上でどのような書き込みを行っていたか、いくつか確認する。12日の14時ごろから原発事故関連のツイートを行っている。12日のツイッターへの書き込み数は161回、13日は145回、15日は139回、16日は161回となっている。

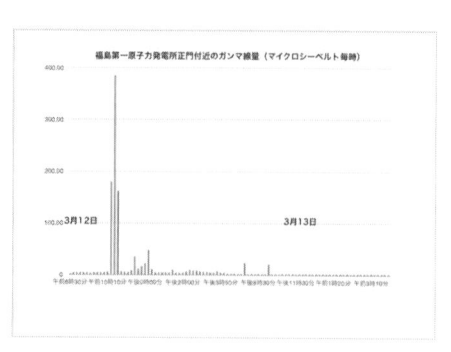

図　早野氏がツイッターで公開したガンマ線量

　　　原子炉は停止し，核分裂の連鎖反応は止まっている．しかし，核分裂片はβ線を出し，そのβ線が燃料棒を加熱する．これによって被覆管の温度が上昇し，溶け，中身が漏れ出したと考えられる．どんどん水を入れて冷やさないといけない．（2011/03/12 16:15）

　　　あまり考えたくないが，水が不足し，燃料棒が発熱を続けて多数の被覆管が溶け，燃料が炉内に落ちるようになると，スリーマイル島の状況に近づいてしまう．（2011/03/12 16:27）

　　　放射線レベルが（敷地境界で）1015μSv/hになった．これはシリアスだ．（2011/03/12 17:30）

　　　福島第一原子力発電所正門付近のガンマ線量測定値，東電公表データ（http://bit.ly/engea6）からグラフにしてみました．（2011/03/13 07:49）

15日にはSPEEDIの情報が公開されていないことについても既に指摘している。

　　　原子力安全保安院の，緊急時迅速放射能影響予測ネットワークシステムSPEEDIがフル稼働中ではないかな．しかし計算結果は公表されていない？ http://www.nisa.meti.go.jp/faq/b_19.html
　　　（2011/03/15 14:20）

早野教授が紹介したガンマ線量の図は約9万人が閲覧した。
早野教授を情報ハブとしてやり取りしていた研究者には、高研究エネル

図 放射線量を地図にした「全国の放射能濃度一覧サイト」

ギー加速器研究機構（KEK）の一宮氏、東京大学病院放射線科の中川氏だけでなく、東京大学や東京理科大学、ソウル大学の研究者、関西学院大学の学生らが早野教授にデータを提供したり、図を整理したりしている。

早野教授は15日に話題となった、ドイツの「シュピーゲルオンライン」が掲載した放射性物質拡散シミュレーションについて、16日にオーストリア気象地球物理局（ZAMG）の研究者に確認したことをツイッターに書き込み「洋上での広がりをざっと見るには良いが、どの自治体に影響するか、などをこれから読んではいけない」と情報の見方を提示していく。

一宮氏が中心となった「放射線量モニターデータまとめページ」が立ち上がるのはKEKの研究者同士のツイッター上でのやり取りからだ。

停電が続く中で、14日に環境放射線測定（放射線科学センターによる）が開始し、16日に線量のリアルタイム公開が開始していた。一宮氏（@ichimiyar）は、震災後から積極的にツイッターで情報を発信していた、KEKの野尻美保子氏（@Mihoko_Nojiri）とKEKの峠暢一氏（@bunogeto）とのやり取りのなかで、「東電はじめ、地方公共団体、各研究機関大学での放射線量時系列データが並行収録されてるところ、それらを全部統合まとめ図示するシステムがあるべきだと思うんですよ。如何でしょう」とツイートがあり、これを機にGoogleのサービスを利用してサイトを開設する。

その後、早野教授に集まるデータを活用して整理していく。1週間でサイト運営への協力者やデータ・グラフ提供を申し出る研究者らは10人以上にのぼった。19日には作業用のメーリングリストを立ち上げ、ネットで参加を呼びかけ、最終的に70人以上が登録することになる。物理系の研究者だけでなく、地球科学分野やIT系の研究者らも参加した。早野教授が情報提供を呼びかけ、寄せられているデータは、まとめページのチームが整理していくというソーシャルメディア上の連携によって、全国の放射線データが可視化されていく。

このような研究者が中心となった動き以外にも、17日には個人のネット技術者が、文部科学省が公開しているデータを活用して、放射線量をGoogleMapを利用して可視化した「全国の放射能濃度一覧サイト」を開設した。

早野教授らの動きは、東京電力や各地で公開されている放射線量データを使った動きだが、民間で自主的に放射線量を測って、まとめていく動きも起きていく。

15日に都内への放射性物質飛率を観測したナチュラル研究所を運営する

石川宏氏は元NTTの技術者で、子会社の社長を務めた人物である。2005年の北朝鮮のミサイル発射実験を機に、自宅で放射線量を測定するようになり、ネットでもデータを公開していたところ、福島からの放射能をキャッチした。

図のように15日の午前中に数値が急上昇し、12時21分に89cpm（0.75mSv/h相当）を記録した。3月11日以前は1日10件程度のアクセス程度が、15日には6万件以上に上った。事故以降にフェイスブックやツイッターで、サイトの情報が広がったためだ。

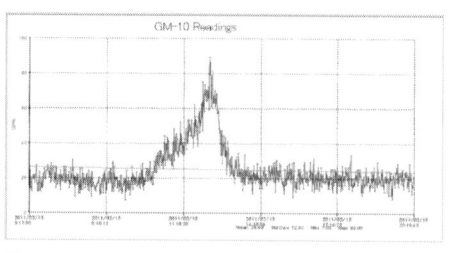

図 「ナチュラル研究所」の放射線量の計測データ

話題となった海外気象局の予測の邦訳を始めた人もいる。

事故当時、ドイツに在住していた山本堪氏（現在は地元の高知県に在住、「土佐山アカデミー」のチームスタッフ）が自分のサイトを利用してデータを邦訳している。チェルノブイリを経験しているドイツでの放射能に対する関心と危機感は強く、事故後数日の時点で既にドイツ気象局は予測を毎日発表していた。日本からの情報により、日本では予測は出されていなかったこと、「シュピーゲルオンライン」の報道がネットで話題となって以降、世界各地の気象局のデータがネットで広がっていること、ドイツ気象局も情報を公開しているがドイツ語であり読み解くことが困難で、不必要な混乱・恐怖心を煽る人達によって、有用な情報の客観的な判断を妨げる事も考えられたことで、個人的に和訳を始めたという。この個人のプロジェクトにも多くの人が参加し、共同して邦訳が行われる。

動画の生中継サイトUstreamでも民間による放射線計測の動きが広がった。手持ちのガイガーカウンターの前にカメラを置き、数値を生中継するユーザーが現れた。運営会社のUstreamAsiaによると、13日から19日のランキングトップ20のうち7つがガイガーカウンターの生中継サイトで、最高位は4位であった。翌20日から26日もトップ20のうち6つがガイガーカウンターの生中継サイトで占められている。

18日に地図サイト「放射線災害警報ネットワーク」を立ち上げたR-DAN(Radiation Disaster Alert Network)は、チェルノブイリ原発事故後の1986年8月に市民によって作られたネットワークである。普段から放射線検知器を設置して、原発周辺の放射線を監視するために、日本全国に900台近くの放射線検知器を設置している。ホームページには過去の測定結果が公表されているが、PDFで紹介されているだけだ。事故を受け、このままでは閲覧が難しいことから、事故を受け、市民イベントを開催している「アースデイ東京」のITチームの協力により、測定結果をGoogleMapに表示して、分かりやすく表示する活動を行った。

この測定ネットワークでの活動は、子供の目線の高さで都内の公園などの

線量を計測する「地上5cm 50cm計測NET」の立ち上げ（6月）、「子どもを放射能から守る全国ネットワーク」（7月）立ち上げの動きにつながっていく。

政府の情報発信

　政府は災害ページを当日に立ち上げ情報を一元化、官邸災害ツイッター（@Kantei_Saigai）開始は13日という早い段階で行われている。災害ページは各省庁の関連情報を紹介、ツイッターでは記者会見の実施や内容についてツイートしている。

　ツイッターは内閣広報室の若手職員3人のローテーションによる24時間体制によって行われた。ツイートする文字を入力すると広報官が確認して情報発信するというフローで、広報官自らが書き込むこともあった官邸災害ツイッターは3月21日にはフォロワーが約26万人、28日には約30万人に達した。

　官邸災害ツイッターの本格的な発信は14日（13日未明）からである。13日に行われた首相からの国民へのメッセージのテキストを連続で紹介し、14日は48回のツイッターへの書き込みが行われているが、放射線に関する書き込みは、福山官房副長官による「マイクロシーベルト」の説明へのリンクと原発正門付近のモニタリング結果に異常がないことの2つで、あとは会見の実施や内容を知らせる動画の紹介、計画停電が主であった。

　15日は62回の書き込み。記者会見の一部内容や首相、大臣や官房長官のメッセージを紹介。ネットで放射線についての関心が高まっている23、24日の書き込みを見ると、23日に23回、24日は19回となっている。金町浄水場の放射性ヨウ素検出について、東京都内など対象地域では乳児の水道水摂取を控えることを呼びかけながら「飲んでも問題ありません」（23日）、官房長官のコメント「乳児以外には身体に全く影響がない。冷静な対応をお願いしたい」（24日）とツイッターに書き込んでいる。

　官邸ツイッターの運用は情報発信に特化しており、官邸での会見動画などを知らせているだけである。ユーザーに呼びかけられても返事を行わず、インタラクティブなコミュニケーションはしていない。官邸では、ツイッターによる呼びかけや政府関連の書き込みについては情報発信する際に見る程度であった。ある病院の副院長から「入院患者が餓死寸前」という情報を得た際には自衛隊に伝達したが、その対応プロセスについては開示していない。

　政府の情報発信に対してネット上が反応したものに、枝野長官を応援する「枝野寝ろ」「枝野頑張れ」現象がある。テレビやネットでの生中継を見たネットユーザーがツイッターでハッシュタグ「#edano_nero(枝野寝ろ)」を付けることで広がった。しかしながら、枝野長官はネット上で起こっていることを把握する余裕は全くなかった[33]。震災後2週間は新聞も読んでおらず、広報担当の秘書官からその話を耳に入れた程度であったという。

---

[33] 枝野長官インタビュー

官邸がツイッターを利用したことが、他省庁や地方自治体のツイッター利用も促していく。課題は「なりすまし」である。なりすましとは、ツイッターに書かれているプロフィールとは異なる人物や団体が書き込んでいる状態である。省庁を名乗るツイッターなど、いたずらでユーザーが発信しているようなことがあれば情報の信頼性が失われることから経済産業省と総務省は、ツイッター運営会社と連携し、4月5日に公共機関がなりすましではないことを確認する「認証済みアカウント」をスムーズに取得できる仕組みを構築。ガイドラインも発表した。これらを「公共機関ソーシャルメディアポータル[34]」サイトに集約して掲載した。

　この仕組みが構築されたことにより、公共機関は、ツイッターの公式案内サイト「ツイナビ[35]」に設けられた公共機関向けアカウント登録ページから申請すると、ツイナビの公認アカウントの取得とツイッターの認証申請ができるようになった。さらに、公共機関のアカウントを分類してまとめた「Jガバメント on ツイナビ[36]」と、経産省が公開している「公共機関ソーシャルメディアポータル」にも同時掲載されるようになり、公共機関が発信しているツイッターを探すのが容易になった。

　また、経済産業省は地方自治情報センター（LASDECL）と共同で、地震や電力関連の情報をHTMLやCSVなど低容量で済むデータ形式で公開するように3月30日に公共機関に対して呼びかけを行った[37]。アクセスが集中すると、PDFやEXCELといったファイル形式の場合、データ量が大きくなり見ることが出来なくなる。また、携帯電話では閲覧が限られるなど情報共有が難しいことが課題であった。さらに、システムを使ってデータを自動的に地図に表示したり、検索しやすくしたりすることも難しいため、である。

　主に東京電力管内の電力の利用状況を把握して、節電を実施してもらうことに経産省の狙いがあり、データ提供の実施後は、同省情報プロジェクト室のツイッターアカウント（@openmeti）でデータ活用をネットユーザーに呼びかけた。これらの動きにより、ポータルサイト「Yahoo!Japan」などが東京電力の提供したデータを加工して、トップページなどに電力の利用状況をリアルタイムに表示する電力予報を実施した。

東京電力の情報発信

　東京電力は事故直後からプレスリリースを連日10本近く発表している。しかしながら、タイトル以外の本文はPDF形式で発表されている。14日の計画停電時にもPDF形式で情報を提供したため利用者が該当する地域を探すことが困難であった。さらにPDFで公表したリストが不十分で混乱した。

　東京電力がツイッター（@OfficialTEPCO）を開始したのは3月17日で、最初の書き込みは計画停電についての案内であった。

　この書き込みに対してネット上では「事故に関するお詫びはないのか」「放射線についてはどうなっているんだ」という批判が起きた。東京電力のツイッ

ターのフォロワーは1日を待たずに約16万人となり、21日に約21万人、28日に約28万人と急増している。東京電力のツイッターはその後も計画停電情報などを発信しているが、こちらも一方的な情報発信となっている。

震災後のメディアの信頼度

震災直後の3月19日から3月20日に野村総合研究所が行った、ネット調査「震災に伴うメディア接触動向に関する調査[38]」では、震災関連の情報に接して、「信頼度が低下した」という回答は、政府・自治体の情報28.9％で、デマが多かったとされたソーシャルメディアの9.0％に比べても非常に多い。「信頼度が上昇した」という回答でも政府・自治体の情報は7.8％と評価が低く、ソーシャルメディアの13.4％よりも低い。ただし、「震災に関する情報で重視しているメディア・情報源」という回答では、インターネットの政府・自治体の情報が23.1％あり、これはインターネットの新聞社の情報18.6％よりも多くなっている（新聞本紙の情報は36.3％、ポータルサイトの情報は43.2％、1位はテレビ（NHK）で80.5％）。

調査はネットによるもので対象が関東在住20歳から59歳となっており、東北を中心とした被災地のユーザーの評価は反映されておらず、調査時期も早いことには留意する必要があるが、震災初期段階におけるインターネット上の情報評価の一定の参考になる。官邸災害ツイッターは3月21日にフォロワーが約26万人に達しており、各種報道でも取り上げられており、ネットユーザーが知らない状況ではない。この調査からは、震災に関する政府・自治体からの情報はインターネットによって得ているものの、信頼性が大幅に低下していることが明らかになっている。

今回の原発事故対応で、政府はホームページへの情報集約や官邸災害『ツイッター』の開設など比較的すばやい対応を行った、といえる。ツイッターは2週間で30万人を超えるユーザーがフォローし、多くの人に情報を届ける1つのツールとしての役割を果たした。しかし、これが政府への信頼の向上にはつながらなかった。

ネット上に表れた人々による関心と政府の情報発信とを突き合わせてみると、放射線や放射能に関してネットでの検索や書き込みがさかんに行われている15日や23日に、政府から発信された放射線関連の話題は少なく、当面の安全と事態への冷静な対応を呼びかけたにとどまっている。

放射能や放射線への関心の高さ、市民の放射線計測活動がネットを介して

---

34 http://smp.openlabs.go.jp/
35 http://twinavi.jp/
36 http://twinavi.jp/gov
37 https://www.lasdec.or.jp/cms/12,22060,84.html
38 http://www.nri.co.jp/news/2011/110329.html

全国に広がって行く状況からは、多くの人々は、福島の出来事としてではなく、自分たちの地域や自分自身の問題としてとらえていることが分かる。政府やマスメディアから、高放射線量のホットスポットに関連する情報が出ないなか、関心を持つ人々は、自分自身で放射線を計測し始め、ネットに情報を公開し、自分たちのネットワークを作っていった。

これは、政府がソーシャルメディアの特徴を生かした双方向的なやり取りや情報の受信を行わなかったために、人々の関心を汲み取った情報発信ができなかったことに起因する。

この背景には政府の情報発信の脆弱な体制がある。まず、スタッフにはソーシャルメディアを熟知した人材が欠けていた。ポータルサイト出身者の人材採用、広告代理店の有志によるボランティア作業が行われたが、広告もポータルサイトもマスメディア的な一方通行の情報発信が特徴で、双方向でリアルタイム性を持つソーシャルメディアとは特徴が異なる。「内閣広報室・IT広報アドバイザー」にブロガーを迎えたのは9月に入ってからだった。内閣広報室で、ツイッターのコメントや反応が話題になったこともあるが、事故対応に追われる中枢の幹部には届かなかった。

一方、早くからツイッターで情報をリアルタイムに発信していた早野教授は、事故前にはフォロワーも少なく、当初は情報源をあまり持たず、テレビからの情報で解説を行っていたが、ソーシャルメディアを通じて活発に発信し、相互交流することで、多くのデータが集まった。また専門の研究者ともつながり、早野教授自身が情報の結節点になっていった。ユーザーからのミスの指摘にもすばやく反応し、逆に信頼を勝ち得た。インタラクティブなやり取りの中に身をおくことで、人々が欲しい情報を的確に汲み取り、それに対するデータを提示できた。これはソーシャルメディアでは発信以上に、情報を受信し、情報をやり取りすることが重要であることを示している。

原発事故のような緊急時にはきわめて大量の情報がやり取りされるが、情報の信頼性については不確実なものが多い。とりわけ、原発や放射線のように高度に専門的な知識が必要な場合は、それがどのような意味を持っているのかわかりやすく解説する専門家の存在が不可欠である。早野教授はソーシャルメディアの会話の中から、人々がどこに関心を持っているか汲みとり、専門家としてリアルタイムに分かりやすい情報を発信していった。

また、ネットに広がる根拠のない噂に対し、放射線医学総合研究所の専門家が注意を促したことで騒ぎが収まったように、正確な情報をタイミングよく発信することも求められる。情報に興味を持ってもらうには、受け手が関心を持っているタイミングで適切に発信していく必要がある。政府のような一方的な情報発信によるマスメディア型コミュニケーションだけでは、ひとつの情報源となれても、信頼を勝ち得ることは出来ない。

政府からの不十分な情報発信やデータ提供に対し、自らが情報発信することできるようになった市民は、各地のモニタリングデータの整理に加えて、

自らが放射線測定器を持って計測し、各地の計測結果をネットワーク化して情報を充実させていった。ナチュラル研究所の石川氏には「国の情報に確信を得られない中、数値で確認できるのはすごいことだと思います。政府の発表数値はあてにならないのでこちらの数値だけが頼り。とても感謝しています」「市民はバカではありません。冷静ですから、こういうデータが公表されてもパニックには陥らないと思います。逆に公表されないほうが非常に不安をかき立てられます」といったメールが届いた。

こうして自主的なデータ計測ネットワークは政府の情報発信への不信感を募らせた人々のよりどころともなっていくが、一方では測定器の測定方法を間違えるといった初歩的な混乱も生じている。利用方法を十分に理解しないまま、放射線測定器の数値を発表し続ける人も出るなど、不確実な情報が広がり続ける状況も生み出された。

政府の動きの中で一定の評価ができる点は、経済産業省が中心となって呼びかけた公共機関へのデータ提供の呼びかけである。これにより、単なる数値データが、ポータルサイトで見るグラフに変わって、状況把握を容易にした。ネットに飛び交う情報は玉石混交だが、人々の力を通じた知の集積も行われることがわかった。

しかし、こうしたソーシャルメディアを中心にした動きの中で既存のマスメディアの影は圧倒的に薄い。ネット上でのマスメディア批判は根強く、震災後の野村総合研究所による調査でもNHKをのぞいて信頼度が大きく上昇しているメディアはなかった。

そのNHKではツイッターやブログを積極的に活用した。科学文化部のアカウント「@nhk_kabun」は、震災前に3000だったフォロワーが3月21日には22万3,903人と急増している。一日あたりのツイート数も100を超える日が多く、担当者は人々の関心事や思いを感じ、テレビ解説にフィードバックできたと振り返っている[39]。マスメディアでも情報の受信と双方向性が求められるようになっている。

しかし、ソーシャルメディアは大きな注目を集めているとはいえ、あらゆる世代や階層の人が使っているわけではない。ソーシャルメディアを利用する人と利用していない人のデジタルデバイドによる得る情報の差が、今後一層、問題になる恐れがある。

＜まとめ＞

これまでの検証から、政府は人々が求める情報発信が行うことができなかったといえる。震災直後から少なくとも3月いっぱいは、政府がソーシャルメディア上に現れている人々の関心に目を向けた形跡はない。

こうした情報発信の問題の要因の一つに、ソーシャルメディアが持つコ

---

[39] 『新聞研究』2011年9月号

ミュニケーションの特徴への理解不足がある。政府は、早期からソーシャルメディアを利用していたものの、自らが情報を受信して双方向の対応を行うことはなく、従来のマスメディア同様、情報を一方的に伝えることにとどまった。

ソーシャルメディアでは、発信以上に、情報を受信、分析してコミュニケーションを行うことが重要であることがはっきりした。

ソーシャルメディア上の情報受信は、高価なシステムに頼ることなく、ツイッターを利用する際に他の書き込みを見たり、今回の検証で利用したウェブサービスを利用したりすることで、可能となるが政府はそれも実施していなかった。コミュニケーションの特徴だけでなく技術への理解も不十分であったといえる。

ソーシャルメディアの利用者は増え続けており、今後はますます重要なコミュニケーションツールになっていくはずだ。だが、ソーシャルメディアは便利なコミュニケーションの道具である一方、危険な面も持っている。有効に活用するためには、ソーシャルメディアの特徴、技術、危険性といった点に十分な知識を持たなければならない。

こうした反省を踏まえて、今後は政府でも必要な情報の受信についてソーシャルメディアの書き込みを調査、分析するシステムを作ることは検討に値するだろう。いまネット利用者がどのような言葉に注目しているかリアルタイムでモニターに表示する、あるキーワードに対する反応を知るといった仕組みは、現在でも技術的には可能で、情報発信や対応の判断に一定の役割を果たすはずだ。しかしながら、コンピューターや機械的なシステムに依存して、緊急時にシステムが機能不全に陥れば、情報発信はストップしてしまう。また、書き込みの調査は監視と紙一重であることも指摘しておかなければならない。

政府からの情報発信の役割とは何かということにも十分な議論が必要だ。出てきたデータを元に技術者が人々に分かりやすい図や表にしたり、専門家が解説したり、といった今回見られた連携を次の災害時に広く行うためには、非常時に活用できそうなデータが把握できる仕組みをつくること、それが関係者に事前に共有されていること、災害時の故障や不備によるデータ不備を減らすことなどへの取り組みが期待される。

第5節　事故からの教訓

3月11日以降、多くの国民は体験したことのない原発事故の進展や放出された放射能の影響に対する不安におびえ、血眼になって情報を求めた。しかし、政府はそうした国民の不安に答える確かな情報提供者としての信頼を勝ち取ることができなかった。リスクに関するあいまいな説明、政府内や東京電力との間での発表情報の混乱、SPEEDIなど政府が持っている情報の開示の遅れ、原発の状況に関していえば、発表された当初よりも状況が悪かった

ことが後日になって判明するといった展開が繰り返され、政府の情報発信に対する国民の不安や失望感が深まった。また、放射能汚染の拡大や住民退避を懸念する海外に対しては、さらに脆弱な情報発信しか行われなかった。

　もともと原子力災害や放射能による健康被害については、耳慣れない専門用語が多く用いられることもあり、一般の市民にとってはリスクに対する基本的な理解を得ることが難しい。政府は、そうした原子力災害時のリスクコミュニケーションの難しさをあらかじめ認識した上で、各部署間での広報体制を調整し、必要とされる情報をタイミング良く的確に発信できるよう検討を進めていく必要がある。

第5章 現地における原子力災害への対応

〈概要〉

　現地における活動の中心であったオフサイトセンターや活動を行った自衛隊・警察・消防は、原子力災害に備え対応計画を策定し、資機材や体制を整備して訓練を行ってきた。しかし、福島原発事故は、これまでに経験のない想定外の対応であった。各機関は、持てる最大限の力を発揮できるよう全力を挙げたが、十分な連携が取られないまま対応が行われた場面も見られた。本章では、各機関が備えてきた原子力災害対策を踏まえ、今回の災害における、主たる対応を抽出し検証を行うこととした。

　まず、現地の災害対応において重要な役割を担っているオフサイトセンターで行われた活動の検証を行う（第1節）。

　続いて、自衛隊・警察・消防については、福島第一原子力発電所3号機での放水活動に焦点を当てる。特に、官邸・各官庁・現場の部隊における情報共有や意思決定の実態について検証を行う（第2節）。

　大規模複合災害では、各機関が十分な力を発揮しながら連携した対応を行うことが必要不可欠である。しかし、今回の福島第一原子力発電所事故では、特に官邸主導の原子力災害対策本部における対応方法の混乱、東京電力との情報共有不足等により、各機関が十分に連携した対応を行うことが出来ずに多くの課題が見つかった。今後は、大規模災害時における我が国全体の連携体制のあり方を早急に見直していかなければならない。

〈検証すべきポイント・論点〉
第1節　オフサイトセンターにおける原子力災害への対応

　オフサイトセンターは、政府の原子力災害現地対策本部や地方自治体の災害対策本部等が一堂に会し「原子力災害合同対策協議会」を組織して、情報交換や対策の検討を共同で行うために整備された施設である。

　今回の福島第一原子力発電所事故においても、事故現場に近い場所で政府や地方公共団体等が情報交換や対策の検討をおこなう施設として機能するはずであった。しかし、大熊町にあるオフサイトセンターや代替施設である福島県相馬合同庁舎も地震により被災してしまったことから、モニタリングや通信システムが全く整っていない福島県庁にその機能を移し、オフサイトセンター施設機能は十分に発揮できなかった。また、オフサイトセンターの移転先での運営体制が十分でなかったため、現地の情報収集、連携対応、意思決定等の面でも支障が出てきたことで、迅速な対策の検討をできなくなった。

　これらの要因としては、東日本大震災以前から指摘されていたオフサイトセンターの課題が表面化したことに加え、広域的な地震や津波被害と同時に

原子力災害にも対応するという複合災害への備えを想定していなかったことが重なったことが大きい。

　今回の事故において、オフサイトセンターが十分に機能しなかった背景には、3カ所目の拠点である福島県庁に移動した際に、政府が「原子力災害合同対策協議会」の運営体制の立て直しを図らず、原子力災害対策本部の機能を、官邸主導として東京においたことで、現地の情報交換や対策の検討が出来なかったことに問題があるのではないか。本節では、地震や津波によるオフサイトセンターの機能不全という状況はあったものの、その後の、福島第一原子力発電所事故に対応するために、オフサイトセンターを代替拠点へ移動させ、さらに政府が「原子力災害合同対策協議会」の運営体制と、どのような取り組みがなされたかについて焦点を当て検証を行った。

- **オフサイトセンターの施設が機能しなかったのはなぜか。**
- **オフサイトセンターの運営がうまく機能しなかったのはなぜか。**

第2節　自衛隊・警察・消防における原子力災害への対応

　自衛隊、警察、消防は、原子力災害発生時には原子力災害特別措置法（原災法）による枠組みに基づいて緊急事態応急対策を実施することとなっている。また、防災業務計画等を策定し緊急事態応急対策の具体的内容を定め、部隊、資機材等を整えて訓練を実施してきている。

　各機関とも、今回の福島第一原子力発電所事故では、これらの計画に基づいた対応がなされたが、加えて、第一義的には原子力事業者である東京電力が対応を実施することとなっていた原子力発電所内における原子炉のコントロール、具体的には原子炉建屋への放水活動を、自衛隊、警察、消防が原子力災害対策本部の指示により、実施することとなった。しかし、各機関はこれまで、原子力災害に対してはオフサイト（原子力施設外）での活動を基本として準備してきたため、オンサイト（原子力施設）の活動に対しては、十分な部隊、資機材が整えられていなかった。また、各機関とも放水活動現場である原子力発電所の知識や情報がなかったことから、東京電力との情報共有が必要不可欠であったが、その連携体制が十分に整えられたとはいいがたかった。

　このような状況のなか、各機関は放水活動を実施し、結果的に放水活動は一定の成功をおさめたが、連携や情報共有において多くの課題を残した。

　組織連携や情報共有が現場で十分に実施できなかった背景には、防衛省、警察庁、消防庁の政府レベルの調整や作戦立案など、現場の状況を十分に把握できていない官邸主導となってしまったことに問題があったのではないか。検証すべきポイント・論点は以下のとおりである。

- **自衛隊・警察・消防が実施した放水活動は、原子力災害対策本部によって十分に検討されたものだったのか。**
- **官邸からの指示は適切に行われたのか。**

- 自衛隊・警察・消防間及び東京電力との情報共有はどのようなものだったのか。

第1節　オフサイトセンターにおける原子力災害への対応

　オフサイトセンターは今回の福島第一原子力発電所事故において、事故現場に近い場所で政府や地方公共団体等が情報交換や対策の検討をおこなう施設として機能するはずであった。しかし、大熊町にあるオフサイトセンターや代替施設である福島県相馬合同庁舎も被災したことから、福島県庁にその機能を移して対応したが、オフサイトセンターの機能は十分に発揮できなかった。また、オフサイトセンターの移転先においては運営体制が十分でなかったため、現地の情報収集、連携対応、意思決定等の面でも支障が出てきたことで、迅速な対策の検討が行うことができなくなった。本節では、まず、オフサイトセンターの設置目的や機能、そして原子力災害に備えた訓練がどのように取り組まれてきたかについて概説する。次に、今回の事故では、事前の計画に基づいた対応がどのように行われたのかを、東日本大震災以前から指摘されてきたオフサイトセンターの課題に加え、今回の災害で表面化した新たな課題を整理し検証する。なお、検証はオフサイトセンターの立ち上げから代替拠点である福島県庁へ移転する3月11日〜17日の期間を対象とした。

　我が国では、1999年のJCOウラン加工工場における臨界事故を受けて、原子力災害時には、国、都道府県、市町村等の関係者が一堂に会し、政府の原子力災害現地対策本部、地方公共団体の災害対策本部等が情報を共有しながら連携した応急措置等を講じることが重要との教訓が得られている。政府は、オフサイトセンターをこうした事態に対応できる設備と運営体制を備える施設と位置づけている。

　オフサイトセンターには、原子力災害に対応できるような様々な施設要件が定められている。また、原子力事業者、政府、自治体等様々な機関が連携対応できるような高度なシステムが整備されている。今回事故を起こした福島第一原子力発電所事故を対象事業所としている福島県のオフサイトセンターである「福島県原子力災害対策センター」も同様な条件に基づいて整備されていた。

表❶　オフサイトセンターの施設要件（原子力災害対策特別措置法施行規則による）

❶当該原子力事業所との距離が、20km未満であって、当該原子力事業所において行われる原子炉の運転等の特性を勘案したものであること。
❷原子力災害合同対策協議会の構成員その他の関係者が参集するために必要な道路、ヘリポートその他の交通手段が確保できること。
❸テレビ会議システム、電話、ファックスその他の通信設備を備えていること。
❹法第11条第1項の規定により設置された放射線測定設備その他の放射線測定設備、気象及び原子力事業所内の状況に関する情報を収集する設備を備えていること。
❺原子力災害合同対策協議会を設置する場所を含め床面積の合計が800㎡以上であること。
❻当該原子力事業所を担当する原子力防災専門官の事務室を備えていること。
❼当該原子力事業所との距離その他の事情を勘案して原子力災害合同対策協議会の構成員その他の関係者の施設内における被曝放射線量を低減するため、コンクリート壁の設置、換気設備の設置その他の必要な措置が講じられていること。
❽人体又は作業衣、履物等人体に着用している物の表面の放射性物質による汚染の除去に必要な設備を備えていること。
❾報道の用に供するために必要な広さの区画を敷地内又はその近傍に有していること。
❿当該緊急事態応急対策拠点施設及び設備の維持及び管理に関する責任の範囲が適正かつ明確であること。
⓫法第12条第4項の規定により提出された資料を保管する設備を有していること。
⓬当該緊急事態応急対策拠点施設が使用できない場合にこれを代替することができる施設（第2号の要件を満たし、かつ、必要な通信設備を備えた十分な広さを有するものに限る）が当該緊急事態応急対策拠点施設からの移動が可能な場所に存在すること。

表❷　オフサイトセンターの設備（原子力安全・保安院ウェブサイトから）

一斉召集連絡システム
通報を受けた防災専門官が、自治体、地元の防災関係機関、原子力事業者にオフサイトセンターの立ち上げ支援要員の派遣を要請するためのシステム

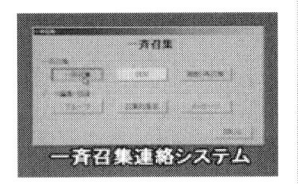

テレビ会議システム
映像表示システム
電光掲示板
全体会議のエリアには、首相官邸、経済産業省、自治体等との間で行うテレビ会議システムや各種データを表示するスクリーン、電光掲示板を持つ

緊急時対策支援システム（ERSS）
原子力発電所の運転情報や、敷地周辺の環境情報（放射線モニタの状況及び気象データなどの情報）をオンラインで収集し、リアルタイムで表示することにより、情報把握や予測をサポート。情報収集システム、解析予測システム、判断・予測支援システムで構成され、緊急事態時にはプラント班などの機能班がERSSからの情報を活用し、防災対策に利用

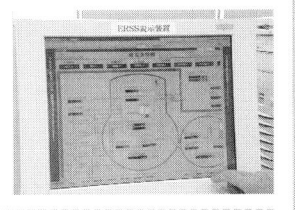

緊急時迅速放射能影響予測ネットワークシステム（SPEEDI）
周辺環境の放射性物質の大気中濃度及び被線量などを地勢や気象データを考慮して迅速に計算するシステム。大量の放射性物質が放出されるという事態が発生、又は発生のおそれのある場合に、住民避難などの防護対策を検討するのに使用

放射線監視システム
自治体及び原子力事業者が測定する放射線のモニタリングのデータを表示

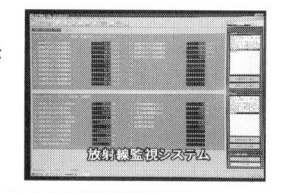

気象情報システム
放射線影響予測に欠かせない気象情報、最新の天候、風向、風速といった気象情報の表示

システム機器室
センター内の各種システム、通信設備、サーバ

衛星通信システム
地上回線が確保できない時に衛星回線により通信を確保するシステム

除染室
野外で活動した従事者に身体汚染があった場合に除染し、センター内の放射能汚染を防止する設備

放射線測定機器
モニタリング活動等に使用するための各種サーベイメータ機器

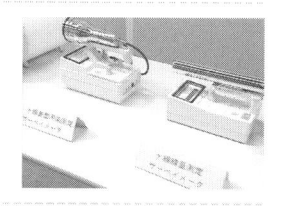

体表面モニタ
体の表面の放射性物質による汚染をチェックする機器

防災対策車
オフサイトセンターに配備されている防災業務用車両。原子力災害時は、車両に搭載してある放射線測定器による移動しながらの迅速な放射線測定活動や、地元への支援活動などに使用

表❸　福島県のオフサイトセンターの概要

項目	内容
名称	福島県原子力災害対策センター
所在地	福島県双葉郡大熊町大字下野上字大野476-3
指定日	2002年3月29日
建屋面積	約1500㎡（県立病院隣）
対象事業所	東京電力　福島第1原子力発電所（距離　約5km） 東京電力　福島第2原子力発電所（距離　約12km）

　このように、オフサイトセンターは、原子力災害発生時に迅速に対応するため様々な設備が設けられている現地災害対策本部の拠点となる施設である。また、運営面でも十分な体制が整えられている。

　まず、原子力事業所の所在地域の「原子力防災専門官」等は、原子力災害特別措置法の第10条通報を受けると、事業者や自治体との間で迅速な情報収集及び連絡を行い、オフサイトセンターで活動を開始し、情報交換や対策の検討の拠点とすることになっている。その後、政府と地方公共団体が連携するために、オフサイトセンターでは政府の現地対策本部や地方公共団体の現地対策本部等が一堂に会する「原子力災害合同対策協議会」を組織して、情報交換や対策の検討を協同して行うこととなる。「原子力災害合同対策協議会」は、住民避難の調整や緊急事態対策実施区域の拡張、縮小等の重要な検討を行う組織として位置づけられている。

　また、オフサイトセンターの運営体制は、原子力防災専門官を中心として様々な関係者が参集し、機能班の各班に分かれて活動することになっている。

　例えば、オフサイトセンター立ち上げ時の役割をあげると、「原子力防災専門官等」は、立ち上げの指揮、SPEEDI、ERSSの起動、「安全規制担当省庁及び原子力事業者」は、資機材の配置、飲食物、毛布等の手配及び居住環境の整備。「地方公共団体」は、これらへの協力、そして、「原子力安全基盤機構」は、立ち上げの支援を行うこととされており、様々な機関が重要な役割を担っているため、初動段階で参集が出来ない機関がいた場合は、十分な体制がとれないことも想定できる。

　また、福島県地域防災計画では、「原子力災害合同対策協議会」で行われる緊急事態対応方針決定会議と全体会議での決定事項を詳細に定めている。いずれもが地方自治体が現地で避難対応を行う際の根拠となる重要事項が多く、オフサイトセンターを中心とした災害対応が地方自治体にとっては欠かせないものとして位置づけられている。

　オフサイトセンターの施設や運営体制が全国的に整備されるなか、他方、毎年、原子力災害に備えた訓練が実施されている。

　原子力災害に備えた防災訓練には、災害対策基本法の第48条に基づき都

図❶ 「原子力災害合同対策協議会」の役割

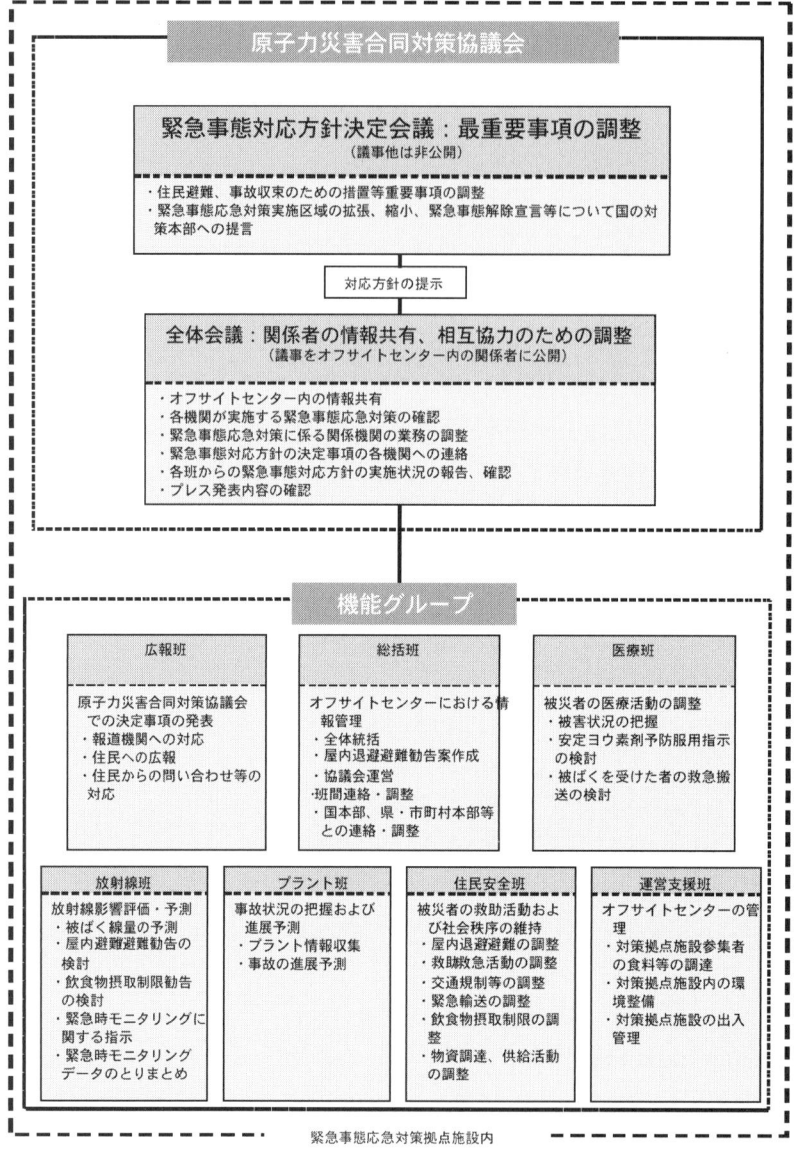

```
原子力災害合同対策協議会

  緊急事態対応方針決定会議：最重要事項の調整
  （議事他は非公開）
  ・住民避難、事故収束のための措置等重要事項の調整
  ・緊急事態応急対策実施区域の拡張、縮小、緊急事態解除宣言等について国の対
   策本部への提言

       ↓ 対応方針の提示

  全体会議：関係者の情報共有、相互協力のための調整
  （議事をオフサイトセンター内の関係者に公開）
  ・オフサイトセンター内の情報共有
  ・各機関が実施する緊急事態応急対策の確認
  ・緊急事態応急対策に係る関係機関の業務の調整
  ・緊急事態対応方針の決定事項の各機関への連絡
  ・各班からの緊急事態対応方針の実施状況の報告、確認
  ・プレス発表内容の確認

機能グループ

  広報班                総括班                医療班
  原子力災害合同対策協議会  オフサイトセンターにおける情  被災者の医療活動の調整
  での決定事項の発表      報管理              ・被害状況の把握
  ・報道機関への対応      ・全体統括            ・安定ヨウ素剤予防服用指示
  ・住民への広報         ・屋内退避避難勧告案作成     の検討
  ・住民からの問い合わせ等の ・協議会運営          ・被ばくを受けた者の救急搬
   対応                ・班間連絡・調整          送の検討
                    ・国本部、県・市町村本部等
                     との連絡・調整

  放射線班        プラント班       住民安全班       運営支援班
  放射線影響評価・予測 事故状況の把握および 被災者の救助活動およ オフサイトセンターの管
  ・被ばく線量の予測  進展予測       び社会秩序の維持   理
  ・屋内避難避難勧告の ・プラント情報収集   ・屋内退避避難の調整  ・対策拠点施設参集者
   検討         ・事故の進展予測    ・救助救急活動の調整   の食料等の調達
  ・飲食物摂取制限勧告            ・交通規制等の調整   ・対策拠点施設内の環
   の検討                   ・緊急輸送の調整     境整備
  ・緊急時モニタリングに           ・飲食物摂取制限の調   ・対策拠点施設の出入
   関する指示                 整           管理
  ・緊急時モニタリング            ・物資調達、供給活動
   データのとりまとめ             の調整

          緊急事態応急対策拠点施設内
```

原子力災害危機管理関係省庁会議 「原子力災害マニュアル」（2010年9月14日一部改訂）

表❹ 福島県における「原子力災害合同対策協議会」の決定事項

	緊急事態対応方針決定会議	全体会議
決定事項	(ア)屋内退避・避難の決定・解除 (イ)安定ヨウ素剤投与の決定 (ウ)飲食物摂取制限の決定・解除 (エ)事故収束のための措置 (オ)緊急事態解除宣言発出の具申 (カ)本部長が必要と認める事項	①緊急事態対応方針決定会議の調整事項の連絡 ②緊急時対応方針の確認 ③応急対策の実施状況に関する情報の共有 ④放射線モニタリング状況・予測の報告 ⑤プラント状況・予測の報告 ⑥プレス広報内容の確認 ⑦住民広報内容の確認 ⑧県・町からの要望の取りまとめ ⑨災害対策本部長が必要と認めた事項の協議、報告

福島県防災会議 福島県地域防災計画 原子力災害対策編 （2009年度修正）

道府県がそれぞれの計画に従って行う原子力防災訓練と、第13条に基づき、担当大臣が行う原子力総合防災訓練がある。

原子力防災訓練は、地元道府県を中心に、経済産業省、文部科学省、消防庁、自衛隊、海上保安部、日本赤十字社と電力会社等の原子力事業者が参加して、原子力発電所等の原子力施設で事故が発生したという想定のもとに、地域住民の安全確保を適切に行うために実施される。訓練の内容は、緊急時通信連絡訓練、緊急時環境放射線モニタリング訓練、周辺住民への広報活動訓練が一般的である。また、地方自治体では、周辺住民の参加を含めた緊急時医療活動や交通規制、退避・避難訓練を実施している地域もある。

原子力総合防災訓練は、国が実施する総合的な訓練で、年に1回、訓練対象となる原子力事業所を含めて実施している。つまり、オフサイトセンターで重要な意思決定を行う「原子力災害合同対策協議会」で行われる緊急事態

表❺　これまでに実施された原子力総合防災訓練

年度	実施日　対象原子力事業所　訓練の重点項目
1999年度	2000年3月23日(土)／日本原子力発電敦賀発電所(2号機) ①緊急時通信訓練　②災害対策本部設置運営訓練
2000年度	2000年10月28日(土)／中国電力島根原子力発電所(2号機) ①原子力緊急事態宣言発出訓練　②災害対策本部設置運営訓練
2001年度	2001年10月27日(土)／北海道電力泊発電所(1号機) ①新たに設置したオフサイトセンター等の機能確認　②情報収集・伝達能力の向上 ③現場訓練の充実　④迅速かつ的確な情報提供のための広報訓練 ⑤総合防災訓練を通じての原子力防災意識の向上
2002年度	2002年11月7日(木)／関西電力大飯発電所(3号機) ①情報収集、伝達及び連携訓練　②原子力緊急事態宣言の発出等に係る訓練 ③迅速かつ正確な情報提供のための広報訓練　④原子力安全委員会の助言体制の確認 ⑤関係自治体における現場訓練　⑥原子力事業者における現場訓練
2003年度	2003年11月26日(水)／九州電力玄海原子力発電所(2号機) ①情報収集、伝達能力の向上及び連携の強化　②国の現地対応能力の強化 ③原子力緊急事態宣言の発出等に係る措置の習熟　④迅速かつ正確な情報提供のための広報能力の向上 ⑤原子力安全委員会の助言機能の確認　⑥関係自治体及び原子力事業者の現場訓練の充実
2004年度	新潟県中越地震発生のため中止
2005年度	2005年11月9日(水)・10日(木)／東京電力柏崎刈羽原子力発電所(4号機) ①実動による政府職員・専門家の緊急派遣並びに資機材の運搬訓練　②初動における現地と中央との連携活動訓練 ③官邸対策室設置　④緊急参集チームの招集・協議　⑤緊急事態応急対策に対する助言機能の確認 ⑥緊急被曝医療活動の充実　⑦広報活動の充実　⑧新潟県中越地震等の教訓を反映
2006年度	2006年10月25日(水)・26日(木)／四国電力伊方原子力発電所(3号機) ①警戒段階における緊急事態応急対策(準備)の充実　②災害時要援護者の避難対策の充実　③官邸対策室設置 ④緊急参集チームの招集・協議　⑤緊急事態応急対策に対する助言機能の確認　⑥緊急被曝医療活動の充実 ⑦広域支援体制の充実　⑧広報活動の充実
2007年度	2007年10月24日(水)／日本原燃再処理事業所(再処理施設) ①警戒段階における応急防護対策の充実　②政府対策本部が行う情報集約活動の充実 ③原子力安全委員会の助言機能の確認　④原子力事業者の消防訓練の充実 ⑤原子力事業者防災業務計画に基づく原子力災害予防対策の確認　⑥緊急被曝医療活動の充実 ⑦災害時要援護者の避難支援対策等の充実　⑧広報活動の充実
2008年度	2008年10月21日(火)・22日(水)／東京電力福島第一原子力発電所(3号機) ①迅速・的確な初動体制の充実　②警戒段階における防備対策の充実　③官邸対策室の設置 ④広域支援体制の充実　⑤広報活動の充実　⑥原子力安全委員会の助言機能の確認 ⑦原子力事業者の消防訓練の充実　⑧災害時要援護者の避難　⑨緊急被曝医療の充実 ⑩住民の視点に立った訓練等の充実

対応方針決定会議や全体会議の訓練は年1回の実施にとどまっている。また、政府の災害対策本部は毎年訓練を実施しているが、訓練を実施するオフサイトセンターは、1カ所であり、これまで国が実施する訓練に参加したオフサイトセンター、地方自治体、関係機関や事業者の参加者数もかなり少ない。

福島第一原子力発電所は2008年に原子力総合防災訓練を実施したが、これは1999年以降、初めて実施した訓練だった。また、この際に訓練で想定していた事態は、トラブル発生から、原子力災害対策特別措置法第10条特定事象まで3時間、同第15条該当事象まで10時間、放射性物質の環境への異常漏えいはトラブル発生から25時間、そして32時間後には異常漏えいが停止するというシナリオで、実際のシビアアクシデントを経験した今では、想定自体の甘さがうかがえる。

今回の福島第一原子力発電所事故において、オフサイトセンターは重要な役割を担った施設であったものの、事故以前から指摘されていた課題に対する対策が十分に行われないまま対応せざるをえなかった。ここでは、今回の事故に対してオフサイトセンターがどのように対応したのか、施設機能と運営体制の2点にポイントを絞り検証する。

❶オフサイトセンターの施設が機能しなかったのはなぜか。

オフサイトセンターは、前述のとおり、最新の通信システム、そして原子力災害発生時の対応を支援するシステム、さらには、被曝した場合の除染室、放射線測定機器等の設備を備えた施設であり、福島県のオフサイトセンターも同様であった。

しかし、福島県を含む全国のオフサイトセンターでは、東日本大震災以前の2009年2月に総務省行政局から、「オフサイトセンターの被放射線量の低減措置が十分にされていない」点を指摘されていた。オフサイトセンターでは、設備に関する要件の一つとして、原災法施行規則第16条第7号において、「当該原子力事業所との距離その他の事情を勘案して原子力災害合同対策協議会の構成員その他の関係者の施設内における被曝放射線量を低減するため、コンクリート壁の設置、換気設備の設置その他の必要な措置が講じられていること」と規定されている（表❶）。これは、「原子力施設等の防災対策について」（1980年6月原子力安全委員会決定）に基づいた要件で原子力災害時の「防災対策を重点的に充実すべき地域の範囲」（EPZ）内に設置され、原子力事業所からの距離が近いオフサイトセンターについては、高放射線下においても防災対応の実施が想定されるため、放射線量を低減するための措置を講じることを求めている。

福島県のオフサイトセンターは、用地確保の問題から福島第一原子力発電所から約5kmと近い場所に建設されており、コンクリート構造ではあるものの、被曝放射線量を低減する効果を有する換気設備を設置していなかった

(2009年2月の評価では、全国で北海道と六ヶ所村のオフサイトセンターのみが換気装置を設置していた)。コンクリート建屋は、その遮へい効果や気密性により、被曝放射線量の低減が相当期待できる。しかし、エアコンによる換気は、高性能エアフィルター等による放射線量の低減措置が行われていないので、放射性物質の影響を低減せずに外気を室内に取り入れてしまうことになるため、適切な対応が求められる。この気密性の維持に関する対応については、放射線下におけるオフサイトセンターへの出入管理として、出入口が複数ある場合、どこから出入を行うのか等を具体的に定めておくことも必要である。

このように、原子力災害に対処する施設要件について指摘を受けていたものの、被曝放射線量の低減措置が迅速に取られなかったことは、関係者の間に事故は起きないという思い込みが強くあったことや、事故が起きたとしても訓練で想定している数日で事態が収束するような被害にしか備えていなかったことが要因だったと言える。

東日本大震災以前からの指摘が改善されないまま、福島県のオフサイトセンターは地震被害を受け、その後、原子力災害に対応するという複合災害へ対処せざるを得ないこととなった。

地震による被害の影響は大きく、政府事故調の中間報告によると、地震による停電を受けて非常用電源が稼働したが、地震の影響で非常用電源の燃料タンクから燃料を汲み上げるポンプが故障したため、予備タンクの燃料を使い果たし、再び停電状態となった。また、オフサイトセンターには、国が管理する通信回線として、一般の電話回線に加え、オフサイトセンターと官邸や経済産業省の緊急時対応センター(ERC)等とをつなぐ専用回線および衛星回線が整備されていた。この衛星回線は、6台の衛星電話(固定型1台、可搬型3台、車載型2台)が接続されていた。しかし、3月11日の地震発生後、これらの通信回線のうち、電話会社基地局の非常用バッテリーが切れたことで、翌12日昼頃までは衛星回線以外使用できなくなった。そのため、オフサイトセンターにおいては、政府のテレビ会議システム、緊急時対策支援システム(ERSS)、緊急時迅速放射能影響予測ネットワークシステム(SPEEDI)、電子メール、インターネット、一般回線を用いた電話及びファクス等が使用できず、オフサイトセンターとERC等との連絡は、衛星電話回線のみを使用して外部との通信を行わざるを得ない状況であった。また、オフサイトセンターでは、一部の参集要員によって事故対応が行われていたが、避難範囲の拡大等に伴って物流が止まり、13日頃からは避難区域内にあったオフサイトセンターでも食料、水、燃料等が不足し始めている。このような実態からみて、地震対策については十分に施設機能が維持できるような対応がなされていなかったことがうかがえる。

その後、福島第一原発の事態の進展を受け、オフサイトセンター周辺及び内部の放射線量は上昇し始めた。例えば、12日15時36分の1号機原子炉建

屋の爆発直後、オフサイトセンター周辺の線量が一時的に上昇したほか、14日11時1分の3号機原子炉建屋の爆発後は、放射性物質を遮断する空気浄化フィルターが設置されていないオフサイトセンター内の線量も上昇している。こうした事態を受け、現地対策本部は、ERCに置かれた原子力災害対策本部と協議しつつ、オフサイトセンターの移転の検討を開始し、14日22時頃、県庁への移転に備え、先遣隊を派遣した。

　今回の事態では、オフサイトセンターの代替拠点である県相馬合同庁舎も同じく地震による被害を受けていたことから、県庁に移転しているが、本来の代替拠点としての施設機能としては満足できるものではなかった。

　しかし、非常用電源等が故障し各システムが機能しなくなったことや、被曝放射線量の低減措置が不十分だったことは、本来、対処可能な事態ではなかったのだろうか。例えば、非常用電源の燃料をくみ上げるポンプの機能不全については、オフサイトセンターの業務継続の観点から基本的な地震対策ができていなかったためだと言える。代替施設における対応も、様々なシステムが使用できる所を複数検討しておくべきだったのでないだろうか。例えば、県庁などの主要な機関が対策本部を設置する場所も候補とし、オフサイトセンターが利用出来なくなった場合でも、施設機能の維持や原子力災害現地対策本部としての機能が維持できるような施設の十分な検討が必要であった。

　被曝放射線量の低減措置についても、前述した原子力総合防災訓練の事故想定が基準になって対応が行われていたことがうかがえるが、放射性物質の環境への飛散範囲が広がる可能性は訓練時から十分に想定できたはずであり、オフサイトセンターが被曝しないという想定は、現地の災害対応を行う拠点としては不十分であった。今後は施設機能を複合災害時においても施設機能が継続できるような検討が求められる。

❷オフサイトセンターの運営がうまく機能しなかったのはなぜか。

　オフサイトセンターの運営については、当初予定されていた施設が使用不能となり、代替施設も想定されていた場所ではなく、福島県庁となったことから、運営体制も十分に整わない状況があった。また、本来であれば、原子力災害現地対策本部として重要な役割を担うオフサイトセンターを代替拠点である福島県庁に移した時点で、あらかじめ定められていた体制を立ち上げなおし、全ての関係者を集めて情報共有し対策を検討することが必要であった。が、オフサイトセンターの体制は再構築されなかった。

　オフサイトセンターの運営は、安全規制担当省庁（原子力防災専門官等）を中心に地方自治体、原子力安全基盤機構、原子力事業者等が行うことになる。しかし、今回の事故では、地震や津波による被害への対応に人員が割かれたことや通信手段の途絶により連絡が遅れたことで、運営体制が十分に整わないまま事態に対応することとなった。

政府事故調の中間報告によると、災害対策本部員となる各省庁や地方公共団体等の職員の参集状況からみると、事故対応では、原子力安全・保安院、文部科学省、原子力安全委員会及び防衛省（自衛隊）を除き、これ以外の省庁は、職員の派遣を行ってない。とくに厚生労働省は、政府の原子力災害対策マニュアルで、現地対策本部医療班の責任者の任に当たる職員をオフサイトセンターに派遣するとされていたが、他の業務に忙殺されたことを理由に、3月21日まで派遣を行っていない。また、各町の地域防災計画においてオフサイトセンターへの参集が予定されていた周辺6町（広野町、楢葉町、富岡町、大熊町、双葉町、浪江町）のうち、実際に参集したのは、大熊町のみであった。残りの5町は、11日に発生した地震及び津波による被害や、同日21時23分に出された福島第一原発から半径3km圏内からの避難指示の実施等に対応するため、オフサイトセンターに職員を派遣できる状況にはなかった状態がうかがえる。

さらにオフサイトセンターに設けられる機能班も地震による影響で、当初考えられていた以外の様々な対応もせざるをえなかった。オフサイトセンターでは、国や福島県等から派遣された職員が一体となって、7つの機能班（総括班、放射線班、プラント班、医療班、住民安全班、広報班、運営支援班）を編成し、避難状況の把握、地域住民への広報、安定ヨウ素剤の配布等の準備、緊急時モニタリングの実施、身体除染等に関する活動を行っていた。しかし、地震の影響で通信手段が限られていたことに加え、オフサイトセンターには、福島第一原発及び福島第二原発からそれぞれ半径10kmの地域に関する地図しか置かれていなかったため、3月12日に避難範囲が福島第一原発から半径20kmの地域に拡大された際には避難指示区域の特定ができず、市町村等からの問い合わせに対しても、明確に答えることができなかった。また、避難し遅れて一時的にオフサイトセンターに搬入された病人等の対応に医療班が当たるなど、想定外の事態が発生した。

オフサイトセンターの運営に関しても、東日本大震災以前から指摘されてきた課題が表面化している。

まず、オフサイトセンターの運営は、関係者が多く体制構築までの時間がかかる。これは、今回のような広範囲にわたる被害の対応に人的資源が割かれる状態を想定していなかったことや、遠方から専門的な知見を持った原子力防災専門官が参集するまでに相当な時間がかかるということを想定していなかったことが大きな要因である。また、運営にあたる各機関の職員は、異動により対応方法を熟知していない場合があることに加え、訓練回数が少ないことや最新の設備を使いこなすことが出来ないことも課題であったといえる。

今回の事故対応では、想定してきた事態より時間的余裕がなく、被害も広範囲で、しかも官邸がオフサイトセンターの機能や役割を十分認識していなかったことから、官邸主導の原子力災害対策本部が、政府・東電統合対策本

部という現地対策本部を兼ねるような体制を構築し対応を進めた。このため、現地災害対策本部の機能は再構築されず、各機関は連携した対応が十分にとれない事態となった。特に、地方公共団体の避難対応は情報が極めて乏しいなかで対応する結果となった。

運営に関しては、自然災害という第一義的には地方自治体が主体となる対応が、原子力災害はオフサイトセンターという政府の災害対策本部主導で実施するという編成により、地方自治体側にとっては国が専門的な知見をもとにして災害対策をリードしてくれるという考えを生んでしまったことも大きな問題であった。結果的に避難を余儀なくされた市町村は、官邸主導で実施している対応を十分に把握できずに自主的な判断で避難の対応を検討しなければならない事態もおきた。このことから、オフサイトセンターの施設については、これまで指摘されてきた課題に加え、立地場所、施設の要件、代替施設の見直しが求められるそして運営体制については、参集体制、意思決定事項の明確化、各機関の役割権限の見直しを行い、あらゆる危機発生時においても迅速な対応が取れるように検討することが必要だ。

第2節　自衛隊・警察・消防における原子力災害への対応

福島第一原子力発電所事故において、自衛隊・警察・消防が行った原子炉建屋への放水活動は、原子力災害対策本部の指示によるものであった。それは、状況のさらなる悪化を防止できたという意味において一定の「成功」をおさめたが、これは各機関の日本を救うという使命感と覚悟に支えられたものであった。他方で、その「成功」は、極めて危ういものでもあった。その理由は、当然ながら、福島第一原発が危機的な状況にあったことに加えて、各機関が計画や想定とは異なるオンサイトでの活動を強いられ、十分な部隊、資機材が整備されていないなかでの活動を迫られたことにあった。本節では、まず、各機関が原子力災害にどのような対応計画等を準備してきたかを整理する。次に、今回の事故では、事前の計画に基づいた対応がどのように行われたのか、また対応計画等に記載されていない放水活動は、どのように検討、あるいは情報共有がなされながら実施されていたのかを、福島第一原発3号機への放水活動の初動期（3月11～21日）をケースとして取り上げつつ、事実を整理する。そして、整理された事実をもとに検証を行う。

自衛隊・警察・消防は、原子力災害発生時には、原災法による主な枠組みに基づいて緊急事態応急対策を実施する。他方、各機関は、防災業務計画等を策定し、原子力災害発生時の緊急事態応急対策について具体的内容を定め、部隊、資機材等を整えて訓練を実施してきた。その概要は下記のとおりである。

1 自衛隊：防衛省防災業務計画に定められている特殊災害への対応に基づいて実施。初動対処の内容としては、被害状況の把握等、部隊派遣（化学防護部隊等、特殊災害に対して有効な装備を持つ部隊）、専門家等の輸送支援、モニタリング支援、避難住民の輸送支援、応急医療支援、除染などがあげられている。

2 警察：国家公安委員会・警察庁防災業務計画に定められている原子力災害対策に基づいて実施。このなかで、原子力事業所における原子力災害発生時の措置として、警察の実施すべき事項は、屋内退避・避難誘導、犯罪の予防等社会秩序の維持、緊急輸送のための交通の確保、周辺住民への情報伝達活動とされている。

3 消防：消防庁防災業務計画に定められている原子力災害対策に基づいて実施。このなかで、災害応急対策として実施すべき事項には、情報の収集・連絡、緊急連絡体制及び通信の確保、活動体制の確立、屋内退避・避難収容等の防護活動、治安の確保、飲料水及び飲食物の摂取制限等、緊急輸送活動、救助・救急、緊急医療及び消火活動、住民等への情報伝達活動があげられている。これらの活動を行うために、各消防本部では、NBC（核・生物・化学）災害への活動要領を定めて運用しているところもある。消防活動を行う際の基本原則は、消防隊員の被曝防止とともに、放射性物質の汚染防止を図りながら実施することであり、人命救助等やむを得ない場合を除き、放射線被曝の危険が高い区域への進入を禁止している。

表❻　各機関の主な活動と今回の事故で実施した活動

	原子力災害時の主な活動	今回の事故で実施した活動
自衛隊	●被害状況の把握等　●部隊派遣（化学防護部隊等の特殊災害に対して有効な装備を持つ部隊）　●専門家等の輸送支援　●モニタリング支援　●避難住民の輸送支援　応急医療支援　●除染　など	●左記の業務を原子力発電所外のオフサイトで実施　●オンサイトでは、モニタリング支援、放水活動（空中及び地上）を実施
警察	●屋内退避・避難誘導　●犯罪の予防等社会秩序の維持　●緊急輸送のための交通の確保　●周辺住民への情報伝達活動	●左記の業務を原子力発電所外のオフサイトで実施　●オンサイトでは、放水活動（地上）を実施
消防	●情報の収集・連絡　●緊急連絡体制及び通信の確保　●活動体制の確立　●屋内退避・避難収容等の防護活動　●治安の確保　●飲料水及び飲食物の摂取制限等　●緊急輸送活動　●救助・救急　●緊急医療及び消火活動　●住民等への情報伝達活動	●左記の業務を原子力発電所外のオフサイトで実施　●オンサイトでは、放水活動（地上）を実施

　原災法によると、オンサイトにおける対応は原子力事業者——今回のケースでは東京電力——によってなされ、自衛隊・警察・消防は、原子力事業者からの通報や状況報告を受けながら、避難等の対応を行うこととなっていた。だからこそ、上述したように3つの機関のいずれもが、オフサイトでの活動を計画し、部隊や装備を備えて訓練を実施してきていた。

　しかしながら、福島第一原子力発電所事故では、東京電力が原子炉をコントロールできなくなり、甚大な被害をもたらすような状況への進展が懸念さ

れ、これを防止すべく、原子炉建屋への放水活動が、首相を本部長とする原子力災害対策本部から自衛隊・警察・消防へと指示された。それは、各機関が想定していなかったオンサイトの活動であった。当然ながら、各機関は原子炉建屋への放水活動などの実施手順等を定めていたわけではなく、各機関とも事前情報を可能な限り入手しながら臨機応変に対応しなければならなかった。

こうした事態に各機関がどのように対応したのか、ここでは連携対応、官邸からの指示、情報共有の3点にポイントを絞り検証する。

❶自衛隊・警察・消防が実施した放水活動は、原子力災害対策本部によって十分に検討されたものだったのか。
❷官邸からの指示は適切に行われたのか。
❸自衛隊・警察・消防間及び東京電力との情報共有は十分なされたのか。

❶自衛隊・警察・消防が実施した放水活動は、原子力災害対策本部によって十分に検討されたものだったのか。

3月17日の自衛隊によるヘリコプターからの放水を手始めに、各機関の部隊が入れ替わる形で順番に放水活動を実施した（図❸参照）。各機関は原子炉への放水という作戦に対して、放水量に差はあるものの、持てる最大限の部隊と資機材を用いて必死の活動を行った。しかし、膨大な量の放水が必要とされた作戦に、連続放水の機能を持った車両を持つ消防を核とした部隊編成が検討されなかったことは、少なからず疑問が残る。また、原子炉を効率的に冷却するという観点で言えば、各機関が適切な役割分担の下で、連携して対応すべきであった。

ここでは、いくつかの対応場面をとりあげて各機関や官邸との連携対応について検証を行う。まず、自衛隊・警察・消防における最初の活動であるヘリコプターによる放水活動である。福島第一原子力発電所では1号機に続いて、3月14日11時01分、3号機も水素爆発により建屋が崩壊した。16日になると、3号機の燃料プールから白煙が発生し、プールからの蒸発量が多いものと推定され一刻も早い水の注入が必要とされた。3月17日、陸上自衛隊第1ヘリコプター団のCH47ヘリコプター2機が消火バケットを使った空中からの放水活動を開始した。放射能被曝の可能性があるため、放水活動を志願制にするという提案もなされたが、自衛隊員からは「隊員はみんな35歳以上で子供もいる。被曝して子種がなくなっても大丈夫」という答えが返ってきた。北澤大臣は「自衛隊員の士気は高く、誇らしかった」と語っている[1]。作業前、9時20分時点でのモニタリングでは高度300フィートで87.7mSv/時という高い放射線量が検出されていた。

9時48分からは計4回30tの放水を行った。危険を顧みずに作業にあたった

自衛隊員の被曝線量は全員1mSv以下であった。しかし、放水について、事態の鎮静化にどれほどの効果があったかについては疑問の声がある。確かに空中からの放水ではプールに全量の水が命中したわけではないし、命中した水についても冷却効果は一時的なものにすぎなかった。実際、放射線量はほとんど低下しなかった。しかし黒煙ではなく、水蒸気が上がったことによって、放水しても爆発等の危険はなく、放水すれば効果があることは確認された。より効果があったのは、諸外国、とりわけトモダチ作戦を展開してくれた米国に対して、日本がリスクを負って原発事故に対処しているところを見せたことだといえるかもしれない。北澤防衛相は「米国は日本が本気になったと高い評価をしてくれた」と語った[2]。また、陸上幕僚監部の幹部も「自分たちがリスクを負わないで、米国が協力してくれるか」と、この放水活動で日本がリスクを負った重要性について力説した[3]。

　第二に、3月12日の消防庁への派遣要請と直後の取り消しである。原子力安全・保安院は施設を冷却するための装備を持った部隊を派遣してほしいと消防庁に要請を行った。これを受け、消防庁長官は、東京消防庁のハイパーレスキュー隊（海水放水能力毎分3,500ℓ 2隊を含む）及び仙台市消防局の特殊装備部隊（海水放水能力毎分4,250ℓ 1隊を含む）の緊急消防援助隊としての派遣を要請した。しかしながら、出動途上において原子力安全・保安院の要請取り消しにより、両消防本部に対する出動要請は解除された。要請の取り消しについて経済産業省関係者は「道路がダメだったから」という理由をあげている。この要請と要請取り消しの事実は後述のとおり官邸に伝わっていない[4]。このことから、原子力災害対策本部である官邸は、対応を把握していなかった事実がうかがえる。

　第三に、3月17日に経済産業省が行った警察庁へのプール注水要請である。これを受けて、警視庁の機動隊員等13人は、高圧放水車により、プールに向けて約44tの水を放射した。この放水活動について警察庁は次のように検証している。「隊員らは、放射線量が刻一刻変化する厳しい環境にさらされながら、元来の目的である暴徒鎮圧とは別の用途で放水を行わなければならないという困難な状況の中、放水を成し遂げ、その後の自衛隊や東京消防庁等による放水活動の先駆けとなった」[5]。しかしながら、高所への大量の放水が求められる現場において、用途の全く異なる装備を用いて放水をする必要が本当にあったのだろうか。警察による検証結果では地上からの放水活動の「先駆けとなった」と意義付けられているが、他方で警察が力を最も発揮するのは、治安維持や交通統制といった分野ではないだろうか。対策本部が警察の本来の役割を認識していれば、他に先駆けて地上からの放水を命ずる

1　北澤防衛相インタビュー。
2　北澤防衛相インタビュー。
3　吉田圭秀陸上幕僚監部防衛課長。
4　細野補佐官インタビュー、2011年11月19日
5　警察庁緊急災害警備本部「東日本大震災における警察活動に係る検証」 2011年11月

ことはなかったであろう。

　最後に、原子力災害特別措置法の枠組みの中では、対応に当たる機関として海上保安庁も含まれているが、福島第一原発事故では、放水活動には参加していない。対策本部が海側から原子炉建屋への放水を考えた経緯はみえないが、本来は検討が必要であったであろう。検討の結果、津波の影響で物理的にアクセスが困難だった、といった事情があったことも想定されるが、モニタリング支援も可能であったのではないかと考えられ、対策本部の検討が十分でなかったことがうかがえる。

　他方、個別に放水活動を対応する状況となった自衛隊・警察・消防は様々な困難を乗り越えて対応している。例えば、東京消防庁ではN災害マニュアルを策定し活動基準を定めていたが、今回の福島原発の災害は、規模が大きくかつ多くの悪条件下の活動であったので、基準やマニュアルにあてはめた活動は変更せざるを得なかった。東京消防庁では、放射線危険区域を0.5mSv/時とする活動基準があるが、除染やスクリーニングを行った原発正門では0.7mSv/hであった。しかし、活動基準を超えているため活動できないなどとはとても言えない状況であった。もともと、消防が想定していたのは、原発事故ではなく輸送や研究施設での事象だったため、オンサイトでの活動に事前に計画していた対処方針で十分だったわけではなかったのである。一方で結果としては、除染やスクリーニングの態勢はしっかりととれていたので、活動はできていた。このように、各機関は個別に対応したものの、持てる最大限の能力を発揮して対応し、現地での活動は一定の成果をおさめたこともふれておきたい。

❷官邸からの指示は適切に行われたのか。

　官邸からの指示という視点で、原子力災害対策本部の運営を検証してみると、現場への適切な指示が行われていなかったように見受けられる。指示が複数の系統で行われ、現場で混乱をきたす要因にもなった。例えば、3月17日の東京消防庁への放水活動の依頼は、被災地に向けた全国からの緊急消防援助隊の部隊運用を担っていた総務省消防庁が調整を行うはずであったが、東京消防庁ハイパーレスキュー隊の派遣決定は、首相から都知事という本来は想定されていなかったルートで行われた。しかし、その後、法的な枠組みによる根拠が必要なことから、東京消防庁ハイパーレスキュー隊の派遣は、首相から消防庁長官、そして東京消防庁に対して、緊急消防援助隊としての派遣要請がなされた。本来は、東日本大震災への災害対応全体を考慮したうえで、各都道府県の緊急消防援助隊の派遣先や派遣規模の調整等を実施すべき状況が、それらの調整がないまま東京の緊急消防援助隊の派遣先が決定したことは、状況によっては部隊運用に支障をきたすような事態が発生を招いた可能性も高い。

　一方、官邸ではオンサイトの対応を指揮し、危機管理センターはオフサイ

トでの指揮を実施しており、原子力災害全体の対応に関して内部での連携は十分ではなかった。また、関係者へのインタビューによると、官邸では、3月12日に原子力・安全保安院から消防庁へ部隊の派遣要請を行ったものの、後ほど取り消した事実を把握していなかった事が確認されている。このように、官邸内や官邸、および各省庁間でも情報共有が十分でなかったことが明らかであった。

　他方、官邸から出された「3月18日の放水活動の基本方針については」では、18日に実施する放水活動の基本方針として自衛隊が全体の指揮をとることが明記され、20日に出された原子力災害特別措置法に基づく「指示」では、自衛隊が現地調整所において一元的に管理することが指示されている。関係者のインタビューによるとこの指示により、自衛隊・警察・消防及び東京電力などの関係機関が集まるＪヴィレッジでは作業全体の統制がしやすくなっており、一定の効果が得られていたことが伺える。

　各機関は災害対応に迅速かつ的確に対応できるように、様々な計画を策定し実施事項を整理しており、特に、誰の指揮や意思決定のもとで災害対応を実施していくのかは明確になっていたはずである。このような、現場における災害対応の基本的な枠組みを考慮せず、官邸主導により本来のルートとは異なる方法で指示をすることは、現場での災害対応が混乱する要因となる。また、官邸内や各省庁間の情報共有や意思決定の調整次第では、現場での活動に大きな影響を及ぼすことがある。このことから、官邸は原子力災害対策の枠組みを含め、各機関の災害対応の仕組みをしっかりと把握した上で災害対策本部を運営することが求められよう。

❸自衛隊・警察・消防間及び東京電力との情報共有は十分なされたのか。

　原子力事業者である東京電力から各機関への情報の提供が十分ではなかったことが、たびたび指摘されてきた。そのなかには、施設の配置、放水の目標など、放水活動に不可欠な情報も含まれていた。本来は、前述のとおり、原災法の枠組みでは、原子力事業者からは通報や状況連絡がある仕組みが整えられていたが、十分に機能しなかったことがうかがえる。

　例えば、3月18日夜に現地に入ったハイパーレスキュー隊による最初の二回の放水活動は失敗した。なぜなら、全体の設備配置などがわかる空撮の写真などを東京電力から得ていなかったからだ。「原発の図面をもらっていたが、図面では全然わからないため、作戦が立てられなかった」という。「ここからパイプを通そうと話し合っていたのに、直前になって東京電力から『そこには原子炉を冷やすための消火系のパイプがあるから、使わないでください』と言われて、急にルートの変更を余儀なくされた。それに加えて、無線が使えなくなり、2回の活動に失敗した」この失敗のため、ハイパーレスキュー隊は1時間ほど離れたＪビレッジに戻り、作戦の練り直しを行った。丁度この頃、海江田経産相が「早くやれ、早く突入しろ」と政府・東電統合

対策本部で怒鳴るような事態も起きている。そもそも東京電力が図面など全体を見渡せる資料を提供していれば、海江田経産相が怒り出すことはなかったかもしれない。

また、東京消防庁が挑んだ放水活動の際、「3号機の近くに、水素爆発で吹き飛んだがれきが高い放射線を出しながら散乱している」という発表があったが、現場では活動時にその情報を把握できていなかった。このため、隊員によっては、がれきの間をぬってホースを延ばしたりしていた。このように、必ず提供しなければならない情報も現地に伝えられていなかった事実がある。

他方、東京電力が自衛隊、警察、消防に、空撮された地図など、放水活動に必要な情報を渡さなかったという件は、電力事業者にとっても制約条件となっている「設計基礎脅威（DBT）」のためであることが推察できる。これを遵守しないと刑事罰となるため、東京電力社内でも配置図など詳細なものは担当者しかわからないようになっており、かつ、限られた人しかその情報を閲覧することができない。

また、東京電力が実施した原子炉への注水活動は、本店や現場において十分な方針が確定しないまま実施されており、これらの情報が官邸含め各機関に十分共有されていなかった点も大きな課題であったといえる。例えば、東京電力では、津波の襲来で全電源喪失が起きた後、初動対応として次のような行動をとっている。

注水活動は、当時、オンサイトにいた人の証言によると免震重要棟に退避した作業員たちが「帰らせてくれ！」とパニック状態になる中、アクシデント・マネジメントの手順通りに作業を実施しようとする一方、用意されていたマニュアルなどがまったく通用しない事態に陥っていき、まさに手探り状態で注水活動が行われた。3月11日17時12分、アクシデント・マネジメント対策が検討された。設置されていた代替注水手段（消火系と復水補給水系）と、新潟県中越沖地震後に設置された防火水槽を用いた消防車の使用である。5/6号機に設置していた消防車と福島第二原発にあった消防車を、1号機近くに持っていくことにした。ゲートを破壊し、津波の漂流物を通路から撤去して3月12日5時46分に淡水による注水活動を開始した。同じく3号機も前述した5号機6号機と、第二原発から移動させてきた消防車を使用して淡水による注水を開始した。

しかし、1、2号機がすべて全電源喪失（SBO）という事態になる中、地震後、免震重要棟に集まった作業員や東京電力社員たちに与えられた指示は、手分けして発電所内にある注水用に使うサニーホースや土木作業用の小型ポンプ、軽油で動かす非常用小型発電機を集められるだけ集めてくるように、というものだった。無断で逃げる人もいる中で、残った人員だけで「集めるだけ集めろ」というのだ。一方、東京電力本店も「電源が復旧しない場合」は、「利用できるすべての注水設備の活用により、原子炉格納容器の圧力を下げ、

損傷プラントの延命をはかり、その間に電源の復旧を進めよう」と考え、この対応策を原子力安全・保安院に伝えた。

　しかし、3月12日15時36分に1号機で水素爆発が起きると、免震重要棟内は再度パニック状態になった。「帰らせてくれ」と叫ぶ作業員も出る中、吉田昌郎所長はのちの会見で「このときは死を覚悟した」と振り返っている。また、枝野官房長官が「20km圏内」の住民に避難指示を出すが、この会見内容を免震棟にいた人々は知らず、爆発の衝撃でもっと広範囲の住民の避難が指示されているものと思い込んでいたほどだった。手探りの冷却作業は爆発後も続いた。1号機が水素爆発した後、3月13日、東京電力本店は埼玉県内の製氷所から1600kgの氷と400kgの氷の計2tを2機のヘリコプターで福島第二原発に輸送させた。だが、実際はこの2tの氷だけではなく、他の地域からも大量の氷が第二原発に運ばれている。氷はすべて使用されないままだった。「冷却＝氷」という発想からかき集められるだけ集めたもので、冷却方法などは検討されないままの緊急輸送作戦であった。

　また、現地の第一原発からは東京電力本店に対し、消防車の増援要請を行ったが、官邸の政府高官はこれについても、「稟議書を回しているような遅さだった」と指摘している。東京電力本店によると、実際は稟議書などを作った事実はないが、そう揶揄されるほど対応が遅かったのだと思われる。東京電力が手探りで放水に全力を傾ける中、問題となったのが、各機関との情報連携である。

　14日、作業にあたっていた自衛隊員が3号機の爆発の被害にあう事態が起きた。この時、自衛隊側は平面図など詳細な地図や被害状況がわかるものを一切、東京電力側から提供されていない。東京電力は、この日、3号機の格納容器の圧力が再び上がりはじめ、一旦、作業員を退避させている。その後、緩やかに圧力を下げ始めたので、いったん退避を解除した。「当社としては爆発の可能性を認識していなかった」。この時の状況について、東京電力はそう話している。

　このように東京電力の本店と第一原子力発電所においても、調整の遅れや十分な連携が取られていなかったことも各機関へ情報提供できなかった大きな要因であった。

　各機関の対応をみると、事前に準備されていたオフサイトでの活動は原災法の枠組みや防災業務計画の内容をもとに実施されたが、想定外のオンサイトでの放水活動は、官邸の指示の下で個別に実施されている。また、対応当初から連携放水活動が実施されなかったことは大きな問題であった。こうしたことの背景には、原災法で重要な位置づけがなされているオフサイトセンターの機能不全が回復されないまま、官邸主導の政府・東電対策統合本部が動き出し、対処が始まったことが一因であった。さらに、刻々と変化する現地の被害状況や各機関の対応状況が十分に把握できていないにもかかわらず、

表❻ 各機関の主な活動と今回の事故で実施した活動

自衛隊		警察	消防（消防庁）		東京電力
高圧消防車	ヘリ	警視庁機動隊員等	東京消防庁ハイパーレスキュー隊	その他消防本部	消防車等

3月11日 福島第一原子力発電所に原子力緊急事態宣言発令

日付	高圧消防車	ヘリ	警視庁機動隊員等	東京消防庁ハイパーレスキュー隊	その他消防本部	消防車等
3月12日				・原子力安全・保安院から部隊の派遣要請 ・消防庁長官より、東京消防庁ハイパーレスキュー隊及び仙台市消防局の特殊装備隊へ派遣要請 原子力安全・保安院からの要請取り消しにより、両消防本部に対する出動要請を解除		
3月13日					・官房長官の指示により、消防庁長官から関東、東北各地の消防本部に協力要請し、東京電力に消防ポンプ自動車を貸与 ・3月13日から15日にかけて総計12台	消防車を用いて消火系ラインによる原子炉への淡水注水を開始 防火水槽の淡水が枯渇し、原子炉への注水を淡水から海水へ
3月14日	・淡水源として要請していた自衛隊の給水車(5t)7台が到着 ・3号機原子炉建屋で爆発が発生し、これにより補給が停止					3号機原子炉建屋で爆発が発生し、補給が停止 爆発により高線量の瓦礫が3号機周辺に散乱、消防車やホースが損傷、海水注入停止
3月15日						海水を直接原子炉に注水できるよう、使用可能な消防車2台を2号機と3号機の両方に送水できるようホースを引き直し、消防車による海水注入を再開(3/14)
3月16日		3号機原子炉建屋上部への、放水の準備を開始するため、偵察用ヘリが飛行				
3月17日	警察機動隊高圧放水車に引き続き、自衛隊の消防車により放水(6回)	ヘリによる使用済燃料プールへの海水放水	警視庁機動隊の高圧放水車による使用済燃料プールへの放水		首相から東京都知事に対し、福島第一原子力発電所へ特殊車両等の派遣の要請	

第5章 現地における原子力災害への対応

日付			
3月18日	3号機に自衛隊消防車による放水	消防庁長官から、東京消防庁ハイパーレスキュー隊等の緊急消防援助隊としての派遣要請	総務相から大阪市長に対し、特殊車両等の派遣の要請
		特殊災害対策車等が出動、福島第一原子力発電所に到着	消防庁長官から、大阪市消防局特殊車両部隊の緊急消防援助隊としての派遣要請
3月19日		3号機に対し放水実施（約20分間、放水約60t）	遠距離対応送水システム及び消防車等が出動
		3号機に対し2回目の放水実施（約14時間、放水約2430t）	総務相から横浜市長、川崎市長に対し、大阪市と同様に派遣の要請
3月20日		3号機に対し3回目の放水実施（約6時間30分、放水約1137t）	いわき市立総合体育館に全隊集結
			消防庁長官から、新潟市消防局及び浜松市消防局の大型除染システム部隊の緊急消防援助隊としての派遣を要請
3月21日		緊急消防援助隊（東京消防庁及び大阪市消防局）が放水活動のため、発電所まで出動したが、2、3号機の発煙により活動中止	
		以降、22日より、3号機に対し、東京消防庁に続き大阪市消防局が放水実施。その後、横浜市消防局、川崎市消防局などが継続して放水実施	

官邸主導による、本来の指揮命令系統でない形を含めた現場への指示も大きな問題であった。

　例えば、各機関の役割は次のように想定することもできる。まず、自衛隊は、放水活動に関するモニタリング、除染を実施する。警察は、放水活動を実施する各機関がスムーズに行動できるように交通規制を実施する。そして、消防は、本来の放水活動を行う、などである。また、今回対応を実施しなかった海上保安庁による海洋のモニタリングも必要であろう。

　このように、各機関の部隊や資機材の特徴を活かした対応は、十分に想定できたのではないだろうか。しかし、今回の事態では、前述のとおり、これまで準備されてきた原子力災害対策特別措置法や原子力災害対策マニュアルでは対応できないと官邸が判断し、官邸主導で政府・東電対策統合本部を立ち上げ、関係機関の役割分担や指示事項が明確にならず、十分に機能しなくなってしまった。本来は、マニュアルで想定されてきた対応方法は活用しながら、想定できていなかった対応に関して原子力災害対策本部が検討を行い、本部長である首相が意思決定をすべきであったであろう。

また、今回のような大規模災害時において、自衛隊・警察・消防・海上保安庁の各機関が迅速に対応を行う体制を整えるには、大規模災害時の組織と指揮体制についての検討が必要である。まず、自衛隊や海上保安庁は、それぞれ防衛省及び国土交通省から直接指示ができる国の組織であり、国家レベルの大規模災害時でも指揮命令系統が変わらずに迅速な対応が可能である。一方、警察は、警察庁から都道府県への指示をもって活動を行い、消防は、消防庁から市町村等へ指示を下して活動を行う運用体制となっている。このことから、大規模災害時の対応は、各機関とも同じレベルで運用体制が構築されている状況ではないことを踏まえて検討しなければならない。

　将来的には、原子力災害時を想定した場合、オンサイトでの対応も各機関の任務に含めるかどうかも検討が求められる。仮にこれを含めるのであれば、原子力事業者や各機関の役割分担及び組織運用体制を明確にするとともに、原子力発電所の緊急事態対処における安全対策のあり方や訓練等の事前準備、そして、事態発生時の対応方法を詳細に検討することが必要であろう。

〈課題克服に向けて〉

第1節　オフサイトセンターにおける原子力災害への対応

　オフサイトセンターは、その施設と運営体制がしっかり機能すれば、関係機関の連携も十分取れ迅速な対応が可能な仕組みだったのではないか。

　これまで指摘してきた課題に加え、今回の事故を教訓として、オフサイトセンターの立地場所、施設の要件、代替施設、そして運営体制については、参集体制や権限の見直しを行い、あらゆる危機発生時においても迅速な対応が取れるように検討することが必要である。

〈オフサイトセンターの施設が機能しなかったことに関して〉
- 立地場所の見直し
- オフサイトセンターに必要な機能の見直し（オンサイトでの対応、オフサイトでの対応の見直し）
- 施設規模の見直し
- 情報共有施設の再構築（国、地方自治体、関係機関、事業者等）
- 情報伝達手段の再構築（オフサイトセンターを活用した住民への情報伝達手段の整備。例：各戸への防災行政無線の個別受信機の整備）
- 長期対応の食料備蓄
- 放射線防護設備の整備
- 代替施設の機能維持

〈オフサイトセンターの運営がうまく機能しなかったことに関して〉
- 専門的知識や技術が、人事異動時に適切に引き継げる仕組みの構築
- 想定訓練の実施回数を増やす（想定をシビアなものに、これまで実施して

きた訓練参加者があらかじめ決められたシナリオ手順を確認するのでなく、ブラインド訓練とし課題を明確にして次に繋げる訓練へ）
- 参集訓練（事前通知しない訓練）
- 住民参加の訓練（一部住民参加の訓練でなく、車やバスでの大規模避難、情報伝達実施など）
- オフサイトセンター同士の連携

第2節　自衛隊・警察・消防における原子力災害への対応

　本来は、原子力災害対策マニュアルに示されている緊急事態応急対策の枠組みが機能するように、代替のオフサイトセンターの設置や機能回復を早急にはかり、現場の情報共有を早急に行い、現地で各機関が持つ部隊と資機材の状況を踏まえながら最適な対応内容を協議できるように調整の場を持ち、各機関が協同で放水作戦を実施すべきであった。

　想定し得ないことが起きることが危機的事態であり、起こりうる全ての事象に対応するマニュアルを整備し対応できるように備えることは困難である。

　従来の指令系統を生かし、マニュアルの対応方法を活用しながら、想定できていなかった事態の対応に関して原子力災害対策本部が検討を行い、原子力災害対策本部長である首相が意思決定をすべきであった。また、任務の多様化に対応するため2007年に新編された自衛隊の「中央即応集団」や、阪神・淡路大震災の教訓を踏まえて大規模災害に対応するために設けられた消防の「緊急消防援助隊」、警察の「広域緊急援助隊」は、持てる最大限の力を発揮した。しかし、今回のような大規模災害時において、自衛隊・警察・消防・海上保安庁の各機関が連携しながら迅速に対応を行うためには、大規模災害時の組織間連携と指揮体制について検討が必要である。
- オンサイトにおける活動内容の検討
- 原子力災害に対応するための装備の見直し
- 各機関と原子力事業者との連携訓練

第3節 SPEEDI

1.SPEEDIとは

　原子力災害における安全・安心の確保には、放射線のリスクの最小限化が不可欠である。このうち、放射性物質の拡散状況を的確に把握および予測するための重要な施策と位置づけられてきたのが、前者については緊急時環境放射線モニタリング（緊急時モニタリング）、後者については緊急時迅速放射能影響予測ネットワークシステム（SPEEDI）である。「環境放射線モニタリング指針」によれば、SPEEDIは、「原子力施設を対象に万一の事故等の緊急時において、大気中に放出された放射性物質の移流拡散の状況とそれによる予測線量等を迅速に計算して、国及び地方公共団体の行う防災対策に寄与することを目的とした計算・通信ネットワークシステムであり、……緊急時には文部科学省からの指示により、中央情報処理機関は、気象情報、地形情報及び放出源情報をもとに、風速上、大気中の放射性物質の濃度及び線量の予測計算を行う（……部分は略。以下同）」。SPEEDIで「計算された結果は、原子力施設を中心とした地図上の図形出力として国、地方公共団体のSPEEDI図形表示端末に表示され、予測線量の推定作業に使用するとともに、モニタリング実施地点の選定や避難等の防護対策を実施する地域を決定するための基本資料として活用されることになっている」[1]。

　SPEEDI開発の契機となったのは、1979年に起きたスリーマイル島原発事故であった。翌1980年、日本原子力研究所（現日本原子力研究開発機構、JAEA）がSPEEDIシステムの設計を開始し、84年に基本システムが完成した。その後、ハードウェアの更新、予測のための計算モデルの改良などが重ねられ、2005年からは長時間の予測、急激な気象変化への対応、拡散予測・線量予測の精密化などの性能が向上した高度化モデルのSPEEDIが運用されており、その性能は世界最高レベルだといわれる。SPEEDIの運用は1986年より開始され、文部科学省所管の原子力安全技術センターがその運用業務を受託している。SPEEDIには、現在に至るまで開発・運用に総額約120億円、2011年度も7億7800万円の予算が計上されてきた。

　福島原発事故は、SPEEDIが「モニタリング実施地点の選定や避難等の防護対策を実施する地域を決定するため」に重要な役割を担うことが想定される局面であった。しかしながら、SPEEDIの予測データは官邸トップにはなかなか上がらず、その間の官邸主導による避難指示の意思決定に生かされることもなかった。SPEEDIのデータが避難指示に活用されていれば、あるいは予測データがより早い段階で公表されていれば、避けられた被曝があったのではないか、との批判が高まった。

1　原子力安全委員会「環境放射線モニタリング指針」

SPEEDIに関して原発事故直後に関係者・組織が具体的に何を考え、どのようなやりとりを行っていたのか、依然として明らかになっていない点が少なくないが、現時点で得られた情報に基づいて、本節では以下のような問題を取り上げることとしたい。第一に、3月11～16日にかけてSPEEDIがどのように運用されたか、第二に、そのデータがどのように取り扱われたかについて概観した後、第三に、仮にデータが情報として提供されていれば避難指示にかかわる意思決定に寄与できたかを検討する。最後に、データが官邸トップに上がらなかった要因について考察する。

2.SPEEDIの運用—3月11～16日

　3月11日15時42分に東京電力より「第10条通報」が発せられた後、SPEEDIを管理する文部科学省は16時40分、原子力安全技術センターにSPEEDIシステムを緊急時モードに切り替えるよう指示した。原子力安全技術センターは、この指示を受けてSPEEDIによる予測計算を開始した。原子力災害対策本部に最初の情報提供がなされたのは、19時32分であった。

　SPEEDIによる予測計算では、放出源情報（異常事象発生時刻、施設名称、原子炉停止時刻、放射性物質放出開始時刻、放出継続時間、放出核種名・放出率、放出高度、燃焼度）の入力が求められる。その放出源情報は、「電気事業者から送られてくる情報に基づき、事故の状態を監視し、専門的な知識データベースに基づいて事故の状態を判断し、その後の事故進展をコンピューターにより解析・予測する」緊急時対策支援システム（ERSS）[2]を通じて得ることとなっていた。しかしながら、「地震発生直後にデータ伝送システムが故障したため、事故発生の当初から必要なプラント情報を［ERSSから］得ることができ」ず、「大気中の放射性物質の濃度や空間線量率の変化を定量的に予測するという［SPEEDIの］本来の機能を活用することができなかった」[3]。

　しかしながら、深刻な原子力災害において、放出源情報が常に、また確実に得られるとは考えにくい。だからこそ、「環境放射線モニタリング指針」では、「緊急時には、放出源情報を迅速かつ正確に入手する必要があるが」、「一般に、事故発生後の初期段階において、放出源情報を定量的に把握することは困難であるため、単位放出量又は予め設定した値による計算を行う」とも記されている[4]。2011年10月に浜岡原発で実施された原子力総合防災訓練でも、ヨウ素の放出量を単位放出量に設定したSPEEDIの予測計算が行われていた[5]。

　福島原発事故でも、放出源情報が得られない中、原子力安全技術センターは、「放射性の希ガス又はヨウ素が1時間あたり1ベクレル放出される状態が1時間続いたものと仮定して、放射性希ガスによる地上でのガンマ線量率（空気吸収線量率）の分布と、大気中の放射性ヨウ素の濃度分布の時間変化」[6]

について、毎正時の予測を24時間体制で計算した。そのデータは、「文部科学省、経済産業省、防衛省、原子力安全委員会、日本原子力研究開発機構の専用端末に配信されたほか、外務省、宮城県、福島県災害対策本部及び原子力災害現地対策本部の設置された福島県原子力災害対策センターなどに提供された」[7]。

これとは別に、原子力安全・保安院、文部科学省、原子力安全委員会、原子力災害現地対策本部の求めに応じた予測計算も行われた（原子力安全・保安院および文部科学省には、原子力安全技術センターのSPEEDIのオペレーターが派遣された）。リクエストベースでなされた予測計算は、3月11日から16日までの間に、原子力安全・保安院が45件、原子力災害現地対策本部が13件、文部科学省が38件、原子力安全委員会が1件にのぼる[8]。それらは、ベント、原子炉格納容器破損、サプレッションチェンバー破損あるいは水素爆発の影響確認、避難区域への影響確認、ならびに緊急時モニタリング計画作成のための参考などを目的として、放射性物質の放出量（単位放出量、あるいは「希ガスおよびヨウ素の全量」など）や放出時間を任意の値で仮定して計算されたものだった。

このうち、原子力安全・保安院の緊急時対応センター（ERC）は、原子力安全基盤機構が選択した「プラント事故挙動データシステム（PBS：あらかじめ種々の事象に対するプラントの動静などを解析し、データベース化したシステム。ERSSの機能の一つ）から事故の状況に近いデータ」を受け、「電話・ファックスで入手したプラント情報と、上記の事故データを比較して、事故の状態の予測を行うこととなった」[9]。原子力安全基盤機構はPBSの結果を、2号機については3月11日21時30分頃、1号機については12日1時57分頃、3号機については13日6時29分頃、それぞれ原子力安全・保安院に送信した。そして保安院は、12日6時07分頃、その解析結果を用いて1号機に

2　原子力安全基盤機構のホームページ(http://www.jnes.go.jp/bousaipage/system/erss-1.htm)。ERSSは、1986年のチェルノブイリ原発事故を契機に、1987年度より設計が開始された。ERSSの開発、運用は、2003年10月以降、原子力発電技術機構から経済産業省所管の原子力安全基盤機構に引き継がれている。

3　IAEAに対する日本政府報告書。なお、震災直後にERSSが機能しなかったのは非常用電源への接続がなされていなかったため、福島第一、福島第二、女川、東通、東海第二の各原発のERSSデータが送信できなかったと2012年1月30日になって保安院が発表している。「東日本大震災の影響によるERSSに係る伝送停止について」原子力安全・保安院プレスリリース、2012年1月31日。http://www.meti.go.jp/press/2011/01/20120131011/20120131011-1.pdf

4　原子力安全委員会「環境放射線モニタリング指針」

5　ホームページ『環境防災Nネット』には、国が主催する原子力総合防災訓練、ならびに文部科学省と関係府県が主催する原子力防災訓練で使用したSPEEDI予測図形が掲載されている。

6　IAEAに対する日本政府報告書

7　衆議院経済産業委員会内閣委員会連合審査会（2011年4月27日）における渡辺格・文部科学省科学技術・学術政策局次長の答弁。

8　原子力安全・保安院および現地原子力災害対策本部による計算結果はhttp://www.nisa.meti.go.jp/earthquake/speedi/speedi_index.htmlに、文部科学省による予測結果はhttp://radioactivity.mext.go.jp/ja/distribution_map_SPEEDI/に、原子力安全委員会による予測結果はhttp://www.nsc.go.jp/mext_speedi/index.htmlに、それぞれ掲載されている。

ついてのSPEEDIでのデータを打ち出した。

3.上がらなかった予測データ

　しかしながら、当初は官邸の危機管理センターの中2階にある小さな会議室、後に5階の首相執務室脇の応接室に集まって福島原発事故対応の陣頭指揮を取った官邸トップ（菅首相、枝野官房長官、海江田経産相、福山官房副長官、細野首相補佐官＝いずれも当時）は、SPEEDIがフル稼働していることはおろか、しばらくの間、その存在すら知らなかったと証言している。その応接室には、寺坂原子力安全・保安院長、班目原子力安全委員長、武黒フェロー（東京電力）なども同席していたが、海江田経産相は、「このいわば原子力対策の最高指揮部隊の間では、残念ながらSPEEDIは一切話題に上がりませんでした。…知っていれば当然のことながらあのSPEEDIのデータはどうした、早く持ってこいということを聞くわけですが、存在を知りませんでしたからそういうことが言えませんでした」と述べている[10]。

　SPEEDIの「存在」については、福山官房副長官は3月14日か15日頃に、マスメディアを通じて初めて知ったという。福山副長官は班目委員長を官邸5階北側の副長官室に呼び、「SPEEDIをなんで回さないんだ。回しているんだったら資料をくれ」と問うと、班目委員長は「SPEEDIは回していない」と明言したと証言する[11]（他方、班目委員長は、「3月11日から15日の間は、私はSPEEDIの『ス』の字も絶対発言していません」と述べている[12]）。

　やはり15日前後にマスメディアを通じて初めてSPEEDIの存在を知った枝野官房長官は、放出源情報が得られないためSPEEDIは「使えない」との回答があったと述べる。なお、枝野長官は、この説明の時点では予測計算がなされているとの説明は文部科学省側からはなく、もしそうしたデータがあるとわかっていれば、当然公表していたはずだと述べる[13]。つまり23日にデータを公表したのは、その日にデータが上がってきたから、ということになる。しかし、その場に同席していた別の官邸関係者は、16日の段階で、単位計算によるSPEEDIの運用が行われていることの説明を枝野長官はこの場で確かに受けており、図も見せてもらっていたと証言する。ただし、その時点ではSPEEDIは役に立たないとの説明も受けていたという。これが事実であるとすれば、3月23日の発表直前にはじめてSPEEDIの運用結果を知ったというこれまでの官邸の説明と若干の齟齬がある。モニタリングのデータが五月雨式にもたらされ、集約されていないことも問題視していた[14]枝野長官は、「福島第一原発から20km以遠の陸域において各機関がモニタリングカーを用いて実施しているモニタリングのデータの取りまとめ及び公表は文部科学省が、これらのモニタリングデータの評価は安全委員会が、同委員会が行った評価に基づく対応は原災本部が、それぞれ行うとの役割分担」[15]を指示した。

　この枝野長官の指示にはSPEEDIに関する言及はなかったものの、16日の

文部科学省政務三役会議において、鈴木寛文部科学副大臣から、「同省はモニタリングの評価は行わないことになったのであるから、今後SPEEDIはモニタリングデータの評価を行うこととなった安全委員会において運用・公表すべきであるとの提案がなされ、これに会議の出席者が合意した」[16]とされる。そして文部科学省は、原子力安全委員会に対して「SPEEDIの運用主体の変更に関する同省の決定を口頭で伝えるとともに、EOC（文部科学省非常災害対策センター）に詰めていた原子力安全技術センターのオペレーター2人を安全委員会事務局に派遣した」[17]。

原子力安全委員会は、地上で測定されたヨウ素131あるいはセシウム137の濃度のデータを用いて、原子力発電所から単位時間あたりに放出された放射性物質の量をSPEEDIで逆に推定するという作業によって、23日に試算結果を打ち出した[18]。3月16日の指示から1週間という時間を要したのは、逆推定を可能にするデータがなかなか得られなかったためという。3月12～13日には福島原発の比較的近くで環境モニタリングが実施されていたが[19]、3月15日に現地災害対策本部がオフサイトセンターから退避した際、それらのデータを持ち出すことができず、これを逆推定に使うことはできなかった。その後、17～19日には海側に向かって風が吹いていてデータが得られず、20日に風が陸側に向かって吹くようになり、22日までに放射性ヨウ素の濃度データがようやく3点とれたため、逆推定を行うことが可能となった[20]。3月12日6時から24日0時までの積算値（内部被ばく臓器等価線量）を表した1枚の試算結果は、3月23日、原子力安全委員会から、枝野長官に示された。

9　IAEAに対する日本政府追加報告書
10　海江田経産相インタビュー、2011年10月1日
11　福山副長官インタビュー、2011年10月29日。これについて福山氏は、「原子力安全委員会の委員長が回してないと言われたら、それは信用するしかないですね」とも述べている。
12　班目委員長インタビュー、2011年12月17日
13　枝野長官インタビュー、2011年12月10日
14　緊急時モニタリングは、地方公共団体が実施し、原子力災害現地対策本部がデータの収集および整理を行うものとされているが、福島原発事故のみならず、地震および大津波の甚大な被害を受けた現地での取りまとめと国への情報伝達は十分には行われなかった。このため、細野首相補佐官は、3月13日頃から「文部科学省幹部に対し、現地でのモニタリング状況等について問い合わせるとともに、国が主体となってより積極的にモニタリングを実施するようにとの働きかけを複数回にわたって行った」。政府事故調中間報告
15　政府事故調中間報告
16　政府事故調中間報告
17　政府事故調中間報告
18　この試算結果は、原子力安全委員会のホームページ（http://www.nsc.go.jp/info/110323_top_siryo.pdf）に掲載されている。
19　経済産業省のホームページに6月3日に公表された「東京電力株式会社福島第一原子力発電所及び福島第二原子力発電所周辺の緊急時モニタリング調査結果について（3月11日～15日実施分）」（http://www.meti.go.jp/press/2011/06/20110603019/20110603019.html）によれば、震災当日の11日には、福島県原子力災害対策センター・モニタリングポスト大野局における30分ごとの放射線量が記載されているだけである。翌12日には、福島県と自衛隊によって、福島第一原子力発電所周辺で、延べ44回のモニタリングが行われた。さらに13日には、福島県のモニタリングに加えて、日本原子力研究開発機構（JAEA）がモニタリングカーを用いた走行サーベイを実施し、双方あわせて延べ85回のモニタリングが実施された。

3月23日および4月11日に公表された逆推定による試算結果は、モニタリングのデータを主、SPEEDIの予測データを従とするものであったが[21]、計画的避難区域の設定に活用された。

この間、危機管理センターのオペレーションルームに送付されたSPEEDIの予測結果は、3月11日21時12分、および12日1時12分に打ち出された2件だけであった。その2件について、菅首相は、「原子力安全・保安院から官邸地下のオペレーションルームの原子力安全・保安院の連絡担当者に送付されたということでありますけれども、私や官房長官、官房副長官、内閣危機管理監などには伝達されておりません」[22]と明言している。枝野長官が5月20日の記者会見で述べた調査結果によれば、保安院長、ならびに危機管理センターに詰めていた保安院次長ともにその存在は認識しておらず、伊藤哲朗危機管理監も「危機管理センター内での緊急参集チームの協議の場で当該資料が共有された認識はなく」、「オペレーションルームでこの情報が止まっていた」[23]としている。政府事故調の中間報告によれば、オペレーションルームの保安院職員が「計算結果を内閣官房職員に渡し、内閣官房職員は、地下にいた各省職員に計算結果の共有を図った」ものの、保安院が「それ以前に同院が行ったSPEEDI計算結果について、あくまで仮定の放出源情報に基づく計算結果であることから信頼性が低い旨を記載した補足資料を作成し、官邸に送付していた」こともあり、「内閣官房職員は、この計算結果を単なる参考情報にすぎないものとして扱い、菅直人首相等への報告は行われなかった」。この2件を含め、3月11日以降になされたSPEEDIの予測結果は、いずれも官邸トップに上がることはなく、SPEEDIが大きな役割を担うと位置づけられてきたオペレーション、すなわち住民避難に関する官邸トップの意思決定の参考にされることはなかった。

しかしながら、それらの予測データは、3月14日に文部科学省から外務省を通じて米軍に、「緊急事態に対応してもらう機関に、情報提供する一環として」提供していたことが、2012年1月16日、国会事故調での渡辺格文科省科学技術・学術政策局次長の証言で明らかになった。さらに、3月23日および4月11日に公表された逆推定による試算結果を除き、3月11日以降になされた予測データは、その後もしばらくの間、官邸トップに伝えられることはなかった。細野氏によれば、逆推定によるSPEEDIの試算結果が4月に出された際、単位放出量を用いた3月11日以降の予測データもあると聞き、それらを全て公表することとした[24]。その際、「もうこれ［以上未発表の予測結果］はないなということで確認をして、その時はないということでしたので、これが全てですということで25日に出した」ものの、「それから1週間経ってまだあるんですと言ってきた」[25]という。5月3日に最終的に全て公表された際の試算図は、あわせて約5000件にのぼった。

4.避難指示への活用の可能性に関する議論

　SPEEDIを巡っては、その予測データが官邸トップに上がり、避難指示の意思決定に用いられていれば、あるいは早期に公表されていれば、避けられた被曝もあったのではないかとの批判が高まった。ベントの実施に際して12日午前になされた福島県双葉町からの避難は、風下の川俣町に向かうというものであった。また15日に放出された放射性物質は、北西方面に拡散した。北西方向で避難区域20kmの圏外にある飯舘村など5市町村で高い放射能汚染が確認されたが、計画的避難区域の指定は4月22日まで待たなければならなかった。

　放出源情報がない中でもSPEEDIは避難指示に活用できたのかについて、議論は分かれている。SPEEDIが活用される場合、事故地点を中心に周辺全体を16方位に分けて、気象データをもとに一番飛散しやすい方向を予測し、両脇の方位のセクターを防災区域と設定するのが基本ルールであり、避難区域の指定にあたって実際に採用された同心円状の設定はSPEEDIのようなインフラがない国に対してIAEAが推奨する方法だとされる[26]。しかしながら、福島原発事故では、SPEEDIの「計算結果は、実際の放出量に基づく予測ではなく、気象条件、地形データ等を基に、放射性物資の拡散方向や相対的分布量を予測するにすぎないものであった」ことから、「避難訓練において行われていたように、SPEEDIにより各地域の放射性物質の大気中濃度や被ばく線量等を予測した上で、それを避難区域の設定に活用することはできない状態となった」[29]。岩橋理彦原子力安全委員会事務局長も、住民避難の判断基準の1つは「実際に各地域の放射線の強度がどうなるかというもの」であり、「そういったものが出ない時点では何らの判断もできないということで」[30]あったと述べている。

　福島県も、同様の説明を行っている。佐藤節夫生活環境部長の福島県議会での答弁によれば、「リアルタイムでSPEEDIのデータを受信するシステムは、残念ながら地震の影響でダウンしていた…ため、県が［原子力安全・保安院から］受信したのは3月13日午前10時37分のファクシミリが初めてであ」ったとし、その「予測は、3月12日の午前3時から、13日の朝8時までの1時間ごとに放出があったと仮定して予測されたものであ」り、「このデー

20　逆推定のオペレーションは、SPEEDIの研究・開発に携わったJAEAの研究者の手によって、技術的にも高いレベルの作業を通じてなしうるものだったという（原子力安全技術センターインタビュー、2011年12月13日）。
21　福山副長官インタビュー、2011年10月29日。
22　参議院予算委員会、2011年6月3日。
23　「枝野官房長官の会見全文」朝日新聞（電子版）2011年5月20日付。
24　細野補佐官インタビュー、2011年11月19日。
25　参議院東日本大震災復興特別委員会、2011年10月28日。
26　原子力安全技術センターへのインタビュー、2011年11月25日。
29　政府事故調中間報告
30　参議院決算委員会、2011年5月16日。

タの提供を受けた時点では既に過去の内容であった」ことに加えて、「SPEEDIのシステムを動かすための最小単位1ベクレルで推計されていた」が、「原子力発電所のベント等の影響が1ベクレルというのはあり得ない、かけ離れているとの判断をした」。

今回の原発事故で3月16日までに出された避難指示は、発生した事象への直接的な対応というよりも、予防的措置としての性格が多分に強いものであった。風向・風速など気象条件は常に変化し、また事態もいつ、どのように急変するか分からないなかで、予防的措置として同心円状に避難区域を設定するという対応は、誤ったものではなかったように思われる。

福山副長官はさらに、以下のようにも述べている。

> 「このSPEEDIの結果を、我々が本当にSPEEDIを知っていて、保安院も文科省も原子力安全委員会もこのことを事前に我々に報告していて、これが活用できたかどうかというと、実は私は懐疑的です。…1単位という…仮の単位を入れたもののSPEEDIの予測で、本当に10km、20kmのレベルの住民の避難指示が場所を特定してやれたかというと、多分やれません。予測ソフトにそこまでの正当性は政治的には与えられません。…実態としても、SPEEDIは方向性としてはある程度正しい方向を出しますが、現実の放射性物質の飛散量みたいなものは結構ばらつきがあります。だから、私は知っていたとしても、当初の避難［指示］は恐らく同心円状で行われていたと思っています」[31]。

これに対して、たとえば海江田経産相は、「SPEEDIの結果を後から見て、やはりいま問題になっているホットスポットとかなり合致していますので、そういうことがあれば退避指示を出すときに参考になったのではないだろうか」との「忸怩たる思い」[32]を明らかにしている。また数土幸夫原子力安全技術センター理事長は、「放射線源情報がなければ本来の機能は果た」さないが、単位放出量を用いて風向きや地形などを考慮した「ある程度の予測等はできるので」、避難誘導に「十分適用することはできるものと考えております」と答弁している[33]。放射性物質がどのように拡散するかは、多分に気象条件に左右される。当然ながら一定の不確実性は残るものの、長年にわたって研究・開発・改良されてきたSPEEDIのシミュレーション・モデルは、仮定の放出源に基づく予測であっても、放射性物質の拡散状況を一定の確度で予測できる技術レベルを有しているとされてきた。こうしたことは、後に公開された福島原発事故での予測結果にも表れている。だからこそ、政府事故調の中間報告でも、「定時計算の結果は、前記のとおり、放射性物質の拡散方向や相対的分布量を予測するものであることから、少なくとも、避難の方向を判断するためには有用なものであった」[34]と考えることができる。

SPEEDIの活用を巡る議論には、緊急時の意思決定において、その根拠となる「科学的」な裏付けに、どのレベルまでの「正確性」が求められなけれ

ばならないか、あるいはどの程度の「不確実性」であれば許容しうるのかという問題がある。予測にはもちろん「不確実性」がつきまとうが、福島原発事故ではさらに、放出源情報という予測の確度を大きく左右する要素が不明となったことで、「不確実性」が増した。「避難」という大きな負担を強いるオペレーションにおいて、「不確実性」が増した予測データを判断材料として用いることは、現実には難しかったに違いない。

しかしながら、福島原発事故では、入手あるいは使用できる情報やツールはごく限られたものであった。そうであればこそ、一定の「不確実性」が残るとしても、住民被曝の可能性を可能なかぎり低減させるという、より安全を意識した対応を講じるために、それらを最大限に活用するという姿勢が必要だったのではないか。「風向き、風力、今後の風向きの見通しを官邸トップが強く意識していたことは原子力安全・保安院も文部科学省も分かっていたはず」[35]で、放射性物質の拡散傾向を示すものとしてSPEEDIの予測データが官邸トップに上がっていれば、一定の判断材料として利用することも可能だったと考えられる。

5.官邸トップに上がらなかった要因

それでは、福島原発事故で、なぜSPEEDIの予測データが、逆推定による試算結果を除き、4月に入るまで官邸トップまで上がらなかったのか。

第一に、たびたび言及されてきたのが、放出源情報が得られない中ではSPEEDIの予測結果の信頼性が低く、意思決定には使えないとの考えであった。商業炉における原子力災害への対応を主として担当するのは原子力安全・保安院である。寺坂信昭原子力安全・保安院長は、担当者が「利用に値する試算ではない」と考え、「参考情報としての取り扱いにとどまった」との認識を明らかにしている[36]。また、3月11〜12日に危機管理センターに送信された上述の2件の予測データが官邸トップに上げられなかった理由について、枝野長官は、放出源情報が「分かっていない段階でのシミュレーションは、シミュレーションに値するものではないので、報告する必要がないと判断していたというのが、私などに対する報告であった」と答えている[37]。

そうした判断には、予測計算に必要な放出源情報が「ない場合を想定したオペレーションは考えていなかった」[38]ということ、ならびに原子力災害において官邸トップが避難区域を自ら検討することが考えられていなかったという、2つの「想定外」が影響していたと考えられる。しかし、事前の計画

---

31 福山副長官インタビュー、2011年10月29日。
32 海江田経産相インタビュー、2011年10月1日。
33 参議院文教科学委員会、2011年5月31日。
34 政府事故調中間報告
35 枝野長官インタビュー、2011年12月10日。
36 衆議院経済産業委員会、2011年6月1日。

ではSPEEDIがその判断に重要な役割の一つを担うと位置づけられていたことを考えれば、その情報を適切な説明とともに上げ、その取り扱いについては官邸トップに委ねるという判断がなされるべきだった、と思われる。

　第二に、原子力安全・保安院のみならず文部科学省や原子力安全委員会にも、SPEEDIの予測を「避難に役立てようとする発想はなかった」ようだ。SPEEDIを管理してきた文部科学省は、その予測データを、原子力災害において自らに割り当てられた「緊急時のモニタリングの調査範囲を決定するための…内部検討用の資料」[40]として活用したが、福島原発事故は商業炉での原子力災害であるため、避難指示などへのSPEEDIの予測データの扱いについては保安院が判断すべきだと考え[41]、それ以上の行動はとらなかった。

　第三に、SPEEDIを巡って、関係機関・組織間の連携や情報共有のありかたにも問題が潜んでいた。文部科学省、原子力安全委員会、原子力安全・保安院がSPEEDIを用いた予測計算を「お互いにやっていたことを知っていましたか」という問いに、寺坂院長は「承知してございません」と答えている[42]。文部科学省がリクエストベースの予測データの一部について、ERCおよび原子力安全委員会に送付したことが、政府事故調中間報告に記されているが、原子力安全・保安院長の発言を見るかぎり、積極的な情報提供・共有が意図されていたとは言い難い。班目原子力安全委員長も、この間、原子力安全・保安院や文科省との間でSPEEDIを巡って連絡調整、意見交換、あるいは情報共有は行っていないと述べている[43]。3月11日から16日までの6日間で、毎正時の単位放出量に基づく予測データとは別に、これら3つの組織は、それぞれの任務や目的に応じて、あわせて84件の予測データを打ち出していた。これらの情報、ならびに情報分析の結果などについて、各機関の間で積極的な共有がなされていれば、3つの組織によるSPEEDIを巡る対応が異なるものになっていた可能性がある。

　第四にSPEEDIを巡る二元、三元体制の弊害があった。政府事故調中間報告は「SPEEDIシステムを可能な限り活用するという観点から、関係機関の間での役割が明確になっていなかったなどの運用上の弱点があった」と指摘している[44]。細野原発事故担当相は、「SPEEDIは文部科学省が所管をして、原子力安全委員会が使い、保安院も使うという3つの組織が混在しています。これではしっかりとしたそれこそシステムの開発と運用というのはできないというふうに思いますので、新しい原子力安全機関の下で一元化をして、しっかりとそこでやるという体制をつくりたいと考えております」と述べている[45]。

　第五に、情報が公表された場合のパニックへの懸念である。逆推定による試算結果が公表されてもなお、それ以前になされた予測結果が官邸トップにあがらず、公表が遅れた問題について、細野首相補佐官は5月2日の記者会見で、「放射性物質の放出源などが不確かで、信頼性がなく、公開で国民がパニックになる懸念があるとの説明を受けた」と述べている。政府事故調中

間報告では次のような経緯が明らかにされている。

「3月24日に文部科学省に対してなされた、行政機関の保有する情報の公開に関する法律（以下「情報公開法」という。）に基づくSPEEDI計算結果の情報公開請求への対応を契機として、SPEEDI計算結果を対象とする情報公開法上の公開請求があった場合の対応方針について、文部科学省、保安院及び安全委員会の間で検討がなされた。その結果、4月中旬頃までに、情報公開法に基づきSPEEDI計算結果に関する情報公開請求があった場合の対応については、①1Bq/hの放射性物質の単位量放出を仮定した定時計算の結果については公開、②モニタリング結果を用いて放出源情報を逆推定し、その情報を基にSPEEDIにより積算線量等の値を計算した結果については、安全委員会が公表し得る程度に精度の高い計算結果が得られたと判断した時点で公表、③文部科学省、保安院、安全委員会等が様々な仮定を置いて行った計算については、混乱を招くおそれがあるので非公開、との整理がなされた。」

SPEEDIの予測データを天気予報のごとく公開すべきだったとは思えない。しかしながら、情報が得られないことで、不安は増大する。また、日本国内での取決めとは無関係にドイツの気象庁などが放射性物質拡散の予測などを公開したため、政府が公表しないことに対する不信感や情報を意図的に隠しているとの憶測が強まった。国や県による適切なリスク・コミュニケーションにより国民の不安を緩和しつつ、情報を明らかにしていくという努力が重視されるべきであったと思われる。

第六に、3月16日に決定された、文部科学省がモニタリングのとりまとめを行い、原子力安全委員会がモニタリングの評価を行うという役割分担によって、予測結果の公表について責任を持つ主体があいまいになったこともあった。この決定の前日、文部科学省では、報道関係者からSPEEDI計算結果の公表を求められたことを受け、政務三役が出席した省内会議で、SPEEDIおよび世界版SPEEDI（WSPEEDI）の計算結果が提出されるとともに、情報を公開するか否かが議論されたものの、結論は出なかった[46]。鈴木文科副大臣は、官邸で対応に当たっていた福山副長官らと、モニタリングおよびSPEEDIの問題について打ち合わせを行い、そこで文部科学省がモニタリングのとりまとめを行い、原子力安全委員会がSPEEDIを活用してモニタ

---

37 「枝野官房長官の会見全文」朝日新聞（電子版）2011年5月20日付。
38 深野原子力安全・保安院院長へのインタビュー、2011年10月15日。
40 参議院予算委員会（2011年6月3日）における高木文部科学大臣の答弁。
41 森口泰孝文部科学審議官インタビュー、2011年12月22日。
42 衆議院科学技術・イノベーション推進特別委員会、2011年5月25日。
43 班目委員長インタビュー、2011年12月17日。
44 政府事故調中間報告
45 参議院東日本大震災復興特別委員会、2011年10月28日。なお中川文科相は、来年度以降のSPEEDI関係予算について「文部科学省から出すということではなくなります」と答弁している（参議院東日本大震災復興特別委員会、2011年10月28日）。

リングの評価を行うという役割分担の方向性が示されたという[47]。

前述のように、枝野長官が行った3月16日の役割分担に関する決定ではSPEEDIに関する言及はなかったが、文部科学省は原子力安全委員会がSPEEDIの運用・公表を行うべきだとし、これをいわば一方的に原子力安全委員会に連絡した。その後、文部科学省は、SPEEDI情報の公表についても、原子力安全委員会の判断によるとの見解を示していく。しかしながら、原子力安全委員会の認識は、「SPEEDIが［原子力］安全委員会に移管されたわけではないが、今後は、文部科学省に計算依頼を行わなくとも、同委員会がSPEEDIを用いた計算を行うことができるようになった」というものであった[48]。班目原子力安全委員長の認識も、「どうも文科省のほうで話し合って、これは全部安全委員会にやってもらおうと勝手に決めて、その結果かなんかを安全委員会に押しつけた」[49]と理解しており、3月11日以降になされた予測データの官邸トップへの伝達、あるいは公表について、少なくとも役割分担がなされた当初は、原子力安全委員会が判断することを了承したという認識は薄かったのではないかと推察される。他方、文部科学省の側は「（原子力安全委員会が）同意していなくて（オペレーターを）追い返したということはない」[50]と、原子力安全委員会もこうした役割分担を受け入れたと主張する。

文部科学省は3月15日以前より報道関係者からSPEEDIの計算結果の公表を求められてその対応に苦慮していたところ、16日に原子力安全委員会にその運用を一方的に「移管」した後は、マスコミからの問い合わせに対しても「それは安全委員会に聞いて下さいということになるよね」と直接の対応を回避する姿勢に転じた。こうした対応の変化につき文部科学省の森口審議官は「我々は無責任なことをいうのはかえって混乱するという意味であって、別に責任逃れしているのではないと思うけどね」と釈明する[51]。こうしたSPEEDIの運用・公表を巡る文部科学省の一連の対応には、評価及び取り扱いの難しいSPEEDI情報の対応に関する後日の批判や責任回避を念頭においた組織防衛的な兆候が散見され、こうした混乱がSPEEDIの予測データの提供や公表に関する責任のあいまい化、ならびに公表の遅れを招く一因になった可能性は否定できない。

6.生かされなかった航空機モニタリング

放射性物質の拡散状況を把握するためにきわめて重要な環境モニタリングに関して、米エネルギー省は、3月17～19日にかけての米軍の無人航空機を用いた40時間以上の飛行、ならびに地上測定地点からのデータを踏まえ、福島第一原発周辺の放射線量を分析し、その推定値を3月22日に公表していた。日本も航空機サーベイシステムを保有するなど準備はあったが最初の計測は3月25日まで待たなければならなかった。より早い段階で同様のオペ

レーションを実施することはできなかったのか。

「環境放射線モニタリング指針」によれば、「状況に応じては、航空機により放射性プルームの上空を横断し、放射性物質の放出規模を推定するとともに、放射性プルームの拡散範囲等を空中より迅速に把握することが防護対策を決定するために有効な手段と考えられる」[52]。原発から十分な距離を取ることで乗員などの被曝を防ぎつつ、「迅速かつ広範囲に人・車両等が立ち入れない区域において放射性物質等の放出・拡散状況を調査することができ」るという利点もある。

SPEEDIの運用とともに、航空機サーベイの運用に向けた開発・整備を行ってきた原子力安全技術センターは、震災発生後、青森県六ケ所村から簡易航空機サーベイのチームおよび機材を自衛隊のヘリコプターで運搬すべく待機させた。簡易航空機サーベイシステムは、「原子力施設での事故直後に迅速性が求められる第1段階モニタリングにおいて、原子力施設から放出された放射性物質の拡散状況を把握することを目的」としたもので、「線量率の測定のみを行う可搬型のシステムで構成され」、「可搬型のシステムとすることにより、航空機の機種を選ばず自治体等が所有する防災ヘリコプター等で、測定要員がそれを手荷物として持ち込み簡単に線量率を測定することを可能としてい」る[53]。

しかしながら、地震・津波の被害に対する救援活動でほとんどのヘリコプターが動員されたこともあり、急遽、トラックで福島に向かうこととなり、福島県に到着したのは14日となった。15日には一度、自衛隊のヘリに測定機材を積み込んで福島原発近くまで飛行したものの、引き返さざるを得なかった。さらに、その後は他にも膨大な任務を抱えた自衛隊からヘリの手配ができず、地上での待機を余儀なくされた。民間のチャーターヘリと宇宙航空研究開発機構（JAXA）のセスナ機によって、はじめて上空からのモニタリングが実施されたのは、3月25日であった[54]。また、原子力安全技術センターは詳細航空機モニタリングの器材も保有していたが、これを搭載するためにヘリコプターの改造をしなければならず、その準備が整った4月6日まで、詳細航空機モニタリングを実施することはできなかった[55]。

---

46 文科省の笹木副大臣は、政務三役会議で事務方から、SPEEDIについては放出源情報が得られていないもののモニタリングの参考にはなるということで、「15日及び16日に予測計算結果について図とともに説明を受けた」（衆議院科学技術・イノベーション推進特別委員会、2011年5月25日）と述べている。
47 森口文部科学審議官インタビュー、2011年12月22日。
48 政府事故調中間報告。
49 班目委員長インタビュー、2011年12月17日
50 森口審議官インタビュー、2011年12月22日
51 森口審議官インタビュー、2011年12月22日
52 「環境放射線モニタリング指針」
53 同上。2008年10月の原子力総合防災訓練（福島）でも簡易航空機サーベイが実施された。2010年11月19日に行われた福島県原子力防災訓練でも、訓練項目に緊急時環境放射線モニタリング（空中）が含まれ、県現地災害対策本部緊急時モニタリング班長が、空中モニタリングを決定（関係機関への要請および実働は想定とする）することがシナリオに含まれていた。

航空機サーベイの結果をSPEEDIの逆推定に用いることは、地上で測定されたモニタリングの結果を用いるよりも、技術的に難しかったのではないかとされている。ただ、同時に明らかになったのは、航空機を用いたモニタリングに対する日米間の準備および技術面での差であった。技術面については、細野原発事故担当相が「モニタリングの経緯の中で、エネルギー省の仕組みの方が使い勝手がよかったわけです。実際に分析もAMS［航空機モニタリングシステム］の仕組みを確かに使っているんですが、それをマッピングしてしっかり見せる仕組みは米国の方がすぐれていたわけです。ですから、事前の備えが十分ではなく、しかも、今においても、AMSよりも、エネルギー省の方が使われているというのは、やはり率直に言って、技術の格差があるということだというふうに私は考えています」と述べている[56]。詳細モニタリングの器材についても、米国のものは飛行機を改造することなく搭載可能であったのに対して、日本のものは、特別な仕様をしなければならなかった。危機対応を目的とした装備の研究・開発にあたっては、緊急時・危機時に直面しうる様々な状況を想定しつつ、実際に使用することを強く意識してなされる必要がある。

7．不十分だった海のモニタリング

　空のモニタリングに加え、今回の事故において重要となったのは海のモニタリングである。福島第一原発は海に面しているため、空気中に放出された放射性物質の多くは海に降下した。また、コンクリートポンプなどによって注入された冷却水があふれ出し、地下を通ってコンクリートの割れ目などから高濃度放射能汚染水が海に放出された。さらに、高濃度汚染水を収納するために、1万tの低濃度の放射能汚染水を意図的に海に放出した。これらの作業により、海の放射能汚染も懸念され、周辺の漁業者の操業が困難になっただけでなく、日本の海産物全体が放射能に汚染されているといった風評被害も生み出すこととなった。

　しかし、海には固定的なモニタリングポスト等が存在しておらず、モニタリングを担当する文科省は船舶を出して3月22日から海域モニタリングを開始した。当初は海洋研究開発機構（JAMSTEC）の調査船をいくつかのモニタリング地点に派遣し、海水サンプルを採取して放射線量を測定した。このモニタリング作業には、従来、文科省が行っていた海域環境放射能総合評価事業の際に用いられた8つの測点に加え、新たに8つの測点を設定し、モニタリングを行うこととした。

　しかし、これらはいずれも沖合30キロ地点に設置されており、海流による放射性物質の拡散や海底への沈殿といった問題に対応できるモニタリングとはなっていなかった。

　そのため、4月に入ると、海水温、塩分濃度、流向、流速などを測定する観測ブイを測点付近に5機投入し、新たな測点を追加した。しかし、こうし

た海のモニタリングのあり方については、様々な問題が指摘できる。第一に、原子力安全・保安院は「海水中に放出された放射性物質は潮流に流されて拡散していく。実際に魚とか海藻などの海洋生物に取り込まれるときは相当程度薄まると考えられる[57]」との見解を示し、海におけるモニタリングの必要性を十分認識していなかった。そのため、文科省のモニタリングも福島第一原発から30km以上離れた地点に限定され、放射性物質の発生源からの放射性物質の動態を把握することはなされなかった。

第二に、この地域特有の海流を十分考慮に入れたモニタリングの体制とはなっていなかったことが挙げられる。NHKが2011年11月に放送した「海のホットスポットを追う[58]」で明らかにされたように、福島県沖は親潮と黒潮がぶつかり、それが渦を巻く形で沿岸に沿った沿岸流を生み出すため、放射性物質は沖合に拡散するのではなく、沿岸に沿った形で南下する。そのため、福島第一原発よりも南部にある茨城県沖に放射性物質が流れ込み、コウナゴなどに蓄積したため、茨城県の漁業者が操業できない状況となった。しかし、文科省が行ったモニタリングの測点は、そうした海流の特性を踏まえず、機械的に30km圏外に設定されたため、十分な状況把握ができていなかった。

第三に、海底に沈殿する放射性物質に対する認識がほとんどなかった。文科省が行ったモニタリングは海水の調査が主であり、海底に沈殿した放射性物質の量を計測するモニタリングは行ってこなかった。その結果、沿岸海底魚（カレイ、ヒラメなど）に放射能が蓄積され、それが食物連鎖によって中型魚にまで濃縮されるような状況が出始めている。

第四に、海のモニタリングの重要性は事故後も長期にわたって必要となることへの対応が十分とは言えない状況にある。事故が収束しない中で、地中から染み渡る高濃度汚染水の可能性は否定できず、現在、海に汚染水が流出しないようにする工事が行われているが、これについても継続的にモニタリングをしていく必要がある。また、空気中や地表に降下した放射性物質が雨や除染活動などによって河川を通じて海に放出されることを鑑みれば、原発周辺のみならず、より包括的なモニタリングを行う必要があるだろう。現時点では、研究者などが中心となり、福島県沖以外の測定活動が行われているが、本来、これはモニタリングの責任を持つ文科省が対応すべき問題である。

8．SPEEDIの本来の役割

SPEEDIの本来の役割は、事故が起きる前と起きた後とに分けることができる。

54　原子力安全技術センター担当者へのインタビュー、2011年11月25日
55　衆議院科学技術・イノベーション推進特別委員会、2011年8月9日での笹木文部科学副大臣の答弁。
56　衆議院科学技術・イノベーション推進特別委員会、2011年8月9日
57　保安院記者会見（西山審議官）2011年3月26日
58　NHK ETV特集「ネットワークでつくる放射能汚染地図4　海のホットスポットを追う」2011年11月27日放送。

事故が起きる前には、(例えば、津波対策におけるハザードマップのように)事故のシナリオや地域の特徴に合わせて、現実性のある被曝線量の推定を行い、防災計画を充実させるために使用することができる。また事故が起きた後にも事故時のプラント挙動を推定するERSSと組み合わせることで、放射線モニタリングを重点的に行う地点を決めたり、適切な防護対策を実施したりするための参考データとなりうる。

　だが、現実には、SPEEDIは期待された役割を果たせなかった。

　事前の防災計画を充実させるという観点では、防災訓練などで使用されてはいた。しかし、SPEEDIは津波ハザードマップのように立地地域に浸透していたわけではなかった。ましてや、SPEEDIの予測データに基づいて、立地自治体や、住民が自発的に原子力災害への備えをしておくような状況もなかった。この背景には、リスク情報を周知することが嫌われ、防災対策そのものが形骸化していたことがあげられる。

　また、事故後の活用という点では、放射性物質放出量の逆計算や、重点的モニタリング地点を絞り込む作業において、一定の役割を果たしたものの、事故時のプラントの挙動を推定するERSSが使用できなかったことから、原発が最も危機的な状況だった3月11日から16日の対策には、全く活用されず、屋内退避など住民に対する予防的な行動を検討することにも利用されなかった。その背景には住民避難を企画立案するべきオフサイトセンターが機能せず、官邸が避難計画の立案、決定を行う中で、保安院、文科省、原子力安全委員会のいずれもがERSSが機能しないことを理由にSPEEDIのデータを信頼せず、活用する価値を認めなかったことにある。さらに、メディアなどでSPEEDIが活用されていなかったことが取り上げられると、このことを問題視されることを恐れた関係者の間でSPEEDIの存在や運用実績を隠蔽するような動きまで生まれた。しかし、海江田元経産相も述べている通り、ERSSが停止した状態であっても、SPEEDIの予測は現実の放射性物質の拡散とある程度合致しており、厳しい条件の中でも一定の有効性を発揮したことは認めることができる。

　つまり、SPEEDIは、事前の防災計画においては十分に活用されず、事故発生後の緊急時対応においては価値が認められなかったにもかかわらず、社会的には過度な期待が集まったため、一層、政府の事故対応に対する社会的な不信を高める結果を招いたのである。SPEEDIの本来の機能は、あくまで事前の防災計画の策定と、事故発生の初期段階における放射線被曝を避けるための予防措置を取る目安として活用するところにある。限られた条件の中で予測するためのシステムであることを踏まえ、過度な期待も過小評価もせず、今後は住民の安全を守ることを目的とした予防措置をとるための警報システムとして生かしていくべきである。

第4節　避難指示

〈概要〉

本節では、福島原子力発電所周辺住民への避難指示の決定に関する検証を行う。まず、避難指示の時系列的なまとめを行う。これを受け、政府の避難指示決定の妥当性を、事故直後（3月11～12日）の避難指示、20～30km圏内の屋内退避（3月15日）と自主避難要請（3月25日）の決定、4月下旬に行われた避難指示の見直し（4月21～22日）、の3段階に分けて検証する。

〈検証すべきポイント・論点〉

❶事故直後に行われた一連の避難指示決定は妥当なものだったといえるのか
❷3月中旬に行われた20～30km圏内の屋内退避、および自主避難要請決定は妥当なものだったといえるのか
❸4月下旬に行われた避難指示の見直しは妥当なものだったといえるのか

避難指示の経緯

　東京電力は3月11日14時46分の地震発生から約2時間後の16時45分に、原子力災害対策特別措置法（原災法）に基づき、福島第一原子力発電所における緊急事態の発生を伝える第15条通報を行った[1]。これを受け、政府は約2時間15分後の19時03分に原子力緊急事態宣言を発令した[2]。この後政府が出していった避難指示は、大きく分けて三段階に区切ることができる。

　第一段階は、事故直後に出された一連の避難指示だ。3月11日20時50分、福島県が福島第一原発号機から半径2km圏内の住民に最初の避難指示を出した。その約30分後の21時23分には、政府が福島第一原発から半径3km圏内に避難指示、3～10km圏内に屋内退避を指示した。また3月12日5時44分には、1号機の圧力上昇等を受け、政府が半径10km圏内の住民に避難を指示した。さらに、同日18時25分には、1号機の水素爆発等を受け、避難対象区域を20km圏に拡大した。最初の避難指示が出されてから24時間以内に、4度異なる避難指示が行われたことになる。

　第二段階は、3月中旬に出された二つの指示だ。地震発生から4日後の3月15日11時01分、政府は半径20～30km圏内の住民に屋内退避を指示した。また、10日後の3月25日には同区域の住民に対し、「自主避難要請」[3]を行った。

　第三段階は、4月中、下旬に行われた避難指示の見直しだ。事故発生から1カ月経った4月11日、枝野幸男官房長官が避難区域の見直しとして「計画的避難区域」と「緊急時避難準備区域」の設置について言及した[4]。10日後の4月21日には、20km圏内を罰則の伴う「警戒区域」に設定、福島第二原発の避難区域を10km圏から8km圏に縮小、の二点を発表した[5]。また、翌日

1　原子力安全・保安院「東京電力(株)福島第一原子力発電所　異常事態連絡（事業者報告）［3月11日資料］」（公表日2011年6月24日）
2　首相官邸「原子力緊急事態宣言」（2011年3月11日）

の4月22日には、20〜30km圏内の屋内退避指示を解除、「計画的避難区域」の設置、「緊急時避難準備区域」の設置、の三点を発表した[6]。

3km圏避難、3〜10km屋内退避

　3月11日、21時23分に出された半径3km圏避難、および半径3〜10km圏の屋内退避は、この時点では放射性物質は施設外に漏れていないものの、「念のための指示」として官邸より出されたものだ。本項では、この避難指示のタイミングが適切なものであったのか、「半径3km圏」という距離が適切なものであったのか、避難指示決定の手順が適切なものであったのか、の三点

表❶　避難指示の経緯

日付	時刻	主体	内容
3/11	14:46		地震発生
	15:42	東電	第10条通報（全交流電源喪失）
	16:45	東電	第15条通報（非常用炉心冷却装置注水不能）
	18:33	東電	（福島第二）第10条通報
	19:03	政府	原子力緊急事態宣言
	20:50	福島県	2km圏避難指示
	21:23	政府	3km圏避難指示
			3〜10km圏屋内退避
3/12	5:44	政府	10km圏避難指示
	7:45	政府	（福島第二）原子力緊急事態宣言
			3km圏避難指示
			3〜10km圏屋内退避
	17:39	政府	（福島第二）10km圏避難指示
	18:25	政府	20km圏避難指示
3/15	11:01	政府	20〜30km圏屋内退避
3/25		政府	20-30km圏内に自主避難要請
4/11			官房長官、避難指示の見直しに言及
4/21			20km圏内警戒区域の設定
			（福島第二）10kmから8kmに避難範囲縮小
4/22			20〜30km圏屋内退避区域の解除（いわき市外れる）
			計画的避難区域の設定
			緊急時避難準備区域の設定

を検証する。

　一点目の「避難指示のタイミング」については、その遅さが問題点として指摘できる。まずは、福島第一原子力発電所で異常事態が発生（16時36分）したことを通報する第15条通報（16時45分）が出されてから、官邸による緊急事態宣言（19時03分）が行われるまで、2時間15分もの時間を要している。この遅れは、海江田万里経産相の了承を得るまで（17時35分）に約1時間、その後、菅直人首相の了承を得ようとしたところ、与野党党首会談への出席（18時12分）のため上申が一度中断されてしまったため、さらに1時間弱遅れてしまっている[7]。

　また、官邸は緊急事態宣言（19時03分）と同時に、
　　「現在のところ、放射性物質による施設の外部への影響は確認されていません。したがって、対象区域内の居住者、滞在者は現時点では直

ちに特別な行動を起こす必要はありません。あわてて避難を始めることなく、それぞれの自宅や現在の居場所で待機し、防災行政無線、テレビ、ラジオ等で最新の情報を得るようにしてください。繰り返しますが、放射能が現に施設の外に漏れている状態ではありません。落ち着いて情報を得るようにお願いします」[8]

との発表を行い、すぐに避難指示を出すことはしなかった。最終的に半径3km圏の避難指示を出したのは、この宣言からさらに2時間後（21時23分）、福島県による半径2km圏の避難指示が大熊町と双葉町に出された30分後であった。

この避難指示は、放射性物質が施設外に漏れ出してしまった後に出された事後的なものではなく、起こり得る事態を想定した予防的な措置として事前に出されたこと自体は評価ができる。しかし、一般的に事故直後には、正確な情報に基づく判断が難しい。だとすれば、今回の原発事故においても、原発周辺住民への最初の避難指示は可能な限り早い時点で出されるべきであった。

国際原子力機関（IAEA）は2002年および2007年の報告書で、原発事故発生時には放射性物質が放出される前に、あるいは直後に避難を行うとする「予防的措置範囲（PAZ）」の設置を推奨していた[9]。しかし、日本では2007年の防災指針の見直しの際、福井県原子力安全対策課長や市民らがこのPAZ概念を採り入れるように原子力安全委員会に求めていたものの、採用されていなかった経緯がある[10]。放射性物質が放出される前の避難も想定しているこのPAZの概念が防災指針に反映されていたなら、事故発生直後の避難指示をより早い時点で出せていた可能性がある。

東電からの異常事態発生の報告から実際に避難指示が出るまで5時間弱を要した。これによる問題としては、事態が予想以上に早く進展していた場合、周辺住民が被曝したかもしれないこと、早めに避難を行わなかったことで、後に避難指示の範囲が拡大された際、一番リスクの高い原発周辺住民の避難の遅れや夜間に避難を行わなくてはならなくなったりしたことが考えられる。

以上を考慮すると、第15条通報から緊急事態宣言まで2時間15分の時間を

3　官房長官記者発表「屋内避難の状況について」
4　官房長官記者発表「原子力発電所周辺地域の避難のあり方の見直しについて」
5　首相官邸「総理指示」（2011年4月21日）
6　首相官邸「総理指示」（2011年4月22日）
7　政府事故調中間報告
8　首相官邸「原子力緊急事態宣言」
9　International Atomic Energy Agency. "IAEA Safety Standards Series: Preparedness and Response for a Nuclear or Radiological Emergency (Requirements No. GS-R-2)." (2002): P.22. International Atomic Energy Agency. "IAEA Safety Standards for Protecting People and the Environment: Arrangements for Preparedness for a Nuclear or Radiological Emergency (Safety Guide No. GS-G-2.1)." (2007): p.75. これらの文書では、PAZの範囲を半径3～5km（推奨5km）としている。
10　原子力安全委員会 原子力施設等防災専門部会「『原子施設等の防災対策について（改定案）』に対する意見について（回答）（案）」（2007年4月24日）

要したこと、また、緊急事態宣言時に「現時点では放射能は出ていない」という理由で避難指示を出さず、最終的に避難指示がさらに2時間後となってしまったことは見すごすことができない。住民の保護を第一に考える場合、異常事態が発生したことを知らせる第15条通報後には直ちに周辺住民への避難指示を行えるような体制を整備し、また実際に指示が出たあと、速やかに避難が行えるような訓練、実施体制を整備しておくことが必要だと考えられる。

二点目の「半径3km圏」という範囲の妥当性に関しては、大きな問題はなかったといえる。「半径3km圏」という範囲は、最悪の事態を避けるためには必要なベントの実施を前提としても半径3km圏を避難指示区域とすれば十分だと考えられていたこと、防災指針、およびIAEAのPAZを念頭に決められていたこと、避難訓練においても、ベント時には3kmと設定していること、などを考慮している[11]。また、この決定は原子力災害対策マニュアル通り、班目春樹原子力安全委員長の同意[12]を経て決定されている。専門家の助言をもとに、予防的な措置として決定された「半径3km」という範囲はほぼ妥当なものであったと言えるだろう。

三点目の「避難指示決定の手順」は、オフサイトセンターの機能不全により混乱が生じた。本来、避難指示の決定は、原子力発電所付近に設置されているオフサイトセンターで行われるはずである。しかし、オフサイトセンターが機能不全に陥ったことに加え、情報伝達不備のため、官邸5階と官邸地下1階の危機管理センターで別々に避難指示案が検討される事態が生じてしまった。

福島第一原発における避難指示に時間がかかったことは問題であり、今後はオフサイトセンターのあり方、および避難指示決定の主体を明確にしておくことが必要であろう。また、住民を安全に避難させるためには正確な情報の把握が不可欠であるため、官邸内での危機における情報伝達不足の問題を解決していくことが必要である。

10km圏避難指示

官邸が屋内退避であった3〜10km圏内を避難指示に切り替えた3月12日5時44分の指示は、1号機の圧力上昇を受けた水素爆発のリスクを考慮して行われたものである。この10km圏避難指示と並行し、1号機ではベントの準備・実施が行われていたが、官邸側の認識としては、10km圏避難指示はベントを念頭に置いて決断されたものではなかった[13]。

「半径10km」という距離は、防災指針で想定されている、防災対策を重点的に充実すべき地域の範囲（EPZ）の範囲内（8〜10km）であったため、比較的容易な判断であった。また、指示のタイミングも、「何か起こったことに対して広げたのではなくて、何か起こる可能性のあることに対して事前に広げておいた」[14]ものであったため、住民の保護という観点から妥当なも

のであったと考えられる。他方、これ以降に行われた10km圏外の避難指示・屋内退避は詳細な検証を要する。

20km避難指示

3月12日、18時25分に決定された20km圏の避難指示は、同日15時36分に生じた1号機の水素爆発（原子炉建屋の爆発）を受け、2、3号機でも同様の爆発が起こるかもしれない[15]、万が一再臨界が起こった場合に10kmでは十分ではない[16]、という判断で決定された。ここで検証のポイントとなるのは、なぜ「20km」という距離であったのか、なぜ「同心円状」で設定されたのか、という二点だ。

一点目の「20km」という距離が問題となるのは、防災指針で想定されていた「10km」という距離とは違い、その根拠が見えにくいことだ。20km圏の根拠については、相反する情報が存在する。一部報道によると、3月12日、20km圏避難指示の「決定過程にかかわった文部科学省幹部」は、「半径20kmに根拠はない。エイヤッと決めた数字だった」との発言を行っている[17]。だが、これに対し細野豪志首相補佐官は、

> 「少なくとも文部科学省の官僚は、1人もその場には入っていません。一部漏れ聞いた情報をだれかが憶測で言っているのかもしれませんが、今の話はちょっと私にとっては心外です。（深刻な）状況が瞬時に起こって、即それこそ健康被害が出ると、深刻な事態に陥るのは何km［圏］かということについて問うたところ、専門家の間から20kmという数字が出たんです。その判断は決して不適切だったとは思っていません」[18]

と反論している。

では、果たして「半径20km圏」という避難範囲は十分であったといえるのだろうか。福山哲郎官房副長官によると、20km圏内でも全住民の避難完了までに約3日かかるという予測があり、この間に新たな爆発が起こった場合、移動中に避難を援助する側、および避難をする住民側ともに被曝をしてしまう可能性があった。また、防災指針で想定されていなかった10km圏遠の住民の避難となると、どこの住民がどこに避難をするか、という想定もない。例えば米国が自国民に指示したように、もし80km圏を避難範囲とした場合、20km圏とほぼ重なる双葉郡（約7万人）に加え、福島市（約30万人）や二本松市（約6万人）も避難指示の対象に入り、実施が格段に難しくなる

---

11 政府事故調中間報告
12 班目原子力安全委員長インタビュー
13 菅首相、枝野官房長官、福山官房副長官インタビュー
14 枝野官房長官インタビュー
15 枝野官房長官インタビュー
16 福山官房副長官インタビュー。細野首相補佐官インタビュー
17 毎日新聞「検証・大震災：福島原発事故3カ月　国の避難指示、被災地を翻弄」（2011年6月10日　朝刊）
18 細野氏首相補佐官インタビュー

ため、50kmや80kmという数字は非現実的であったという[19]。

つまり、むやみに避難指示区域を広げてしまうと、避難経路で交通渋滞が生じ、よりリスクの高い原発周辺の住民が迅速に避難できない状況になってしまう可能性が高く、また、お年寄りや病院の入院患者など、自力での避難が難しい住民の避難支援は広域避難ではきわめて難しいものとなる。さらに、避難住民の受入先も限られていることを考えると、「半径20km」という距離は妥当な判断であったということもできそうだ。しかし、20km圏の避難は防災指針での想定を超えるものだったため、オフサイトセンターには網羅する地図すらなく、20km圏を特定することすらできないといった問題が生じていたことにも留意する必要がある[20]。

二点目の「同心円状」の設定については、風向きの急激な変化の可能性なども考慮すると、この時点においてパッチワークのような避難指示を避けたこと自体は間違いではなかったと言える。例えば、原子力発電所における避難訓練も基本的には同心円で防災区域を設定することになっており、場合によっては風向・風速を想定し、円の中のある一部分を切り取る扇形の設定を行っている[21]。IAEAやNRCの報告書でも、原発ごとに違いはあるものの、基本的には同心円状に区域を分けた避難指示を想定している[22]。

しかし、今回の事故発生後実際に出された避難指示は、福島県が出した2kmの避難指示から数えるとわずか24時間の間に4度異なる避難指示が出されたことになる。この度重なる避難指示が不安や混乱の原因となり、安全圏にいるはずの人々が避難をしてしまう、あるいは度重なる避難所の移動を強いられることになった一部の住民にとって大きな負担となってしまう、といった悪影響があった点も忘れてはならない。

また、一連の避難指示が官邸トップの指揮によるものだったことから災害時における地方自治体の役割も見直すべき点が明らかになった。本来、避難指示は地方自治体を中心としたオフサイトセンターで策定されることになっている。しかし、今回の事故では本来オフサイトセンターに集まるはずの6町村のうち、派遣を行ったのは大熊町のみであり、その他の地方自治体は地震や津波への対処、および3km圏避難実施のため、職員を派遣できる状態にはなかった。今回の事故は、原発事故を含む複合災害に対処するには地方自治体の能力が圧倒的に不足していることを示している。避難実施も含め、災害時における地方自治体の役割をどう考えるかは、重要な論点の一つだと言える。

20〜30km圏屋内退避

3月12日の20km圏避難指示後に起こった一連の事態（14日の3号機原子炉建屋での水素爆発、15日の4号機原子炉建屋における水素爆発とみられる爆発、および火災など）を受けて、官邸は15日、20〜30km圏内の住民へ屋内退避を指示した。この屋内退避指示の決定も、班目原子力安全委員長ら

による20km以上の避難は必要ないとの助言を受けて行われている[23]。しかし、ここで問題となったのは、この「屋内退避」の長期化だった。

　本来、「屋内退避」は、避難をするために外に出ることによって被曝してしまうよりも、短期間屋内でプルーム（放射能雲）をやり過ごす方が被曝量が少なくて済む、という理由で行われる。こうした事情から、国によっては屋内退避の日数を決めている国もある。だが、日本ではそのような規定はなく、結果的に長期間に及ぶ屋内退避を住民に強いることとなってしまった。あくまで「屋内退避」の扱いであった20～30km圏が、生活に必要な物資が入ってこなくなる、病院等の基礎的なサービスを受けにくくなるなど、普通の生活を送るのが難しい状況になった。

　屋内退避の長期化に伴う悪影響は、30km圏外にまでおよんでいた。この一例として、そのほとんどが原発から30～50km圏に位置するいわき市を挙げることができる。いわき市は、30km圏に入っていたのはごく一部だったがこれを受けて市長が「外出自粛」を市全体に対して要請した。この結果、30km圏外に住む市民の多くが市外へ避難（34万人中5万人ほど）。さらに、20km圏内からいわき市を通り避難していく人々を見て、「自分も逃げなくては」、と逃げる人がさらに増えた。こうした住民の流出は、「危ない」という強い印象を周囲に与え、被ばくを恐れた流通業者の出入りが減ったことにより30km圏外からの物資が市内に入らなくなった。こうした悪循環から、20～30km圏は勿論、その周辺においても経済活動や生活が困難なものとなった[24]。

出されなかった避難指示

　3月12日、枝野官房長官は記者会見で、「放射性物質が大量に漏れ出すものではありません…今回の措置によって10kmから20kmの間の皆さんに具体的に危険が生じるというものではございません…念のために、さらに万全を期す観点から20kmに拡大いたしたものでございます[25]」と発言していた。これを受け、30km圏に位置する浪江町津島では町長が14日の3号機爆発を知り、15日から自主避難することを決定した。一方で、3月15日にSPEEDIで行った計算[26]では、ちょうど津島地区の住民が避難をしていた15日に、北西部の広い範囲に放射性物質が飛散すると予測していた。また、結果的に福島第一原発事故における放射性物質の放出のほとんどは、3月12～15日の

19　福山官房副長官インタビュー
20　政府事故調中間報告書
21　広瀬研吉氏インタビュー
22　IAEA GS-G-2.1, p.15. United States Nuclear Regulatory Commission and Federal Emergency Management Agency. "Criteria for Preparation and Evaluation of Radiological Emergency Response Plans and Preparedness in Support of Nuclear Power Plants (NUREG-0654, FEMA-REP-1 Rev. 1)." November 1980, p.11
23　班目委員長インタビュー。
24　玄侑宗久『福島に生きる』双葉新書。

1〜3号機の原子炉施設の破壊などによるものとみられ、そのときの風向きで北西方向の飯舘村に流れ、放射性物質が蓄積する結果になった[27]。

防災指針には、屋内退避や避難指示をとるための指標は、「なんらかの対策を講じなければ個人が受けると予想される線量（予測線量）又は実測値としての飲食物中の放射性物質の濃度として表される」と記載されている。この「予測線量」を算出する際に用いる情報の一つとして、「SPEEDI」が挙げられているが、この情報が避難指示に用いられることはなかった。

自主避難要請

3月25日、政府は原子力安全委員会から「20〜30kmの屋内退避区域のうち、線量が比較的高いと考えられる区域に居住する住民については、積極的な自主避難を促すことが望ましい…同屋内退避区域」以外の「上記以外の区域に居住する住民についても、予防的観点等から、自主的に避難することが望ましい」[28]との助言を受け、20〜30km圏内における「自主避難を積極的に促進する」との発表を行った[29]。

「自主避難」とは、防災指針にない概念である。福山官房副長官のインタビューによると、「自主避難」は官邸に詰めていた枝野長官、寺田首相補佐官、福山副長官、菅首相、海江田経産相、細野首相補佐官らが避難について議論をしたときに出てきたという[30]。車などの移動手段を持ち、自分で離れた場所への移動、および避難場所の確保ができる人たちに関しては自主避難してもらう。しかし、そのような手段を持たない人に政府がバス等を用意しても、乗る順番等でもめてパニックが起きる可能性がある。それなら、爆発のリス

図❷　計画的避難区域と緊急時避難準備区域　（2011年4月22日時点）

クがある中では、半径20〜30km圏の住民で独自に動けない人には屋内退避のままでいてもらう、という判断だった[31]。

政府は避難指示ではなく、あくまで「自主避難」にとどめた理由として、「危険がさらに広まった」と解釈されるのを避けるためであった」と発言している。だが、「自主避難」とは非常に曖昧であり、また詳しい説明も伴っていなかったため、結果として多くの住民に不安を与えた。これが特に問題となったのは、避難指示・屋内退避・それ以外の地域が入り乱れていた自治体だ（田村市等）。この自主避難要請を「きわめて無責任だ」と感じた住民は多い。

防災指針には存在しない概念である「自主避難」は、十分な情報を持たない住民らに不安を与え、また、避難の判断を住民に委ねる責任転嫁だとの厳しい批判がなされた。今後は緊急防護の手段として、このような形の避難指示をとるべきではないだろう。

避難区域の見直し

政府は4月11日に避難指示区域の見直しについて言及[32]し、4月21日、および22日にその見直しの実施を行った。この見直しは、(1)法的拘束力があり、違反者へは罰金が科されることとなる「警戒区域」の設定、(2)福島第二原発周辺の避難区域の10km圏から8km圏への縮小、(3)半径20〜30km圏内の屋内退避区域指定の解除（また、一部30km圏内に市内がかかっているいわき市が屋内退避区域から外れる）、(4)半径20km圏外で「1カ月を目途」に「別の場所に計画的に避難」することが求められる「計画的避難区域」の設定、(5)「常に緊急時に屋内退避や避難が可能な準備をして」おく必要があり、「自主的避難をすることが求められ」る「緊急時避難準備区域」の設定、の五つの措置により成り立っている[33]。

こうした見直しの中で一番重要なのは、30km圏外にもかかわらず高い放射線量が観測されていた北西方向に「計画的避難区域」が設定されたことだ。しかし、この避難区域見直しの時点で事故発生から既に40日以上が経っていた。住民の被曝を最小限にとどめることを考えるのであれば、こうした避難指示の見直しはできるだけ早く行われることが望ましかった。飯舘村方面への放射性物質の拡散は3月12日時点からSPEEDIで予測されており、また、北西方向のモニタリングデータも存在する中、より早い時点での見直しは可

---

25 官房長官記者会見「福島第一原子力発電所について」（2011年3月12日20時50分）
26 http://radioactivity.mext.go.jp/ja/distribution_map_SPEEDI/
27 広瀬研吉氏インタビュー。
28 原子力安全委員会「緊急時モニタリング及び防護対策に関する助言」（2011年3月25日）
29 官房長官記者発表（2011年3月25日）
30 しかし、政府事故調では、3月24日、小佐古敏荘内閣官房参与が「当面の対応策として、20〜30kmの屋内退避区域の住民についても自主避難させることが望ましい」と提案した、としている。政府事故調中間報告。
31 福山副長官インタビュー。
32 官房長官記者発表「原子力発電所周辺地域の避難のあり方の見直しについて」（2011年4月11日）
33 首相官邸「『計画的避難区域』と『緊急時避難準備区域』の設定について」（2011年4月22日）

能であった。
　また、さらに問題点として挙げられるのは、避難区域の見直しは事故直後、および3月下旬にかけて行われた屋内退避とは質的に異なっていたにも関わらず、その区別を政府が積極的に行わなかったことだ。4月の見直しは、緊急的に「一時的な避難」が必要であった3月とは異なり、長期間居住することにより積算線量が高くなってしまうことを防ぐための「長期的な移転」であった。しかし、官邸からの指示ではこの区別は必ずしも明示されていなかった。一時的な避難ではなく、長期間にわたる避難となることを、対象の住民に明確に伝え、十分な準備をしたうえでの避難を促すことが不可欠だったのではないか。

第5節　地方自治体における原子力災害への準備と実際の対応

第5節では、福島第一原子力発電所事故における地方自治体の事前準備と実際の対応について、調査と分析を行う。福島県及び原発立地周辺町村は、原子力災害に備え、地域防災計画に原子力災害対策編を設けていたほか、国が策定した原子力災害対策マニュアルに基づく訓練の定期的な実施や、東京電力との間で緊急時における個別の連絡協定の締結などを進めてきた。緊急事態発生時には事業者から地方自治体と主務大臣に通報があり、そこから原子力災害対策特別措置法や災害対策基本法に基づく一連の防災計画やマニュアルに沿った指示や対応がなされることになっている。防災に関する基本計画や防災業務計画や地域防災計画の関係と、各機関の役割を下図に示す。

図　原子力災害対策特別措置法下の対応体制

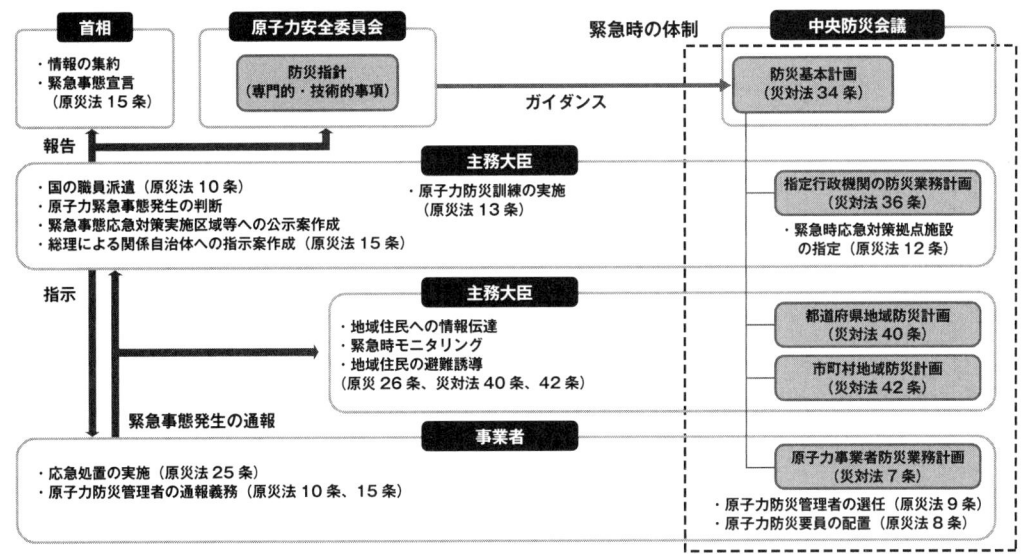

（2011年　原子力安全委員会・防災指針検討ワーキンググループ資料2-6に基づく）

ところが、今回の事故は、大規模な地震とその後の津波により原子力発電所が被害を受けるという、複合的な事象となって発生し、地域防災計画や原子力災害対策マニュアルが想定しない事態となった。今回の東日本大震災とそれに伴う福島第一原子力発電所の事故においては、情報通信機器の多くが被害を受け、計画等に定められていた連絡系統が機能しなかった。そのため、国や県からの直接の指示が地元自治体にはほとんど届かなかった。また、東電からの事故状況の経過報告も滞り、その結果多くの自治体は、「原発は重大な事象に至っていない」と初期段階では認識していた。以下本節では、浪江町、大熊町、富岡町、楢葉町に対するヒアリングを中心に検証を行う。

1. 福島県及び関係市町村の組織体制・原子力災害への備え

原子力政策に関する地方公共団体の組織体制
・福島県

　福島県庁において原子力に関係する主な部局は、企画調整部エネルギー課及び生活環境部原子力安全対策課である。企画調整部エネルギー課は、原子力発電所の立地やエネルギー政策全般、周辺地域の整備などを所管している。同課は、原子力施設と地域開発を結びつけるための施策を担当し、県内に原子力発電所の建設・増設計画が発生した場合、それら計画と地域開発や地域振興戦略を関連づけた施策を推進してきた。一方、生活環境部原子力安全対策課は、災害対策基本法や原子力災害対策特別措置法といった関連法規に基づき、原子力安全対策の総合調整、原子力災害対策を所管してきた。福島第一原発が所在する大熊町に設置されている県の原子力センターや、県公衆衛生公害研究所の一部として福島市内に原子力センター福島支所が設けられているが、これらは原子力安全対策課の下部組織として位置づけられている。また、県庁内関係部局を構成メンバーとする「福島県原子力行政連絡調整会議」が設置されている。同会議は副知事を議長とし、企画調整部長、生活環境部長、総務部長など関係各部の部長級職員によって構成されている。

・関係町村

　原発立地地域周辺の自治体では、企画課などに原子力発電所担当組織を設置していた。担当職員が1～2人配置されていたが、大学などで原子力に関する専門的な教育を受けた人員ではなく、また、人事ローテーションで、他の部局同様に数年程度で異動する場合が多かった。

　また、原発立地4町では、合同で「原子力発電所所在町情報協議会」を設置していた。構成メンバーは4町の町長及び町議会議長に、県の生活環境部長を加えた9人である。事務局は年度ごとに4町が持ち回りで担当してきた。

関係法規に定められた地方公共団体の責務

　今回の一連の危機では、地震、津波という「自然災害」による被害をきっかけとして、原子力発電所の全電源喪失という事態から放射性物質が拡散するという「原子力災害」が発生した。原子力災害対策特別措置法においては、県及び市町村の責務は以下のように定められている。

（地方公共団体の責務）
　第五条　地方公共団体は、この法律又は関係法律の規定に基づき、原子力災害予防対策、緊急事態応急対策及び原子力災害事後対策の実施のために必要な措置を講ずること等により、原子力災害についての災害対策基本法第四条第一項及び第五条第一項の責務を遂行しなければならない。

（関係機関の連携協力）

第六条　国、地方公共団体、原子力事業者並びに指定公共機関及び指定地方公共機関は、原子力災害予防対策、緊急事態応急対策及び原子力災害事後対策が円滑に実施されるよう、相互に連携を図りながら協力しなければならない。

なお、関係機関の連携協力に関連し、福島県及び立地4町（双葉町、大熊町、富岡町、楢葉町）と東京電力の間には、福島第一原子力発電所及び福島第二原子力発電所それぞれについて安全協定が締結されていた[1]。

原子力災害に対する地方公共団体の備え[2]

地方公共団体は、国とともに原子力災害に備え、各自治体で地域防災計画等を定め、原子力災害への応急対策などをあらかじめ準備してきた。また、職員の非常参集体制の整備、定期的な訓練なども実施されてきた。

原子力発電所で事故が発生した場合、事業者等からの通報に基づき、県知事は、国の指示・指導または助言をもとに、知事を本部長として各部局長や課長等で組織される災害対策本部を迅速に設置し、緊急時体制に入ることと定められている。同様に、市町村においても、災害対策本部を設置し、緊急時体制に入る。周辺地域の状況、住民の対応方法等に関する情報は、テレビ、ラジオ等で知らせるほか、防災行政無線、広報車など複数の伝達手段を用いて広報されることとされている。なお、市町村による広報は、県の現地災害対策本部の指示・指導に基づいて行われることとなっていた。次に、モニタリングについては、発電所等周辺にモニタリングポストが設置されていた。緊急時には同ポストにおける連続測定、並びに緊急時モニタリング要員による周辺地域の詳細な測定及び評価により状況を把握するとともに、SPEEDIによる影響予測情報が提供され、防護対策を行うこととされていた。

原子力災害への対応訓練[3]

原子力防災訓練には、災害対策基本法の第48条第1項に基づき都道府県がそれぞれの計画に従って行う原子力防災訓練と、原子力災害対策特別措置法第13条第1項に基づき、主務大臣が行う原子力総合防災訓練とがある。

原子力防災訓練は、広域自治体である道府県を中心に、経済産業省、文部科学省、消防庁、自衛隊、海上保安部、日本赤十字社、電力会社等の原子力事業者が参加して実施される。一般的には、次のような訓練が行われてきた。
・緊急時通信連絡訓練
・緊急時環境放射線モニタリング訓練
・周辺住民への広報活動訓練

1　福島県ホームページ（http://www.pref.fukushima.jp/nuclear/old/pdf_files/s-11.pdf）
2　原子力安全・保安院ホームページ（http://www.nisa.meti.go.jp/index.html）

この他、周辺住民の参加を含めた緊急時医療活動や交通規制、退避・避難訓練が訓練メニューに加えられた事例もある。

　原子力総合防災訓練は、国が実施する総合的な訓練で、1年に1回、訓練対象となる原子力事業所を含めて実施され、広域自治体や基礎自治体も参加してきた。訓練内容は、①緊急時通信連絡、情報の収集・伝達訓練、②オフサイトセンターの設置運営訓練が中心であった。

　このように原子力災害に対しては、様々な訓練が実施されていたが、多くの訓練では訓練内容が事前に告知される、「手続きの確認」を目的としていた事を指摘できる。

2.福島県の対応

　3月11日14時46分に震度6弱の地震が福島市を襲うと、福島県地域防災計画に沿って即座に県の災害対策本部を設置する必要が生じた。計画では、県庁の本庁舎に本部を設置することになっていたが、本庁舎は耐震診断でDランクと判断され、震度6強以上の地震で崩壊や倒壊の危険性があると考えられていた。余震をはじめ突発的な事態を想定すると、本庁舎に本部を設置するには不安が残ることを、佐藤節夫保健福祉部長が佐藤雄平知事に進言した。知事は本庁舎から100m離れた県自治会館に災害対策本部を設置する決断をした。福島民報によると、本庁舎には国や市町村、県内各消防本部と連絡を取るための防災行政無線が47回線あったが、自治会館には2回線しかなかった。震災後、福島県は4台の衛星電話などを使って市町村などと連絡をとったが、電話がつながりにくい状態の中、情報収集は困難を極めた。

　15時40分ごろ、東京電力福島事務所の職員が自治会館を訪れ、福島第一原発が全交流電源を喪失したことを報告した。福島原発については、原子力安全対策課の職員が中心となって情報収集に当たったが、東京電力福島事務所を通じた情報収集が主だった 。16時半に1回目の災害対策本部会議を開いたが、原発事故や地震被害に関する情報は限られていた。

　政府が19時03分に原子力緊急事態宣言を出したのを受けて、福島県では原発周辺の住民への避難指示を検討し始めた。20時50分に佐藤知事は通常の原子力防災訓練で想定されている半径2km圏内の住民避難を指示した。この後、県庁から内堀雅雄副知事が大熊町のオフサイトセンターに23時ごろ到着し、県の現地災害対策本部の本部長に就いた。オフサイトセンターでは国と県の対策本部が一体となった合同対策協議会が編成され、その下に7つの機能班（総括班、放射線班、プラント班、医療班、住民安全班、広報班、運営支援班）を編成した。県の職員はこれらの機能班の要員として、緊急時のモニタリングの実施やデータの収集、住民避難、屋内退避の状況の把握などに従事することになった。

　しかし、停電や限定された情報のため、オフサイトセンターの活動はかなり限定的なものになった。オフサイトセンターが避難区域にあるため物資輸

送も困難で、同センターでは食料や水、燃料も不足するようになった。同時に1号機と3号機の原子炉建屋の爆発後、放射線量が上昇したため、現地対策本部は福島県庁の本庁へ移転されることになった。

多くの災害の場合、その対策実行の主体は各市町村になることが多い。災害対策基本法の考え方でも、各市町村間の協力を強調している。そのため災害対策における県の役割は情報収集・発信をはじめとする、国と各市町村の間の窓口的な役割が大きい。

福島県地域防災計画の原子力災害対策編では、県の災害本部における活動について
1）原子力災害緊急事態宣言以前の住民避難など応急対策の準備
2）同宣言後の国の指示に基づく応急対策の実施
3）国の指示に基づく応急対策への助言と支援
4）情報収集と広報による県民不安の解消
を挙げているこれを見ると、県の主な役割が国からの指示の実行と、情報収集・発信という2点にあること、最も重要な任務が住民避難であることがうかがえる。

しかし、初期対応において情報通信手段が限定的であったことから、県災害対策本部の役割も限られていた。住民避難についても十分な対応ができたとはいえない。たとえば、SPEEDIのデータの一部は3月13日には県に届いていたが、それを公表することはなかった。その理由として荒竹宏之生活環境部長は2011年6月27日の県議会で、「提供を受けた時点ですでに過去のものだったこと」「放出量データが現実と著しくかけ離れていると考えられたこと」「本来公表すべき国がしていないこと」を県の公式見解として挙げている。しかし福島民報の報道によると、5月20日に県の原子力安全対策課の幹部が馬場有浪江町長らに行った説明では、「国から何十枚もファクスが流れてきたが、われわれでは解析できない。不正確なものを出せばパニックになる。だから私どもの机の上に置きっぱなしになりました」と実情を吐露している。住民避難計画という最も重要な応急対策についても、対応できる人材がいなかったということである。

3. 基礎自治体の対応

地震発生直後の対応状況

今回ヒアリング調査を行った各自治体では、地震発生直後に災害対策本部を立ち上げている。一部の自治体は、停電被害を受けたが（大熊町・楢葉町）、非常用電源装置によってテレビやラジオの放送は受信できる状態であった。ただし、固定電話、ファクス、携帯電話に関しては、ほとんど不通の状態となったため、原発事故が深刻化する以前の段階から、国や県、東電との連絡

3 　原子力安全・保安院ホームページ（http://www.nisa.meti.go.jp/index.html）

には問題が生じていた。各自治体の地震発生直後の対応と役場の状況は以下のとおりである。

　大熊町は、町内の多くの地域で停電したが、役場内は非常用発電設備がありテレビを見ることは可能であった。携帯電話はほぼ不通だったが、固定電話2本と、ファクス1台が使用可能であった。15時に、役場2階に災害対策本部が設けられ、職員20人程が津波に襲われた沿岸部の被害の情報収集と応急対応に追われた。沿岸部に広報車を派遣し、防災行政無線を通じて避難指示等を行った。

　浪江町は、地震発生時3月の定例議会中であり、発災直後の14時50分頃に災害対策本部を立ち上げた。その直後、Ｊ-ＡＬＥＲＴ（全国瞬時警報システム）が大津波警報を告げ、「災害対策本部は津波対策だ」という認識の下、防災無線、広報車、消防団、県警等を通じて住民に避難を呼びかけた。平時からハザードマップや避難場所の周知徹底、防災無線の整備により、沿岸部の多くの住民の避難は迅速に進んだが、183人が津波で死亡した。この時点では、原発事故については「地震・津波対策で手一杯で、また情報も入らなかったことから、原発事故については思いもよらない」状態であった[4]。また、国・県・東京電力との連絡は、電話・ファクスの方法では不可能であった。

　楢葉町は、役場が一時停電したものの、すぐに非常用電源が稼働したほか、固定電話などは通じていた。大津波警報の発令を受け、消防などを通じて沿岸部の住民に避難の呼びかけを行った。また、町が保有するスクールバスやマイクロバスを使っての避難も行った。同町でも、11日の段階では、地震と津波の対応に追われており、原発事故が起き、全員避難にいたるような状況は認識していなかった。なお、県とはほとんど連絡がつかなかったが、衛星電話を通じて津波の被害報告などは行っていたという[5]。

　富岡町は「基本的に電気・ガス・水道などのインフラは全部だめだった[6]」が、電話やファクスはつながったり、つながらなかったりといった不安定な状況だった。14時55分に役場の2階に災害対策本部が設けられたが、すぐに非常用電源が使えなくなったため、隣接する生涯学習センターに移転した。当初は町民を海岸近くの高台にある総合体育館に誘導したが、体育館も破損していたため、内陸部の公共施設などに移動させた。

　こうした調査結果から、地震発生直後から原発事故発生当初の段階では、各町の災害対策本部とも、地震・津波への対応に忙殺され、原子力発電所内の状況把握まで対応が追いつかない状況であったことが明らかとなった。

関係機関とのコミュニケーション[7]

　地震発生直後から翌朝にかけて、地域防災計画等に規定されている国・県からの指示は、通信手段の遮断によりほとんど受けられない状況にあった[8]。東京電力との連絡については、福島第一原発が立地している大熊町には、11日20時の時点で、東京電力から連絡要員が派遣されていた。福島第二原

発が立地している富岡町は、当初は福島第一原発、第二原発とも非常用回線でつながっていたほか、11日夕方の段階で、東京電力の連絡要員が派遣されていた。また、楢葉町も12日早朝の段階で、町の災害対策本部に東電から職員が派遣されていた。浪江町は災害対策本部を津島支所に移転した後に東電職員が到着した。

国・県、東京電力からの発表や通告に対する自治体の認識は以下の通りである。

・福島第一原発に関する第10条通報、及び第15条報告

3月11日15時42分、東京電力は福島第一原発1～5号機に関する第10条事項（全交流電源喪失）の発生を、経産相、福島県知事、大熊町長、双葉町長宛てに通報した[9]。ほぼ同時刻、福島県自治会館内に設置された福島県災害対策本部に対しても、東電職員が直接訪れて報告を行っている[10]。また、同日3月11日16時45分、東京電力は福島第一原発1／2号機に関する第15条事項（非常用炉心冷却装置注入不能）の発生を、経産相、福島県知事、大熊町長、双葉町長宛てに報告した[11]。

大熊町には16時半頃、福島第一原発広報班より電話で第10条通報があった。この時点では、「原発事故による」住民避難は行われず、「津波被害による」住民避難対策が中心であった。17時10分頃、東電及び県災害対策本部より電話で第15条通報が伝えられた。この時でも、「原子力の情報についても、情報は気にしていたが、事態に余裕があるのではというのが災害対策本部会議の雰囲気だった。11日の段階では、まず海岸部の住民を津波対応で避難させ、安否確認することが主だった」[12]。

楢葉町は16時35分、東電との有線電話及びファクスの両方を通じて直接通報を受けている[13]。また、富岡町も16時45分に第15条通報を、東電よりファクスにて受けている[14]。一方、浪江町では東電と「福島第一原発において緊急事態が発生した場合連絡する」旨、協定を結んでいたが、第10条通報、

---

4 浪江町馬場有町長へのヒアリング（2011年10月24日）
5 楢葉町災害対策本部へのヒアリング（2011年10月25日）。ただし県への報告は口頭であったため記録には残っていないという。
6 富岡町災害対策本部へのヒアリング（2011年10月26日）
7 発災直後の基礎自治体と国、県、東電とのコミュニケーションの詳細については、自治体の災害対策本部が地震・津波対応で混乱を極めていたことから、担当者等の記憶も曖昧であり、またFAX文書なども整理されておらず、現段階で詳細をまとめることは困難である。
8 楢葉町のみは、「11日から12日にかけて、省庁から報告された津波の情報がFAXで流れてきた」と答えている（楢葉町災害対策本部ヒアリング）
9 ただし、東電が発信したFAXの発信記録は16時となっている。FAX原本は原子力安全・保安院ホームページに掲載されている。（http://www.nisa.meti.go.jp/earthquake/plant/1/230617-1-1.pdf）
10 政府事故調中間報告
11 原子力安全・保安院ホームページ（http://www.nisa.meti.go.jp/earthquake/plant/1/230617-1-1.pdf）
12 大熊町災害対策本部へのヒアリング（2011年11月24日）
13 楢葉町災害対策本部ヒアリング
14 富岡町災害対策本部ヒアリング

第15条通報ともに連絡はなかったと回答があった。

- **政府による「原子力緊急事態宣言」、福島県知事による「第一原発半径2km圏内避難指示」**

　政府は3月11日19時46分の記者会見で、19時03分に原子力緊急事態宣言を出したことを発表した。これを受けて福島県災害対策本部は住民への避難指示の検討を開始し、同日20時50分、佐藤雄平知事は大熊町及び双葉町に対し、福島第一原発から半径2km圏内の住民を避難させるようにとの指示を行った[15]。

　だが、大熊町は、原子力緊急事態宣言についてはテレビで認識したが、半径2km圏内避難指示についての県からの直接の連絡はなかったと回答している。浪江町は、政府による「原子力緊急事態宣言」、福島県知事による「半径2km圏内避難指示」のいずれの連絡も受けていなかった。

- **政府による「第一原発半径3km圏内避難指示、半径10km圏内屋内退避」**

　政府は3月11日21時23分の官房長官記者会見で、原子力災害対策特別措置法の規定に基づき、福島第一原発から半径3km圏内に避難指示を、半径10km圏内に屋内退避の指示を行った[16]。避難指示の対象となった大熊町には、国や県から直接の連絡はなく、「3km圏避難指示はテレビで知った[17]」。その後、12日の0時前後に、国あるいは県から大熊町に電話が入る。内容は「国交省がチャーターした大型バス70台をそちらに回すから、隣の双葉町と分けて使ってもらいたい」との指示であった。そして、3時過ぎに、オフサイトセンター近辺に47台の大型バスが到着した[18]。また、屋内退避の対象となった浪江町には、国・県いずれからも連絡はなく、またテレビも見られない状態だった。

- **政府による「第一原発半径10km圏内避難指示」**

　政府は12日5時44分の記者会見で、避難指示範囲を福島第一原発から半径10km圏に拡大したことを発表した。大熊町は、12日6時頃、渡辺利綱町長に、細野豪志首相補佐官から電話が入った。「総理から原発の10キロ圏内に避難指示が出されました。いろいろあるでしょうが、安全確保のために協力してください」との内容であった[19]。浪江町では、午前5時44分にテレビを見て知った。しかし、国や県からの連絡は一切なかった。しかし、国や県からの連絡は一切なかった[21]。富岡町・楢葉町も、避難指示に関する情報は、テレビ報道で確認したとしている。

- **政府による「第二原発半径3km圏内避難指示」**

　政府は12日7時45分に、福島第二原発から半径3km圏内（楢葉町、富岡町、

大熊町の一部）に避難指示を出した。楢葉町の職員は、この指示についてテレビを通じて知ったとしている。富岡町については、県から町長宛てに「川内村に逃げろ」との指示があったとする情報がある一方で、その記録は残されておらず、通信の確認はできていない[22]。ただし、同町でも、避難指示に関する記者会見の内容は、テレビを通じて確認している。

オフサイトセンターの機能喪失

　地域防災計画等では、原子力発電所で事故が発生した場合、関連自治体は連絡調整のためにオフサイトセンターへ職員を派遣することとなっていた。しかし、実際に職員の派遣を行ったのは、周辺6自治体（広野町、楢葉町、富岡町、大熊町、双葉町、浪江町）のうち、大熊町のみであった。大熊町は役場から500メートルのところにオフサイトセンターがあったこともあり「オフサイトセンターからの召集はなかったが、自主的に職員を派遣した」と回答している[23]。しかしながら、オフサイトセンター自体が停電し、十分な機能を果たせる状況にはなかった。残りの自治体については、津波被害による交通手段の途絶や被害への対応などにより、職員の派遣が行われなかった。浪江町はオフサイトセンターから召集がかかれば、副町長を派遣することになっていたが、召集の連絡はなかった。楢葉町は「県からの連絡もなかった。また担当職員が少なく、津波対応で追われていたため、行ける状態ではなかった」としている[25]。富岡町は「道路事情もあり、また被災者の誘導等で忙殺されていたため、派遣しなかった」としている[26]。なお、オフサイトセンターにおかれていた現地対策本部は、15日11時ごろ福島県庁に移転しているが、この事実について、大熊町、楢葉町は伝達があったとの回答しているが、浪江町、富岡町からは伝達を確認していないとの回答があった。

一次避難への対応

　国や県から直接情報が入らない一方、テレビやラジオによる報道や、警察・消防・原子力発電所の関係者やその家族、親戚などからの情報で、原子力発電所の事故が深刻化している状況が伝わることとなり、職員・住民に動揺が広がった。そうしたなか、各自治体は独自の判断で、住民避難等の決定をす

15　政府事故調中間報告
16　首相官邸ホームページ（http://www.kantei.go.jp/jp/tyoukanpress/201103/11_p4.html）に官房長官会見の全文が掲載されている。
17　大熊町災害対策本部ヒアリングより。ただし、朝日新聞2011年9月11日の報道では「経済産業省の対策本部から大熊町には電話がつながらなかったが、警察庁から福島県警ルートで伝わった」とある。
18　福長秀彦「原子力災害と避難情報・メディア」『放送研究と調査』2011年10月号
19　毎日新聞2011年6月10日朝刊
21　浪江町馬場有町長ヒアリング
22　富岡町災害対策本部ヒアリング
23　ただし職員が到着した時、「オフサイトセンターには臨時職員が1人いるだけだった」という。大熊町災害対策本部ヒアリング
25　楢葉町災害対策本部ヒアリング
26　富岡町災害対策本部ヒアリング

ることとなった。

　事前の原子力事故の想定や訓練において、「全町民が避難する」という想定はなされていなかったが、報道等により事故の深刻さが伝わっていたことにより、避難指示の伝達及び実行は比較的混乱なく進められた。ただし、避難作業から取り残され、結果として命を失うこととなった住民もいたことを指摘しなくてはならない。

　大熊町は、11日夜までに3km圏内を含む沿岸部の住民を、国道6号線から西側に避難させていた。福島第一原発から北西に3.2km程離れた町立総合スポーツセンターには1100人が避難していた。3km圏内の避難は既に完了していたが、役場では住民が避難先から自宅に戻ってしまわないように22時までに行政無線で1回、国の避難指示を知らせた[27]。12日6時半頃、福島第一原発から10km圏内避難指示が出されると、県からの指示で町民を隣接する田村市に避難させることを決め、国土交通省が用意したバスによるピストン輸送で避難を開始した。また本部機能も田村市総合体育館に移すことを決定した。田村市では東電との衛星電話やFAXを通じたやり取りを行うことができたが、主要な情報収集手段は依然、テレビであった。

　浪江町は、12日5時44分の10km圏内避難指示をテレビで把握し、すぐさま対等会議を再開した。その席上、町長が全住民を同町津島地区、立野地区、室原地区、末森地区等へ避難させることを決断した。6時40分頃より防災無線や広報車災害対策よって町民に周知徹底し、7時30分に職員による誘導を開始している。同日15時に役所を閉じ、本部機能を津島支所に移動させた[28]。

　楢葉町では、11日から翌日早朝にかけてのテレビ報道等を通じ、徐々に原発事故の深刻さを認識し、「いずれは楢葉町も避難することになるのでは」という雰囲気があった[29]。12日7時45分の第二原発3km圏内避難指示を受けると、災害協定を結んでいるいわき市長に町長が電話で避難住民の受け入れを要請し、8時にはいわき市への避難を決定した。避難にあたっては、前日の津波避難のために確保していた、町が保有するマイクロバス、スクールバス等でピストン輸送を行った。なお、いわき市避難後は県との連絡調整は比較的スムーズに進んだ[30]。

　富岡町は、12日早朝に川内村に連絡したところ、「たまたま電話がつながった」ので、富岡町町長から川内村へ避難の受け入れを依頼した[31]。午前6時頃に町民を川内村に避難住民させることを決定し、町民に防災無線などで知らせた。既に多くの住民は自主的に避難を開始していたこともあって道路は渋滞し、通常は30分程度の経路に6時間以上かかることもあった。災害対策本部は同日16時頃に川内村に移転、川内村と合同の対策本部を設置した。当初は、通信手段（固定・携帯電話、電子メール）は確保できていたが、14日以降は外部との連絡は全く不通となり、唯一衛星電話が「まれに夜中に通じる」ことがあり、「かろうじて」福島県や原子力安全・保安院と連絡を取ることができた[32]。

二次避難以降の対応

　各自治体とも、避難指示の発令後、周辺地域への一次避難を実施したが、その後の避難指示地域の拡大や収容スペースの不足などから、二次・三次避難を強いられることとなった。

　大熊町は、12日以降、田村市ほか1市2町にバスによる住民避難を実施していた。当初、田村市より市内6か所の避難場所が提供されたが、最終的には、バスによる避難住民だけでも、最多で田村市周辺市町村27か所に分散して避難する状況となった。3月中旬から、同町の災害対策本部に福島県の職員1人が常駐し、県と調整しつつ、会津若松市内へのさらなる避難が検討された。県が、会津若松市内をはじめ、喜多方市、北塩原村までの宿泊施設を確保し、3月下旬から役場機能移転の準備と二次避難が始まった。4月3日から4日にかけて、避難者は会津若松方面に移動し、翌5日には会津若松市会津若松出張所内に、同町の本部機能が移設された。

　浪江町は、15日7時に、町長及び町議会議長が二本松市長室を訪問し、町民の受け入れを要請し、承諾を得た。そして、同日10時半、住民の再避難を開始し、15時に津島支所閉鎖、夕刻に二本松市役所東和支所へ同町の災害対策本部機能を移設した。さらに、5月23日には、役場機能を同市内男女共生センターに移転している。

　楢葉町は、15日に災害時相互支援災害協定を結んでいる会津美里町へ、町議会議長と管理職1人を派遣し、避難住民の受け入れを要請した。3月16日から徐々に町民を移動させ、3月25日には本部・役場機能の一部も同町に移した。ただし、約7000人の町民のうち会津美里町に移った町民は当初の見込みよりも少なかった。ヒアリング実施時点では、町民のうち約1000人が会津美里町に移転し、約5000人はいわき市内及び周辺部に避難している。そのため、役場機能は現在会津美里町（職員約60人）といわき市（約40人）に分散している[33]。

　富岡町は、川内村への避難後、同村との合同災害対策本部を設置した。同本部は、15日1時10分ごろに福島県へ、また1時25分ごろ原子力安全・保安院に対し、電話にて同村の安全性について問い合わせをしたところ「安全である」という回答を得た。しかし15日11時01分、福島第一原発から半径20～30km圏内の屋内退避指示が出され、川内村のほぼ全域が屋内退避区域になったことから、避難先について県と電話にて再度、調整を行うこととなっ

27　福長秀彦、前掲論文
28　政府事故調中間報告には「同日18 時25 分、福島第一原発から半径20km圏内の避難指示が出たため、20km 圏内の住民並びに20km 圏内の避難所である立野、室原及び末森に避難していた住民の避難誘導を行った」とある。
29　楢葉町災害対策本部ヒアリング
30　楢葉町災害対策本部ヒアリング
31　富岡町災害対策本部ヒアリング
32　富岡町災害対策本部ヒアリング
33　ヒアリング実施時（2011年10月25日）

た。県側からは当初、会津地方ないし群馬県への集団避難を打診されたが、何千人もの住民を遠隔地に避難させることは困難と判断した。そこで、同日夜に避難所にいる住民に対し、町幹部職員より「明朝、郡山市内のビッグパレットふくしまに避難する」旨、説明を行った[34]。16日7時30分に、富岡町・川内村の正副町村長の4者会議を経て[35]、郡山市への住民避難を開始した。

4.検証結果からの示唆

(4.1)「想定」への制約と「対応」の空白

　従来のマニュアルや計画では、原発事故によって町外に住民が避難することは、事実上想定されておらず、屋内退避、あるいは町内公共施設への避難のみ具体的な計画が作成されていた。各自治体が、他の市町村への避難を実施する場合には、県に受け入れ要請を行うこととなっていたが、避難先等の詳細までは検討がなされていなかった。

　原子力発電所事故への対応については、国や事業者などが平時に原発の安全性を強調するあまり、住民の動揺をさけるため、小規模な事故しか想定されなかった。大規模な住民避難を伴う事故対応は検討すらされていなかった。

　その結果、3月12日5時44分に、10km圏内避難指示が発令されて以降、「どこに避難するか」をめぐる大きな混乱が生じた。計画では、県との調整により総合的に避難先が決められるはずであったが、オフサイトセンターは地震の影響によって機能せず、通信機能の遮断と混乱の中で各自治体は苦渋の判断を迫られた。国や県は、原発近隣自治体に避難指示を出し、その範囲は徐々に拡大されたものの、「どこに避難するのか」までの指示は出さず、また事前の具体的な計画も存在していなかった。このような、想定のなさと対応策の欠如が、大きな混乱をもたらした。

想定の「逆機能」と「認知バイアス」

　原子力発電所内での非常事態が発生後、一部の自治体（大熊町、楢葉町、冨岡町）には東京電力から、第10条通報及び第15条報告が行われていた。しかし、計画やマニュアルなどで定められているはずの、事故の状況等に関する情報提供はなかった。そのため、各自治体の災害対策本部は、原子力事故対策マニュアルの規定より、反対に「冷却作業は順調に進んでいる」と認識した。例えば、ある自治体の担当者は「第10条通報や第15条報告は入ってきたが、『念のためにやっている』という程度の認識で、その段階では原子力災害の大きさや危機感は伝わって来なかった」と述べている。多くの自治体で、事故が危機的状況と認識したのは、テレビを通じて1号機の水素爆発が報じられた後だった。

　このような「誤認」の背景には、それまで行われてきた原子力防災 (4.2)訓練の想定が、いわば「逆機能」を果たし、「認知バイアス」を生じさせた

事が指摘できる。国や地方自治体、事業者は、事故を想定した訓練を定期的に実施してきたが、そこでは「できるシナリオ」しか採用されてこなかった。訓練のシナリオには、「原発の注水ポンプが故障して原子炉格納容器の圧力が高まり、放射性物質が漏れる」との想定も存在していたが、原子炉建屋が水素爆発し、町民が町外に逃げ出さなければならない状況は設定されなかった。全住民が避難する規模の訓練は、現実的には実施が非常に困難であり、そのため、放射性物質飛散の危険があるとされた想定範囲も、現実的に訓練が可能なごく限られた範囲、しかも1日から数日程度で収束する状況が設定された。バスを用いた住民避難も、何十台、何百台ものバスを訓練のために集めることはできず、バス数台を用意してそれに乗車できるだけの数の住民によるおざなりの訓練が実施された。その結果、関係者や住民は「原発事故はあの程度のもの」という観念ができてしまった。事故直後、多くの自治体職員や住民が「大したことはない」、「1日、2日で帰れる」と考えたのは、こうした訓練の逆機能による部分が大きい。ある町職員は、「原子力防災訓練とは全く状況が異なり、お話にならない状態だった」と回答している。

複合的災害の発生と通信機器の多重性

また、今回の災害からのもう一つの教訓として、原子力発電所における事故が、津波によって引き起こされるという「複合的災害」への備えが講じられておらず、特に、通信機器などの多重性、が確保されていなかったことが指摘できる。国・地方自治体は、防災計画として地震や原子力災害への対応計画を策定していた。しかし、一つの非常事態が起因となって、別のもう一つの危機的事象が発生する状況は想定されていなかった。その結果、特に対応において困難が生じたのが通信コミュニケーションであった。

3月11日の14時46分に発生した地震により、双葉郡内の固定電話・携帯電話・FAX・インターネットといった情報通信機器の多くは使用できない状況におかれた。通信手段の断絶により、計画やマニュアルに想定されていた連絡系統はまったく機能せず、他の代替手段による国・県からの指示連絡もほとんどなされなかった。ある町の職員は「原子力防災訓練では、オフサイトセンターが本部であり、指令の先端だったが、現実にはそれが最初からなかった。訓練してきたことが、まったく役立たなかった」と回答している。今回の事故において、浪江町、大熊町、楢葉町、富岡町とも、主要な情報入手の手段は、「テレビ報道だった」という点で共通している。テレビの報道を見た住民から自治体の災害対策本部への問い合わせや苦情が入った段階では、自治体自身もテレビ報道による情報しか持ち合わせず、対応に苦慮する場面が続き、それがその後の避難生活にも持ち越される結果になった。

なお本章を終わるに当たり、住民の避難計画立案や調整に大きな役割を果

---

34 北村俊郎『原発推進者の無念』（平凡社新書、2011年）
35 富岡町災害対策本部ヒアリング

たした福島県にヒアリング申し入れをしたものの協力が得られず、地元紙・福島民報で報道された情報以外は県関係の検証がほとんどできなかったことを付言しておきたい。この点については政府事故調や国会事故調による今後の調査・検証を待つことにしたい。

特別寄稿　原発事故の避難体験記

日本原子力産業協会参事　北村　俊郎
（元日本原子力発電株式会社理事、富岡町民）

原発立地地域の日常

　今回、福島第一原子力発電所の事故で避難指示が出たのは浜通りとよばれる福島県でも太平洋に面した部分である。西側の山地で西風や雪が防がれ、海流の影響で沿岸部は東北で最も気候が温暖。冬でも雪はめったに降らず、夏も涼しい。大きな河川もなく、洪水も少ない。各町村は住宅が密集せず、道路は渋滞せず、工場排気が少なく緑が多い環境となっている。浜通りでも高齢化は進んでいるが、年齢構成は全国平均や県内平均と比較すると若く、子供の数も多い。原発立地町では近年他地域から人が移り住み、14歳以下の若年人口の割合が県の平均を上回っているところが多い。

　東の海、西の山が人と物の往来を阻み、浜通りは歴史的に閉ざされた小さな経済圏を形成してきた。原発がある双葉郡（広野町、楢葉町、富岡町、川内村、大熊町、双葉町、浪江町、葛尾村）は北の南相馬市、南のいわき市と国道6号線、JR常磐線によって結ばれている。閉じられた範囲で通勤、通学、買い物、通院、レジャー、文化・スポーツ活動をしてきたことで、職場関係、子弟関係、友人関係、親戚関係が構築され、濃密な人間関係が築かれた。

　原発や火力発電所は、いわき市を除いて工業集積や商業集積もない閉じられた経済圏で、雇用や購買を通じ地域の発展に大きく貢献している。原発は建設当初、孤立した存在であったが、電力会社の子会社やメーカーの系列会社が地元住民を雇用し、外から来た人たちが定住するとともに、次第に地場産業化し、人口増加と所得増加につながった。事故前までは福島第一原発、第二原発、火力発電所で常時1万人の雇用があった。

　映像で見る限り、浜通りは農村というイメージであるが、農業は高齢化が進んで、専業農家は少数。実際、浜通りの就業者数は、サービス業など第三次産業が6割、製造業・建設業など第二次産業が3割、農林水産業の第一次産業が1割である。第三次産業とは、スーパーマーケット、飲食店、観光、運輸、通信サービス、銀行・保険、自動車販売や修理、電力・ガス・水道事業、官庁、町の公共サービス関係の機関、学校・幼稚園・保育園、病院、老人ホームや介護施設である。

　私は12年前に定年後の住みかとして、温暖で広い庭の持てる浜通りに土地を探し、双葉郡富岡町に土地を求め家を建て、庭に山モミジ、ハゼ、ブナなどの雑木を植えて移り住んだ。県道から西に40m入った静かなところで西側はヒノキ林があり、南北の隣家はそれぞれ100m以上離れていた。福島第一原発からは7km、第二原発からは4kmの地点であったが原発の排気塔は見えず、その存在を意識することはなかった。

　原子力防災訓練は年に1回あったが、一日中防災無線で経過が放送される

のを聞くだけで、実際に行動するような訓練はなかった（この訓練は第一、第二原発が交互に主催する形であった）。住民の参加は発電所に一番近い集落を中心に参加住民は100人止まり（富岡町の人口は1万6千人）。翌日の新聞でも大きく伝えられることはなかった。県や町から原子力防災に関する資料などの配布はなかった。

　毎月、町の広報誌とともにパンフレット「アトムふくしま」が各戸配布されていた。この中で環境放射能の測定結果が通常範囲にあることがグラフで示されていたが、緊急事態に触れることはなかった。また、原子力発電所所在町協議会のもとに地元の有識者による情報会議があり、年4回開催されていた。ここでは第一、第二原発の所長、県の担当者が出席し、有識者たちに説明をし、質問に答えていた。時には原子力安全・保安院の職員が出席していた。質疑内容は印刷され、各戸に配布された。この中では専門的なことも取り上げられたが、プルサーマルの安全性などに関することで、大事故や防災に関することはほとんど取り上げられることはなかった。

[課題]
- 地域経済における原発の存在は大きかったが、大事故や防災については形式的で、関係者も住民も緊急事態を現実に起こり得るものとは考えていなかった。
- 浜通りの地理的、経済的、文化的特性に応じた地域復興計画をつくる必要がある（地域でまとまっていることと、隣接地域とのつながりで成り立っていることへの配慮が必要）。

大地震と津波

　2011年3月11日、午後2時46分、居間のテレビで国会中継を見ていたとき、突然、緊急地震速報が入り、次の瞬間に停電した。すぐに大きな揺れが来たので、庭に飛び出した。妻は買い物に浪江町の方に出かけていた。いつもの地震と違い、大きな揺れがいつまでも収まらなかった。空は晴れていたが、うっすらと何かがかかっているようであった。南北の隣家の屋根瓦が土煙とザーッという音とともに崩れ落ちるのが見えた。我が家は左右に揺さぶられながらも屋根瓦が落ちることはなかった。地鳴りがして車庫の脇の地面に亀裂が入ったが、近所の叫び声などは聞こえなかった。

　しばらくすると町の防災無線で「約30分後に津波が来ます。すぐに高台に避難してください」という放送が聞こえた。私の家は海岸から数百㍍のところだが海抜40mほどあるので心配はないと判断した。揺れがやや収まったと思い家の中に入ろうとすると再び強い揺れが来るのでなかなか入れず、1時間ほどは庭にいた。外から被害を確認すると玄関まわりのしっくいの壁に2、3カ所ひびが入り剥離していただけだった。家の中は棚から物が落ち、タンスが動き、足の踏み場のない状態となっていた。ここまでの間、防災無線も津波以外のことはいわなかったので、原発のことはまったく頭に浮かば

なかった。携帯電話は不通で、さらに1時間ほど経過しても妻が帰ってこないので、となりの大熊町方面に捜しに出かけたが、海岸に沿った道路はところどころ陥没はあるものの通行は出来た。富岡町と大熊町の境界に流れている小さな川が津波に両岸をえぐられていたため、それ以上行くのは危険と判断して引き返した。夕方になってようやく妻が帰ってきたが、道路が壊れていて、道が行き止まりになっているところが多く、なかなか帰ってこられなかったようだ。国道6号線沿いのスーパーの店内で地震に遭ったという。日は暮れていたが、車のガソリンだけは確保しておくべきだと考え、営業しているガソリンスタンドを探して国道6号線などを探した。停電のためにどこも店を閉めていたが、1カ所だけ手回しでポンプを回してガソリンを売っている店舗があり、すでに10台程度が並んでいた。列に並んで、自分で手回しして満タンに出来た。帰宅したが余震が怖いので、エンジンをかけたまま妻と車の中でカーエアコンをつけたまま一晩を過ごした。車のテレビはほとんど映らなかったので、状況はわからなかった。

[課題]
・大地震では瞬時に停電が起き、通信手段も失われる。
・津波で海岸付近の道路が被災し、逃げられる方向が限定される。
・マイカー利用の場合は、ガソリン調達という問題もある。

避難の指示

翌3月12日、朝7時頃になって津波の状況を見に、南の方角にある富岡漁港に向かった。富岡川に津波が上がり、富岡漁港に下りていく手前で橋は流され道はなくなっていた。そこからは富岡漁港、富岡駅、駅前に開発した住宅地などが一望出来たが、見えたのはまるで空襲にあったように壊滅したそれらであった。何台かの車が止まって、そこから降りた人たちが我々と一緒に呆然とその廃墟を眺めていた。もしも、早くに原発の避難指示が伝わっていたら、そのような余裕はなかったと思う。

家に戻ってから、9時を過ぎた頃に突然、防災無線から「福島第一原発が緊急事態になりました。町民は川内村役場を目指して避難してください。マイカーで行ける人はマイカーで避難してください。近所の人も乗せてください。バスはそれぞれの集合場所から出ます」という内容の放送が繰り返された。道が大渋滞すると思い、急いで支度をしたが、余震のためと飼い猫のケージやトイレの準備で出発は10時を過ぎてしまった。近所の方の動きはまったくなく、森閑としていた。道路が大渋滞していたことから考えると、もっと早く放送を聴いていた区域の人もいたように推測できる。防災無線がうまく入らなかったのかも知れない。普段は防災無線は2系統聞こえていた。一つが終わると少し遠くで同じ内容のものが聞こえた。内容は「交通安全、納税、火災予防」などで、原子力に関する放送は防災訓練時のみであった。

6基ある第一原発のどれかの非常用ディーゼルの起動に失敗したのかなと

思ったが、まさか津波で壊滅的な状況になっているとは思いもしなかった。ましてやメルトダウンなどは想像できなかった。妻にどのくらいで自宅に戻れそうかと聞かれて、長くても2、3日と答えた。また、緊急事態になったとすると、地震の後に時間が経ち過ぎているとも感じた。地震の後に、防災無線で津波の注意以外に何も言わなかったので、第一、第二原発あわせて10基の原子炉はいずれも制御棒が入って自動的にうまくスクラム（自動停止）したと思い、原発のことが頭の中から消えていた。いずれにしても、日本原子力発電に勤務していたとき、あるいはこちらに来てからの防災訓練が簡単なものばかりだったので、原発事故は最悪でもスリーマイル島の事故以下であり、ほとんどが1日か2日で収まるものとの思い込みが私の中で出来上がっていた。

後で聞くと避難の情報は、既に前夜から出回っていたようだ。特に若い人たちはメールで友人、知人に知り得た情報をまわしていた。その情報源となったのは、自衛隊、消防、東電の下請などに勤務する人。家族や友人に宛て、原発の状況を報告して避難を呼びかけていたようで、かなりの町民は深夜から早朝にかけて避難を開始したと思われる。

また、国は第一原発の立地町である双葉町と大熊町には情報を流し、輸送手段であるバスなども手配をしていたようだ。これに対して、広野町、楢葉町、富岡町、川内村、浪江町、南相馬市などにはほとんど情報が届かず、バスの手配なども行われなかったようだ。私が防災無線で聞いた「避難指示」は国や県からの連絡によるものではなく、福島原発と富岡町のホットラインで知らせを受けた町長が独自に判断して出したものであったということが後で判明している。また、大熊町にあった国のオフサイトセンターが地震で停電し機能を失い、非常用電源も故障して役に立たなかったこともずっと後で知った。

[課題]
- 防災無線は必ずしも聞こえるとは限らない。
- 大事故では避難対象区域が急速に拡大するため、原発立地町だけでなく、隣接自治体にも同じように情報を流さなければ避難が遅れる。情報伝達手段の多重化が必要。
- 防災の要となるオフサイトセンターはどのような場合でも機能するようにつくり、管理すべきである。
- 普段の防災訓練があまりに簡単すぎて、原発事故がその程度という誤った相場観を与えてしまった。
- 住民はメールなども情報伝達手段として活用するほか、あらゆる連絡手段を用意すべきだ。
- バスを大量に集めるのは困難で、マイカーの活用が課題。その場合も、渋滞対策、ガソリン確保対策が必要。

避難行路

　ワゴンタイプの車に、猫のケージに最小限の衣類、食料、位牌、パソコンなどを積み込んで家を出発した。畦道を通って最短コースをとり数分で国道6号線まで出た。途中はそれほど道路の破損は見られなかった。また、国道に出るまでは他の車に出合わなかった。国道は信号機が停電でついていなかったが、あまり車の通行はなかった。国道を横断して西に向かうと数十mのところで渋滞の列の最後尾についてしまった。ここから夜ノ森という住宅街を通り抜けて常磐線の線路を高架橋でまたいで、川内村目指して山間地に向かうのだが、車はなかなか前に進まなかった。このとき私の車の後ろには少しずつしか車が増えなかったので、避難した時間は遅いほうだったのだろう。車列はほとんど動かないので、わき道を抜けることを考えたが、最後にはこの道しかないのでじっと我慢した。やはり交差点ではこの道に入ろうとする車で左右の道路は一杯であった。

　すでに日が高くなっていたので、車内は暑いくらいだった。夜ノ森の駅前の通りを右折してリフレ富岡という入浴施設を過ぎ、夜ノ森の桜通りとの三叉路にさしかかると白い防護服を着用してマスクをした人が、消えた信号機の下で交通整理をしているのが見えた。それまで車の窓を少し開けていたが、これは閉めなくてはいけないと思った。防護服の人は車の誘導をしているだけで、特別なことは言わなかった。白い防護服を着た人が民家から出てくるのも見えたので、あそこで準備して出てくるのだと思った。彼らは若い人たちだった。

　山麓線と呼ばれる国道6号に平行して南北に走る道路を横切ると、道はすぐに山を登り始める。川内村にはこの道1本しかない。こちらは渋滞の列だが、川内方面から富岡町に行く車はない。あまりに進まないので、富岡町に戻ろうかという誘惑にかられたが、じっと我慢する。窓を閉めているので暑いが、ガソリンが減るのでエアコンはつけない。そのうちに、停車したらエンジンを切ってアイドリングをしないようにする運転に切り替えた。山に入ると電波も遮断され、ジリジリとした気持ちで通常であれば20分ほどの道を5時間ほどかかって、ようやく川内村の役場の近くまで来た。途中にはトンネルや片側が崖になっている川沿いのところもあり、地震で崩れていたらと心配したが、幸運にも大きな障害はなかった。後で到着直後に1号機の水素爆発があったことを知った。病院や介護施設の寝たきりの人たちの避難は困難を極めたようだ。介助スタッフ、輸送手段、医薬品、搬送先などが不足し、ふつうのバスで長時間かけて搬送先を探し歩いたために多数の死者を出してしまった。置き去りにされたペットや家畜も多数いたと聞く。

[課題]
- 避難道路は一方向に集中するので、複数の道路を確保する。また、道路間をつなぐバイパスも必要。
- 避難に関する注意事項などを看板あるいはチラシで避難者に知らせるべき

だ。
・寝たきりの人たちやスタッフがしばらく籠城出来るように、食料、水、医薬品などを貯蔵し、フィルター付換気装置、非常用電源などを用意する。搬送先、搬送手段、付き添いスタッフなどが確保されてから運ぶようにする必要がある。

避難所生活

　川内村の中心まで来ると、中学校が見え、校庭には多くの車が駐車していた。中学校に行くためには県道から左折して川に架かる橋を渡る必要がある。その橋のたもとに誘導員がいて、ここは一杯だからさらに走って三春町の避難所まで行くように指示していた。人口1万6千人の富岡町民がなだれ込んだことで、人口3千人の川内村の避難所になる施設は全部使い尽くされていた。なんとか中学校の体育館に入ったが、食料は乏しく、寒さにも襲われた。これだけの避難者を受け入れる準備はまったくなかった。また、山間部のため、町や村も国、県との連絡に苦労していた。私は2日後、さらに隣の田村市の体育館に移動を試みたが、満員だと断られ、再び川内村の体育館に戻った。この頃には出入りの際の身体の汚染検査が始まっていた。事故拡大により富岡町民が川内村民とともにさらに遠くの郡山市の展示施設「ビッグパレットふくしま」に避難することに決定したのが、3月15日午後。県は富岡町にさらに遠くの会津若松市に二次避難するように促したが、町長は出来るだけ富岡町に近く、交通の便もよい郡山市を選択した。大熊町が会津若松市、双葉町が埼玉県の加須市まで全町民で移動したのとは対照的であった。
　私はガソリン不足を心配しつつもマイカーで郡山市へ向かい、3月16日の午前中には川内村にいた全員がバスやマイカーで移動。ビッグパレットふくしまは最大2500人を収容したが、ほとんどが富岡町、川内村からの避難者であった。その人数は富岡町、川内村の人口の1割強であり、他は県内外に広く避難した。避難先も体育館などの施設、旅館、知人・友人宅と多岐にわたったようだ。
　約200万人の福島県民のうち、浜通りなどから約17万人が避難行動を取り、約10万人が県内の中通り、会津に避難したが、残りは山形、新潟、埼玉などに避難した。一部は遠く北海道や沖縄に避難した人もいた。福島県内も最初の1週間は物流が途絶え、避難所でも物資が不足した。一時に大量の避難者が出たことにより、ボランティアの手助け、義援金や物資など多くの支援が世界中から寄せられたが、行政は食事提供や住環境を整えられず避難者は1カ月以上も不自由な思いをした。支援のスピードとともに行政の対応にちぐはぐさも見られた。その後、借り上げ住宅の提供、仮設住宅の建設により、8月末までに全員が避難所からそれらに移動した。

[課題]
- 人口密度が高い日本では、地域によっては原発の大事故による避難者は10万人を超えると聞く。備蓄のある避難先の確保が必要。
- 行政は非常時には非常時の体制や業務のやり方に素早く切り替えることが大切。マニュアルなども不整備。国の動きの遅さ、縦割りが自治体のやることの障害となった。
- 大勢の避難者が長期間生活するための食事の提供システム、介護や医療・心のケアのシステム、入浴や洗濯の設備を考えて準備しておく必要がある。

今後の見通し

　私はその後ビッグパレットふくしまから郡山市内のワンルームのアパートへ。そして隣の須賀川市の一戸建の借り上げ住宅へと移動し、いまだに避難中である。今までに、2度にわたって個人の一時帰宅が実施され、1回目はバスで、2回目はマイカーにより帰宅した。帰宅といっても家での滞在時間は2、3時間であり、貴重品や必要な衣類など持ち帰るだけで、地震被害の片付けなどは出来ていない。庭は草で埋まっていた。

　富岡町はJR富岡駅周辺は津波の大きな被害があったが、その他の地区は地震の被害もそれほどでもない。道路は補修が必要なところがあるが、インフラの整備はそれほど時間がかからないと思う。ただし、放射能レベルは高く、生活可能なレベルまで除染するには年単位の時間がかかると見られる。

　福島大学が2011年11月に双葉郡8町村から避難している人を対象にアンケートを行ったところ、4分の1が「帰らない」と回答した。「帰る」と回答した人も待てるのは2年間という人が最も多かった。インフラの復旧がされていないこと、働ける場所がないこと、子供への放射能の影響を心配していることが帰れない理由となっている。広野町、川内村などは警戒区域を解かれたが、まだ多くの住民が帰還していない。国は原発事故収束の第2ステップを完了したとして、2012年初めにも避難区域の変更を計画している。一方で大熊町、双葉町、浪江町、富岡町など汚染がひどい地域の住民は避難生活が長期化しそうだ。

　仮設住宅や借り上げ住宅は当面2年間ということだが、さらに長引く可能性もある。補償についても、最も住民の関心がある不動産（8割の世帯が持ち家）に関しては東電は警戒区域の解除後でないと判断できないとしている。こうしたことで、住民はいつまでも今後の生活設計が立てられずに困惑している。また、自主的避難も補償の対象として認められたが、補償の対象範囲と汚染状況との関係が必ずしも一致していないことから、補償対象のすぐ外の地域から不満が出ている。

[課題]
- 原発事故による避難は長期化する場合が多いが、その場合に住民が今後の生活設計が立てられるような、明確な条件や補償内容を早く示す必要があ

る。また、それまでは住居などを保障すること。
- 国はきめ細かい放射線量の測定により、硬直的な区域指定や制限をやめ、避難住民の財産の確保や生産活動の再開などが行えるようにする必要がある。一方、各自治体は行政区域を二つあるいは三つに分断され、機能が回復できないという悩みがある。
- 避難を解除した区域では除染だけでなく、雇用や買い物などそこでの暮らしが成り立つような環境整備を行う必要がある。
- 放射線量の測定や内部被曝検査を含む健康調査の継続により、少しずつ住民の不安を取り除く必要がある。
- 原発に依存した経済、自治体財政であったことにより、それに代わる柱を見出す必要がある（除染、廃炉が当面の柱になる）。

避難の本質

　私は避難生活をしながらも、原発事故により周辺住民が受けた影響の本質が何かを考え続けた。「どこでどのように生きるか」は国民の権利として保障されているが、今回、私たちは生活する場所、生活手段を選択する自由を奪われた。まるで、地域紛争で国を追われた難民である。このことが一番大きいものではないか。生まれ育った土地の滅失、自分が築いてきた財産の滅失、帰還しても元どおりの田舎の生活ではなくなること、避難中に家族が離れ離れになることなど。先祖から受け継ぎ子孫に渡すべき地域の歴史が変えられてしまった。

　原発事故による周辺住民の避難は原発災害の核心部分ともいえる。福島県における原発事故が三宅島のように火山の噴火といった自然災害ではなく、人間の営みによるものであるだけに、これだけ大きな影響のある事故の可能性のある原発が、どのような条件のもとにその建設と運転を許されてきたのかとの疑問が消えない。

特別寄稿

原発周辺地域からの医療機関の緊急避難

m3.com編集長　橋本佳子

1.概要

　福島第一原子力発電所の周辺地域には、初期被曝医療機関に指定されていた施設も含め、半径5km圏内に3カ所、5〜10km圏内に2カ所、10〜20km圏内に2カ所、計7カ所の病院があり、原発事故後に避難指示が出ても、自力で避難できずに、介助を要する重症の入院患者が多数存在した（**表1**）。20km圏内の3月11日当時の入院患者数は900人前後に上る。そのほか、介護老人保健施設、介護特別養護老人ホームの入所者も加えると、優に1000人を超す。

　福島県では、災害対策基本法及び原子力災害対策特別措置法・原子力災害対策計画に基づき、「福島県地域防災計画（原子力災害対策編）」（2009年度修正が最新版）を作成、それに基づき、原発立地周辺自治体（6町）でも地域防災計画・原子力災害対策編を作成。原発事故を想定した訓練を実施していたが、「入院患者全員の緊急避難」という事態は想定していなかった。

　第一原発事故では、3月11日20時50分に半径2km圏内に避難指示、21時23分に半径3km圏内に避難指示（半径10km圏内に屋内待避指示）、翌3月12日5時44分に半径10km圏内に避難指示、18時25分には半径20km圏内に避難指示が出ている。

　しかし、国や福島県、警察、自衛隊など関係機関相互の情報伝達・共有が機能せず、携帯電話などの通信網もほぼ遮断され、医療機関に対する避難に関する情報提供は遅れた。さらに大半の病院では患者搬送手段の確保もままならず、ライフラインが途絶えた中での待機と避難の遅れが原因と見られる死亡者が生じた。

　医療機関にとっては、第一原発事故に伴う被曝などの危険性と同時に、特に重症な患者では、避難自体が危険を伴う行為となる。確実な情報が伝わりにくい中で、医療機関が両者の危険性を鑑み、判断を迫られた中で避難を迫られた。

　本節では、特に福島第一原発から、半径5km圏内という至近距離にある3病院を中心に、医療機関の入院患者の緊急避難の状況を検証、その上で今回の避難の問題点、他の原発立地地域への教訓などをまとめる。

　さらに、東日本大震災および福島第一原発事故では、ライフラインが断絶し、透析患者の集団避難も余儀なくされた。また、避難指示対象外の地域でも、医薬品や食料などの物資搬送が一時的に途絶え、診療に多大な支障を来たしたり、その後、「緊急時避難準備区域」に指定された半径30km圏内の南相馬市などの病院では、入院患者の受け入れ制限も余儀なくされ、地域医

療に甚大な影響を及ぼした。また、福島県民の低線量被曝に伴う健康管理も重要課題となるが、本節では原発事故直後の数日間に行われた半径20km圏内の入院患者の緊急避難に焦点を絞る。

2.防災計画および原子力防災訓練の実施状況

(2.1)防災計画

福島県の「福島県地域防災計画 原子力災害対策編」では、県、警察本部、市町村の任務を以下のように定めている。

> 福島県地域防災計画原子力災害対策編における役割
> ・福島県：市町村が行う住民の退避、避難等に対する助言および支援に関すること。
> ・福島県警察本部：住民避難等の誘導に関すること。
> ・関係市町村(広野町、楢葉町、富岡町、大熊町、双葉町、浪江町)：
> 　住民の退避、避難および立入制限に関すること。

「福島県地域防災計画 原子力災害対策編」では、「住民等に対する広報及び指示伝達系統図」を規定。国の指示は、「福島県知事・福島県災害対策本部⇒副知事・福島県原子力現地災害対策本部⇒市町村および警察・消防⇒住民等」という流れになっている。つまり、県災害対策本部から、住民、あるいは医療機関などに直接情報提供を行うルートは想定されていない。さらに、東京電力は、原子力災害対策特別措置法に基づき、福島第一原子力事業者防災業務計画を作成、緊急事態応急対策等の必要な業務を定めている。同計画では、「緊急時にはあらかじめ定められた通報先［福島県、立地町、緊急事態応急対策拠点施設（オフサイトセンター）、原子力安全・保安院、原子力災害対策本部等］に連絡することを規定。発電所周辺地域の医療機関、介護施設は本通報先に含まれていない」(東京電力)。つまり、各種規定上では、市町村が直接医療機関に避難に関する情報提供を行い、避難の責任を負うことになる。しかし、その上流、つまり国、県や東京電力が適切な情報提供などを行わなければ、市町村の対応も滞る図式になる。

さらに、原子力災害対策編の対象とする地域は、原発から半径10km圏内の町。第一原発では大熊町、双葉町、富岡町、浪江町、第二原発では楢葉町、富岡町、広野町、大熊町となる。各町の計画を見ると、例えば、大熊町の場合、「3km圏内の住民の避難、および10km圏内の屋内待避指示は想定していたものの、10km圏内の住民避難は想定していない」(大熊町災害対策本部)。

(2.2)原子力防災訓練の状況

1983年から、福島県と原発立地周辺自治体（6町）は、「防災関係者の原

子力災害対策計画の熟知と防災関係機関の行う緊急時防災活動の円滑化と相互の協力体制を強化し、地域住民の安全確保と、原子力防災意識の向上を図ることを目的として」（県生活環境部原子力安全対策課のHP）、原子力防災訓練を実施している。1999年までは2年に1回実施、1999年に茨城県東海村で臨界事故が発生した後は訓練を充実、2000年以降は毎年1回実施、2009年までに計19回に上る。

訓練の内容は、通信連絡訓練、オフサイトセンター運営、現地本部運営、参集、緊急時環境放射線モニタリング、住民避難、緊急時医療活動、立入制限など。そのほか、2004年には「緊急被曝医療活動訓練」が実施されたほか、「通信連絡訓練」が原子力防災訓練とは別に実施されていた。

3.緊急避難の経緯

福島第一原発から半径20km圏内にある7病院のうち、6病院の事故当時や避難の状況は**表1**の通り（表1以外に、浪江町に西病院がある）。5km圏内という至近距離にあり、特に緊急避難を要したのは、双葉病院（約4.5km）、双葉厚生病院（約4km）、福島県立大野病院（約5km）の3病院。

表❶　原発事故後の「半径20km圏内」にある医療機関の避難状況

		避難開始時間（上段）、終了時間（病院から脱出した時間、下段）	医療法上の許可病床（事故当時の入院患者・入所者数）	
～5km	双葉厚生病院	3月12日8時30分頃 3月13日朝	一般120床（80人）、精神140床（56人）	
	双葉病院	3月12日8時30分頃 3月15日夕方	精神350床（340人）	
	県立大野病院	3月12日7時30分頃 3月12日午前中	一般150床（37人）	
～10km	今村病院	3月12日18時頃 3月14日3時頃	一般36床（45人、震災後入院した9人を含む）、療養54床（54人）	
～20km	南相馬市立小高病院	3月13日午前中 3月13日中	一般48床、療養51床（計68人）	
	小高赤坂病院	3月12日20時頃 3月14日夜	精神104床（104人）	

福島第一原発から、20km圏内にある7カ所の病院のうち、西病院を除く6病院の状況。

双葉厚生病院と県立大野病院は、2011年4月に再編・統合し、再スタートする予定だったため、両病院とも入院患者を減らしていた。双葉厚生病院は許可病床数260床に対し、入院患者は136人（うち3人は外泊中のため、133人）、県立大野病院は150床に対し、37人だった。県立大野病院では3月12日の午前中に、双葉厚生病院では3月13日朝に避難が完了している。

一方、最も避難が遅れたのは双葉病院である（**表2**）。精神病院で、入院患者が340人（うち2人は外泊中、1人が行方不明のため337人）と前述の2病院に比べ多かった上に、避難関係情報が遅れ、町をはじめ関係各所に搬送手段の確保を依頼しても、その対応が遅れたことが理由として挙げられる。同病院は、同じ経営主体（医療法人）が、介護老人保健施設「ドーヴィル双葉」（当時の入所者98人）を経営、両施設をそろって避難したが、発災から搬送までの待機中の院内、搬送中あるいは避難所で計25人が死亡。その後、転院先の医療機関などでの数を合わせると、3月31日までに合計50人（双葉病院40人、ドーヴィル双葉10人）が死亡している。

以下、各病院について、地震直後の被害の状況、避難情報の入手源、患者搬送手段の確保や状況、患者の受け入れ先の確保という視点から避難の経緯をまとめる。

入院患者の避難状況	震災当時、病院内等にいた職員数	設立母体
・入院患者136人中、バスによる避難88人、自衛隊による救助40人、転院2人、外泊中3人、被災直後に退院3人。 ・震災後2日以内に、4人死亡（病死）。	148人	厚生連
・入院患者337人（歩行可能な認知症の患者が1人行方不明、外泊中2人）を第一陣209人、第二陣34人（同法人が経営するドーヴィル双葉の98人を加えて132人）、第三陣90人に分けて避難。一般の観光バスか自衛隊の車で避難。 ・計435人（ドーヴィル双葉含む）のうち、院内での死亡は、13日夜から14日未明までに3人、14日から15日の死亡と推定されるのが1人で計4人。バスでの移動中、もしくは避難所（避難先の病院に収容される前）で21人が死亡（双葉病院15人、ドーヴィル双葉6人）、その後、3月31日までに25人死亡（双葉病院21人、ドーヴィル双葉4人）。	双葉病院149人（ドーヴィル双葉62人）	医療法人
・入院患者37人は、救急車5台とバス2台で搬送。 ・避難中の死亡者なし。	約90人	県立
・入院患者99人のうち、一部退院。第一陣約20人の軽症者はバス、第二陣約60人は7回に分けて自衛隊のヘリでそれぞれ避難。 ・11日夕から12日朝に3人が院内で死亡。	37人	医療法人
・入院患者68人を、救急車3台、マイクロバス1台でピストン搬送。 ・避難中の死亡者なし。	66人	市立
・第一陣48人（歩行可能）、第二陣66人（寝たきりの患者など。第一班のうち病院に戻った10人を含む）が、職員の車、観光バスなどで避難。 ・避難中の死亡者なし。	34人	医療法人

(3.1) 双葉厚生病院（同院院長への取材）

被害の状況：物はかなり倒れたが、診療は可能な状態（電気は使え、水はタンクの貯留あり。ガスは停止したが、プロパンガスを準備）。携帯電話等は、ほとんど使えず。

避難に関する情報源や避難の決断：警察は来たが、行政からの情報はなく、テレビのニュースで、3月12日7時すぎに半径10km圏内からの避難指示が出たことを知り、自力歩行が可能な患者については避難を決断。その時点では重症患者等の避難に伴う危険もあるため、それ以上の避難については想定していなかったが、その後、13時すぎに、ようやく連絡が取れた県の災害対策本部にいた福島県立医大・救急医療学の教授から、事態の深刻さを伝えられ、自力歩行ができない患者についての避難も決断した。

患者搬送手段の確保や避難の状況：当初は、バスで避難（重症者は含まず）。県立医大教授と連絡が取れた後は自衛隊のヘリコプターで避難した。

患者の避難先：1次避難（公民館など）の後、重症で悪化した患者の搬送は自衛隊を通じて依頼して救急車で搬送。それ以外は病院関係者が大半の患者の転院先を探し、搬送した。例えば、ある医師は、大学時代の同期の医師が勤務している病院、同級生あるいは学生時代の知人、医師になってから交流のある病院などあらゆる人脈を利用した。ただし、放射線被曝への懸念から受け入れが容易ではなかったケースも。総合南東北病院、白河厚生総合病院、社会保険二本松病院、県立医大などに転院した。

(3.2) 双葉病院（表2）（同院院長および医師への取材）

被害の状況：電気、水道は3月11日の本震の直後に使用不能に。病院の非常用電源も、夜にはバッテリーがなくなる。プロパンガスも、本震後、ガス会社の担当者が来て栓を閉める（配管の損傷によるガス漏れを防ぐため）。患者と職員用の非常食は数日分、用意があった。固定電話と携帯電話も本震後、間もなく使用不能に。院内の公衆電話は3月11日夜から使用不能に。3月11日夜までは携帯メールなどのパケット通信は可能だったが、12日以降は使用不能に。

避難に関する情報源や避難の決断：当初は、避難指示が解除されるまで病院で籠城する方針だったが、12日朝になり、原発事故が原因で避難指示が出たという報道や、町内の防災放送で、半径10km圏内からの避難指示を聞いた。病院から300mほどの大熊町役場には住民が集まっており、避難の緊急性を認識し、避難を決断した。危険な地域から離れるため、避難地域になると病院への支援が届かなくなることが理由（当時病院はライフラインも復旧が必要な状態）。

患者搬送手段の確保や避難の状況：通信手段がなかったため、病院職員が1時間ごとに町役場に行き、町長などに直接、避難車両の手配を依頼した。車椅子や寝たきりの患者も多数いることを伝える。第一陣は3月12日の昼すぎ

表❷ 双葉病院とドーヴィル双葉（介護老人保健施設）の避難経過（双葉病院への取材に基づく）

日時		経過
第一陣		
3月12日	5時44分	第一原発の避難指示エリアが3kmから10kmに拡大し、病院も避難指示のエリアになったことを町内放送で知る。
	8時	病院職員が1時間ごとに町役場に行き、町長に直接、避難車両の手配を依頼。車椅子や寝たきりの患者も多数いることを伝える。
	12時	大型観光バス5台が双葉病院に来る（乗っていたのは運転手のみ）。
	14時頃	ADLが高い患者209人、職員60数人がバス5台、病院車両とともに、第一陣として病院を出発。
	15時36分	第一原発1号機が水素爆発。
	19時30分頃	数カ所の避難所をたらい回しにされた後、第一原発から約50km西にある三春町の中学校の体育館に到着。
3月13日		体育館に1泊した後、207人（209人のうち2人は退院）が、同じ医療法人（医療法人博友会）が経営する、いわき開成病院（精神科162床）にバスで避難。
3月15～22日		双葉病院から一緒に避難してきた15人程度のスタッフによって、ほぼ全患者が関東圏の病院に転院。
第二陣		
3月12日	14時頃	第一陣の避難時、再度、町役場にいた町長に引き続き避難車両を回すように依頼。役場の災害対策本部の壁の用紙には、双葉病院とドーヴィル双葉に残っている患者数が書かれていた。
	15時36分	第一原発1号機が水素爆発。⇒　町役場も避難。
	夕方	双葉町の介護老人保健施設で救出中の自衛隊に、双葉病院とドーヴィル双葉の救出を依頼。
	20時頃	自衛隊が大型トラック3台でドーヴィル双葉に来るが、「寒いし、生命に責任を持てない」と搬送を断られる。
	夜	警察官が来たものの、「今日は無理、明日救出する」。
3月13日	午前と午後	院長が町外れまで行き、出会った消防・警察に早期の救助を訴える。
	午後	双葉警察署長が来院。院長らが双葉病院に約130人、ドーヴィル双葉に約100人が残っており、早急な救出が必要と訴える。
	夕方	警察署長から「今日も無理」。
	夕方	警察署長から副所長らに交代（以降、15日まで行動を共にする）。
3月14日	早朝	自衛隊の救出が来ると警察官から言われる。
	9時頃	まずドーヴィル双葉の入所者全員をバスに乗せ、そのままバスは出発。9時頃にドーヴィル双葉（98人）は終了。
	9時以降	病棟出口まで運ばれた患者34人は、自衛隊員によってバスに乗せられ、満員になると次々と出発。
		第二陣（34人）は北上し、南相馬市で保健所長によるスクリーニングを受け、4人が市内に入院。残りの患者は、福島、郡山を経由して、出発から10時間以上、約230km先のいわき光洋高校の体育館に自衛隊により搬送された。到着時、既にバス内で3人（うち双葉病院1人）が死亡。翌日までに体育館で11人（同7人）が死亡。
3月15日		15日以降、多くが会津の病院や福島県立医大などに搬送された。
第三陣以降		
3月14日		第二陣出発後、双葉病院に患者94人、自衛隊員1人（隊長か？）、警察官、病院職員が残された。
	11時01分	第一原発3号機が水素爆発。残っていた自衛隊員は、「オフサイトセンターに行って指示を仰ぐ」と言って、ドーヴィル双葉の職員の自家用車を借りて出かけたが、二度と戻ってこなかった。
	22時	突然警察官から避難指示される。院長らは警察のワゴン車で川内村の20km圏外の割山峠に避難。いったん病院に戻るが、また避難、警察官らと車中泊する。
3月15日	朝	郡山を出発した自衛隊と割山峠で合流することになったため、そのまま割山峠で待機。
	10時	自衛隊が来ないため、近くの川内村役場に移動。
	午後	自衛隊が別のルートで双葉病院に入って救出を開始したことを知らされる。この時点で再び20km圏内に戻ることは不可能と副署長に言われ、院長らは搬送に同行することを断念した。
		2～3回に分けて救出された第三陣90人は、福島市や二本松市に搬送され、避難先（他病院に転院する前）で7人の死亡が確認された。
		院長ら職員は、川内村から第一陣が避難している、いわき開成病院に移動し、第一陣が残っている職員と合流した。

には避難が完了したものの、12日15時36分の第一原発1号機爆発以降、避難車両の確保に困難を極める。院長自らが町中を車で走りまわり、出会った自衛隊、消防、警察に救助依頼を重ねる。第二陣の出発は14日朝になる（出発から10時間以上、約230kmという長時間、長距離の避難を余儀なくされる）。14日11時の第一原発3号機爆発後、避難車両は来ず、14日22時頃、院長は半径20km圏外に警察とともに、患者を残したまま避難を余儀なくされる。その後、自衛隊と待ち合わせ、第三陣の患者救出に向かう予定だったが、自衛隊と合流できず、自衛隊が双葉病院に到着した際は、患者しか残っておらず、後に「病院が患者を置き去り」などと避難を受ける事態も起きた（詳細は後述）。

患者の避難先：1次避難の後、双葉病院と同一法人が経営するいわき開成病院など合計67病院、6施設に避難。第一陣は双葉病院といわき開成病院の職員、第二陣と第三陣については県などが手配した。

（3.3）県立大野病院（福島県病院局への取材）

被害の状況：外壁タイルのひび割れ、コンクリート片の落下などがあったが、大きな被害はなし。院内は天井に備え付けのエアコンが落下、機器や設備が散乱。停電し、非常用電源を使用。断水。ガスは不明。電話は使えたが、つながりにくい状況、テレビは映らない状態。

避難に関する情報源や避難の決断：徒歩圏内にオフサイトセンターがあり、事務長が病院と行き来して情報を入手。3月12日5時44分に、半径10km圏内に避難指示が出たことも、オフサイトセンターで知った。その情報を事務長が持ち帰り、院内の対策会議を開いて協議、病院長判断で決定。電話がつながりにくい状況だったため、避難の判断に当たって、県病院局に相談や指示を仰ぐことはなかった。

患者搬送手段の確保や避難の状況：県病院局に状況を随時報告していたが、具体的な指示は特になく、地元の大熊町、双葉地方広域市町村圏組合消防本部に避難の支援を要請した。消防の救急隊は、救急車の必要台数を聞きに来た。その後、救急車5台と町が手配したバス2台で、入院患者37人（重症患者は救急車5台で搬送可能な人数だった）が避難。同時に職員も自家用車で避難。

患者の避難先：独自に避難先を探し、川内村の複合施設「ゆふね」へ。その後、病院職員らが転院先を探し、職員の自家用車などで、県内数カ所の医療機関に患者を搬送した（一部の患者は、退院）。

（3.4）今村病院（同院事務局長への取材）

被害の状況：建物外観に被害なし。建物内部も棚の物が多少落ちたが、落下防止策を講じていたためほぼ被害なし。医療機器も被害なし。電気、水道、ガスは停止、自家発電に切り替えた。避難が完了した14日までに復旧せず。

固定電話がかろうじてつながる状況。テレビは観られたが、インターネット、携帯電話は使えない。

避難に関する情報源や避難の決断：テレビを観たり、職員が富岡町役場に行くなどして、情報収集した。3月12日17時ごろ、双葉警察署員が来院し、とにかく逃げてくれと避難指示を出したことがきっかけ。（職員が患者を置いていくことはなかったが、「患者を置いてでも逃げてくれ」と切羽詰まった指示だったという）。

患者搬送手段の確保や避難の状況：退院可能な患者については退院した。固定電話が通じたため県に連絡、県経由で富岡町が避難用バスを手配した。第一陣（12日18時、自力歩行が可能な軽症者約20人）はバスで避難（川内村の避難所、その後、郡山高校に移動）。県への救助要請では、「救急患者ではないので、救急車の手配ができない」などと言われ、院長が県警を通して自衛隊に救助要請。第二陣以降（13日夕から14日3時頃にかけて）、入院患者のうち重症者、寝たきりの患者など約60人を7回に分けて、自衛隊の大型ヘリコプターで郡山高校へ搬送した。

患者の避難先：14～17日に県内外の医療機関に職員が電話をかけ、転院先を探す。移動手段は、受け入れ先の医療機関がマイクロバスなどを手配した。

(3.5) 南相馬市立小高病院（同院事務長への取材）

被害の状況：建物の外壁や医療機器の損傷あり。診療は可能で、3月11日は地震のけが人、津波に巻き込まれた負傷者2人の計3人の急患に対応。

避難に関する情報源や避難の決断：3月12日は電話が通じない状況。職員が病院から約200mに位置する南相馬市の小高区役所まで徒歩で行き、災害対策会議に参加、避難指示が出始めている話を聞く。

患者搬送手段の確保や避難の状況：12日の時点では、患者搬送のための救急車両の手配、避難先の確保ができず、避難できる状況ではなかった。南相馬市立総合病院に連絡し、13日に受け入れが決定。同日午前に救急車3台（市立小高病院、市立総合病院、相馬地方広域消防本部で各1台）とマイクロバス1台（事務長が知人の旅館から借りた）で、ピストン輸送を開始。同日中に全患者の避難を終了。この間、警察や自衛隊に搬送を手伝ってもらうことはなかった。

患者の避難先：同じ市立病院の南相馬市立総合病院に搬送。ただし、同病院も18～20日に患者避難を実施、最終的に県内外の病院に搬送。

(3.6) 小高赤坂病院（同院院長への取材）

被害の状況：地震による影響はほとんどなし（天井の一部が落下するなどの被害はあったが、停電なく、水、ガスも確保、このまま診療も再開できると思っていた）。

避難に関する情報源や避難の決断：電話やメールなどの通信は次第にダウン

し、外部との連絡が取れなくなった。行政からの指示は一切なし。そもそも情報連絡ルートもない。3月12日18時30分ごろ、半径20km圏内の避難指示をテレビで知り、避難を判断した。

患者搬送手段の確保や避難の状況：3月12日20時頃、第一陣（歩行可能な患者48人と職員12人）は職員の車で避難。第二陣88人（寝たきりの患者など66人。第一陣のうち病院に戻った10人を含む。職員22人）は当初、福島県警から自衛隊が避難用のバスを運行すると聞いたものの、バスは来ず、新潟県警が用意した避難用の観光バス7台で14日18時頃、避難した。

患者の避難先：第一陣は南相馬市、その後、福島市内の小学校へ二次避難。副院長が県北保健所と交渉、福島市内5カ所の精神科病院に入院。第二陣は、南相馬市の相双保健所で緊急被曝スクリーニングを受けた後、福島・郡山経由で、いわき市の県立いわき光洋高校へ9時間かけて移動。同高校には、他院から避難した患者も数多く、治療は難しい状況と判断。応援に来ていた県立南会津病院の医師に相談したところ、県が手配したと思われる民間のバス3台（運転手付き）が用意され、15日午後には県立南会津病院に患者10人を入院させ、残る患者56人と職員は、南会津町高齢者センターに避難。搬送は県警や自衛隊に支援要請したが、「大熊町に救助に向かう」などの理由で断られた。その後、県が調整して、18日に東京都世田谷区の都立松沢病院へ患者56人を移送。

4. 検証——なぜ患者の避難が困難を極めたか

「地域防災計画 原子力災害対策編」で、想定していたのは「半径3km圏内」の住民の避難であり、半径10km圏内、半径20km圏内という広域の避難は想定されていなかった。この「想定外」の事態に対応するために必要だった、行政などの関係機関からの避難情報の伝達、通信手段、警察・自衛隊の連絡体制、搬送手段の確保、避難後の患者の収容先の確保という五つの視点から、原発近隣地域の病院において患者避難が困難を極めた理由を整理する。

(4.1) 行政などの関係機関からの避難情報の伝達

「入院患者の全員避難」は、搬送中のリスクが伴うため、その判断に当たっては、信頼できる情報源からの迅速かつ確実な情報の入手が必要になる。

前述のように、「福島県地域防災計画 原子力災害対策編」では、地域の医療機関は市町村から避難等に関する情報を受け取ることになっている。しかし、現実には、防災無線で避難指示を聞いたケースはあるものの、それ以外は市町村から直接かつ個別に情報を提供された病院はない。病院に状況把握に来た警察官から情報入手、あるいは病院側が町役場、さらにはオフサイトセンターなどに出向いたり、テレビのニュースに頼った病院もある。

情報伝達が混乱したのは、第一に情報の源となる、東京電力、国、県からの町役場への情報伝達が機能しなかったためと考えられる。

福島第一原発の場合、大熊町にオフサイトセンターがあり、その代替施設は県相馬合同庁舎にあったが、いずれも地震により被災してしまったことから、その後、県庁にその機能を移している。

県には震災直後、災害対策本部に救援班が設置された。20数人体制で、昼夜を問わず、対応していた。県災害対策本部救援班班長（発災当時の班長の後任）は、次のように語る。「半径20km圏内にある7病院に対しては、県から個別の避難指示を出した事実はない。国から住民への避難指示が出ていたので、当然そこに含まれるという解釈。搬送先探しも、病院が独自に実施していた。我々救援班としては、緊急スクリーニング検査の手配やヨウ素剤の配布などの放射線関連の仕事から、避難先の確保、仮設トイレや救護所の設置など一般住民の避難先の確保、医療機関や救護所などへの薬の配送手配、DMAT（緊急災害医療チーム）への対応など、様々な業務を並行して行っていた。情報収集は、いろいろなルートで実施した。警察、病院から直接把握した情報もある。3月13日の昼頃には、どの病院に何人くらい患者が残っているかを把握していた。ただし、どこにどんな指示を出したかは、記録に残っていない。また患者数までは把握していたものの、自立歩行できる患者なのかなどは把握していない。その場、その場で対応していた」

自治体側も情報の入手に苦慮した。大熊町災害対策本部によると、オフサイトセンターには、『参集システム』があり、オフサイトセンター側でそのシステムのボタンを押すと、町の職員など関係者の携帯電話に一斉に連絡が行き、関係者はオフサイトセンターに参集する体制になっていた。ところが、今回の原発事故では、前述のようにオフサイトセンター自体が被災、停電し、このシステムは機能しなかった。このため、町は、3月11日の発災後、職員をすぐオフサイトセンターに職員を派遣したという。

大熊町では、その後の3月11日の半径2km、3km圏内の避難指示は、町役場に来た東電職員から直接入手。翌3月12日の「半径10km圏内の避難指示」という「想定外」の第一報は、地元駐在所の警察官から得たため、双葉警察署への確認を依頼したほか、県にも直接連絡をし、確認した。

(4.2) 通信手段

地震の後、ほとんどの被災地域で携帯および固定電話が通信困難になった。何十回もかけて、ようやく1回通じるという状況だった。双葉厚生病院の場合、県の災害対策本部にいた県立医大救急医療学の教授が30～40回も同病院に電話をし、ようやく通じた電話で、重症患者の避難を決断している。この教授によると、当時、県災害対策本部にあった衛星電話は恐らく3台で、関係者の取り合いで、簡単に利用できる状況ではなかったという。

そもそも、例えば大熊町の場合、地域防災計画では、バックアップ機能で

ある衛星電話で連絡を取る体制は予定していなかった。

(4.3) 警察、自衛隊間の連絡体制

「自衛隊や警察との連携が全く取れていない状態で、独自に活動しているようだった」。今回緊急避難を迫られた病院関係者の多くは、こう証言する。警察あるいは自衛隊のそれぞれに無線があっても、相互に連絡を直接取り合う状況にはなく、県災害対策本部を通じて双方が連絡を取る状況だった。災害時の自衛隊への指示は、県知事が行うという規定になっているからだ。

県災害対策本部救援班は、「自衛隊と警察が直接連絡を取っていたかどうかは分からないが、県災害対策本部を通じて行っていたことは確か。ただ、これはあくまで推測だが、それぞれの部隊の指揮命令系統を考えると、それぞれの実働部隊が相互に連絡を取り合って対応していたとは思えない」と説明する。自衛隊や警察が直接連絡を取れないことが、情報および対応の混乱を招いた。それが一番、端的に表れたのが、双葉病院の患者搬送の際だ（「6. 検証――双葉病院の避難をめぐる『誤報』」を参照）。

(4.4) 搬送手段の確保

避難指示の情報を得て、避難を決断しても、多くの病院で患者搬送手段の確保に困難を来たした。その手段は、大型バス、自衛隊の車両やヘリコプター、救急車、病院職員の車など。重症患者の搬送には、救急車が必要だが、台数が限られ、大型バスが主要な搬送手段になった。「自衛隊には、救助を必要とする病院数と患者数を伝えたものの、それは地域別であり、具体的に救助に行く病院までは指示していない。また病院だけなく、高齢者や障害者の施設の入所者、一般住民の避難も必要だった」（県災害対策本部救援班）。

病院側は、県や町、地元警察署などに、搬送手段の確保を繰り返し要請している。しかし、避難情報の伝達自体が機能しなかったことからも分かるように、病院側の要望もなかなか伝わらず、伝えてもすぐには対応してもらえなかった。例えば、双葉病院の場合、3月12日14時の第一陣出発後、15時36分に3号機が爆発、大熊町自体は3号機爆発直後に職員全員が避難したため、院長自らが車を運転、道で出会った警察や自衛隊に再三にわたり救助を求めたというが、次の救助車両が来たのは14日9時頃と遅れた。また、今村病院では、県に救急車の手配を断られ、院長が県警を通じて自衛隊に救助要請しているほか、小高赤坂病院では、当初は自衛隊が避難用バスを出すと聞いたものの、そのバスは来ず、新潟県警が用意したバスで避難している。

(4.5) 避難後の患者の収容先の確保

患者搬送手段すら確保が困難な中、病院から患者が出る時点で受け入れ先が決まっていたのは、南相馬市立小高病院のみだ。「迅速かつ死亡者ゼロで搬送できたのは、小高区役所が近くにあったこと、地震の被害もほとんどな

く小高病院にスタッフがそろっていたこと、受け入れ先となった南相馬市立総合病院が近くにあったことが挙げられる」(南相馬市立小高病院事務長)。それでも、南相馬市立総合病院は、第一原発から23kmの場所にあり、二次避難を余儀なくされた。それ以外の病院では、病院から患者を送り出した時点では搬送先すら分からない状況だった。さらに、一次避難先は、一般住民と同じ避難所であり、そこでは環境も悪く、治療が困難なことから、病院職員が手分けして、つてをたどりながら転院先探しを行っている。その間に、行政等が関与したケースは少ない。

5.検証──緊急避難と患者死亡との関係について

　双葉厚生病院では震災から2日以内に4人が死亡(いずれも病死)、今村病院では3月11日夕から12日朝に3人が院内で死亡、西病院では数日以内に3人が死亡(2011年6月10日共同通信による)。双葉病院では院内で、13日夜から14日未明までに3人が死亡、15日までに1人が死亡。その後、ドーヴィル双葉も含め、バス移動中あるいは避難所で3月15日頃までに21人が死亡した(3月31日までの合計死亡者数は50人)。

　第一原発事故に伴う緊急避難と、それに伴う患者の死亡との因果関係については、しかるべき検証を待たなければならないが、双葉病院での死亡には、一定の関係があることが示唆される。これまでに述べてきたように、緊急の避難指示が出た後も双葉病院の避難は遅れた。双葉病院の患者は、統合失調症などの精神疾患、高齢の認知症が多数を占めていた。ライフラインが途絶え、3月で気温も低い中、援助を求めることもできず、物資等も入ってこない状態で、患者らは数日を過ごさなければならなかった。最後の患者が救助されたのは3月15日朝で、周辺の病院よりも2、3日遅れている。

　さらに、第二陣(双葉病院の患者34人に加え、介護老人保健施設のドーヴィル双葉の入所者98人)の出発の際は、病院関係者の話によると、自衛隊が用意したバスに患者が満員になれば、病院職員の確認を取らず、職員も同乗しないまま、出発する状況だったという。結局、福島、郡山を経由して、約230kmの道のりを10時間以上かけて搬送された。また、第一陣から第三陣までのいずれも、一次避難所は体育館などに布団を敷いて寝る状況で、二次避難、つまり他の病院への受け入れ探しにも苦慮している。

　重症患者や高齢患者の場合、移動そのものの身体への負担が大きい。搬送に当たった自衛隊がこの辺りをどう認識していたかは不明だが、出発時点で受け入れ先を確保したり、近距離の搬送にとどめたりするなど、患者の取り扱いに関しては病院関係者の指示を受けるなど配慮を求められたところだった。

　仮に双葉病院で、緊急避難と患者死亡に何らかの因果関係が認められた場合、その責任は誰が負うべきかが問題だが、その認定は容易ではない。患者

の死亡場所は、院内、搬送中、避難先に分けて考えることができる。院内での死亡の場合、管理者である院長の責任が第一に考えられるものの、院長はライフラインが途絶えた院内の厳しい状況を踏まえ、避難手段確保のために奔走していた。

では、地域住民の責任を持つ大熊町はどうか。大熊町と双葉病院の避難経緯に関する認識は、幾つか食い違う点がある。例えば、大熊町災害対策本部は、「3月12日の9時30分頃、双葉病院の関係者が町役場に来て、『ストレッチャーを100台用意してほしい』と依頼を受けた。しかし、その時には電話も通じない状況で、それは無理なので、『その準備はできない。病院で対処をお願いします』というやり取りをした」と回答する。しかし、双葉病院側は避難車両の手配は依頼したものの、ストレッチャーを依頼した事実はないとしている。また、双葉病院側は、12日14時すぎに町役場に再度救助を求めに行ったとするが、大熊町は「把握していない」という。第一陣がバスで避難した後は、「何の連絡もなく、『双葉病院は避難できたのか』という思いでいた。15時36分には1号機で水素爆発が起き、残っていた大熊町職員も避難した」（大熊町災害対策本部）。

今回の検証では、警察および自衛隊への調査ができていないが、県、町、病院などの関係者を含めて、さらに広範な調査を実施する必要がある。

6.検証──双葉病院の避難をめぐる「誤報」

3月17日と18日、全国紙をはじめ、マスコミが「双葉病院が患者を置き去りにした。患者の搬送に付き添わなかった」などと一斉に報道した。しかし、実際には、県、自衛隊、警察の情報の行き違いから、「院長が患者の搬送に立ち会えなかった」のが実情だった。前述のように、双葉病院は再三にわたり、大熊町をはじめ、関係各所に患者の搬送を援助要請したものの、対応は遅れ、患者数が多いこともあり、避難の完了は半径20km圏内の7カ所の医療機関で最後となった。双葉病院のケースは県、自衛隊、警察の情報伝達の問題を象徴する例であるため、改めて検証する。

鈴木市郎院長によると、表2の通り、3月14日22時、双葉病院に最後まで患者と残っていた院長と病院職員1人は、突然現れた双葉警察署の副署長から緊急避難を指示された。院長は警察のワゴン車で半径20km圏外の川内村の割山峠に避難したが、2時間後にいったん戻る。翌15日1時頃、再び割山峠に避難、車中泊をした（警察と院長、病院職員3人）。朝にそこで自衛隊と落ち合い、双葉病院に残る患者の救出に向かう予定だったが、自衛隊は別ルートで双葉病院に向かった（**図1**）。鈴木院長らは、自衛隊が来ないため、近くの川内村役場に移動。その後、自衛隊が別のルートで双葉病院に入って

救出を開始したことを知らされる。この時点で再び半径20km圏内に戻ることは「不可能」と副署長に言われ、院長らは患者搬送に同行することを断念した。

県災害対策本部救援班はこの経緯を、「双葉病院に到着した自衛隊からは、患者しか残っていなかったため、（責任者である同院の医師不在のため）『搬送していいか』という問い合わせがあり、救出を依頼した事実はある。（双葉病院に向かった）自衛隊と（鈴木院長と一緒にいた）警察は、県災害対策本部を通じて連絡を取っていたことは確か。しかし、両者が直接連絡を取っていたかどうかは分からない。これはあくまで推測だが、それぞれの部隊の指揮命令系統を考えると、各実働部隊が相互に連絡を取り合って対応していたとは思えない」と語る。

警察と自衛隊の行き違いに加え、県の「誤報」もあった。3月17日夜、県は、3月12日から15日にかけての避難について、「双葉病院には、病院関係者は一人も残っていなかったため、患者の状態等は一切分からないままの救出になった」などの内容を記載した、A4判1枚の文書をマスコミに公表。これが「誤報」の発端となった。「患者が現地に残っていたという情報は把握していたが、警察と院長がどこにいたかという情報までは把握していなかった。したがって、自衛隊から『医師がいない』という情報を得た際に、なぜかとは思ったのでその事実を公表した。その際、記者から、『いない、ということは、患者を置き去りにしたということか』と聞かれた。ただし、当時の担当者はそれに対して、どんなニュアンスで回答したかは覚えていない。しかし、県の発表内容およびその後のやり取りで、記者が結果的に、『患者を置き去りにした』という解釈になった」（県災害対策本部救援班）。

前述のように、双葉病院では、計3回に分けて患者を搬送している。1、2回目は双葉病院の医師が、患者を病院から運び出すのに立ち会った。さらに

図❶　双葉病院長らと自衛隊の行き違いの経緯（院長らは割山峠で自衛隊を待っていた）

3回目は、警察と自衛隊の行き違いで、鈴木院長が立ち会えなかった。マスコミ報道を知った鈴木院長が県に訴えたため、「担当者は、口頭で、『院長はいた』と訂正した」（県災害対策本部救援班）ものの、その事実を改めて伝えたメディアは一部に限られる。

7.今回の福島第一原発事故から得られる教訓

　日本の原子力発電所は、13の道県に存在する。各道県は、初期および二次被曝医療機関を定めており、原子力安全研究協会の緊急被曝医療研修のHPによると、その数は計74施設に上る（**表3**）。原発事故後、新たに被曝医療機関を追加する動きはあるが、この74施設に限ると、原子力発電所から半径10km圏内に初期、二次被曝医療機関を合わせて計19施設（25.7％）、20km圏内にまで広げると計31施設（41.9％）が存在する。特に、北海道、茨城、新潟、静岡の4道県では、初期被曝医療機関がすべて10km圏内に集中する。被曝医療機関以外にも、原子力発電所周辺地域には病院のほか、高齢者の介護施設、障害者施設などが存在するため、今回の第一原発事故と同様に、患者や入所者の全員緊急避難を余儀なくされる事態が生じれば、困難を極めることは容易に想定される。それに加えて、初期および二次被曝医療機関自体が避難すれば、原発事故で被曝者、負傷者が多数生じた場合の対応にも問題が生じる。

　そもそも従来の「地域防災計画　原子力災害対策編」は、今回のような周辺地域にまで放射能被害が及ぶ大事故ではなく、事故の影響範囲は基本的には原発施設にとどまることを想定して作成されている。被曝医療機関の役割も、原発作業中の放射線被曝者への対応が主だった。

　国や県など行政の今後の課題としては、第一に、広域の避難、入院患者全員の避難を想定した通信・避難方法の確保を盛り込んだ地域防災計画の見直しが挙げられる。計画見直しの過程で必要なのが、国、県、市町村、警察、自衛隊など関係機関の情報伝達、指揮命令系統のあり方だ。地域防災計画では住民等の避難の責任は市町村にあるものの、市町村自体は患者等の搬送手段を自ら持たない中で、その任を果たさなければならないという問題を抱える。特に搬送患者数が多い場合には自衛隊に依頼せざるを得ないが、その命令権限は都道府県知事（個別の連絡等は災害対策本部が代替）にある。災害時の通信困難の中、関係機関が増えるほど、情報の錯綜や搬送手配の遅れなどが生じる。それと同時に、責任の所在も曖昧になる可能性が出てくる。加えて、事故前、衛星電話を用いた連絡体制を構築していないことが、各種対応の遅れにつながっているため、通信インフラの整備も不可欠だ。

　計画見直しの際に、中央集権的な体制作りは極力避けるべきだという点も強調したい。災害対策本部に、被災地域の医療機関の情報（搬送が必要な患者数やその重症度など）と受け入れ機関の情報（空ベッド数など）を集約化

表❸　原発立地地域における初期および二次被曝医療機関の立地状況

（原子力安全研究協会の「緊急被曝医療研修のHP」を基に作成）

	原発からの距離											
	初期被曝医療機関（施設）				二次被曝医療機関（施設）				初期、二次被曝医療機関合計（施設）			
	10km圏内	20km圏内	30km圏内	30km圏外	10km圏内	20km圏内	30km圏内	30km圏外	10km圏内	20km圏内	30km圏内	30km圏外
北海道	1							4	1			4
青森		2	1	8				3		2	1	11
宮城		2	1					3		2	1	3
福島❷	3		1	1				1	3		1	2
茨城	5						2		5		2	
新潟	1							1	1			1
静岡	4							2	4			2
石川	1	2						3	1	2		3
福井❷	2	2	1	3				2	2	2	1	5
島根	1	1					1	1	1	1	1	1
愛媛	1							3	1			3
佐賀						1				1		
鹿児島		1						1		1		1
合計（74施設）	19	11	4	12	0	1	3	24	19	12	7	36

❶三次被曝医療機関、原発立地の隣接県の被曝医療機関などは除外。「緊急被曝医療研修のホームページ」の掲載データは地域によって異なるが、2008年時点でのデータが多い。
❷複数原発がある県については、至近の原発からの距離。
❸網掛けは、初期被曝医療機関がすべて原発から10km圏内にある県。

し、患者の搬送先を決定するという体制は一見、合理的に見えるが、災害時の通信事情等を考えると機能するとは考えにくい。

さらに、地域防災計画をいくら整備しても、実行可能性が少なければ絵に描いた餅に終わるため、現場の柔軟性を確保できるルール作りも同時に求められる。ルールは「想定内」のことには対応できるが、「想定外」の事態には現場で臨機応変に対応しなければならないからだ。現場の警察や自衛隊をはじめ関係機関がある程度自由に連絡を取り合える体制を敷かなければ、特に今回のように広域災害の場合、対応は困難を極める。

そのほか、初期、二次、三次被曝医療機関の立地と連携体制の見直し、被曝医療専門家の養成なども求められる。福島県の二次被曝医療機関は福島県立医大のみだが、同大には被曝医療の専門家はいなかったため、事故後、専門家が放射線医学総合研究所や広島大学、長崎大学から派遣されている。

一方で、医療機関にも、自衛体制の構築が必要だろう。非常用電源や電気、水道、ガス、食料、医薬品や医療材料などの災害時のライフラインの確保体制の整備は言うまでもない。それだけでなく、同一県内および県外にそれぞれ提携病院を定め、災害等が生じた場合には、避難患者の受け入れ、あるい

は医療支援の要請がスムーズにできる体制を検討しておくことが求められる。

　なお、福島県は、「今回の避難について、避難途中で死亡されている方もいるため、完璧とは言えないが、組織として、できる限りのことは実施できたのではないか。ただし、地域防災計画は、見直すべきだと考えている」（福島県災害対策本部救援班）としているが、除染をはじめ、当面の課題があり、いつ見直すかなどのメドは立っていない。

第6節　現地の被曝医療体制

緊急被曝医療体制

　緊急被曝医療体制は、原子力施設内の医療施設や避難所に加えて、簡易除染を行うほか汚染の有無にかかわらず初期診療や救急診療を実践する「初期被曝医療機関」、体内被曝線量の検査など専門的な診療を実践する「二次被曝医療機関」、高線量被曝にも対応可能な高度専門的な診療を行う「三次被曝医療機関」の3部構造となっており、福島第一原発周辺でもこの枠組みに沿って複数の医療機関が指定されていた（下の表参照）。

種類	設置場所	福島第一原発に対応する医療機関
初期被曝医療機関	原子力施設が立地または10km以内に隣接する各道府県	10km圏内：福島県立大野病院・双葉厚生病院・今村病院 20〜30km圏内：南相馬市立総合病院 50km圏内：福島労災病院
二次被曝医療機関	原子力施設が立地または10km以内に隣接する各道府県	福島県環境医学研究所（第二次緊急時医療施設） 福島県立医科大学附属病院
三次被曝医療機関	東日本と西日本に1つずつ（放射線医学総合研究所・広島大学）	放射線医学総合研究所

　3月12日5時44分に福島第一原発から半径10km圏内に避難指示が出され、同日夜には避難地域が半径20km圏内へと拡大されたため、福島県立大野病院・双葉厚生病院・今村病院の3つの初期被曝医療機関が閉鎖された。

　3月12日に発生した1号機の爆発では4人の作業員が負傷し、1人の作業員の外部被曝線量が100mSvを超えた。前者は軽症であり高度汚染はなかったが、後者は原子力災害対策センター（オフサイトセンター）の医療班による治療を受けた。

　3月14日11時過ぎの3号機の爆発により、東電作業員4人、協力会社従業員3人、自衛隊員4人の計11人が負傷した。12日に自衛隊ヘリで現地入りしていた放射線医学総合研究所（放医研）の緊急被曝医療派遣チーム第一陣を含むオフサイトセンターの医療班が、福島県環境医学研究所（第二次緊急時医療施設、福島県原子力災害対策センターに隣接）で除染や応急処置を行ったが、オフサイトセンター自体も被災し停電や断水などインフラに問題を抱えていたため、汚染した傷病者を離れた医療機関に搬送する必要に迫られた。しかし、平時の緊急被曝医療訓練は限られた地域でのみ実施されていたため、「被曝医療機関として汚染のある患者を受け入れた医療機関がほとんどない」[1]状況であった。また後述の福島県緊急被曝医療調整本部に、支援の医療チーム派遣と航空機による広域搬送の要請が出されたが、福島県のドクターヘリや防災ヘリコプターは使用できなかった。そのため11人のうち1人は自衛隊機で放医研へ、地上搬送にて1人が福島県立医大、2人が県内他医

療機関へ搬送された。また軽傷と判断された7人は福島第一原発の10km南に位置する福島第二原子力発電所内診療所へ搬送された。この7人のうち3人は医療機関での対応が必要とされたため放医研のモニタリング車によって郡山市内の病院へ救急搬送されたが、汚染のために受け入れを拒否された。結局、負傷から丸1日近くが経過した15日午前中に除染を経て福島県立医大に転送された[2]。

　3月15日11時には原発周辺20kmから30km圏の地域に屋内退避指示が出され、南相馬市立総合病院の入院病棟は閉鎖された。また同日のオフサイトセンター移動に伴い、福島県環境医学研究所もその機能を失った。福島労災病院は原発から30km以上離れていたが、地震によるインフラの損害や放射線による風評被害による物資の不足、医療従事者が避難したことによる人手不足などにより、著しく機能が低下した。この時点で、汚染や被曝傷病者の受け入れ可能と確約のとれた医療機関は福島県立医科大学、広島大学、放射線医学総合研究所しかなく、計画されていた3階層の緊急被曝医療体制は崩れた。その一方で、当時福島原子力発電所内では、原発作業員のほか自衛隊員や消防職員も含めて1000人を超える人々が復旧作業にあたっており、被曝医療体制の再構築が緊急の課題であった。

緊急被曝医療調整会議

　医療機関に対して支援を行うはずの行政機関も機能不全に陥っていた。計画されていた緊急被曝医療体制では、市町村災害対策本部の医療グループや、現地のオフサイトセンターを拠点として、国の原子力災害現地対策本部や都道府県災害対策本部、市町村災害対策本部や事業者などで構成する「原子力災害合同対策協議会」の医療班が指揮命令系統の中枢として医療機関に支援を行うことになっている。

　しかし今回、市町村行政機関やオフサイトセンターそのものが甚大な被害を受けていたほか、オフサイトセンターに参集したスタッフは住民避難や放射線情報把握や現場医療支援などに追われていた。人材不足の状態に加えて、通信障害のため現場指揮に十分な情報が得られなかった[3]。14日午後8時には大半のスタッフが退避し、15日午前中には現地対策本部の全機能は福島市にある福島県本庁舎5階へと移された。さらに当時、福島県庁に隣接する自治会館3階に置かれていた福島県災害対策本部でも、地震や津波の被害への対応に追われる一方で、情報網の寸断により原発事故に関する十分な情報が得られていなかった。また避難所を開設する各市町村と、避難所に派遣する救援班の管理を行う県との情報共有も不十分であった。

　オフサイトセンターの機能不全を受けて、原子力災害合同対策協議会医療

1　放射線医学総合研究所緊急被曝医療研究センターの富永隆子氏　2011年8月27日「東京電力福島第一原発事故を受けた緊急被曝医療体制の再構築にむけて」研究会での発言
2　『福島原子力発電所事故災害に学ぶ―震災後5日間の医療活動から―JJAAM2011;22:782-91』
3　放射線医学総合研究所インタビュー

班の活動を代替したのが福島県庁に置かれた「緊急被曝医療調整会議」である。13日夕方には、放医研の緊急被曝医療派遣チーム第二陣に広島大学、原子力安全研究協会の専門家を加えた緊急被曝医療合同チームが結成され、自衛隊ヘリで15時50分に福島入りした。この合同チームと福島県保健福祉部のスタッフと県庁に参集していた福島県立医科大のメンバーら計10人が緊急被曝医療の指揮をとる「緊急被曝医療調整会議」を発足させた[4]。

「緊急被曝医療調整会議」は、情報共有や活動計画の策定など被曝医療対策本部としての基本的な役割を担った。また厚生労働省から派遣された医官3人[5]や全国各地からの緊急被曝医療チーム（各チーム数人。例えば広島大学の基本チーム構成は医師2人、診療放射線技師1名、看護師1人、事務職員2人）など応援部隊を受け入れ、派遣先の決定も行った。14日頃まで被曝医療関連の情報は福島県災害対策本部救援班に入っていたが、15日から緊急被曝医療調整会議の事務局である福島県緊急被曝医療調整本部兼DMAT福島県調整本部に医療に関する情報が集約されるようになり、住民に対する放射線サーベイの報告や翌日の計画、被曝患者の受け入れをめぐる医療機関との調整、自衛隊や消防機関への搬送要請などが行われた[6]。

住民への放射線サーベイ（スクリーニング）

避難所での住民に対するスクリーニングは12日に始まっていたが、避難地域の拡大により数万人の検査を行わなければならないという事態となり、スクリーニングや除染が必要になった場合の対応人員の確保、それに付随する資機材の確保という問題が生じた。避難住民の不安・ストレスの解消や風評の悪化を防ぐためにも放射線サーベイについてはスピードが重視される。また待ち時間が長期化すれば高線量汚染者の除染タイミングの遅れにもつながってしまう。しかしここでも、福島県緊急被曝医療活動マニュアルに規定していた対応がとれずに混乱が生じた。

スクリーニング基準値の引き上げ

13日18時に開かれた緊急被曝医療調整会議の第一回会合では、①平時の13,000cpmという基準値を用いた場合、県内のほとんどの地域が断水状態にある中で、多数の避難者の除染に必要な水が確保できない、②人手不足、③夜間は氷点下まで下がる気温の低さ、④逆に基準値を引き上げることで汚染を残した場合の放射線の健康リスクについて議論。最終的には全身除染のスクリーニングレベルを100,000cpmに変更することを福島県に提案した。翌14日、福島県保健福祉部地域医療課は「全身除染を行う場合のスクリーニングレベルを100,000cpmとする。なお、13,000cpm以上、100,000cpm未満の数値が検出された場合には、部分的な拭き取り除染を行うものとする」と決定した。

スクリーニングレベル変更の法的な根拠はどこに求められたのか。そもそ

も13,000cpmという基準値を、災害の状況に応じて変更できるとは明記されていない。しかし、この値は少量のヨウ素放出を前提としており、大量の放射性物質の放出および多人数の避難やスクリーニングの発生を想定した指標ではないため、今回の事故対応においては実効性がないとされた。原子力災害対策特別措置法によると、スクリーニングレベルは応急対策の一環として位置づけられている。その応急対策について、福島県地域防災計画原子力災害編では、国が「原子力安全委員会等の技術的助言等をもとに迅速な応急対策を決定し、県及び市町村に指示する体制を整備する」と規定している。一方で、県原子力災害対策本部の所掌事務の一つにも「応急対策の決定に関すること」が示されている。福島県は応急対策の決定の一環として3月14日にレベル引き上げを決定し、その通達を受けた放射線サーベイ関連機関は新しい基準を用いてスクリーニングを実施した。原子力安全委員会は14日4時30分に「スクリーニングにおける基準値について」原子力安全・保安院緊急時対応センター（ERC）に対する助言行為を行っているが、当初はこの変更を受け入れなかった[7]。しかし結局3月20日には原子力安全委員会も全身除染のスクリーニングレベルを100,000cpmに変更する旨の文書を発表した。

スクリーニングの実施

　新しい基準を用いた地域住民へのスクリーニングは14日に国立病院機構災害医療センターと福井県立病院の2チームが担当した。15日はこれに加えて国立病院機構の6チームが担当した。この頃には避難地域拡大により放射線サーベイの需要が高まっており、医療チームのみでの対応が困難と予測され、日本放射線技師会など技術専門団体が協力することとなった。15日から、各地の関係機関より派遣されたサーベイチームが福島県庁に集まり始めた。日本放射線技師会は3月16日から20日までの第一陣（11人）を皮切りに3月末までに計5チームを派遣している[8]。福島県の依頼を受けた厚生労働省は保健所や国立病院機構に対し、文部科学省は福島県立医大、放射線医学総合研究所や国立大学、原子力安全研究協会に対して、それぞれスクリーニング人員の派遣要請を行っている。しかし原発の状態が悪化した15日前後には、被曝への懸念から人員の確保がなかなか進まなかった事例も報告されている。

　参集チームは5月31日までに合計で約19万人のスクリーニングを行った。参集チームの一つである日本放射線技師会が3月13日〜4月17日までの約1カ月の派遣期間中に行ったスクリーニング実施数の推移を図に示す[9]。実施人数は3月15日にピークを迎えており、20日の原子力安全委員会のスクリー

4　「福島原子力発電所事故災害に学ぶ―震災後5日間の医療活動から」日救急医会誌2011;22:782-91
5　厚生労働省インタビュー、2011年12月20日
6　独立行政法人　国立病院機構　災害医療センター　近藤久禎医師インタビュー、2012年1月26日
7　原子力安全委員会作成クロノロジー
8　日本放射線技師会（http://www.jart.jp/news/index.shtml#20110316a）
9　日本放射線技師会「東日本大震災への対応―福島第一原発事故への取り組み―中間報告」

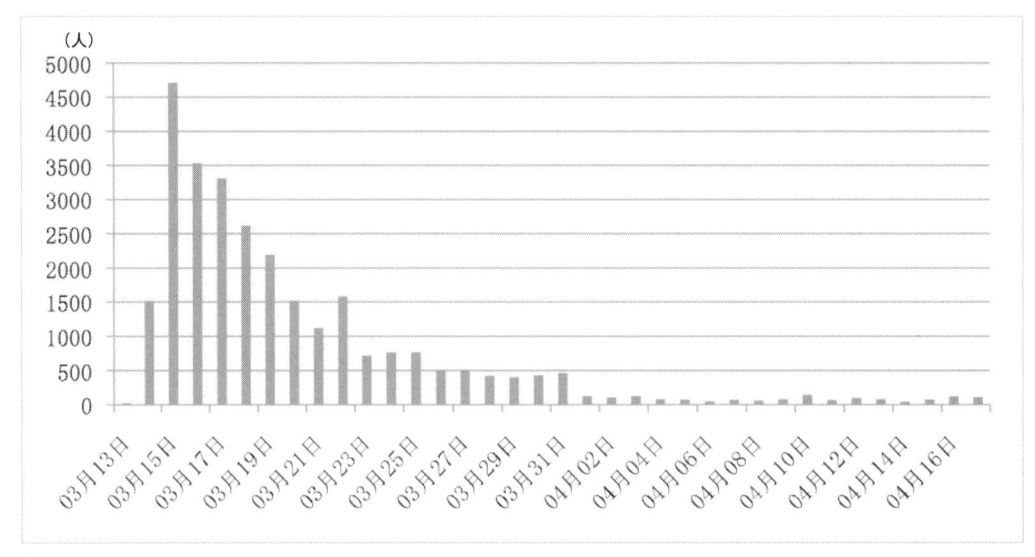

図 日本放射線技評会が実施したスクリーニング人数

ニング基準値の引き上げ決定までの1週間に総数の6割以上が集中している。緊急被曝医療調整会議の進言に基づく14日の福島県によるスクリーニングレベルの変更は、多数の避難者に対して迅速なサーベイを実施するという目的を達成するためには有効な判断であったと言える。

被曝医療体制の再構築

　緊急被曝医療調整会議の第1回会合では高線量被曝患者への対応についても検討され、患者搬送ルートの作成や受け入れ医療機関の調整が行われたが、搬送手段の確保は極めて困難であった。またこの時点で確約の取れた受け入れ搬送機関は福島県立医科大学、広島大学、放射線医学総合研究所のみであった。搬送ルートの第一段階は、福島第二原子力発電所の診療所を拠点として自衛隊のヘリによる空路や陸路で福島県立医大へ搬送するものであり、前述の3号機の水素爆発による負傷者の搬送にはこれが用いられた。

　事故発生から2週間後には、自衛隊や消防隊の前線基地として利用されていたJビレッジ（福島第一原発の南19km、福島県楢葉町にあるナショナルトレーニングセンター）を拠点とし、福島県立医大へ搬送するルートができた。3月24日、東電協力会社の作業員3人が3号機のタービン建屋地下で作業中に170〜180mSvという高い被曝を受け、うち2人はこのルートによってJビレッジに搬送され、消防隊に同班していた医師により初期評価と除染が行われた後、福島県立医大へ転送された。

　当時Jビレッジは東電作業員や消防隊や自衛隊の活動拠点として使用されており、除染に必要な設備などもあった。さらに消防隊や自衛隊とともに医師が派遣されていたこと、診療所に医療インフラがあったこと、ヘリや搬送車両が利用しやすい地理的条件を備えていたことなどから、4月2日にはこ

こに政府現地対策本部医療班と日本救急医学会を中心として、仮設の初期被曝医療機関が設置された。これによって、本来の3階層構造の被曝医療機関体制が再構築された。ここでは100人を超える被曝傷病者を想定し、Jビレッジには日本救急医学会や広島大学からの医師、放医研の放射線管理要員、東京電力病院の医師と看護師らが待機し、必要に応じて陸上自衛隊中央即応集団が支援する体制をとった。また多数傷病者発生時に迅速に対応できるよう、茨城県の二次被曝医療機関や関東の放医研協力協定締結医療機関や宮城県の被曝医療機関が受け入れる体制を作り、東北や関東の災害派遣医療チーム（DMAT）には緊急派遣への備えを呼びかけた。

災害弱者の避難

15日、20～30km圏域に屋内退避の指示が出されると、放射線に対する不安から周辺地域への流通が止まり、生活物資や医療資材の供給が途絶した。また外部からの救助者の立ち入りも少なくなり孤立した病院や介護施設には、この時点で屋内退避区域には約1200人の患者が留まっていると推測された。福島県緊急被曝医療調整会議では、20km圏内の病院・介護施設の緊急避難をめぐり、11日から15日までの間に数十人の死亡者が発生したり、搬送先未定患者が発見されたりした事態を重く見て、こうした災害弱者を20～30kmの屋内退避圏域から優先的に避難させるための広域医療搬送の枠組みづくりを行った。

この動きの中核となったのが、災害派遣医療チーム（DMAT）である。DMATとは「医師、看護師、業務調整員（医師・看護師以外の医療職及び事務職員）で構成され、災害急性期（48時間）に活動できる機動性を持ち、専門的な訓練を受けた医療チーム」で、日本では阪神・淡路大震災の際の初期医療体制の遅れという教訓を元に2005年に設立された。都道府県と医療機関との協定や、厚生労働省、文部科学省、都道府県、国立病院機構などにより策定された防災計画に基づいて、災害時には被災地域の都道府県からDMATに派遣の要請が出される。

3月11日にも被災4県より厚生労働省とDMAT事務局にDMAT出動要請が出された。福島県からの要請は11日の16時06分であった。福島県では福島県立医大がDMATの集結拠点となり、11日夜の時点で新潟県や長野県、福井県、広島県、関東地方各地から24チームのDMATが集まった。現地では、医療行為のほか、DMATの標準装備の一つである衛星携帯電話を活用した被災状況の情報収集や、県内の災害拠点病院等主な医療機関約80カ所の被災・患者受入状況の調査、スクリーニング、消防や自衛隊と連携した入院患者の搬送などの活動を行った[10]。DMATとしての活動は15日に終了し、各地の

---

10 東日本大震災 福井県立病院 DMAT第1班 活動記録（http://info.pref.fukui.jp/imu/fph/iframe/disaster/dmat1.pdf）

DMATは一旦福島から引き揚げた。

　16日、福島県緊急被曝医療調整会議で、災害弱者の20～30km圏からの優先避難について、体制に関する検討と搬送先の調整が開始された。都道府県に救護班を依頼するという案も検討されたが、医療サポートをしながらの搬送、受け入れ拠点でのメディカルチェック、受け入れ先病院までの搬送という一連のオペレーションを組織的に行う能力及び緊急動員できるリソースを持っているのは現実的にDMATしかなかった。また既にDMATと病院や自衛隊との連携フローが構築されていたこともあって、DMATを中心にこの広域搬送が行われることになった。

　しかし、全国のDMATに再度正式な派遣要請が出されたのは翌17日の夜であった。体制づくりに丸2日間を要したのは、福島第一原発の状態に応じて出された屋内退避指示への対応として行われる避難を災害救助法の枠組みの中で運用するための調整に時間がかかったためである。

　3月18日からDMAT参集チームによる災害弱者の広域搬送が始まり、搬送中の死亡者を出さないまま22日までに合計454名が搬送された（下表）。

	参加DMATののべ数	搬送者数	ルート
3月18日	5	51	南相馬市→飯館村公民館→会津方面、新潟県
3月19日	6	230	広野町→いわき光洋高校→埼玉県 南相馬市→川俣高校→新潟県、自治医大、福島県内、栃木県
3月20日	11	27	南相馬市→相馬港→新潟 南相馬市→サテライト鹿島→福島県立医大
3月21日	14	85	広野町→いわき光洋高校→茨城県 南相馬市→サテライト鹿島→福島県立医大、群馬県
3月22日	3	61	南相馬市→サテライト鹿島→栃木県、新潟県、福島県内
合計	39	454	

第3部
歴史的・構造的要因の分析

〈概要〉

　第3部では、福島第一原子力発電所事故に結びつく歴史的・構造的要因を検討し、分析する。すでに第1部、第2部で明らかにされてきたように、今回の事故は「備え」がなかったことにより、防げたはずの事故が防げず、取れたはずの対策が取れなかったことが原因とされている。本報告書では、事故の直接の原因に限定することなく、歴史的・構造的な要因に着目し、なぜ「備え」が十分でなかったのかを明らかにすることで、より深く事故の原因を調査し、問題の解決に向けての道筋を明らかにすることができると考えている。第3部では、行政や電力事業者たちが原子力の安全をどう考え、安全のために何を行い、何を欠いていたのかを、技術的、社会的、行政的な観点から分析していく。

　この分析を進めていくにあたり、重要なキーワードとなるのが「安全神話」である。日本の原子力技術導入時から構築されてきた、「原発は安全である」という漠然とした社会的了解は、原子力技術の考え方や、社会的な原子力技術の受容、安全規制における行政的な仕組みに少なからぬ影響を与えている。もちろん、「安全神話」とはあくまでも比喩的な表現であり、具体的な事象を指すものではない。しかし、原発の安全性に対する楽観的な認識に基づいてガバナンス体制が構築され、規制当局や安全規制に責任を持つ電気事業者、さらには原発立地自治体の住民や国民全体が「安全神話」を受け入れることで、日本の原子力事業が成り立っており、次第に事故の可能性を議論することすら難しい状況を生み、その結果、事故に対する「備え」が不十分となっていったのではないか。

　日本が1950年代に原発を導入するにあたって、「夢のエネルギー」として、その安全性と技術的先進性が強調され、そのリスクを明示しないまま、原子力の導入が進められた。原子力を専門とする学者や安価な電力を求める経済界、原子力を所掌する通産省（現経済産業省）と科学技術庁（現文部科学省）、そして原発を受け入れる自治体によって構成される、いわゆる「原子力ムラ」が原子力の安全性を強調することで、自治体と住民が原子力「原発」を受け入れやすくする素地を作っていった。

　また、スリーマイル島（TMI）原子力発電所事故（1979年）やチェルノブイリ原子力発電所事故（1986年）を経験した後も、「日本には安全文化がある」「日本で運用している原子炉とは異なる技術」といった議論を展開することで、日本の原発だけは安全であるという神話が維持され、これらの事故の教訓を踏まえた安全性の向上は不徹底なままという状況となった。さらに、茨城県東海村のJCO事故（1999年）のように日本における原発のトラブルも「一企業の問題」として片づけられ、過去の教訓が生かされることなく、「安全神話」に依存した体制は揺るがなかった。その背景には原子力船「むつ」の放射能漏れ（1974年）に端を発する反原発運動の盛り上がりもあった。反対派が訴える安全性への疑念を否定するためにも、原発の絶対的な安全性

を唱え、事故が起こることを想定することすら許さない環境が出来上がったといえる。

　この「安全神話」は国民の間だけでなく、電気事業者や規制当局にも共有され、原子力の安全性に対して過剰に楽観的な認識を持つに至っただけでなく、安全性の問題に正面から向き合うことを避けるような風潮を作っていった。その時に重要な背景となったのが国が原子力政策を推進し、電力会社が原発を商業運転する「国策民営」体制であるといえる。国策で導入した原子力であったが、その商業運転の責任のみならず、次第に安全性の向上も、一義的には民間企業である電気事業者の責任となっていた。それゆえ、規制当局は電気事業者を監督しつつも、実際の安全性向上の投資は民間事業者の判断に委ねられていた。そのため、安全性向上に対する国の責任が不明瞭となり、実際に事故が起こった際の責任の所在があいまいになり、事故への対応が混乱するといった状況がみられた。

　そうしたことが、日本の原子力安全規制ガバナンスに反映され、一方では緻密で膨大なハードウェアの点検を中心とする規制が作られることで、原発の安全性が確保されているという「神話」が紡ぎだされた。他方で、そうした規制だけを実施することで、事故を想定した緊急時対応などの準備が不十分な状態が容認されてきた。それが福島第一原発事故に際して、十分な備え、とりわけ「深層防護」の第4層にあたるシビアアクシデント（過酷事故）対策の未整備ということにつながったと考えられる。

　このような「安全神話」が生まれる過程と、それに基づく設計思想や安全規制ガバナンスのメカニズムが作られていった経緯を分析し、福島第一原発事故への備えがなぜ十分ではなかったのかを明らかにするのが第3部の目的である。

　まず、第6章では、原子力技術に関する考え方を整理し、分析する。原子力安全に関しては、日本の原子力発電施設の設計もIAEAの基本安全原則に基づいて行われていた。しかし、「安全神話」によって過酷事故が起こることを想定しにくい中で、深層防護の劣化、とりわけ第4層にあたるアクシデントマネジメント対策が不十分であったことを明らかにする。

　続いて、第7章では、過去の教訓がなぜ生かされてこなかったのかを明らかにする。原子力事業の安全管理は最新の知見を踏まえ、「使いながら安全性を高める」ことが求められるが、日本の原子力安全規制はそれができていたのかを検証する。「安全神話」と称される安全規制への思考の枠組みが津波への「備え」、全交流電源喪失への「備え」など、数々の「備え」の欠如に通じる問題となっている。

　第8章では安全規制ガバナンスの問題を取り上げ、日本における「二元体制」によるガバナンスの複雑さと、規制を担う諸機関の役割の曖昧さを明らかにする。原子力政策の導入当時から通産省と科技庁のタテ割り行政の弊害があり、安全規制を実施する責任も曖昧な状況にあった。原子力船「むつ」

の事故をきっかけに原子力安全委員会が設立され、JCO事故をきっかけに、原子力安全・保安院が設立されたが、これらの組織が相互に連携できていない状況が、原子力安全規制の脆弱性につながった。また、原子力安全・保安院、原子力安全委員会、そして規制される当事者である東京電力の、原子力安全規制に対する考え方や制度・体制を分析することで、原発事故に対する備えが十分でなかったこと、そしてその背景にも「安全神話」が作られていたことを明らかにする。

「安全神話」をキーワードに、これら四つの側面からの分析を通じて、福島第一原発事故がなぜ起こったのか、なぜ政府は、そして東京電力はあのような対処をしたのかを説明し、今回の事故がどうして「想定外」の事故となったのか、今回の事故をもたらした「備え」の欠如の原因を明らかにする。

第9章ではいわゆる「原子力ムラ」についての分析と整理を行う。「原子力ムラ」とは政治家、官僚（経産省・文科省）、電力業界を含む産業界、原子力工学者を中心とする有識者によって構成される。また、同時に原発を受け入れる立地自治体においても、受け入れる側としての「原子力ムラ」を形成し、中央と地方という二つの「原子力ムラ」が、原発を推進していく原動力となっていった。原発立地を受け入れてもらうための「安全神話」が、事故を想定した実践的な避難訓練や政策的な判断を鈍らせ、社会も「安全神話」を受け入れることで事故が起こることを「想定外」としてきたことが、今回の事故によって、より大きな衝撃を生んだ。

第6章　原子力安全のための技術的思想

〈概要〉

　この章の目的は、歴史的・構造的要因を掘り下げる方法のひとつとして、原子力安全にかかわる重要な概念に基づき、福島第一原子力発電所事故を振り返ることである。

　原子力発電所では「深層防護」のコンセプトのもとに、厳重と考えられていた安全対策が実施されていた。また、これらの対策は発電所の建設段階で完了したわけではなく、定期的な安全評価と、追加対策が取られてきた。しかしながら、今回の事故を防ぐことはできなかった。

　福島第一原子力発電所事故を生んだ技術的遠因の検証は、「誰が、いつ、何をしていれば、津波を起因とする一連の事故の進展を食い止める備えができたか」を問うことである。そこで、本章では、電力事業者をはじめとする実務家や原子力工学者が、原子力の安全に関する知見を、どのように獲得してきたかを取り上げる。そして、知見が不足していた点や、知見はあったものの対策にはつながらなかった点について、明らかにする。資料としては、原子力工学者や実務家に対する本プロジェクト独自のインタビュー結果に加え、学会等における発表資料や、学術論文誌に寄せられた論説等を活用した。

〈検証すべきポイント・論点〉

第1節　原子力安全に対するステークホルダーの役割

「誰が」という問いは二つの側面を持つ。一つ目は、「誰が技術的な知見を持ちえたか」という問いであり、二つ目は、「誰がリーダーシップを発揮すれば対策をとれたか」という問いである。本節では、IAEAの基本安全原則[1]に基づいて、原子力安全におけるステークホルダの役割を記述し、最初の問いの答えを得るための前提条件とする。二番目の問いに関する検証作業は、第9章で行う。

第2~4節　安全研究と安全評価手法

「いつ」の問いにも、二つの側面がある。一つ目は、「原子力安全や自然災害に関する研究とともに、原子力発電所の安全性・危険性に関する理解がどのように深まっていたのか」ということである。これに答えるためには、原子力に関する安全研究の歴史を調査する必要がある。二つ目は、「福島第一原子力発電所の設計・建設・運転期間のどの時点で、安全対策を実施し、あるいは強化するべきであったのか」ということである。この問いに答えるには、原子力発電所の安全性を、どのように評価すべきかを調査する必要がある。

第5〜8節　深層防護の劣化と喪失

　地震発生から事故へ至った経緯については、第1部で扱っている。本章では、それに基づいて、「何を」準備していれば、事故を回避できたか（少なくとも被害を軽減できたか）を考察する。したがって、この部分が、本章における検証作業の中心部分となる。原子力の安全対策は、深層防護と呼ばれるコンセプトに従って実施されている。本章では、深層防護の枠組みを意識しつつ、電力事業者が一義的な責任を負う分野である、①設計・建設、②運転・保守、③アクシデント・マネジメントについて、それぞれ検証していく。

第1節　ステークホルダーの責任と役割

　IAEAが定める基本安全原則1によれば、安全のための一義的な責任は許認可取得者に存在する。つまり、わが国の原子力事業の許認可体系に従えば、原子力安全を確保するための一義的な責任は、電力事業者が負うべきものである。

　一方で、基本安全原則2によると、政府の役割は、独立した安全規制機関を含む安全のための効果的な法令上及び行政上の枠組みを定め、それが守られていることを監督することである。つまり、安全に対する責任は事業者に存在するものの、「安全とは何か」という問いの答えは、事業者だけで決定できる問題ではなく、社会の状況によっても変化することから、国民の負託を受けた政府が決定するべきものである。

　電力事業者と規制機関の役割は、しばしば車の両輪にたとえられてきた。つまり、佐藤一男元原子力安全委員長が述べているとおり、「事業者責任と、監督責任とは、互いに補い合う事はあっても、一方が他に取って代わることはできない。すなわち、規制の有無やその内容によって、事業者が免責になることはない。同様に、事業者が完璧にその責任を果たしていても、規制が眠っていても良いということにはならない」[2]ということである。

　車の両輪である電力事業者と規制機関の関係は、国によって大きく異なっている。主に影響するのは、電力事業者と規制機関の規模、そしてそれらから決まる技術的なパワーバランスである。米国の場合、規制機関は積極的に電力事業者と技術的なコミュニケーションを持ち、安全に対する問題点を指摘する形の規制スタイルをとる。米国原子力規制委員会（NRC）は、予算と権限を持ち、経験豊富なスタッフを数多く抱えている。スタッフの多くは、海軍の原子力潜水艦や、民間の原子力発電所において、原子炉を運転した経験も持つ。一方で、米国の電力事業者の規模は小さく、数基の原子炉を所有している程度である。これは、プラントに関する技術的情報を取得するためには、類似プラントを持つ社外の協力が必要だということを意味する。こうした状況では、規制機関の問題点指摘型のアプローチは、受け入れられやすく、効率性も高い。

一方で、IAEAの安全基準に厳密に従った規制体系を持つ国も多くある。IAEAの安全基準は、原子力の新規導入国を意識しながら制定されるものであり、新規導入国では事業者も、規制当局も、技術的知見を蓄えていくことが必要になる。従って、原発の運転・管理に関するIAEAの基準は、周期的な検査等と、それによる学びのフィードバックを意識した体系が取られている。原発大国であるフランスも、IAEAの安全基準に準じた規制体系を持つが、主たる電力事業者が1社と、規制機関があるという構図であり、技術的な知見のパワーバランスの点では、新興国に通ずるところがある。

　わが国には、東京電力のように、規模が大きく、社内に技術的な知見を集積することが容易な電力事業者が存在する。一方、規制機関では、スペシャリストよりもゼネラリストを育てることに傾きがちな官庁の人事システムの影響もあり、技術的知見を蓄積する受け皿としての能力に乏しい。もっとも、規制機関の専門性の低さを、事故の直接的な原因と断ずることはできない。枠組みの制定自体には、有識者や、公正な学術的議論の場である学協会の力を借りることができる。また、実際の規制活動は、厳格な評価により達成できる。

　ただし、IAEAの基本安全原則は、規制機関が技術的に独立した存在であることを求めている。つまり、「何が安全か」という問いに対して、規制機関が、電力事業者の「入れ知恵」なしに、答えを出せる能力が求められているのである。

第2節　原子力安全研究の歴史

　安全リスクから公衆を守るための、もっとも基本的なコンセプトは、リスク源と公衆が接触しないように、十分な離隔を行うことである。原子炉で事故が起きることを仮定した場合、リスク源である放射性物質は、原子炉の出力に応じた運動エネルギーと共に放出され、公衆が活動する環境にまで移行し、そこで健康影響を発現させると考えられる。

　原子力施設の最初期には安全対策として、文字通りの離隔が実施されてきた。たとえば、黎明期（1940〜50年代）のアメリカの原子炉は、人里離れた砂漠の中などに建設された。こうした考え方において、確保すべき離隔距離は、原子炉が暴走した際に生じうる出力に基づいて、設定されることになる。

　原子炉に関する初期の研究の結果、原子炉に負のフィードバックという性質を持たせれば、仮に事故が発生したとしても、核反応が連鎖的に進んで核爆発するような事態にはならないことが明らかになった。つまり、原子炉が安定した運転状態から逸脱した場合、絶対に出力が低下するという特性を、原子炉に与えられることが明らかになった。したがって、何十kmもの離隔をとる必要がなくなり、代わりに原子炉を頑丈な壁で覆っておくようになっ

た。これが原子炉格納容器である。

　ちょうど福島第一原子力発電所の建設が開始された頃、溶融炉心や崩壊熱によって原子炉格納容器が破壊される可能性が指摘されるようになった。負のフィードバックがあるとはいえ、原子炉の崩壊熱はきわめて大きいので、（今回の事故で現実となったように）冷却を継続することができないなら、核燃料は溶融し、原子炉圧力容器や原子炉格納容器も破壊して、放射性物質が外部へ放出されることになる。したがって、仮に配管破断などの事故が発生しても「確実に」冷却が実施されるか否かが、安全対策上の重要な関心事となった。

　「確実に」という言葉には二つの側面がある。一つ目は、安全設備の性能の問題である。つまり、設備が本当に設計者の意図した通りの効果を上げるのか、という問題である。二つ目は、信頼性の問題である。つまり、性能に問題のない設備であったとしても、故障していては設計者の意図通りに機能しないから、結果として事故に至るのではないか、という問題である。これらの問いに答えるために、二通りの性質の異なる安全評価手法が開発され、用いられている。一つは、決定論的手法、もう一つは確率論的手法である。

　このように、原子力の安全に関する知見は、段階的に進歩していった。これに伴い、安全性を評価するための手法も、徐々に洗練されていった。続く2つの節では、これらの決定論的安全評価と、確率論的安全評価について、歴史的な経緯を踏まえて、整理する。

第3節　設計想定事象（DBE）と、決定論的安全評価

　安全対策の実施と、対策の効果の評価において、ある種の「想定」を行うことは不可欠である。今回の事故に関連して、さまざまな人が「想定外」という言葉を使用したが、人によって使い方が異なっている。そこで、本格的な検証作業に入る前に、原子力における決定論的な安全評価手法と、設計における事故の「想定」の仕方について、調査した。

　決定論的な安全評価の目的は、IAEAによれば「施設の設計と運転又は活動の立案と実施に対する、一連の保守的で決定論的な規則と要求事項を特定し、適用すること」と定義されている[3]。つまり、決定論的な安全評価は、保守的な安全対策を講じるために必要な情報を得るための手段であり、あらゆる対策が完璧にとられていることを証明することとは少し意味合いが異なる。もとより、事故の起因事象（原因）やシーケンス（つまり起因事象が拡大して事故に至るプロセスの連鎖）は無限に存在する。全てを想定して対策を講じることは、おそらく不可能であるし、少なくとも現実的ではない。

　この点を現実的に解決するためのアプローチが、設計想定事象（DBE: Design Based Events）と呼ばれる考え方である。DBEは、無限にある事故シーケンスのある面を特徴的に抽出した、仮想の事故シーケンスである（例

えば、配管が一瞬のうちに完全に破断することは現実的には起こり得ないと思われるが、配管破断により大量の冷却水が漏出することを想定するためには良い仮想事故である)。様々なDBEを想定し、すべてのDBEに対して十分に保守的な対策を講じるならば、発生するあらゆる事故シーケンスに対する対策が可能になると期待される。これが、設計の段階で事故を「想定」して、安全評価を行うことの本質的な考え方である。

DBEが現実に発生しても放射性物質の拡散に対する障壁を維持できるよう工学的安全設備を設計し、その機能を確認することは、原子力安全におけるもっとも重要な対策の一つと位置づけられてきた。また、DBEが実際に発生し、1つの設備が故障したとしても、放射性物質の拡散に対する障壁を維持できるように、冗長性を考慮した安全設備の設計が行われてきた。

安全設備の効果を検証するために、実機を模した設備を使って、大掛かりな実験が系統的に行われ、緊急時炉心冷却系の性能や、事故時の核燃料の挙動などが評価された。また、計算科学の進歩により、熱流動の挙動や、構造の変形などの数値解析が可能になり、安全評価に利用されるようになった。

1960年代後半から始まった一連の研究を通して、DBEを元にした対策が設備ごとに強化されていった。新プラントの設計、建設に際しては、こうした安全研究の成果が取り入れられ、より信頼性の高い安全設備が導入されていった。また、設計の進歩と共に、DBEの見直しも行われていった。

第4節　DBEを大幅に超える事故と、確率論的安全評価

1970年代には、設計の想定を大幅に超える事故(シビアアクシデント)等の危険が、科学的に指摘されるようになった。スリーマイル島原子力発電所事故において、シビアアクシデントが実際に発生したことを受け、シビアアクシデントへの対策が加速することになる。

1975年に発表されたWASH-1400と呼ばれる報告書は、設計の想定を大幅に超える事故のリスクをはじめて定量的に評価した。この報告ではまず、イベントツリーと呼ばれる手法を使って、事故の防止に失敗するのに必要な最小の機器故障の組み合わせを求める。そして、フォールトツリーと呼ばれる手法を用いて、先述の組み合わせが起きる確率を求める。確率論的安全評価と呼ばれるこの手法は、改良されながら現在まで使われている。

WASH-1400から得られた最大の教訓は、原子力発電所におけるリスクは、大部分が設計の範囲を超える事象によって発生することを明らかにしたことである。また、シビアアクシデントに進行する確率が、それまでの予想より高いことや、当初最重要視されていた原子炉の冷却水を一気に喪失する事象より、リスクの高い事象が存在することも、明らかになった。その後、スリーマイル島原子力発電所事故等を経て、米国ではシビアアクシデントに対する研究を精力的に行っている。

確率論的安全評価の目的は、「施設又は活動から生じる放射線リスクに対するすべての重要な寄与因子を決定すること、また、全体の設計でうまく釣り合いがとれ、確率論的安全評価基準が定められている場合はそれを満たしている程度を評価すること」である[3]。確率論的手法は、「決定論的手法からは導き出すことができないかもしれないシステムの性能、信頼性、設計における相互作用及び弱点、深層防護の適用、及びリスクに対する知見を提供する」[3]ことが期待されている。米国等では、確率論的安全評価が、上述の役割を果たしてきた歴史がある。一方、わが国では、確率論的安全評価の規制要件化が実施されなかったことから、その効用は限定的であった。

第5節　深層防護

深層防護の定義

第1章でも述べたが、原子炉を安全に制御するには、以下の三つの機能に関し、非常に高い信頼性が要求される。

Ⓐ原子炉の核反応の制御(つまり原子炉を「止める」機能を維持すること)
Ⓑ原子炉の熱の除去(つまり原子炉を「冷やす」機能を維持すること)
Ⓒ放射性物質の拡散に対する障壁の維持(つまり放射性物質を「閉じ込める」機能を維持すること)

これらの操作に関し、高い信頼性を維持するための工学的なコンセプトが、深層防護という考え方である。深層防護とは、英語のDefense in Depthを訳したもので、安全対策を重層的に施して、万が一いくつかの対策が破られても、全体としての安全性を確保するという考え方である。原子力発電所の場合、先述の「止める」「冷やす」「閉じ込める」という機能について、それぞれ多層の対策が取られている。また、設計時に用意した対策がすべて失敗した場合に備えて、人と環境を放射線の影響から守れるような対策が立てられてきた。

深層防護の階層

深層防護の階層は、IAEAの分類[4]に従えば、以下の五つに分けることができる。

① **第1層**:「通常運転からの逸脱を防止し、システムの故障を防止すること」
通常運転からの逸脱には、構造物や系統、機器の故障や運転員の誤操作など、プラント内部に起因するものと、自然災害やテロ行為などプラント外部に起因するものがある。

② **第2層**:「予期される運転時の事象が事故状態に拡大するのを防止するために、通常運転状態からの逸脱を検知し、阻止することにある」
例えば、異常を検知して自動で核反応を停止させたり、配管に繋がる隔離弁を閉止したりする機能は、第2層に相当する。

③第3層：「工学的安全施設の設置によって、先ず発電所を制御された状態に導き、次に安全停止状態に導き、更には放射性物質の閉じ込めのための少なくとも一つの障壁を維持すること」

例えば、原子炉につながる配管が破断して冷却水が大量に漏出した場合に備え、緊急炉心冷却系が複数用意されているが、これらは第3層に相当する。

④第4層：「設計基準を超える事故、すなわち、シビアアクシデントを対象としており、放射性物質の放出を可能な限り低く抑えるためのものである。このレベルの最も重要な目的は、閉じ込め機能の防護である」

外部からの原子炉への注水や、原子炉格納容器ベントといった作業や、水素対策は、アクシデント・マネジメントに相当する。

⑤第5層：施設外で「事故に起因する放射性物質の放出による放射線の影響を緩和すること」

放射性物質が大気中を拡散している場合には、屋内退避や遠隔地への避難、ヨウ素剤の服用といった対策が取られる。また、放射性物質が地表へ沈着した場合には、一時的な移住や、除染、食物等の摂取制限といった対策が取られる。深層防護の第1〜4層が原子力事業者の責任で実施されるのに対して、第5層の防災対策は行政によって行われるものである。

深層防護に関する誤解

深層防護は、各階層が互いに独立しているべきである。ある階層の効果が、前後の階層に依存するべきではない。つまり、各階層は自分が最後の砦になったつもりで、対策を行わなければならない。また、前の階層が全く役に立たないと仮定して、後の階層は対策を行わなければならない。こうした思想の下、五つの階層すべてを強化していくことにより、初めて深層防護と呼べるのである。

原子力の危険性を指摘する議論の中には、前段の階層の対策が不十分であるから、防災対策等の後段の階層が必要になるのだ、と考える向きがある。しかし、この議論は、深層防護という工学的アプローチの理解不足に起因するものである。

一方、原子力関係者の中にも、深層防護に関する誤解が散見される。典型的なものは、原子炉の安全な制御に必要な三つの機能のうち、「止める」機能が第2層、「冷やす」機能と「閉じ込める」機能を第3層のみにあるかのような記述である。政府事故調の中間報告書にすら、こうした記述が見られる。

実際には、第1から第3の防護レベルには、それぞれに「止める」「冷やす」「閉じ込める」ための設備が置かれている。また、アクシデント・マネジメントにおいても、「止める」「冷やす」「閉じ込める」ための対策が考慮されている。

電力事業者には、アクシデント・マネジメントや防災対策を強化すると、

地元住民が不安に感じ、原子炉の運転に否定的な感情を持つのではないか、との懸念がある。事故以降は社会全体からこれらの対策が軽視されたのではないか、との疑いが持たれている。もし、深層防護に関する正しい理解が社会全体に広く普及していれば、この懸念は生じなかったであろう。しかしながら、原子力関係者の間ですら、深層防護の意味や重要性が正しく理解されていたか疑わしい点があり、深層防護に関する正しい理解が広く普及するには至っていなかった。

原子力技術に関する検証の方針

事故の技術的要因の検証は、深層防護の階層ごとに実施されるのが適切であると考えられる。とはいえ、本章では歴史的な要因にフォーカスして、検証を行わねばならない。深層防護の最初の3つの層については、原子力施設の設計・建設段階で機能が決まり、運転段階で機能を維持していくものであるから、切り離して歴史的な検証を行うことが難しい。

そこで、本章では、①設計・建設、②運転・保守、③アクシデント・マネジメントの三つに分類して、原子力技術を歴史的な見地から検証することにする。

第6節 設計・建設に関する検証

福島第一原子力発電所の立地

今回の事故は、地震と津波という自然災害に起因して、発生したものである。したがって、福島第一原子力発電所の立地を検証する必要がある。つまり、発生するかもしれない自然災害等をどのように想定し、それに対してどのような対策が取られたかという点である。また、電力事業者や規制当局の専門的知見の向上と共に、対策がどのように見直されてきたかについても、検証されるべきである。

これらの点は、安全規制と密接にかかわる検証分野であることから、第7章において重点的に扱う。

福島第一原子力発電所の型式

福島第一原子力発電所には、6基の原子炉が設置されている。いずれも沸騰水型軽水炉(BWR)と呼ばれるタイプの軽水炉で、1号機はBWR-3、2〜5号機はBWR-4、6号機はBWR-5と呼ばれる型式である。型式の違いは、出力や、原子炉圧力容器と配管の接続の方法、冷却設備や非常用電源の構成、原子炉格納容器の種類など、多岐にわたっている。また、想定するDBEも幾らか異なっている。従って、検証に際しては、安全上重要な機能が、どの様に機能を喪失したのかを、個別に検証する必要がある。今回の検証では、事故の原因になった可能性のある設備として、非常用電源設備と、原子炉格

納容器を取り上げる。

電源喪失への対策

　第1章で整理した通り、今回の事故では、津波によって全交流電源と直流電源を喪失したことから、事故の拡大を抑止することができなかった。したがって、電源喪失に対する対策が不十分であった点が、検証対象となる。

　1987年に、NRCはNUREG-1150と呼ばれる報告書を公表した。この報告書は、確率論的安全評価手法の改良と、米国の5つのプラントに対する適用ケースからなっており、BWRにおいて、全交流電源喪失事故のリスクが高いことを指摘する内容となっている。米国という条件上津波は考慮されていなかったが、外部電源やディーゼル発電機の信頼性の低さが、リスクを高める原因だとしている。

　福島第一原子力発電所でも、長期にわたる全交流電源喪失の危険性は認識されており、それに対する対策もとられていた。1〜4号機では、各2台の非常用ディーゼル発電機が配備されていた。そのうち2、4号機の各1台は空冷式の発電機であり、海水ポンプが機能を喪失しても運転を行うための対策であった。2号機については、もともと1台のディーゼル発電機しか配備されておらず、2台目となる発電機は1号機と共用化されていたが、1994年に専用の発電機が追加された。この空冷式発電機はタービン建屋の地下ではなく、共用プール建屋の1階に置かれており、今回の事故においても浸水を免れた。さらに、1〜2、3〜4号機には、シビアアクシデント対策として、電源融通用のケーブルが敷設されていた。これらの対策にもかかわらず、1〜4号機が全交流電源喪失に陥ったのは、生き残った発電機を接続していた金属閉鎖配電盤等が浸水したためである。

　津波のない米国で設計された原子炉の使用を事故の遠因に挙げる報道は多く、全交流電源喪失は、その証拠の代表例のように言われることがある。現実には、1994年に非常用ディーゼル発電機の増設が行われており、盲目的に古い設計の設備を使用し続けたわけではない。しかし、対策がきわめて不十分で、その結果の現実に重大な事故を起こしたこともまた、紛れもない事実である。

　原子力技術に関する米国の動向の追随は、より深い意味で、事故の遠因になっている可能性がある。つまり、運転開始後も米国の動向に学びながら自主的に対策を追加していったものの、わが国に固有のリスクを十分に考慮できなかったため、今回の事故に至ったともいえる。

MARK-I型原子炉格納容器

　設計段階における二つ目の検証課題は、原子炉格納容器に関するものである。今回の事故では、放射性物質の拡散に対する障壁が喪失し、放射性物質が大量に外部へ放出された。原子炉格納容器は、放射性物質の障壁のうち最

後の砦ともいうべきものであるが、部位は未だ確認されていないものの破損したことは確かである。この原因について、原子炉格納容器の設計自体に問題があった可能性を指摘する議論があるが、その内容は、おおむね3種類である。

- MARK-I型は、地震に弱いのではないか
- MARK-I型は、容器の容積が狭く、事故時に崩壊熱を閉じこめることができないのではないか
- MARK-I型は、蒸気が圧力抑制プールへ流入する際の動荷重によって、破損するのではないか

一番目の指摘は誤解にもとづくものであると考えられる。MARK-I型の重心は、MARK-II型より低く、耐震性の点ではむしろ有利な構造である。また、現在のところ、地震によって破損したことを示す明確な証拠は見つかっていない。

二番目の問いについては、MARK-I型の容積が、MARK-II型より小さい点は、事実である。しかしながら、原子炉の熱を蓄える能力の指標は、容積の絶対値ではなく、熱出力あたりの容積で比較することが適切である。MARK-I型格納容器を採用しているプラントでは熱出力が小さい。したがって、この点でも、MARK-I型はMARK-II型と比較して、同等程度か、むしろ有利といえる。

三番目の問いは、いわゆる「MARK-I問題」と呼ばれるものであり、1970年代にゼネラル・エレクトロニクス社の元社員だった技術者によって指摘された。BWRでは、原子炉圧力容器の内圧が高くなると、原子炉圧力容器の破損を防止するため主蒸気逃がし安全弁を作動させて、蒸気を圧力抑制プールに放出し、凝集させる。この際、蒸気が局所的に放出され、圧力抑制室の内壁に局所的な動荷重が加わり、破損する可能性があるというものである。蒸気排気管については、改良が行われ、蒸気を分散して水中に放出する工夫が施された。水中での蒸気の挙動は多様であり、複雑な動荷重が発生することが予想されるが、原子力安全委員会の指針[5]では、10種類もの流動のタイプを仮定して、動荷重を解析するよう定められており、これをクリアしている既存のMARK-I型格納容器については、一定の健全性が確保されていると考えられる。

原子力安全基盤機構は今回の事故の直前に、福島第一原発と同様のタイプも含む様々なBWRを対象に、地震時における主な事故シーケンスの事故進展やソースターム（放出される核分裂生成物の量や種類）を解析し、形式によって大きな差が現れることを示している[6]。特にBWR-4（2〜5号機と同じ形式）では、原子炉圧力容器下部の床と原子炉格納容器の床とが同じ高さの構造であるため、原子炉圧力容器破損後に落下したデブリが原子炉格納容器の床に拡がり、場合によっては一部が溶融貫通する可能性を指摘している。

原子炉格納容器の破損の原因については、実機の調査によって、はじめて

明らかになる。しかしながら、核燃料の直接接触の他に現時点で2号機の圧力抑制室について、次の二点を指摘することができる。

一点目は、2号機の圧力抑制室の温度が、3月14日の正午過ぎには設計最高温度を7℃ほど上回っていた点である。二点目は、炉心への冷却が停止して燃料棒が露出した時期から、（圧力計の指示値によると）ドライウェルにおいてのみ圧力が設計最高圧力以上に上昇し、圧力抑制室の圧力は設計最高圧力以下に維持される状況が続いていた点である。

長期的な検証課題として、今回の事故を模擬したケースにおける動荷重を解析し、実際の破損状況と比較することが望ましい。

第7節　運転管理や保守に関する検討

運転期間中の検査の体系

安全に関する一義的な責任は、許認可取得者である電力事業者にあるから、安全対策の計画は電力事業者によって立案されるべきである。一方、規制機関は計画の内容が適切であることと、計画にしたがって対策が実施されていることを確認する責任を持つ。したがって、様々な周期で、規制機関による検査が実施されている。以後の説明のため、事故の直前における検査の体系について、簡潔にまとめる。

保安検査（年4回）：事業者は、運転管理における遵守事項を規定した保安規定を国に届け出る。原子力保安検査官は、定期的に保安規定の尊守状況を確認するため、保安検査を行う。

定期検査（13〜24ヶ月に1回）：事業者は、定期的に原子炉を停止し、原子炉や蒸気タービンなどの重要な設備について、検査を実施することが義務付けられている。国は、立ち会いや記録確認により、検査が適切に実施されていることを確認する。

定期安全レビュー（10年に1回）：事業者は、約10年毎に、運転内容の包括的評価や、最新の技術的知見の反映状況について、自ら総括し、国がその妥当性を評価する。また、確率論的安全評価も実施することが推奨されている。

高経年化技術評価（運転開始後30年以降、10年に1回）：事業者は、安全上重要な機器・構造物について、以後長期間（運転開始後60年まで）運転することを想定して、長期間の供用によって発現する可能性のある経年劣化事象も考慮し、プラントの健全性を評価する。そして、それに基づいた長期保全計画を策定する。国は、長期保全計画の妥当性を評価する。

運転時の安全評価に関する課題

わが国では、定期検査などの枠組みの中で、個別の機器や構造物の性能が、定期的、かつ詳細に評価されてきた経緯がある。したがって、海外と比較し

て、個別の機器の信頼性は高い傾向にある。一方で、プラント全体の安全性については、評価が不十分であった可能性が指摘できる。

プラント全体の安全性を考えるために、二つの指標を考える。一つ目は計画外停止頻度、二つ目は確率論的安全評価である。

計画外停止頻度とは、文字通り、原子炉が計画外に停止する頻度である。原子炉は、定期点検や燃料交換のため、計画的に停止することがある。一方、地震等の自然災害や、運転員の誤操作、機器の故障などが原因で、当初の計画にはないものの、原子炉が停止することがある。この頻度が、計画外停止頻度である。したがって、計画外停止頻度は、深層防護における第一の防護レベルの信頼性を評価するのに適した指標である。

わが国における原子炉の計画外停止頻度は、この15年程度は1年につき1炉あたり0.3回程度で推移しており、米国、フランスなどと比較して10分の1程度の低水準であった。つまり、第一の防護レベルは、比較的優れていることが示されている。これは、厳しい検査を課し、小さな不適合（傷、劣化など）でも、補修・取替を行い、徹底した予防保全を行ってきた成果と考えられる。

確率論的安全評価（PSA）とは、第4節で説明した通り、個別の機器の故障する確率等に基づいて、プラント全体のリスクを評価する手法である。このうち、レベル1 PSAとは、炉心損傷確率（原子炉の核燃料が損傷する確率）を求めるものであり、深層防護における第三の防護レベルの信頼性を評価するのに適した指標である。

福島第一原子力発電所も含め、わが国の原子力発電所では、定期安全レビューの中で、内部事象（機器の故障や配管の損傷など）に起因する確率論的安全評価が、自主的に実施されてきた。しかしながら、外部事象（地震等）に起因する確率論的安全評価については、手法が十分確立していなかったこともあり、取り組みが遅れていた。また、規制機関にも、確率論的安全評価の結果を、積極的に規制に活用するという姿勢がなかった。

日本原子力学会標準委員長の宮野廣氏は、「一面から見た安全尺度の採用と過信」を事故の遠因に挙げ、「わが国の原子力発電所では計画外スクラム（停止）の頻度が極めて低いことは、世界的にも有名である。そこに安全神話が形成されてしまったのではないか。…従って、確率論的安全評価（PSA）のニーズが少なく、"せっかく安全だというのに"という思いから取り組みが遅れてしまったのではないか」と述べている[7]。

このことは、深層防護の考え方の根本である防護レベルの独立性が、十分に理解されていなかったことを示している。つまり、第1層の指標である計画外停止頻度だけでなく、第3層の指標である炉心損傷確率についても、より積極的に評価されるべきであった。また、評価結果に基づいて、プラントの弱点を明らかにし、対策を追加する必要があった。

経年劣化の影響の検討

　福島第一原子力発電所の事故に関し、老朽化したプラントであったために事故の拡大を防げなかったのではないか、との指摘が見られる。実際に、今回被災した東北から関東にかけての太平洋岸にある14のプラントのうち、最も古い3基が炉心損傷に至っている。そこで、原子力発電所の経年劣化について、検証を行うこととする。

　IAEAの経年劣化指針[8]によると、プラントの経年劣化は2種類に分類される。一つ目は、構造物・系統・機器（SSC）の経年劣化である。二つ目は、SSCの旧式化である。

構造物・系統・機器の経年劣化の影響

　SSCの経年劣化の対策が適切であったかの検証には、二つの側面がある。第一に、経年劣化対策が適切に実施されていたかという問題がある。第二に、経年劣化が今回の事故にどのような影響を与え得るかという問題がある。

　原子力発電所を長期間供用した場合に発現する劣化事象には、配管の減肉や、熱応力による金属疲労（割れ）などがある。わが国では、日本原子力学会によって、原子力発電所の高経年化対策実施基準が作成されており、経年劣化を網羅的にチェックできる仕組みが備えられていた。また、個々のSSCの評価についても、日本機械学会や日本電気協会によって、評価に必要な規格基準等が整備されていた。また、規制機関は、高経年化技術評価書の審査によって、電力事業者が規格基準に従った対策を実施していることを確認していた。したがって、SSCの経年劣化対策に関しては、必要な要件を満たしていた。

　次に、経年劣化が事故に与え得た影響について検討する。長期間の供用によってSSCに発現する劣化事象は、6～8種類に大別される。このうち、金属疲労と配管減肉について、地震の影響と関連付けて議論されるケースがあることから、ここで取り上げる。

　第一に、第1章で述べたとおり、地震による原発施設への重大な影響は、現時点では認められていない。特に、安全上重要な配管については、もし損傷があるとすれば原子炉圧力等に影響を与えることが予想されるが、地震直後のチャートからは、そうした影響は認められない。

　第二に、金属疲労に関する議論は、既に劣化が進んでおり微小な亀裂等が存在する構造物において、地震による振動によって亀裂が進行し、破断に至るのではないかという指摘である。これに対し、地震動による振動は、亀裂進展を促進しないというのが、一般的な見解である。また、新潟県中越沖地震の後、柏崎刈羽原子力発電所で行われた評価でも、地震動による有意な亀裂進展は認められなかった。

　従って、今回の事故に関して、経年劣化と地震の重なりが影響を与えたとは、現時点では認められない。

構造物、系統、機器の旧式化の影響

IAEAの経年劣化管理指針[8]では、物理的な経年劣化に加えて、「構造物・系統・機器の旧式化」についても、管理の対象とするよう定めている。旧式化とは、「最新の知識、基準、および技術に照らし合わせて時代遅れになること」である。

わが国において、旧式化を評価する枠組みとしては、定期安全レビューにおける最新知見の反映に関する評価が、一応該当する。また、確率論的安全評価は複数のプラントの安全性を定量的に比較できる手法であることから、旧式化に関する評価に有用である。しかしながら、定期安全レビューは2003年まで規制要件化されておらず、規制要件化の際にも確率論的安全評価は対象外となったこともあり、SSCの旧式化への対策は、経年劣化への対策と比較して、少ない労力しか割かれなかった。

経年劣化対策の観点から、プラント全体の旧式化への対策を強めていれば、全電源喪失の危険性に意識が向けられていた可能性は否定できない。

第8節 アクシデント・マネジメントの準備に関する検討

アクシデント・マネジメントの方向性

アクシデント・マネジメント（AM）については、対策の強化に向けた様々な議論が行われている。事故の歴史的検証とも関係があることなので、AMの考え方について、あらかじめ整理する。AM強化には、大きく分けて二つの方向性がある。

一つは、従来の設計ではカバーされていなかった対策を行うため、設備面での強化を行うことである。これは、シビアアクシデントに関する知見が深まったことに起因する設計想定事象（つまり第三の防護レベル）の拡大、とも取ることができる。

もう一つは、事故が発生した後に、臨機応変な対策がとれるように、運転員や組織を強化したり、汎用性の高い設備や道具を準備したりすることである。これは、従来のAMのコンセプトに沿ったAM強化である。

電源喪失時のアクシデント・マネジメントの備えの不足

今回の事故では、全電源を喪失したことが、AMの実施を困難にした。具体的な例として、プラントパラメータの監視と、格納容器ベントを挙げられる。

1、2号機では津波到来後すぐから、3号機では12日の深夜から13日未明にかけて、直流電源を喪失し、原子炉水位等の重要なパラメータが中央制御室で測定できなくなった。計器は逐次復旧されたものの、重要な意思決定の場面でプラントパラメータを参照できなかったことが、AMを非常に困難に

した。例えば1号機の水位計が回復したのは、炉心損傷が生じたと予想される時刻の後であり、この時までに水位計の信頼性は大きく損なわれていた。

原子炉水位の計測が継続しているか、シビアアクシデント後にも信頼性を保てる計器が備えられているかすれば、当直や現地災害対策本部は、より早くに1号機の深刻な事態に気づいた可能性がある。また、制御用の電源や圧縮空気の不足と、劣悪な作業環境（照明の喪失、高い放射線、高温）が原因となって、原子炉格納容器ベント（以後、ベント）作業に多大な時間を要した。また、ベントラインの構成完了後にも、ベント弁がたびたび閉止したことから、再度弁を開ける作業が必要になった。

一方、欧米には、ベント弁をシャフト（軸）で接続し、かなり離れた場所から操作できるように工夫されたベントラインを持つ原子力発電所も存在する。ベント弁の操作性が高ければ、ベント作業に要する時間が短縮され、ベント作業に携わった作業員の被ばくは低減されたと考えられる。また、原子炉格納容器が設計最高圧力より高い圧力を受ける時間は短くなることから、原子炉格納容器から外部へ漏えいする放射性物質の量や、水素の量が、低減した可能性がある。

フィルター付きベントの問題

説明が前後するが、ベントとは、原子炉から発生する膨大な蒸気によって格納容器の内圧上昇による破損を防ぐために、ベントラインと呼ばれる配管から、蒸気の一部を放出して、原子炉格納容器内の圧力を低減する措置である。今回の事故では、1～3号機で試みられ、1、3号機では成功が確認された。2号機については、原子炉格納容器内の圧力低下は確認されたものの、ベントの成否は現時点では確認されていない。

欧州等では、ベントラインの終端に巨大なフィルターを取り付けることで、ベントラインを経由して放出される放射性物質の量を、元の1/100～1/1000へ低減させる仕組みがとられている。圧力抑制室を経由するウェットベントでも同様の効果があると考えられているが、ドライウェルを経由するドライベントでは、放射性物質を帯びた蒸気が直接大気中へ放出される。

今回の事故では、1、3号機でウェットベントが実施された。2号機においては、ウェットベントに成功しなかったことから、ドライベントも試みられた（ただし、成否は不明）。2号機にフィルターが設置されていれば、放出される放射線量が減少した可能性がある。

ベント弁端末のラプチャーディスクの問題

ラプチャーディスクとは、配管内に取り付けられたドーム状の金属薄板であり、ベントラインの端末で圧力障壁となっている。ラプチャーディスクは、一定の圧力で破断するようになっており、作動圧は原子炉格納容器の最高使用圧力より、わずかに高く設定されている。

2号機では3月13日の時点で圧力抑制室からのベントラインを構成したが、圧力抑制室の内圧が、ベントライン端末に設置されたラプチャーディスクの作動圧を超えなかったことから、ベントは3月14日夜まで実施されなかった。圧力抑制室内の温度と圧力は、時間の経過とともに徐々に上昇したが、温度が先に設計の範囲を超えた。

ラプチャーディスクを使わないベントラインを構成することができれば、より早い時期に熱を大気へ放出し、圧力抑制室の過熱を避けることができた可能性がある。もっとも2号機圧力抑制室の損傷の原因が判明していない時点で、これを放射性物質放出の原因と特定することはできない。今後の調査や解析により、ラプチャーディスクの問題を含めて、ベントライン構成の改善が図られることが必要である。

原子炉格納容器ベントと住民避難の関係

1号機の原子炉格納容器ベントに関し、発電所の現地災害対策本部は福島県の要請により、当時避難指示がだされていた半径10km圏内の住民避難が完了してからベント実施作業を開始することにした。これは深層防護の各層の独立性を十分考慮した対応とは言えない。現地災害対策本部は、全住民の避難が完了したとの認識の下、当初の予定からそれほど遅れずに、ベント作業を開始した。実際には、ベントによる被ばく量評価で高い線量が予想された地域の住民は避難していたものの、全ての住民避難が完了する前のベント着手となった。

今回のケースでは、9時ベント着手予定のところ、9時4分に着手できたし、ベントが完了する前には住民避難もほぼ完了していた。しかしながら、最悪のケースでは、ベント実施と住民避難のジレンマという事態も考慮した上で、AMと防災対策の双方で、対策をより良くする努力が払われるべきである。

水素爆発への備えについて

今回の事故では、原子炉格納容器の圧力上昇に伴い、また、4号機ではベントライン等からの逆流もあり、水素が原子炉建屋へと漏えいして、水素爆発を生じた。爆発の影響は、水素爆発を生じたプラントのみならず、周辺のプラントにも波及し、復旧した設備が再度損傷したり、放射線量の高いがれきの影響で現場での作業が非常に困難になったりした。

原子炉建屋での水素爆発については、海外で数件の論文が確認されているものの、今までほとんど考慮されてこなかった。班目原子力安全委員長をはじめとして、本検証でインタビューした専門家も皆、原子炉建屋での爆発は予期していなかったと証言している。

原子炉格納容器内には、一定の水素爆発への備えが存在した。具体的には、原子炉格納容器内を窒素で満たして爆発を防ぐとともに、（電源を必要とする）水素処理系を用いて水素ガスを処理することになっていた。電源を必要

としない触媒式水素結合装置も開発されていたものの、未だ導入されていなかった。（この装置については、沸騰水型軽水炉の原子炉格納容器の環境では触媒が十分機能しない可能性も指摘されている）電源を必要とする水素処理系の電源喪失対策や、原子炉建屋における水素検出器の設置や、原子炉建屋における水素ガス滞留防止措置など、複数の対策の組み合わせで対応されることが望ましい。

消防車による炉心注水の問題

今回の事故では、交流電源を必要としない炉心冷却設備が機能不全になった後、AMの一環として整備された系統を利用して、消防車を用いた炉心注水を行うことができた。しかしながら、消防ホースの敷設や、主蒸気逃がし安全弁を手動操作して原子炉を減圧するのに時間がかかり、炉心損傷を防ぐには至らなかった。

2号機では、隔離時冷却系が1～3号機中最も長時間機能したため、3月14日まで炉心損傷に至ることはなかった。しかしながら、その間に徐々に圧力抑制室の温度が上昇することになった。結果として、外部からの減圧に切り替えるときに、蒸気が凝集し難く、減圧に時間を要した。

消防車と、消防車から消火系ラインを結ぶ送水口は、AM手順書等の整備後に、2007年の柏崎刈羽原子力発電所での火災を教訓として、原子力発電所に多数導入されたものである。AM手順書では、ディーゼル駆動消防ポンプ等を動力として、炉心へ注水することとなっていたが、災害の影響で動作状況に懸念があったことから、早い段階で機動性に富む消防車を代用することが考えられていた。一方、手順書で消防車の使用が記載されていなかったことから、福島第一原発では、事故発生後消防車を運用する体制を構築するのに時間を要した。その結果、1号機の給水の遅れにつながった。

消防車による炉心注水の問題は、設備面を充実させて設計で考慮する範囲を拡大することも重要であるが、同時に対応力の柔軟性も重要な課題であることを示す事例である。

アクシデント・マネジメントの規制要件化に関する課題

AM対策が十分でなかった原因として、AM対策が規制要件化されていなかったことを指摘する議論がある。AMの規制要件化については主に第7章で扱うが、ここでは安全評価の観点から、2点の問題提起をしたい。

1点目は、AM対策に必要な安全設備の強化に関する課題である。海外には、AM対策の一部を規制要件化し、設備の導入を義務付けているところがある。わが国でも、今後、こうした方向へ向かい、DBEの拡張を図っていくものと考えられる。この際、原子炉格納容器外への放射性物質の放出を確率論的に評価し、プラント全体のリスクを低減するという観点から、規制体系が構築されることが望ましい。これは、レベル2 PSAと呼ばれる、確率論的安全

評価手法のひとつによって評価可能であり、今回の事故後、津波を考慮した評価手法のとりまとめが急がれている。2点目は、対応力の柔軟性という課題である。AMとは本来、事業者の技術的知見に基づく臨機応変な活動である。AMの規制要件化によって、対策を硬直化させる弊害が懸念される。したがって、AM強化のうち、柔軟な対応力に相当する部分については、深層防護の第三の防護のレベル（緩和系）の拡張として捉えるのではなく、対策の柔軟性や、損傷した状態からの回復力を図れるような指標を考案し、それに基づいて定量的に評価していくことが望ましい。

---

1 IAEA、"Fundamental Safety Principles"、IAEA safety standard series SF1、(2006)
2 佐藤一夫、『改訂 原子力安全の論理』、2006年2月、日刊工業新聞社
3 IAEA、"Safety Assessment for Facilities and Activities"、IAEA safety standard series GSR-Part4、(2009)
4 IAEA、"Safety of Nuclear Power Plants: Design"、IAEA safety standard series NS-R-1、(2000)
5 原子力安全委員会、MARK I動荷重の評価指針
6 (独)原子力安全基盤機構、「平成21年度　地震時レベル2 PSAの解析(BWR)」、JNES/NSAG 10-0003、(2010)
7 宮野廣、日本原子力学会特別シンポジウム、講演資料、2011年9月19日、北九州市
8 IAEA、"Ageing Management for Nuclear Power Plants"、IAEA safety standard series NS-G-2.12、(2008)

第7章 福島原発事故にかかわる原子力安全規制の課題

〈概要〉

本章では、福島第一原子力発電所事故を防ぐことができなかった原子力安全規制上の問題点について、その歴史的経緯をみながら検証を行う。具体的には、津波、全交流動力電源喪失（SBO）、シビアアクシデント（SA）対策、複合原子力災害をとりあげ、各々に対する「備え」がどのようになされていたのか、どこが不十分であったのかを指摘する。さらに、最終節において、指摘した問題点の遠因を分析する。

〈検証すべきポイント・論点〉

第1節　原子力安全規制の役割と責任

原子力安全規制の役割と責任を明らかにし、本章での検証ポイントを明確にする。

第2節～第5節　規制上の「備え」と福島原発事故

福島原発事故の経緯で特に重要な4つのポイント（津波、SBO、SA対策、複合原子力災害）について、それぞれどのような規制上の「備え」があらかじめ設けられていたのか、どこに問題があったのか、その問題が発生した経緯はどのようなものか、などを検証する。

第6節　問題の背景についての考察

前章までの議論を総括した上で、指摘した規制上の問題点の背景にある要因について考察する。

第1節　原子力安全規制の役割と責任

　原子力施設の安全確保に対する一義的な責任は、原子力事業の許認可取得者、すなわち福島第一原子力発電所事故の場合でいえば、東京電力にある。一方で、規制の役割とは、事業者が安全確保の責任を十分に果たしているかどうかを適切に監督することにある。つまり規制とは、国民の負託を受けた監督責任である。

　この事故では、津波に対する「備え」ができていなかったことが主たる要因の一つとなっており、規制がその責任を適切に果たしたとはいえない。また、急性被曝による健康被害は現在のところ確認されていないが、少なくとも放射線リスクからの環境の防護という観点からは、広範囲の汚染を防ぐことができておらず、やはり規制上の問題があるのは明白である。それでは、

日本の規制機関が、いつ、何をしていれば、津波を起因とする一連の事故の進展を食い止める「備え」ができたのだろうか。本章ではこうした観点から、安全規制上の問題点を、その歴史的経緯にさかのぼって考察する。

本章における検証ポイントは、事故を未然に防ぐための、あるいは事故の進展を緩和するための、「備え」を事前につくりえたのかどうかという点であり、事故発生後の規制機関の動向については対象としない。それは、安全規制の意義とは、規制上の枠組みを定めて事故の発生・拡大を防止するための「備え」を用意することだからである。IAEAの基本安全原則の3においても、「放射線リスクから人と環境を防護するための、基準を定め、規制上の枠組みを定める重要な責任」が、政府及び規制機関の果たすべき責任であるとされている。

以下、福島原発事故にかかわる安全規制の重要な論点として、津波、全交流電源喪失、シビアアクシデント対策、複合原子力災害をとりあげ、各々に対する「備え」がどのようになされていたのか、どこが不十分であったのかを検証する。

第2節　津波に対する規制上の「備え」と福島原発事故

今回の事故では、設計時の想定を大きく超える高さの津波が発電所に襲来し、原子力安全上重要な複数の機器が重大な損傷をこうむっており、津波に対する「備え」が十分でなかったことは明らかである。そこでまず、津波に係る規制対応の経緯を簡単に述べる。

①津波に対する規制対応の経緯

福島第一原子力発電所が原子炉の設置許可を取得したのは1966〜72年であるが、1970年以前は津波についての明確な基準がなく、東京電力は既知の津波痕跡をもとに設計を行い、結果として小名浜港工事基準面＋3.122m（当時小名浜港で観測されていた既往最大の1960年チリ地震津波の潮位）を設計条件として定めた。

1970年原子力委員会策定の「発電用軽水型原子炉施設に関する安全設計審査指針」[1]では、2.2「敷地の自然条件に対する設計上の考慮」において、「当該設備の故障が、安全上重大な事故の直接原因となる可能性のある系および機器は、その敷地および周辺地域において過去の記録を参照にして予測される自然条件のうち最も苛酷と思われる自然力に耐え得るような設計であること」、及び「安全上重大な事故が発生したとした場合、あるいは確実に原子炉を停止しなければならない場合のごとく、事故による結果を軽減もしくは抑制するために安全上重要かつ必須の系および機器は、その敷地および周辺地域において、過去の記録を参照にして予測される自然条件のうち最も苛酷と思われる自然力と事故荷重を加えた力に対し、当該設備の機能が保持でき

るような設計であること」と定められている。上記の「予測される自然条件」とは、「敷地の自然環境をもとに、地震、洪水、津浪［原文ママ］、風（または台風）、凍結、積雪等から適用されるものをいう」（同・解説）とされた。この指針を踏まえた安全審査において、チリ地震津波を踏まえた設計条件は妥当とされ、設置許可が下りている。1981年7月には、「発電用原子炉施設に関する耐震設計審査指針」（いわゆる「旧耐震指針」）が策定され、地震動の設定方法等については詳細な定めがなされたが、この指針には津波への言及が見られない。

　1993年7月、北海道南西沖地震が発生し、震源に近い奥尻島では津波により多大な被害を出した。これを受けて同年10月、通商産業省（通産省）から各電気事業者に対して、最新の安全審査における津波評価を踏まえ、既設発電所の津波に対する安全性評価をあらためて実施するよう指示が出された。東京電力は、福島第一・第二原子力発電所について、文献調査による既往津波の抽出や簡易予測式による津波水位予測等を実施し、1994年3月、津波に対する安全性評価結果報告書を通産省へ提出した。この報告では、貞観津波（869年）についての言及もあるが、慶長三陸津波（1611年）の高さを上回らなかったと考えられると評価されており、さらに慶長三陸津波よりも、チリ地震津波のほうが水位が高いという評価結果が示されている。同報告は、同年6月の通産省原子力発電技術顧問会において了承されている。

　2006年9月、原子力安全委員会は耐震設計審査指針を改訂し、「地震随伴事象に対する考慮」の項において、「施設の供用期間中に極めてまれであるが発生する可能性があると想定することが適切な津波によっても、施設の安全機能が重大な影響を受けるおそれがないこと」との記述が加えられた。しかし、地震動の策定方法については詳細に決められているのに対して、津波の高さの算定方法等についての詳細な定めはない。旧指針から耐震設計審査指針の改訂までには数年を要しているが、議論内容の量的比較を行った研究によれば、地震随伴事象に費やされたのは全体の議論のうち3.4％、津波の評価法についてはわずかに0.04％しか占めておらず[2]、議論の焦点となった基準地震動や設計用地震動の算定方法に比べて、津波の評価は重視されていなかったことが示唆される。実際、指針改訂の議論が行われた原子力安全基準・指針専門部会の耐震指針検討分科会には、地震動や耐震設計の専門家が多く招聘されていたものの、津波の専門家と呼べる委員はいなかった。

　上記の耐震設計審査指針改訂を受けて、保安院は2006年9月20日、耐震

1　安全審査指針類は、核原料物質、核燃料物質及び原子炉の規制に関する法律（原子炉等規制法）に基づき、規制行政庁（経済産業省等）が行った原子力施設の設置等の審査に関して、原子力安全委員会が2次審査（ダブルチェック）を行うに当たり、安全性の妥当性を判断する際の基礎として、同委員会が策定するものである。法的な位置付けとしては原子力安全委員会の内規に過ぎないものであるが、実際には保安院の行政庁審査にも用いられている

2　土屋智子（2011）、地震・津波リスク評価と耐震設計の論点：専門家ヒアリング中間報告、国際シンポジウム「共同事実確認方式による原子力発電所の地震リスク分析の可能性」（東京大学政策ビジョン研究センター、2011年12月16日）

安全性の一層の向上を図る観点から、改定された新耐震指針に基づき、耐震安全性の再確認（耐震バックチェック）を行うよう、事業者に対して指示を出した。さらに、翌2007年7月16日に新潟県中越沖地震が発生し、東京電力柏崎刈羽原子力発電所において旧耐震指針の設計応答の2倍を超える加速度が観測されたことを受け、同年7月20日、保安院は事業者に対し、耐震バックチェックの早期の評価完了を指示した。加えて、同年12月27日には、中越沖地震の分析により得られた新知見（地震動の増幅等）を踏まえて、耐震バックチェックに反映すべき事項を保安院が取りまとめ、事業者に指示を行った。

このバックチェックは大きく2段階に分かれている。最初の中間報告では地質調査及び基準地震動の策定（サイトごと）と主要施設の耐震安全性評価（号機ごと）、最終報告ではこれに加えて、耐震安全上重要な全ての施設それぞれの耐震安全性評価の報告（号機ごと）、及び地震随伴事象の評価（号機ごと）が行われることとされた[3]。2009年9月までに、各電気事業者から全号機についての中間報告書が保安院に提出され、また柏崎刈羽原子力発電所の1、5、6、7号機や浜岡原子力発電所等については最終報告書も提出されている。提出された報告書は、保安院及び原子力安全委員会において審議され、その妥当性が評価されるが、2011年末現在でも、泊原子力発電所や東通原子力発電所など一部の報告書については審議が完了していない。

津波に対する安全性の評価は地震随伴事象の評価に含まれるため、最終報告に含まれる内容であり、ほとんどの中間報告には津波に関する評価は含まれていない。2011年3月時点で、福島第一原子力発電所については、3号機及び5号機の中間報告書が提出されており、5号機については保安院、原子力安全委員会ともに妥当と評価され、3号機については保安院での審議を終えて原子力安全委員会での審議が行われているところであった。津波に関しては、最終報告書に向けて事業者内で評価が進められていた。東京電力では、土木学会の「原子力発電所の津波評価技術」（2002年）に基づいて再評価を行い、福島第一原子力発電所については+5.4〜6.1mとの結果を得て、この結果に応じた対策を自主的にとっている。この土木学会の方法では、文献調査等によって確認される最大の既往津波を基準として、パラメータを変化させて津波高を評価する、という方法が採られている。

このように、津波に対する規制対応を概観すると、新耐震指針において津波に関する記述が加えられたものの具体的な評価方法等は定められておらず、また耐震バックチェックにおいて津波もチェック対象には含まれていたが、最終報告はまだ出揃っていないという状況であった。

②耐震指針改訂と津波の扱いについて

前述のように、津波は地震の「随伴事象」の一つとして新耐震指針に位置づけられているが、ここでは、その扱い方が妥当であったかどうかを検証す

る。

　耐震指針の見直しは2001年6月から開始されたが、指針が改訂されたのは2006年9月であり、基準地震動や設計用地震動の算定方法等で多くの議論が行われ、5年以上の年月を費やしている。この間、東北電力女川原子力発電所で基準地震動を上回る揺れを記録したこと（2005年8月、宮城県沖地震）や、金沢地裁による北陸電力志賀原子力発電所2号機の運転差止め判決において、活断層の考慮が不十分である等の指摘がなされたこと（2006年3月）等もあり、断層の認定や地震動の推定に際しての「不確かさ」や、基準地震動を超える地震動が起こりうる可能性等が重要視されることとなった。こうした議論を経て、新耐震指針では、基準地震動の策定過程において「不確かさ」を適切に考慮すること、また、基準地震動を超える地震動という「残余のリスク」を認識した上でこれを合理的に実行可能な限り小さくすること、等が明記されたことが特徴である。

　「残余のリスク」については、「策定された地震動を上回る地震動の影響が施設に及ぶことにより、施設に重大な損傷事象が発生すること、施設から大量の放射性物質が放散される事象が発生すること、あるいは、それらの結果として周辺公衆に対して放射線被ばくによる災害を及ぼすことのリスク」（新耐震指針「I.基本方針について」の「解説」）と定義され、基準地震動の超過確率を安全審査の際に参照すること、とされた。また、指針改訂時の原子力安全委員会決定により、既設の原子力施設についての「残余のリスク」については、確率論的安全評価（PSA）を積極的に取り入れていくことが推奨されている[4]。その後の耐震バックチェックにおいては、設計余裕確認の観点から、事業者が自主的にPSAを実施することとされた。

　一方、津波については、地震の場合と比べ、建屋・機器の条件付損傷確率の累積曲線の立ち上がり方が急激であることが指摘されている[5]。このことは、津波の場合、地震に比べて被災時にも損傷に至らないよう設計余裕でカバーされる範囲が小さいことを意味する。そのため、津波への「備え」を用意する上では、津波高の想定を精緻化することも重要ではあるが、それ以上に、津波についての「残余のリスク」、すなわち、想定された津波高を上回る津波が襲来した場合の影響について、地震とは異なる性質の対策を考慮する必要があったといえる。具体的には、敷地高の設定や防潮堤の設置といった「高さ」への対策のみならず、建屋や重要機器の水密性向上（つまり浸水しない設計）や配電盤の多重化などが挙げられる。加えて、津波に関する学問的知見は地震と比べてもはるかに蓄積が少なく、津波高を一定の妥当性を

3　保安院資料（http://www.meti.go.jp/committee/summary/0002400/033_s03_00.pdf）
4　「耐震設計審査指針」の改訂を機に実施を要望する既設の発電用原子炉施設等に関する耐震安全性の確認について、18安委第60号、2006年9月19日、原子力安全委員会決定．http://www.nsc.go.jp/anzen/sonota/kettei/20060919-2.pdf
5　尾本彰、寿楽浩太、田中知（2011）、事故は何故防げなかったのか：東大原子力GCOEによる「ご意見を聞く会」から、GoNERIシンポジウム2011「東京電力福島第一原子力発電所事故を踏まえ原子力教育研究を再考する」（2011年11月22日）

もって想定すること自体が非常に難しいことから、「残余のリスク」を考慮する重要性が、地震の場合よりも大きなものであったといえる。しかし現実には、規制上、津波についての「残余のリスク」を考慮するような文言は見られない。

もっとも、新耐震指針においては「施設の供用期間中に極めてまれであるが発生する可能性があると想定することが適切な津波によっても、施設の安全機能が重大な影響を受けるおそれがないこと」を求めており、この文言のなかに「残余のリスク」も当然含まれている、と読むことも可能かもしれない。しかしながら、地震と津波では原子炉施設の安全に対する影響が大きく異なるにもかかわらず、津波を地震の随伴事象の一つとして矮小化した形で位置付けてしまい、リスクを適切に考慮した安全対策を事業者に積極的に実施させる規制とはなっていなかった、と指摘できる。

③地震及び津波に関する知見の進歩と規制側の認識

津波に関する学問的な知見は、近年、徐々にではあるが蓄積され始めていた。政府事故調と東京電力それぞれの中間報告でも詳細に述べられているように、事業者がこれらの知見を適宜参照しつつ自主的対応を進め、規制側も事業者からの報告を受けてその内容を事実上追認してきたという経緯がある。具体的には、地震調査研究推進本部や土木学会、中央防災会議、産業技術総合研究所等で出された論文等が参照されている。また、土木学会の「原子力発電所の津波評価技術」策定には、電気事業者の出資する電力共同研究の知見が基礎になっており、事業者側は津波に関する知見を得る上で一定の努力を行っている。

他方で、地震に関する学問的知見の進歩に比べると、津波に関するそれは相対的に遅かった。地震研究については、1995年の阪神淡路大震災以後、国家的プロジェクトとして研究を進めるという政策的な後押しもあり、地質学や地震学、地震工学等の学問分野が飛躍的な発展を見ている[6]。一方で、津波に関しては、日本における津波研究の第一人者とされる首藤伸夫東北大学名誉教授の言にあるように、「津波研究は地震関連の研究テーマのなかで主流なものとは見なされておらず、研究費の配分も十分とはいえない苦しい研究環境の下で細々と研究を続けてきた[7]」、というのが実情であった。近年になって、ようやく津波シミュレーション技術の発展が見られるようになったが、少なくとも2000年前後までは、数少ない津波研究者が限定的な研究資源のなかで特定地点における既往最大津波の高さを堆積物調査等から推定する、といった研究方法が中心で、原子力発電所の安全性評価に要求されるような、1万年に1度の津波高がどの程度か、といった問いに明確な答えを与えられるような知見は生まれてこなかった。また、原子力安全の専門家も、PSAを実施することにためらいがあり、津波の研究者に対して、必要とする津波の知見がどのようなものかを明確に伝えてはこなかった、という指摘も

ある[8]。

　日本原子力学会においても、地震に対しては確率論的安全評価等の整備が進む一方、「地震随伴事象」とされた津波については、検討を開始しようとしていた矢先のことであった。地震安全に関する基本的考え方を整理した「原子力発電所の設計と評価における地震安全の論理」（2010年4月）においては、「火災や溢水、津波といった地震随伴事象についても、それぞれの事象ごとに原子力発電所の安全確保に関する考え方や論理に関する検討を行い、その結果を基に、地震安全の論理をより一層発展させていく必要がある」[9]との記述が見られ、津波については「今後の課題」という位置付けになっていたことが読みとれる。

　しかし、津波に関する学問的知見の蓄積が不十分であるからといって、規制側が津波リスクの重要性を認識したり、津波高の想定を見直したりする契機が皆無であったわけでは決してない。たとえば2004年12月のスマトラ沖地震の際、インド・マドラスの原子炉が津波の被害を受け、ポンプのモーターが水没して原子炉が停止した[10]。これが津波に対する規制対応を本格化させる契機となりえた可能性はあるが、日本の規制関係者がこの事例を重視した形跡は見当たらない。

　また、原子力安全基盤機構（JNES）は、2008年から「地震に係る確率論的安全研究評価手法の改良」事業を実施しており、試解析の段階ではあるものの、津波のリスクが高いという結果を得ていたが、保安院が実際の規制に活用しようとした形跡はうかがえない。

　さらに東京電力が保安院に提出した耐震バックチェックの中間報告書（2009年3月）をめぐり、同年6月の総合資源エネルギー調査会、地震・津波、地質・地盤合同ワーキンググループにおいて、貞観津波の扱いについての議論が行われた。しかし結論としては、最終報告書の段階で貞観津波を考慮することとされ、貞観津波を含まない内容で中間報告を「妥当」とする判断が保安院及び原子力安全委員会から出された。結果として、最終報告書が提出される前に、2011年3月11日を迎え、貞観津波の存在は概ね認識していたものの、その知見を現実の津波対策につなげることはできなかった。また、2010年8月及び2011年3月には、保安院から東京電力に対し、津波対策につ

6　しかし、そうした発展にもかかわらず、今回の地震については「その発生可能性を事前に指摘することすらできなかった」といった説明が地震学の専門家コミュニティーから聞かれている（日本地震学会東北地方太平洋沖地震臨時対応委員会主催、特別シンポジウム「地震学の今を問う：東北地方太平洋沖地震の発生を受けて」、2011年10月）

7　日本原子力学会2011年秋の年会特別講演、首藤信夫「日本周辺の大津波とシミュレーションの進展」（2011年9月20日、北九州国際会議場）

8　Shunsuke Kondo, Where Japan Is And Where Japan Will Go: Update of the Fukushima Accident and the Deliberation of Post-Fukushima Nuclear Energy Policy in Japan, December 2nd, 2011. (http://www.aec.go.jp/jicst/NC/about/kettei/111202b.pdf)

9　日本原子力学会原子力発電所地震安全特別専門委員会(2010)、原子力発電所の設計と評価における地震安全の論理、「7．まとめと今後の課題」

10　インド、ポンプ建屋の海水浸水に起因するカルパッカム2号機の安全停止、JNESの海外トラブル情報データベース　http://www.atomdb.jnes.go.jp/content/000023842.pdf

いてのヒアリングが行われている。2011年3月7日のヒアリングで東京電力の担当者から説明を受けた保安院の審査官は、津波高が8m台の場合にポンプの電動機が水没して原子炉の冷却機能が失われる可能性を認識していたものの、その重大性が保安院内で共有されず、東京電力に対して追加的措置等の指示は行われなかった[11]。

　このほか、地方自治体による津波想定が、原子力安全規制には反映されなかったものの、それを一つの契機として事業者が津波対策を行った例がある。茨城県が2007年10月に「津波浸水想定」を公表したことが、結果的に、日本原子力発電東海第二原子力発電所の津波対策工事を早め、東日本大震災の津波の被害を緩和させた。同発電所にはもともと、残留熱除去系海水ポンプを津波から守るために4.9mの高さの堰が設置されていたが、これは日本原電が土木学会の「原子力発電所の津波評価技術」により、延宝房総沖地震（1677年）を想定地震として解析した津波高（4.86m）の評価に基づいていた。しかし、茨城県による「本県沿岸における津波浸水想定区域図等」（2007年10月）において、同想定地震による茨城県沿岸の水位高が2～7mと設定されたことを受け、日本原電は独自に解析をやり直して5.72mという評価結果を出し、これに基づいて既設堰の外側に新しく6.1mの高さの堰を設置する工事を実施しているところであった。東日本大震災の際に同発電所を襲った津波高はおよそ5.4mであり、既設堰の高さを上回っていたため、海水ポンプエリア内に一部浸水が発生し、被水した一部の海水ポンプは使用不能となったが、新設堰の工事が完了していた区画は浸水を免れ、海水冷却機能喪失に至るのを回避することができた[12]。自治体は原子力安全規制における権限を持っていないが、茨城県の持つ知見が日本原電の津波対策工事を早め、結果として冷却機能喪失という重大事象を防ぐ上で大いに役立ったといえる。

　このように、津波のリスクに対する規制側の認識は十分とはいえない。近年の学術的な知見を踏まえて事業者が自主的に対応を行ってきたものの、学問的知見そのものが十分に揃っていなかったこと、また原子力安全の専門家と津波研究者との間のコミュニケーション上の齟齬等もあり、今回の津波に対する「備え」は十分な状態とはなっていなかった。東日本大震災後の地震学会等の動向をみると、地震発生メカニズムやそれに伴う津波については相当程度未知の部分が残っていることがうかがえ、今回の高さの津波を事前に予想しえたか、という問いには非常に難しかったと答えざるを得ない。

　しかしこのことは、津波に対する「備え」が不可能であった、ということと同義ではない。事業者や規制側は津波によるリスクが小さくないことを認識しており、そういった知見を十分に活用・反映できなかった規制当局の対応が不十分であったといわざるを得ない。また、津波高の想定が妥当でなかったとしても（むしろ不確実性が大きいからこそ）、想定を上回る津波が来た場合の影響、すなわち「残余のリスク」を十分に考慮して対策を行うことが求められるわけで、そうした対応を積極的に促すような規制の枠組みがつく

④「溢水」への規制対応

　また、津波に対する「備え」が完全でなくとも、他の類似事象に対する「備え」が津波に対しても有効に機能した可能性がある。欧州諸国においては、原子力発電所の溢水対策が安全規制の要件とされているところが多い。それは、欧州における原子力発電所の多くが河川沿いに立地し、洪水による浸水が重要なリスク要因として認識されてきたことによる。実際、1999年12月には、フランスのルブレイエ原子力発電所で、ジロンド河の増水による外部電源の喪失に加え、ポンプや配電設備等が浸水し、安全系喪失事故に至っている[13]。こうした経験を踏まえ、欧州では、「溢水」を主要な外部リスク要因の一つと位置づけ、原子炉建屋や重要機器の水密性を確保する等の対策がとられてきた。

　日本においても、溢水対策について、欧州事例から学ぼうとした形跡が見られる。たとえば2007年、JNESはルブレイエ原子力発電所の電源喪失事例について、前兆事象解析を行っている。その結果、日本においても、特に沸騰水型軽水炉（BWR）については、溢水による条件付炉心損傷確率が高いことが指摘されている。しかし、こうした海外事例からの教訓は、実際の規制内容に反映されることはなかった。無論、河川の洪水による溢水の場合には、事象の予見可能性が比較的高いのに対し、地震によって起きる津波の場合には、その高さや発生時期・頻度の予想が著しく困難であり、また水の持つエネルギーも大きく異なる、という違いは存在する。しかし、浸水による重要機器への被害の可能性という点で両事象は共通する部分があり、両者を結びつけて考えることができなかったことについては、規制当局のリスク認識能力が十分でなかったと考えられる。加えて、③で挙げた事例にも見られるように、JNESによる検討が規制に活用されなかったことについては、JNESという規制支援機関を設立したことによって保安院の専門性がかえって十分に確保されず、規制の執行を担う保安院と専門性の高いJNESとの間で技術面に関する意思疎通が滞っていた[14]という、組織的・制度的な背景も指摘できる。

11　政府事故調中間報告
12　日本原子力発電(2011)、東北地方太平洋沖地震発生後の東海第二発電所の状況及び安全対策について（2011年6月末日現在）
13　フランス、浸水による安全系統の部分喪失、JNESの海外トラブル情報データベース
14　西脇由弘(2011a)、我が国のシビアアクシデント対策の変遷：原子力規制はどこで間違ったか、原子力eye, 9-10月号

第3節 全交流電源喪失（SBO）に対する規制上の「備え」と福島原発事故

①SBOに対する規制上の位置付けとその経緯

　福島原発事故では、福島第一原子力発電所の1〜3号機において、地震及び津波によって引き起こされた全交流電源喪失（SBO）[15]の状態が長時間続いたことによって、各号機とも炉心損傷にまで至った。4号機、5号機についても同様なSBO状態に陥っている。

　SBOに対する規制上の要件としては、「発電用軽水型原子炉施設に関する安全設計審査指針」（1990年8月30日策定）において、「短時間のSBOに対して、原子炉を安全に停止し、かつ、停止後の冷却を確保できる設計であること」（指針27）、「長時間にわたるSBOは、送電線の復旧又は非常用交流電源設備の修復が期待できるので考慮する必要はない。非常用交流電源設備の信頼度が、系統構成又は運用［常に稼動状態にしておくことなど］により、十分高い場合においては、設計上SBOを想定しなくてもよい」（同・解説）とされている。ここでいう「短時間」の具体的に意味するところは、指針には明確に記載されていないが、このSBOに関する指針が策定された1977年[16]以降、安全審査の現場では、「30分間以下」と慣行的に解釈されてきた。この指針において、なぜ「短時間」という限定がされたのかは、厳密な根拠は「不明」であるとしつつも、「送電事故の頻度と非常用ディーゼル発電機の起動失敗確率に基づいて、わが国では長時間のSBOが発生する確率が十分に低いという判断がなされたものと推定される」という指摘がある[17]。

　この指針の策定以降、「短時間」という限定の妥当性等について、まったく議論がなかったわけではない。たとえば、1993年の「原子力発電所における全交流電源喪失事象について」（原子力施設事故・故障分析評価検討会全交流電源喪失事象検討ワーキンググループ）では、NRCのSBO規則（10CFR50.63、1988年）と比較しつつ、日本における代表的なプラントのSBO発生確率やSBO発生時の蓄電池や冷却用水源による耐久時間について検討が行われている。それによれば、日本の安全審査では30分間のSBOしか考慮されていないものの、実力値としては、加圧水型原子炉（PWR）の場合5時間以上、BWRの場合8時間以上の耐久能力を持っており、米国のSBO規則を事実上満たす、とされている。ただし、米国のSBO規則では、地理的特性を考慮して外部事象（ハリケーンや竜巻等）の想定が求められているのに対し、日本では上記検討を経ても外部事象由来のSBOの可能性を十分に考慮するには至らなかった[18]。

　しかしながら、今回の事故においては、地震・津波という外部事象が、SBOの起因となった。まず、地震及び地震による土砂崩れにより、送電塔や開閉所、変電所等が損傷し、東京電力新福島変電所（6系統）及び同富岡変電所（1系統）からの外部電源をすべて喪失した。その直後、福島第一原子

力発電所内の非常用ディーゼル発電機の起動によって交流電源供給は一時的に確保されたが、約40分後に襲来した津波によって、ディーゼル発電機の一部、発電機の冷却システム（水冷式のもの）、及び接続先の配電盤が浸水し、1〜5号機でSBO状態に至った。事業者が整備していたSBO時のアクシデント・マネジメント策は、内部事象を起因としたものを想定しており、非常用ディーゼル発電機の故障機器復旧や隣接する原子炉からの電力融通を主な対策としていたが、前者は津波によって使用不能となり、後者についても、複数の原子炉がほぼ同時にSBO状態に陥ったため、有効に機能しなかった（ただし、5号機については、6号機の非常用ディーゼル発電機（空冷式）が浸水を免れて機能したため、5・6号機間の電力融通によって、安全上重要な機器の復旧に成功した）。

②海外事例等からの「教訓」

地震や津波等の外部事象によってSBOが起こりうることが、日本の規制関係者に認識されていなかったわけではない。たとえば2001年3月18日、台湾の馬鞍山原子力発電所で起きたSBOについては原子力安全委員会等において議論がなされている。

このケースでは、まず、塩分を含んだ海からの濃霧による絶縁劣化により2回線ある外部電源がどちらも停止した。外部電源喪失後、本来の設計上は、2系統ある非常用ディーゼル発電機が起動するはずだったが、1つは分電盤の地絡（電気装置等と大地との間の絶縁が低下し、電気的接続が生じること）により、残る一つはディーゼル発電機の起動自体に失敗し、SBOに至った。しかし、直流電源は利用可能であったため、SBOに至った直後から補助給水系等によって炉心冷却が可能であったほか、同発電所では上記2系統のほかにもう一つ非常用ディーゼル発電機を2基で共有する形で用意しており、これを系統の一つに接続することで、約2時間でSBOを解消することができた。その背景には、元来、台湾では外部電源系の信頼性が低いことが認識されており、非常用発電機の多重化が重視されていたことが挙げられる[19]。

---

15 SBOの定義は、次の通りである。「発電用軽水型原子炉施設におけるＳＢＯとは、全ての外部交流電源及び所内非常用交流電源からの電力の供給が喪失した状態をいう」なお、福島原発事故とその後の検証を受けて、「ＳＢＯには、送電線の故障等による外部電源の喪失や、非常用ディーゼル発電機の起動失敗のほか、所内交流母線、配電盤の故障等により電力が喪失する場合も含まれる」と明記された。（「発電用軽水型原子炉施設の安全設計審査指針の検討について：全交流動力電源喪失対策としての技術的要件一覧（案）」）

16 1977年に原子力委員会が決定した安全設計審査指針の9「電源喪失に対する設計上の要求」。安全設計審査指針27は、この指針9の内容を引き継いでいる。なお、当時は、原子力安全委員会の設置前であり、原子力委員会が安全設計審査指針等の策定も行っていた。

17 「指針27．電源喪失に対する設計上の考慮」を中心とした全交流電源喪失に関する検討報告（仮題）（たたき台第1）（設計小委第4−1−1号、2011年9月8日、http://www.nsc.go.jp/senmon/shidai/anzen_sekkei/anzen_sekkei4/siryo4-1-1.pdf）

18 原子力安全委員会安全設計審査指針等検討小委員会（第7回）設計小委第7−2号に対する委員からのコメント一覧（設計小委第8−1−2号、平成23年11月16日、原子力安全委員会事務局。http://www.nsc.go.jp/senmon/shidai/anzen_sekkei/anzen_sekkei8/siryo1-2.pdf

19 The Station Blackout Incident of the Maanshan NPP unit 1. http://www.aec.gov.tw/upload/1032313985318 Eng.pdf

台湾の事例から、発電機や外部電源系そのものが正常であっても、電源母線や電源盤等の損傷によってSBOに至りうるということを、教訓として学んでおくべきであった[20]。原子力安全委員会ではこの事例について検討が行われているが、委員からの指摘に、当時の保安院の説明者は「大体BWRの場合終局で少なくとも8時間ぐらい。それから、PWRの場合はある処置を前提にすれば5時間ぐらいはその状態での維持が可能でございますので、その間の外部電源の復旧。日本の場合大体送電系統の停電というのは30分ぐらいというような実績がございます。それから、先ほども申し上げましたD／Gの補修とかそういったものを考えて十分な余裕があるというふうな認識ではございます。」[21]と回答している。それ以上の議論は行われず、結果的に本格的な教訓は得られなかった。

　また、2007年7月の新潟県中越沖地震も、外部事象によるSBOが起こりうると認識する機会になりえた。中越沖地震による柏崎刈羽原子力発電所の被災からの教訓としては、化学消防車の配備や免震重要棟の整備等があり、特に後者は、福島原発事故対応において大いに役立った。しかし、それのみならず、同地震により柏崎刈羽3号機で変圧器火災が発生したことから、耐震重要度クラスの異なる設備の間に脆弱なポイントがあること、耐震重要度クラスの高い原子炉の安全上重要な機器は健全であっても、重要度の低い受電設備等の損傷によって原子炉の安全が脅かされる可能性があることが認識されてもよかったはずである。しかし実際には、耐震指針や耐震重要度分類の見直しは行われず、耐震バックチェックの徹底化にとどまった。

　以上から、日本の原子力安全規制上、内部事象によるSBO対策は実施されていたものの、外部事象に起因するSBOの「備え」は十分でなかった、といえる。その背景をたどれば、安全設計審査指針においてSBOの想定を「短時間」と限定したことが想定の範囲を限定し、外部事象によるSBOを検討しようという動きを阻害してしまった可能性がある[22]。また、1993年の検討会のように、外部事象によるSBOを考慮しうる機会はあったが、SBO耐久能力の数値のみが注目され、地理的特性に応じた外部事象を適切に考慮するという、海外事例から学ぶ機会は生かされなかった。

第4節 シビアアクシデントに対する規制上の「備え」と福島原発事故

　シビアアクシデント（SA：過酷事故）とは、「設計基準事象を大幅に超える事象であって、安全設計の評価上想定された手段では、適切な炉心の冷却または反応度の制御ができない状態であり、その結果、炉心の重大な損傷に至る事象」[23]を指す。この定義における「大幅に」の意味するところは、設計基準事象（DBE）の範囲は超えるが設計上余裕をもってつくられている範囲が現実には存在しており、その安全余裕によりカバーされる範囲をさら

に超えたところが、「大幅に超える事象」とされる[24]。今回の福島原発事故は、まさに「設計基準事象を大幅に超える事象」であって、安全設計の評価上想定された手段では適切な炉心の冷却ができない状態に陥り、炉心の重大な損傷へと至ってしまった事象であった。

しかし、原子力利用の歴史をひもとくと、SAにまで至った事例は、福島原発事故が最初ではない。商業用原子力発電所にかぎっても、1979年の米国スリーマイル島（TMI）原発事故、及び1986年の旧ソ連チェルノブイリ原発事故が、いずれもSAであった。そして、これらの事例を経験するたびに、日本を含む世界の原子力利用国においてSAに対する理解と対策が進み、また規制上の「備え」が用意されてきたのである。

SAへ対処するために、各国で研究され整備されてきたのが、アクシデント・マネジメント（AM）である。AMとは、「設計基準事象を超え炉心が大きく損傷するおそれのある事態が万一発生したとしても、それがSAに拡大するのを防止するため、若しくはSAに拡大した場合にもその影響を緩和するために採られる措置」[25]を指し、特定のSA事象に対応するための具体的なマニュアルや設備構成等が、「アクシデント・マネジメント策」（AM策）と呼ばれる。日本においては、AMの整備は規制要件化されず、事業者による自主的活動の一部として位置づけられてきた。本節では以下、日本においてSA対策がどのように行われてきたのかを、AM整備の経緯を中心に整理して述べる。

①米国スリーマイル島原子力発電所事故（TMI事故）とその後の規制対応

1979年に米国で発生したTMI事故は、周辺の被曝線量はごくわずかなレベルであったものの、商業用発電炉で炉心損傷にまで至った事故であるという点で、原子力安全の考え方に対して大きな影響をもたらした。実際、世界各国の規制機関は、TMI事故以降、炉心損傷防止を原子力安全の主要目的と位置づけて、さまざまな取組みを開始する。たとえば米国の規制当局である原子力規制委員会（NRC）は、設計基準の範囲を超える重大な事故が実際に発生するという認識のもと、起こりうる事故をどのように防ぎ、またどのようにその影響を緩和するか、という考え方から、安全解析やPSAに注力するようになる。

一方、日本では、1978年発足したばかりの原子力安全委員会が「TMI事

---

20 岡本孝司（2012）、全電源喪失について、日本原子力学会誌Vol.54, No.1
21 第47回原子力安全委員会速記録（2001年7月2日）から保安院説明者の発言
22 当該指針の策定当時は、「指針の原案策定に電気事業者が強い発言権を持っていた」（第8回社会技術研究シンポジウム「福島第一原子力発電所事故と社会技術」（2012年1月28日）における佐々木宜彦氏（初代原子力安全・保安院長）の発言）との指摘もあり、こうした規制者－被規制者の関係が、指針における「短時間」という限定に何らかの影響を与えた可能性も推測される。
23 原子力安全委員会原子炉安全基準部会共通問題懇談会中間報告書（1990年2月19日）
24 佐藤一男（2011）、改訂・原子力安全の論理、日刊工業新聞社
25 発電用軽水型原子炉施設におけるシビアアクシデント対策としてのアクシデントマネジメントについて（1992年5月28日原子力安全委員会了承）

故調査特別部会」を設置して、事故について幅広い調査・検討を実施した。同委員会は、1979年9月13日に「我が国の安全確保対策に反映させるべき事項」として、「基準関係」9項目、「審査関係」4項目、「設計関係」7項目、「運転管理関係」10項目、「防災対策関係」10項目、「安全研究関係」12項目の、多岐にわたる分野から計52項目を指摘している[26]。これらの指摘は、翌年5月以降、原子力安全委員会の「基本的な考え方」や年次計画等に適宜盛り込まれていくことになる。

TMI事故は、いわゆる「安全神話」ともかかわりが深い。TMI事故以前は、1975年公表のWASH-1400（ラスムッセン報告）などはすでに出されていたものの、設計の想定範囲を超える事故は、「理論的にはあり得ても現実には起こり得ない」という、ある種の「信仰」が原子力関係者を支配していた、とされる[27]。TMI事故大統領委員会報告（ケメニー報告）においても、「原子力発電所の長年の運転経験で、一般公衆が被害を受けたことは無いという事実から、原子力発電所は十分に安全であるという考え方は、確信にまでなっていた」という一節がある[28]。仮に、こうした記述が世界中の原子力関係者に当てはまっていたのだとすれば、まさにTMI事故は、関係者間の「安全神話」を打ち砕く材料として作用したことになる。

②旧ソ連チェルノブイリ原子力発電所事故とその後の規制対応

チェルノブイリ原発事故は、旧ソ連特有のRBMK型原子炉（黒鉛減速沸騰軽水圧力管型原子炉）の欠陥や運転員の度重なる規則違反等が背景にあったものの、周辺地域や環境に対するきわめて広範囲の汚染をもたらす事故が商業炉において現実に発生したという点で、世界の原子力安全関係者に重大な影響を与えた。IAEAの国際原子力安全諮問グループ（INSAG）は、「安全文化」という言葉を提唱し、それが原子力の安全確保において不可欠のものであることが強調されるようになった。「安全文化」について解説したINSAG-4では、「安全文化とは、原子力プラントの安全の問題が、何ものにも勝る優先度をもって、その重要性にふさわしい注意を確実に集めるような、組織と個人の態度と特質の集積である」と定義されている。

既にTMI事故を受けて世界中でSAの現象解明やPSAの研究が開始されていたが、この事故以後、その動きがより加速していき、80年代後半から先進各国ではAMが徐々に整備される。

たとえば米国では、1985年の「過酷事故政策声明」に基づいて、1988年にはSAに対する脆弱性を発見するための個別プラント解析の実施を事業者に要求しており、さらに1991年には外部事象のPSA実施を求めている。こうした流れを受けて、米国の原子力産業界はシビアアクシデント・マネジメントガイドラインを作成し、各事業者に対して同ガイドラインへの適合を拘束力のある形で要求し、1999年には全事業者でAMの整備が完了した。

欧州においては、チェルノブイリ原発事故による放射性物質汚染を経験し

たこともあり、放射線リスクから環境を保護することが規制上重要な目的の一つと認識され、格納容器ベント系にフィルターを設置する等の対策がとられた。たとえばドイツでは、1986年12月に原子力安全委員会がフィルター付ベントの設置に関する勧告を出し、既設原子炉への配備が行われ、フランスにおいても、1989年までに、サンドフィルターを使用した原子炉格納容器ベント系が各発電所に配備されている。

日本においても、SA対策の重要性が認識され、関係機関において検討が開始された。

まず、実用発電用原子炉の安全規制を所掌していた通産省は、1986年8月に声明文「原子力発電安全対策のより一層の充実について（セーフティ21）」を出し、最新知見を反映した技術基準の一層の整備等による安全規制高度化、運転員及び保修員の育成等原子炉設置者による保安の充実、安全性向上のための研究技術開発の推進、国際協力の推進等、具体的な安全規制行政の方針を打ち出した。このなかには、苛酷事故（SA）[29]に関する研究や、現在のAM手順書につながる緊急時の運転マニュアル等の充実、緊急時事故拡大予測システム緊急対策支援システム［ERSS］の前身の整備、等が含まれていた[30]。

また、原子力安全委員会は、共通問題懇談会を設置し、SA対策や、その基礎となるPSA等について検討した。この共通問題懇談会報告書を受けて同委員会は、1992年5月、「原子炉設置者において効果的なアクシデント・マネジメントを自主的に整備し、万一の場合にこれを的確に実施できるようにすることは強く奨励されるべきである」という決定を行った[31]。

これを受けて通産省は、1992年7月、規制的措置ではなく、電気事業者の自主的措置としてAMを整備していくことを、事業者に対して要請した。

事業者の自主的措置と位置づけた理由としては、①厳格な安全規制により、我が国の原子力発電所の安全性は確保され、SAの発生の可能性は工学的には考えられない程度に小さい、②AMは、これまでの対策によって十分低くなっているリスクをさらに低減するための、電気事業者の技術的知見に依拠する「知識ベース」の措置で、状況に応じて電気事業者がその知見を駆使して臨機にかつ柔軟に行われることが望まれるものであること、を挙げている[32]。

具体的な対応として事業者に要請されたのが、PSAの実施と、これに基づ

---

26 ATOMICA「TMI事故の我が国における対応(02-07-04-06)」を参照。(http://www.rist.or.jp/atomica/data/dat_detail.php?Title_No=02-07-04-06)
27 佐藤(2011)、前掲
28 Report of the President's Commission on the accident at Three Mile Island, the Need for Change: the Legacy of TMI（1979）
29 当時は、「過酷」ではなく「苛酷」という漢字をあてることが通例
30 西脇(2011a)、前掲
31 「発電用軽水型原子炉施設におけるシビアアクシデント対策としてのアクシデントマネジメントについて」(1992年5月、原子力安全委員会決定)

くAMの整備である。ここで、PSAとAMとの関係について、簡単に整理しておく[33]。PSAは、どの範囲の事故影響を評価対象とするかによって、通常、レベル1〜3の3つに分類される。レベル1PSAとは、炉心が重大な損傷を受ける確率を推定するものであり、最も重要な意味を持つ。レベル1PSAが主に関係するのは、事故が設計の範囲を超えてSAに至る可能性、SAを防止するためのAM策の選定とその有効性の評価等である。次に、レベル2PSAとは、レベル1の結果に基づいて、さらに原子炉格納容器の機能喪失等の確率を推定し、放射性物質の環境中への放出についての評価や、SAに至った場合の影響を緩和するためのAM策の摘出とその有効性の評価等に関連する。レベル3PSAは、レベル2の結果に基づいて、放射性物質放出の状況から周辺や環境への影響を評価するものであり、防災対策の要件や有効性、公衆の保護についての評価等にかかわる。

1992年時点で通産省から事業者に要請されたのは、レベル1及びレベル2PSAの実施であり、それを踏まえた各原子力発電所の特性の把握と、AMの検討を93年末までに実施することであった。

上記の要請では、このほかにも、事業者が定期安全レビュー（PSR）等において上記AMについて定期的に評価を行うこと、事業者は引き続きPSA手法の精度を高めつつ、その範囲を拡大する研究を行うとともに、各種機器故障率等のデータベースを整備すること、等が含まれていた。また、通産省は、事業者の行うPSAの結果及びそれを踏まえたAMの内容について報告を求め、その技術的妥当性を評価することとされた。このように、チェルノブイリ原発事故後の日本では、SA対策として、AMの整備が事業者の自主的対応として行われることとされ、規制機関がその妥当性を評価することとされた。また、1992年当時は内部事象についてのPSA実施が要請されたが、電気事業者や関係機関はPSA等について継続して研究を行い、その範囲を外部事象へと拡大していくこととされた。

③事業者によるAMの整備

1992年の通産省の要請を受けて、各電気事業者はPSAを実施し、またその結果をもとにAMの候補案を摘出して、1994年3月、その結果を報告した。通産省はその妥当性について検討し、同年10月にそれらを取りまとめた報告書を発表した[34]。この報告書では、概ね2000年を目途として運転中及び建設中の全原子力施設にAM対策を整備するよう、事業者に促している。これを受けて各事業者がAM整備に取り組み、2002年3月末、全ての原子力発電所施設においてAMの整備は完了した。同年4月には、2001年に新設された原子力安全・保安院が「アクシデント・マネジメント整備上の基本要件について」を公表した。また、BWRプラントにおいては格納容器ベント系がAM対策の一環として整備されるが、その実施にあたって電気事業者の役割や具体的対応等についても言及がある。

その後、事業者はPSAを用いた個別プラント評価（IPE）を実施してAM対策の有効性を評価し、2004年3月までに、保安院に対してその結果を提出した。保安院及び原子力安全委員会は、先述の基本要件に基づいて評価を行い、その妥当性を確認した。

④SA対策にかかわる規制上の課題

このように、SA対策として事業者によるAMの整備が進み、また規制側による評価も行われたが、そこにはさまざまな課題が見受けられる。

まず、従来、事業者により検討され整備されてきたAMは、内部事象への対応にほぼ限定されてきた。前項に述べたSBOに対するAMも、内部事象によるSBOを対象としており、地震及び津波という外部事象に起因するSBO対策は、一部を除いてほとんど機能しなかった。外部事象起因のSAに対するAMの整備には、外部事象についてのPSAが不可欠であるが、90年代には信頼に足る評価手法が確立されていなかったため、②に述べたように、研究を継続的に実施して外部事象へとPSAの範囲を拡大していく、という方針が示されていた。しかしながら、2000年代に入ってからのSA対策は、1994年の事業者によるAM報告内容と基本的には同一で、目立った進展は見られていない。また東京大学の西脇由弘客員教授は、1992年のAM整備方針の決定によって制度の枠組みが決まり、SA対応の形が決まったことから「気のゆるみ」が生じ、PSA手法の整備やSA対応の深化への意欲が低下して、進歩が止まったと述べている[35]。また、事業者のIPE結果について、規制側が厳格な確認を行わなかったことも指摘している。

また、②に述べたように、1992年時点では、AMについて事業者の定期安全レビュー等において定期的な評価を行うこととされていた。定期安全レビューは、通産省の要請（1992年6月）に基づき、事業者が当該原子力施設の運転開始以来行ってきた保安活動を約10年ごとに評価し、将来的に、そのプラントが最新の原子力施設と同等の高い水準で安全運転を継続する見通しを得るための取組みであり、①運転経験の包括的評価、②最新の技術的知見の反映状況の把握及び必要な対策の立案、③PSAの実施とSA対策の有効性把握及び必要な対策の立案、という3つの観点から行われるものであった。これは事業者による任意の品質保証活動として位置づけられたが、その結果については行政庁が評価を行うこととされ、その一環として、SA対策についても規制側のレビューが入ることとなった。

しかし、2002年の東電不正データ事件を受けた実用炉規則の改訂（2003

---

32 「アクシデントマネジメントの安全規制上の位置付け」（1992年7月、通商産業省発表）
33 佐藤（2011）、前掲
34 「軽水型原子力発電所におけるアクシデントマネジメントの整備についての検討報告書」（1994年10月、通商産業省発表）
35 西脇由弘（2011b）、「原子力安全庁の在り方と原子炉等規制法の見直し」JNES技術情報セミナー資料（2011年9月7日）

年10月）によって、定期安全レビューが法令上の義務とされた際に、SA対策についてはその要求事項から外され、規制側のレビューの対象外とされた。その背景には、定期安全レビューの基礎をなすPSAについては法的義務とするだけの十分な技術的知見が得られていない、という認識があったとされる[36]。その結果、SA対策の整備状況についての規制側による定期的な評価が行われなくなり、PSAの拡大やそれに基づくSA対策の整備の停滞を招くこととなった。

このほか、②に述べたように、セーフティ21計画においてもSAに関する研究の実施等がうたわれており、実際に資源エネルギー庁は原子力発電技術機構（NUPEC、当時）を通じて関連研究を実施していた。しかし、90年代後半以降、我が国における安全研究そのものが減少傾向にあるなか、次第にその規模を縮小していく。その背景要因の一つとして、SAの主力研究主体であった日本原子力研究所（当時）が科技庁傘下の特殊法人であったため、資源エネルギー庁との間で省庁間の壁があり、両者が協力して安全研究を行うことができなかったことが指摘されている[37]。

このように、事業者の自主的措置としてのAMは、一通りの整備は行われたものの、外部事象へと範囲を拡大させてこなかった。仮に90年代から継続して研究が行われ、外部事象についてのSA対策が適切に整備されていたとしても、津波に関するPSAについては学問的知見が十分でなく、東日本大震災の地震及び津波によってSAに至ることを完全には防げなかった可能性が高い。しかし、外部事象の影響を考慮したAMをあらかじめ整備しておくことによって、代替注水や格納容器ベントがより短時間で実施できたことも予想され、SAの影響を緩和できた可能性は十分にあると考えられる。以上のように考えると、AMを規制要件化してこなかったことよりも、AMの整備範囲の拡大を可能にするような環境を維持できなかったことに、安全規制上の問題点があるといえる。

⑤構造強度偏重型の安全規制とリスクの扱い方

SA対策が十分に進まなかったことの背景として、日本の原子力安全規制がハード面の構造強度を重視する一方で、システム機能や解析に注力してこなかった、という点が指摘できる。TMI原発事故以降も、日本の原子力安全規制は、他の先進国のように安全解析重視の方向には進まず、従来の構造強度主体の安全規制をさらに厳格化させる方向へと進むこととなった。現在に至っても、日本の安全規制は構造強度に対してより重点を置き、工事計画認可等において建屋や機器設備の構造強度を非常に細かいところまで確認する一方で、規制の世界的な潮流から遅れをとっていると指摘されている[38]。①で述べたように、TMI事故を分析した原子力安全委員会「米国原子力発電所事故調査特別委員会」では、安全解析や定量的リスク評価等の重要性を指摘しているが、その後の展開を見ると、システム機能や解析を重視する方向に

変わることはなかった。

　リスク情報を活用した安全規制（「リスク・インフォームド型規制」）の導入について本格的検討が開始されたのは2002年8月のことであり、翌2003年11月、原子力安全委員会は「リスク情報を活用した原子力安全規制の導入の基本方針について」を決定した。他国と比較すると、フィンランドやスウェーデン等の欧州諸国では1980年代からリスク情報の活用が進んできたほか、米国でもNRCが「確率論的リスク評価（PRA）[39]」を安全規制に取り入れる方針を1995年の政策声明書[40]で公表しており、この点では、日本は他の先進諸国に10年程度の遅れをとっている。

　安全目標の策定についても同様に、他国に比べて取り組みが遅れてきた。安全目標の策定とは、原子炉施設の「絶対安全」を追求するのではなく、リスクの存在を前提とした上で、「どの程度安全なら十分に安全といえるのか(How safe is safe enough?)」という原子力安全の重要命題に対して、定量的な答えを用意しようという取り組みである。日本では2003年12月、原子力安全委員会が、以下のように、事故によるリスクを抑えるための定性的目標と、その具体的水準を示す定量的目標についての案を提示した。

- **定性的目標：原子力利用活動に伴って放射線の放射や放射性物質の放散により公衆の健康被害が発生する可能性は、公衆の日常生活に伴う健康リスクを有意には増加させない水準に抑制されるべきである。**
- **定量的目標：原子力施設の事故に起因する放射線被曝による、施設の敷地境界付近の公衆の個人の平均急性死亡リスクは、年あたり100万分の1程度を超えないように抑制されるべきである。また、原子力施設の事故に起因する放射線被曝によって生じ得るがんによる、施設からある範囲の距離にある公衆の個人の平均死亡リスクは、年あたり100万分の1程度を超えないように抑制されるべきである**[41]。

　また、原子力発電所に対する具体的な性能目標として、炉心損傷頻度（CDF）が1万年に1回、格納容器破損頻度（CFF）が10万年に1回という数値目標が示され、この2つの性能目標が同時に満たされるべき、とされている。

　安全目標を明確化することは、SA対策としてのAMの有効性や、地震等の「残余のリスク」の判断指標として重要な目安となる。たとえば米国では、1986年に安全目標に関する政策声明書[42]を公表しており、これを目安として、コストベネフィット分析に基づくバックフィットが行われてきた。SA対策

36　平野光將(2011)、シビアアクシデント対策整備の経緯と「残余のリスク」、原子力学会誌ATOMOΣ、vol.53、No.11
37　西脇(2011a)、前掲
38　西脇由弘「原子力発電施設の規制の課題と考察」『日本原子力学会和文論文誌』Vol.6, No.3, 2007
39　一般に、確率論的安全評価（PSA）と同様の意味で用いられる
40　SECY-95-126, "Final Policy Statement on the Use of Probabilistic Risk Assessment Methods in Nuclear Regulatory Activities," US NRC, May 18, 1995
41　原子力安全委員会安全目標専門部会「安全目標に関する調査審議状況の中間とりまとめ」（2003年8月）http://www.nsc.go.jp/anzen/chihou/sapporo/sankou1.pdf

を進めていく上での確率論的安全目標の重要性は以前から指摘されてきたが[43]、日本においては、上記の目標案はいまだ「中間とりまとめ」の段階であり、原子力安全委員会決定として規制枠組み上に位置づけられてはいない。

　その後、保安院は2010年になって、基本政策小委員会での検討を踏まえ、シビアアクシデントの規制要件化等の検討を行うことを明言している[44]。また原子力安全委員会も、2010年12月、「安全目標の明確化とリスク情報活用に向けた検討」や「発電用軽水型原子炉施設におけるシビアアクシデント対策の高度化」等を含んだ「原子力安全委員会の当面の施策の基本方針について」を公表した[45]。しかし、こうした規制対応は諸外国に比べて10年以上も遅れてのことであり、遅きに失した感がある。

　このように、日本においては、原子力安全規制のなかでリスクを定量的に扱う取り組みが遅れており、SA対策を行う上で不可欠な、外部事象を含めたPSAの実施とAMの整備・拡大を積極的に行わせるような規制環境が、十分ではなかった。冒頭に述べたように、安全規制の果たすべき責任とは、「放射線リスクから人と環境を防護するための、基準を定め、規制上の枠組みを定める重要な責任」であり、この観点から見て、従来の日本の安全規制が成功しているとは言い難い。リスクの扱いについて他国との差が生ずる重要な転換点となったのは、この節で見てきたように、TMI事故から学びとった「教訓」を適切に実践できなかったことにある、といえる。80年代初頭から構造強度偏重型から脱却して確率論的手法を積極的に導入していれば今回の福島原発事故を防げたと言い切ることはできないが、少なくとも、設計基準事象を超える領域に対する「目配り」の程度を、現在よりも高めていた可能性は十分にあると考えられる。

第5節　複合原子力災害への「備え」と福島原発事故

　原子力安全委員会の策定した「原子力施設等の防災対策について」(いわゆる「原子力防災指針」)では、自然災害や武力攻撃等と原子力災害が複合した場合の対策について、明示されていない。今回の福島原発事故が、地震・津波と原子力災害の複合災害であることは明らかで、「備え」がないままに関係機関が手探りで対応せざるを得なかったことが、避難指示等における混乱につながっている。

　現行の原子力防災を形づくっている原子力災害対策特別措置法（現災法）及び原子力防災指針は、主としてJCO臨界事故（1999年）の経験がもとになっている。臨界事故以前は、原子力事故が発生した場合、当時の一次規制庁であった資源エネルギー庁において緊急時対策支援システム（ERSS）を稼動させ、そこに原子力安全委員会等の専門家を集めて対応を行うこととされていた。しかし、JCO臨界事故が発生した際には、住田健二原子力安全委員長

代理が、東海村の現場で事故収束の指揮にあたり、一定の評価を得た。同事故の調査を行った原子力安全委員会「ウラン加工工場臨界事故調査委員会報告」には、同事故の5カ月前に同委員会原子力発電所等周辺防災対策専門部会から提言されていた「オフサイトセンター構想」の原型が実現された意味は大きい、との記述が見られる。

　JCO事故の収束における、こうした一種の「成功体験」をもとに、原災法制定を受けて改訂された原子力防災指針において、オフサイトセンターを各立地点に整備することが盛り込まれた。すなわち、現場に近い指揮所に関係者を参集させて災害対策の中枢機能を持たせる、という制度設計思想である。こうした防災体制は、事象の進展が比較的緩やかであり、現地指揮所自体は十全に機能を発揮可能である場合には、ある程度有効に機能しうると想定される。

　しかし、地震や津波といった外部事象による原子力災害が発生した場合、その外部事象自体による災害が同時発生している可能性が高く、現地指揮所における事故対応には困難が予想される。実際、今回の福島原発事故対応においては、地震や津波によって交通手段がほぼ壊滅状態になったため関係者の参集が物理的に困難であったこと、また大規模な停電等により通信手段が非常に脆弱で、外部との継続的な情報のやりとりが困難であったこと、事故の進展に伴ってオフサイトセンターの放射線量が増加したことなどにより、現地指揮所が中核となって防災活動の指揮をとるという仕組みそのものが機能しなかった。

　安全規制関係者が、複合災害の可能性についてまったく考えていなかったというわけではない。たとえば、規制支援機関であるJNESは、2008年度の委託研究で、米国における原子力発電所での複合災害時対応の調査を行っている[46]。また保安院は、「原子力防災マニュアル等の作成上の留意事項（案）」（2009年4月）のなかで、「複合災害が現実に発生する蓋然性は極めて低い」としつつも、オフサイトセンターが機能不全に陥る可能性や、緊急時モニタリングが機能しない可能性等も考慮するよう関係機関に求めている。しかし、福島原発事故を経験した現時点から見ると、複合原子力災害が発生する可能性を非常に低く見積もりすぎて、早急に対策を講じておかなかったことは、認識が甘すぎたという批判を免れない。

42　Safety Goals for the Operation of Nuclear Power Plants, US NRC Policy Statement, 51 FR 28044; August 4, 1986
43　たとえば、阿部清治「シビアアクシデントと安全目標に関する論点」日本原子力学会2010年秋の年会原子力安全部会企画セッション（2010年9月17日）http://www.soc.nii.ac.jp/aesj/division/safety/H221021siryou2.pdf
44　原子力安全・保安院の使命と行動計画、2010年6月、原子力安全・保安院, http://www.nisa.meti.go.jp/oshirase/2010/files/220617-6-1.pdf
45　原子力安全委員会の当面の施策の基本方針について、2010年12月2日、原子力安全委員会決定、http://www.nsc.go.jp/info/20101202.pdf
46　JNES「米国原子力発電所での複合災害時対応の調査」報告書、2009年3月、日本NUS株式会社

第6節　問題の背景についての考察

①規制関係者のリスク認識の甘さ

　まず、外部事象のリスクに関する規制関係者の認識不足が指摘できる。津波高の評価や複合原子力災害の場合には、規制関係者がそれほど重大なものと見なしていなかった。外部事象に起因するSBOやSAについてもリスクの存在は認識しており、そのための対策も実施しようと試みていたが、対策に時間を要してしまい、結果的に間に合わなかった。

　このうち前者に関しては、規制機関における専門性確保の問題が、その背景に見える。重要なリスク要因を見逃してしまう、あるいは海外のトラブルや関連分野の知見から教訓を適切に得ることができない、といった問題は、規制機関に当然要求される能力が欠けていたことを意味する。津波の場合には、津波研究の学問的知見自体が十分な状態にあったとは言いにくく、規制側のみの問題点に帰することは難しいが、その場合でも、津波研究のコミュニティーに対し、原子力安全にとって必要な知見の種類を的確に伝え、専門家間で協働して必要な知見を得ようとする努力が求められる。しかし、現状の保安院は、他の省庁と同様、通常の人事ローテーションが適用されるため、原子力安全についての高度な専門性を持つ人材を継続的に育成できる環境にあったとは言い難い。また前述のように、規制支援機関であるJNESが設立されて以後は、技術的な専門性は完全にJNES任せとなり、保安院とJNESとの間で乖離が進む結果となった、との指摘も出ている。

②原子力安全規制に不向きな行政機構

　運転を行った原子炉は、たとえ運転を停止していたとしても、その内部に大量の放射性物質を有する。放射性物質が存在するかぎり、その危険が顕在化する可能性は常に存在し、無数にありうる顕在化のプロセスを全てなくすことは不可能である。しかし、放射性物質が存在するかぎりゼロリスク（絶対安全）は有り得ないものの、安全確保努力によってリスクをゼロに近づけることは可能である。また、原子力工学は、その由来からして総合工学であり、原子力施設には多様な学問分野の科学的・技術的知見が用いられている。そのため、関係する分野の最新知見の動向を追い、その内容を適切に反映していくことで、安全を継続的に維持・向上させていくことが可能となる。こうした性質を持つ原子力安全についての規制とは、「グレーゾーンを残した上で、それを伸びしろに使っていくのが本来の姿[47]」であり、本章で触れたように、PSAを活用してリスクを定量的に把握する努力や、安全目標の設定等が重要な意味を持つ。しかし、日本の官僚機構は前例踏襲を重んじ、形式に当てはめて物事を処理する傾向が強く、原子力安全のように常に新しい知見を取り込んで改善・向上させていくことが必要な性質のものとは、親和性が低いともいえる。海外においても官僚機構自体の性質は大きく変わらない

が、通常の官僚機構とは異なる方法で、人事や専門性確保等を工夫している例が多く見られる。これに対して日本では、規制庁である保安院が公務員の通常の人事ローテーションのなかに組み込まれ、専門的人材を長期的に育成するシステムになっていないのに加え、法律や指針の改定には多大の時間と労力がかかるため着手しにくい環境を生む[48]、といった行政機構特有の性質がある。こうした組織環境の下で、継続的に改善・向上に努め、リスクという"型にはまらない"性質のものを扱っていくことには、必然的に困難が生じやすい。

③硬直したステークホルダー関係

加えて、原子力安全に関係するステークホルダー間の関係が、より高いレベルの原子力安全確保を促すような形になっていなかった可能性がある。ステークホルダーには様々な主体があるが、ここでは、①規制に関係する組織間、②規制者―事業者、③規制者・事業者―立地地域、の3つに焦点を当て、その問題点を述べる。

まず、規制に関係する複数の組織間の関係である。日本では、原子力安全規制に関係する組織として、商業炉の安全規制を所掌する一次行政庁の経産省原子力安全・保安院、ダブルチェックや指針類の整備等を行う内閣府原子力安全委員会、原子炉施設の検査や安全解析等の技術的支援を行うJNES、研究炉や放射線等の規制を所掌する文科省が主な関係組織である。

なかでも、保安院と文科省（旧科技庁）との間の対立は、実効的な規制政策を行う上でしばしば障害となってきたことが、従来から数多く指摘されてきた[49]。本章でも、TMI事故後に安全研究を行っていく上で両者の対立関係がマイナスに作用したことを指摘したが、この他にも、原子炉等規制法の実務の大半は保安院が担っているにもかかわらず、放射線に関する重要な基準は文科省下の放射線審議会で決められ、一貫した規制執行が困難である、といった弊害がある。

保安院と原子力安全委員会との関係については、法制度上は一次行政庁である保安院の規制内容を原子力安全委員会がダブルチェックすることとされているが、保安院は安全審査の際に原子力安全委員会の策定する指針類を利用していること、また、技術の定型化が進んだ今日ではダブルチェックの必要性そのものが薄れている等の指摘もあり[50]、原子力安全規制上、ダブルチェック体制がどの程度有効であるのか疑問も出ている。

次いで、規制者と被規制者である事業者との関係である。注22にも述べたが、規制政策の決定過程においては、被規制者である電気事業者の思惑が

---

47 久木田豊原子力安全委員長代理インタビュー、2012年1月20日
48 宮野廣(2011)、原子力発電所の震災：事故の遠因とこれからの取組み、日本原子力学会福島第一原子力発電所事故に関する特別シンポジウム、2011年9月19日
49 吉岡斉(1999)、原子力の社会史、朝日選書ほか
50 城山英明(2010)、原子力安全委員会の現状と課題、ジュリストNo.1399

強く影響してきた可能性がしばしば指摘されている。また、IAEAによる総合規制評価サービス（IRRS：Integrated Regulatory Review Service）では、保安院の事業者に対する姿勢について、「IAEA調査団は、保安院は事業者の意見を聞いて評価するというよりも、指導し抑圧しているという印象を受けた」[51]という指摘がある一方、事業者については、「被規制者は、規制基準を遵守すれば事たれりとする傾向が強い[52]」といった指摘も出されている。IRRSにおいて、「保安院は事業者との間で相互の理解と尊重に基づき、率直で隠し立てなく、それでいてフォーマルな関係を育てなければならない[53]」という提言が出されているように、原子力安全確保を適していく上で両者が理想的な関係にあったとは言い難い。

　日本が地震国であるにもかかわらず、日本の原子力安全規制は外部事象に対する「備え」が不十分であったことは、明らかである。その背景にある規制上の問題点を敢えて一言にまとめるなら、「原子力プラントの安全が、何物にも勝る優先度をもって、その重要性にふさわしい注意を確実に集めるような、組織と個人の態度と特質の集積」（INSAG-4）としての「安全文化」が、日本の原子力安全規制システムにおいては十分に醸成されていなかった、ということに尽きる。

---

[51] IAEA/IRRS: Integrated Regulatory Review Service, 20 December, 2007
[52] 西脇由弘（2011）、日本の原子力行政の課題：技術者の視点から見て、国際カンファレンス「福島原発事故への対応とこれからの原子力安全：日本と欧州の視点からみて」、2011年12月22日
[53] IAEA/IRRS, ibid, Recommendation 3

第 7 章　福島原発事故にかかわる原子力安全規制の課題

第3部 歴史的・構造的要因の分析

第8章 安全規制のガバナンス

第1節 概要

　本章では、福島第一原子力発電所事故に至るまでの安全規制ガバナンスのあり方を検証する。安全規制ガバナンスは政府が原子力安全を目的に基準を策定し、法制度を定め、それを事業者に履行させることで成立する。しかし、日本においては、国際的な安全規制の標準を形式的には満たしていたものの、形の上では独立していても実効的な安全規制をする能力が不十分で、電気事業者に対抗するだけの十分な技術資源をもたない原子力安全・保安院、安全規制の基準作りをする有識者会議でありながら、十分な法的権限と調査分析能力をもたない原子力安全委員会、そして圧倒的な技術的能力をもち、豊かな資金をもつが、安全規制の強化に対して当事者としての責任を十分に果たそうとしなかった電気事業者、といった、様々なアクターの思惑や利害関係を含みながら実践されてきた。また、安全規制の一義的な責任は電気事業者にあり、原子力安全・保安院は電気事業者を監督し、原子力安全委員会は安全規制の指針を作るという分業体制が作られていたが、こうした体制自体が平時の安全規制を前提としたもので、原発事故のような非常時においては十分な機能を果たすことが出来なかった。

　本章では、それぞれのアクターが安全規制ガバナンスのシステムにおいて果たした役割を分析し、日本の原子力安全規制の特徴を浮き彫りにすると同時に、国際的なガイドラインやルールによって形式的な安全規制を行ったとしても、実際には、誰が安全規制に責任を持ち、いかに安全規制に資源を割くことが出来るのか、規制をする側にどれだけ技術的知識や能力があり、事業者の行為を理解し、批判することが出来るのか、といった点について検証する。

　まず、日本の原子力行政の特徴のひとつである文部科学省と経済産業省の「二元推進体制」によって原子力推進と規制の区別があいまいとなり、2001年の省庁再編による原子力安全・保安院の成立によって、いわば安全規制ガバナンスの「無責任状態」が生まれたことを指摘する。そのうえで、保安院における安全規制ガバナンスへの対応や考え方、その技術的・行政的能力や財政的・行政的資源がどの程度有効に生かされたのかを分析する。ついで、原子力安全委員会の役割とその能力の限界がどこにあったかを分析する。さらに、安全規制ガバナンスに一義的な責任を持つ電気事業者、とりわけ東京電力の役割について議論する。本来ならば規制機関によって定められたルールや手順を実施する役割を担う電気事業者が、どのように規制機関に対して影響力を行使し、自らの利益を実現するような仕組みを作っていったかを論

じる。そこには電気事業者の持つ財政的資源だけでなく、規制機関を上回る技術的能力をもち、むしろ規制機関の能力的な欠落を埋める機能をもっていた点にも注目する。

〈検証すべきポイント・論点〉
１.原子力行政の二元性
　ここでは、日本の原子力行政が長い間、科学技術庁（現在は文科省）と通産省（経産省）の間で分断され、安全規制が省庁再編の際の盲点になっており、それがSPEEDIの管理や安全規制にかかわる技術的な蓄積を妨げた結果、福島第一原発事故につながる安全規制ガバナンスの不備を生み出した点を明らかにする。

２.原子力安全・保安院
　ここでは、原子力安全・保安院がどのような人的、財政的、技術的な資源をもち、どのような規制を行っていたのかを分析する。ここでは特に保安院が十分な資源をもたなかったため、規制の実施が形式的になっていたこと、書類上の安全規制をにとらわれるあまり、逆に電気事業者をコントロールしてこなかったことを明らかにしていく。

３.原子力安全委員会
　原子力安全委員会が法的に脆弱な立場にあり、保安院が直接の「手足」として使えず、下から上がってくる情報を受け止めるだけの受動的な役割しかもっていなかったことで、保安院、電気事業者との関係で十分な規制機関としての能力を保つことが出来なかった。そうした脆弱性が福島第一原発事故に当たっての対処の曖昧さを生み出したことを見る。

４.東京電力
　ここでは、規制の対象となる東京電力が、いかに規制に対応し、どのよう事業と規制とのバランスを取ろうとしたのかを明らかにする。電気事業者として持つ技術的な蓄積や、「国策民営」という構造がもたらした事業者の裁量の大きさなどに着目して分析する。

　福島第一原発事故が起こった遠因には、日本の原子力安全規制のガバナンスがきちんと機能しなかったことがある。もちろん、安全規制ガバナンスが正常に機能したからといって、大震災や津波を避けることはできない。しかし、安全規制ガバナンスが機能していれば、震災や津波への対応、全電源喪失に対する備えが一定程度は出来ていたはずである。その備えがなかったからこそ、今回の事故は「想定外」の事象として扱われ、事故の進行を止める

ことが出来なかった。そのように考えると、日本の原子力行政のあり方、原子力安全規制に対する考え方、それにかかわった機関や責任者の責任を問わないわけにはいかない。なぜなら、原子力安全規制のガバナンスの仕組みが歴史的な経緯によって多元的で、複雑で、責任関係が曖昧になってしまったことにより事故への備えを十分なしえない状況を作ったからである。

　この章では、日本の安全規制ガバナンスがなぜこのような形になったのか、なぜ諸外国のそれと異なる仕組みとなっていったのかを分析する。安全規制ガバナンスを巡る、日本特有の構造を理解せずに、福島第一原発事故の本質を理解することは不可能であるともいえる。なぜなら、様々な問題を抱えながらも、表面的には、原子力安全委員会は独立した組織であり、原子力安全・保安院は安全規制ガバナンスの中核機関として十分な機能を持つ組織であり、東京電力は規制を受ける事業体として、コンプライアンス上、問題のない事業体に見えるからである。しかし、形式的なガバナンスの仕組みを明らかにしたところで、日本における安全規制ガバナンスがどのように機能していたのかを知ることはできず、非常時への対策や準備、すなわち「深層防護」の第4層に当たる、シビアアクシデント対策が進んでいなかったことを明らかにはできない。

第2節　原子力行政の多元性

原子力安全規制に関する年表

	1955年12月	原子力基本法、原子力委員会設置法等成立
	1956年1月	総理府原子力局、原子力委員会（総理府の第8条機関、委員長は国務大臣）発足
	5月	科学技術庁設置（総理府外局。原子力局が移行）
	1957年5月	原子炉等規制法（炉規法）成立
	1974年9月	原子力船「むつ」放射能漏れ事故
1975年2月～76年7月		原子力行政の再検討（原子力行政懇談会）
	1976年1月	科学技術庁に原子力安全局設置
	1978年6月	原子力行政懇談会で示された方針を受け、原子力基本法等の一部改正案成立
	10月	原子力安全委員会（総理府の第8条機関）発足
	1979年3月	米国スリーマイルアイランド（TMI）原発事故発生
	7月	中央防災会議決定（緊急技術助言組織の設置、専門家の派遣等）
	1995年12月	高速増殖原型炉「もんじゅ」二次系ナトリウム漏洩事故
	1997年3月	動燃アスファルト固化施設火災爆発事故
	12月	行政改革会議最終報告
	1998年6月	中央省庁等改革基本法成立
	1999年9月	JCO加工施設臨界事故。我が国で初めて原子力災害による犠牲者を出す
	7月	内閣府設置法、経産省設置法等成立（原子力安全・保安院設置について）
	12月	臨界事故調査委員会報告。原子力災害対策特別措置法（原災法）制定
	2000年1月	中央省庁改革による新体制スタート、原子力安全・保安院発足
	2002年8月	原子力発電所における自主点検記録不正問題発覚
	12月	上記不正の再発防止のための電気事業法及び原子炉等規制法の改正案が成立
	2003年10月	原子力安全基盤機構（JNES）発足

参考：原子力事故再発防止顧問会議「原子力安全規制体制の変遷」

日本の原子力開発は、米国のアイゼンハワー大統領が進めた「平和のための原子力（Atoms for Peace）」政策に基づき、米国からの原子力技術の導入が可能になったことから始まった。エネルギー資源の乏しい日本において、石炭、石油以外のエネルギー源に多様化できること、核燃料サイクルにより、再処理した使用済み燃料を「準国産」エネルギー源として利用出来ること、そして、最終的には核兵器として利用可能なプルトニウムを得ることが出来ることなど、様々な思惑が絡みながら、当時の読売新聞社主であった正力松太郎が中心となり、日本に原子力技術が導入されることとなった[1]。

原子力推進の影に隠れた安全規制

1955年に原子力政策を推進し、同時に原子力安全規制ならびに核物質防護を行う組織として総理府に原子力局が設立された。この原子力局は1956年に科学技術庁に再編され、同時に国家行政組織法第8条に基づく審議会等いわゆる「第8条機関」として原子力委員会が総理府に設置された。すなわち、科学技術庁は原子力を日本に導入し、推進することが第一の目的として設立された組織であり、原子力委員会は原子力政策を推進するための司令塔として機能することが期待された組織であった。1956年に成立した科学技術庁設置法第8条に示されるように、原子力開発の企画立案が目的の第1項に示され、安全規制については原子炉の規制、核燃料物質の管理、そして「原子力利用に伴う障害防止」、すなわち放射線障害に対する規制が定められた。この時点では、原子力を推進する機関である科学技術庁と首相に助言する原子力委員会がともに安全規制にも責任を持つガバナンスとなる仕組みとなっていた。

ただし、当時の原子力導入に関する政府、国会、学術界の間の議論において、安全規制が大きな問題として取り上げられたわけではなかった。1955年12月に成立した「原子力行政の憲法」ともいえる原子力基本法では第1条にある目的で「この法律は、原子力の研究、開発及び利用を推進することによって将来におけるエネルギー資源を確保し、学術の進歩と産業の振興とを図り、もって人類社会の福祉と国民生活の水準向上とに寄与することを目的とする」とし、原子力を推進することを目的としながらも、それを「安全」という概念と結びつけることはしなかった。また、第2条の「基本方針」では「原子力の研究、開発及び利用は、平和の目的に限り、安全の確保を旨として、民主的な運営の下に、自主的にこれを行うものとし、その成果を公開し、進んで国際協力に資するものとする」とされ、いわゆる「自主、民主、公開」の原則が示されているが、この原則は、まず「平和の目的に限り」として軍事転用を厳しく制限する一方、安全規制に関しては、「安全の確保を旨として」と表現されるにとどまり、「重視する」程度のニュアンスしか与

---

[1] 有馬哲夫『原発・正力・CIA―機密文書で読む昭和裏面史』新潮新書、2008年

えられなかった点に注意しておく必要があるだろう。

二元推進体制と「安全神話」の誕生

　しかし、原子力技術の導入に際し、早急な商業炉の導入を求める電力会社の要請があり、科学技術庁における研究開発による国産原子力技術の発展を待つことなく、外国からの商業炉の輸入を求める声が産業界を中心に高まっていた[2]。その背景には、産業界のエネルギー安定供給への期待とともに、政治的な実績を上げようとした正力松太郎の政治的な野心もあった[3]。この正力のイニシアティブに反対し、国産主導の原子力開発を推進した河野一郎（正力が属していた自民党鳩山派の幹部）経済企画庁長官と「河野・正力論争」が展開された[4]。こうした経過を経て、「日本原子力発電会社」が設立され、実質的に「国策民営」路線が定められ、商業炉の営業運転に関しては民間企業である電力会社が行い、その事業者を監督し、電力の安定供給を実現する責任を持つ官庁として、通商産業省（1973年のオイルショックによって資源エネルギー庁が設立後は資源エネルギー庁）が原子力発電を所掌することとなった。それと同時に国産原子力技術の開発を、科学技術庁が中心となって進めること自体は変更されず、原子力行政の「二元推進体制」が誕生することとなる。

　こうした行政システムの多元化は、原子力の安全規制に関する責任が曖昧になる状況を生み出した。まず、商業原子力発電所の設置は、通産省が責任を持つ電気事業法、原子炉の運転や検査などは科技庁が責任を持つ原子炉等規制法と、原発を管理する法規制が分断され、その安全規制の責任が曖昧になった。そのため、規制側は事業者が安全規制を表面的に遵守することを確認するだけにとどまり、全体の安全性を政府が一元的に把握することが難しくなった。当時の社会的背景として、科学技術全般に対する社会的な信頼が高く、原子力技術自体が外国からの輸入技術であったため、外国で設定された安全基準を維持すれば原子力安全は保証されるとの強い共通認識があった。また、1961年に原子力委員会の原子力安全専門審議会の委員となった物理学者の田島英三も「当時は何をもって許可し、何をもって不許可とするかの基準がはっきりしていなかった。それにもかかわらず『安全である』と判断し、『安全』の審査結果を出さねばならず、誠に割り切れない気持ちだった[5]」。そして田島が当時の原子力委員長に「原子力委員会は原子力発電所をつくることだけを考えておればよい。学者の委員は不要である。原子力委員は原子炉は絶対安全であると何故言わないのか[6]」と言われたという記述するように、安全規制ガバナンスと呼べる仕組みは極めて未熟であり、原発の事故を想定した対策を立てるような状況にはなかった。さらに、安全規制のかなめとなる原子炉等規制法も、施行当初は「国の原子力基本計画上の妥当性」が議論の中心となり、災害に対する備えも「事業所内の災害」への対処と考えられており、原発事故への備えを審査したわけではなかった[7]。

またこの時期においては、原子力を推進する機関だけでなく、原発の立地自治体が「安全」であることを要求し、「防災はおろか、そのような事故自体あってはならない」とも考えていた[8]。というのも、アメリカでは、原発周辺地域の安全地帯であるグリーンベルトが設置されているのに対して、日本では立ち退きに反対する住民感情に配慮する形でその構想自体を取りやめ、住民の移住なしに原発を立地することになった。その結果、「原発は安全である」ということを原子力委員会、電力会社は主張せざるを得ない状況におちいり、住民も「原発は安全である」と思い込まなければ、原発を受け入れられない立場に追いやられたといえる。

「国策民営」と「安全神話」の融合：原子力損害賠償法

さらに、戦後、「電力の鬼」と呼ばれた松永安左エ門によって戦時中の電力の国家統制をが否定され、地域独占による効率的で安定的な電力供給を至上目的としていた電力会社が、原子力を民間企業で運用する「国策民営」という矛盾を抱え込むことができたのも、いわゆる「安全神話」によるところが大きい。「国策」である原子力は、その建設費用や廃棄物処理などから来るコストの大きさを考えると民間企業にとって必ずしも経営効率に寄与するものとは言い切れず、事故が起こった場合には賠償が巨額になるため、民間企業が全額負担することは不可能である。しかし、1961年に成立した原子力損害賠償法[9]では、民間企業が保険で負担できる金額（当時50億円、現在1200億円）を超える賠償に関しては第16条で、国は「原子力事業者に対し、原子力事業者が損害を賠償するために必要な援助を行なうものとする」、また「国会の議決により政府に属させられた権限の範囲内において行なうものとする」としている。これは、国が電気事業者を援助する義務規定にはなっておらず、国会での議決がなければ援助しないという曖昧な規定でしかない。また、被害者に対しては「被災者の救助及び被害の拡大の防止のため必要な措置を講ずるようにするものとする」となっており、こちらも政府に被害者への賠償義務が課されているわけではない。

こうした曖昧な規定のまま、「国策民営」の形で原子力の商業運用がすすめられたのは、1966年の国会答弁で水田三喜男蔵相が「建前としては、まず今の保険制度の活用ということ、それを中心にして、それを越える部分——今まで外国の例を見ましても、大きい災害は一つも起こっておりませんし、

---

2 「原子力のすべて」編集委員会編『原子力のすべて：地球と共存する知恵』原子力委員会、2003年
3 有馬哲夫、前掲、2008年
4 飯高季雄『次世代に伝えたい原子力重大事件＆エピソード』日刊工業新聞、2010年
5 田島英三『ある原子物理学者の生涯』新人物往来社、1995年
6 田島、同上、1995年
7 原子力法制研究会「技術と法の構造分科会研究報告」東京大学大学院工学系研究科原子力国際専攻、2009年6月
8 関谷直也「原子力の安全観」に関する社会心理史的分析—原子力安全神話の形成と崩壊—」原子力安全基盤調査研究「日本人の安全観」（平成14年度～16年度）報告書、原子力安全基盤機構、2004年
9 原子力損害の賠償に関する法律

原子力事業者だけで持つ災害、小さいものは若干あっても、まだ保険会社に負担させるほどの災害は起こってもいないという実情から見まして、やはり建前はこの程度から出発することが妥当じゃないかと私は思っております[10]」と述べているように、原発は安全であり、大きな災害は起こっていないのだから保険で十分に対応できるとの甘い認識があった。また、こうした曖昧な規定は、電気事業者に対して国策である限り、仮に事故が起こった場合も国が賠償援助をするはずであるという「暗黙の了解」を示唆し、国側（とりわけ大蔵省＝財務省）が賠償の責任は一義的には電気事業者にあると理解することも可能にした。これは福島第一原発事故の直後に起きた混乱を見ても明らかであろう。こうした経緯から当事者や関係者間に一種の「モラルハザード」が生まれ、安全規制に対する責任の所在の曖昧が生まれたともいえる。

反原発運動の興隆と「安全神話」の強化

このような状況が変化するのが、1972年の社会党大会における「反原発」政策への転換と1974年の原子力船「むつ」の放射能漏れ事故である。これによって、原子力技術の安全性に対する疑念が高まっただけでなく、これまでの安全規制のあり方に大きな疑問が投げかけられるようになった。これは日本だけでなく、欧米における環境保全運動などに刺激された部分もあるが、日本では1975年に設立された原子力資料情報室の高木仁三郎が反原発のオピニオン・リーダーとなってこうした運動を盛り上げていた[11]。

こうした流れの中でこれまで漠然と受け入れられてきた「原発は安全である」という神話にも亀裂が入り、反対派の勢力が力を増していくと思われた時期もあった。しかし、1973年の石油ショックによる原油高騰とエネルギー不足の経験から、原子力発電の重要性が再認識され、1973年に通産省の外局として資源エネルギー庁（エネ庁）が設立され、通産省が所掌していた民間商業炉に関する政策はエネ庁に移された。また、1960年代に原発の建設が相次いだため、次第に新たな原発立地候補地が見つけにくくなり、地元住民の反対などで原発建設が滞るようになった。そこで当時の田中角栄首相は「電源三法」といわれる電源開発促進税法、旧電源開発促進対策特別会計法、発電用施設周辺地域整備法を制定し、原発の建設に協力した立地自治体に交付金を与え、原発建設を受け入れるインセンティブを与えた[12]。これにより、一定程度の反対派が存在していても、地元にとって原発を受け入れる経済的メリットが大きくなった。電源三法交付金は、原発に疑念を示す立地自治体でも「安全神話」を受け入れる動機となっていった。また、福島第一原発事故時の官邸中枢スタッフインタビューによると、推進する政府や電力会社にとっても、反対派と対峙し、漁業者などに対する補償問題などを議論していく中で、「事故はないんだというマインド」になってしまい、原発の安全性を訴える側も「安全神話」を信じ込んでいくようになった。

しかし、これまでの原子力行政の中に安全規制ガバナンスの仕組みがほとんど存在していないなかで、原発の安全性を主張することは難しかった。政府は1978年に原子力委員会から原子力安全委員会を分離し、安全規制に責任を持つ専門組織を作った。また、科学技術庁の中にも原子力安全局を設置し、(1976年) 原発の安全に取り組む専門部署を設けることで、安全規制を実施している姿を明確にすることとなった。科技庁の下に放射線安全技術センター（現在の原子力安全技術センター）を1980年に設置し、原発のトラブルに対しても対処する仕組みを作った。また、通産省の下には、1976年に原子力工学試験センター（1992年から原子力発電技術機構、現在は原子力安全基盤機構）を設置し、原子力発電機器の安全性を検査する体制が出来上がった[13]。

「二元推進体制」と「二元審査体制」の輻輳化と人材問題

安全規制を司る組織が出来たことで、原子力を推進する機関と安全規制を司る機関の間の関係が省庁の中で分断され、原子力行政全体を統括し、原子力を推進する原子力委員会と安全規制を守るべき原子力安全委員会が分離し、通産省と科技庁の「二元推進体制」だけでなく、その上位に位置する行政の審査体制も「二元審査体制」となり、より複雑な行政の仕組みが制度化されていくこととなった。こうした原子力行政の複雑さは、所掌の重複のみならず、責任の所在の曖昧さをも生み出す結果となった。

また、複数の政府部局に専門の行政官を配置するほど人材は十分ではなく、それぞれの行政機関内での人事異動があるために常に専門知識を持つ行政官を配置することが難しかった。政府部局内の安全規制に責任を持つポストに就く人材は、2〜3年で人事異動の時期を迎え、原子力技術に関する十分な知識を獲得する間もなく、他のポストに異動する。そのため、全くの素人が安全規制政策の企画立案をしなければならない状況が生まれた。また、ノンキャリアのスタッフは、比較的長期間とどまるが、自発的に政策的判断をする立場にはなく、既存の規則とルール、上司の指示によって行動するため、専門的知識があっても、その能力を十分に発揮することは難しい。これはとりわけ経産省の「特別な機関」として設置されている原子力安全・保安院が事故に際して十分な役割を果たさなかった遠因ともなっている[14]。

また、専門的な知識を有し、原子力の技術的側面について、全体から判断できる原子力安全委員会は、あくまでも首相への助言機関、「ダブルチェック」

---

10 衆議院科学技術振興対策特別委員会(1966年4月26日)での水田国務大臣の答弁。竹森俊平『国策民営の罠：原子力政策に秘められた戦い』日本経済新聞出版社、2011年。
11 高木仁三郎『市民科学者として生きる』岩波書店、1999年
12 朝日新聞「原発国家」田中角栄編、2011年8月17日
13 内藤正則「(財)原子力発電技術機構の解散と今後の事業展開」『日本原子力学会誌』 Vol. 50、No.4、2008年
14 西脇由弘東大客員教授インタビュー

を行う機関として位置付けられたため、その事務局も科技庁原子力安全局が担当するという状況であった。また、原子力安全委員会が設置された直後にアメリカでTMI原発事故が起こり、それに対し、当時の安全委員長が日本では同様の事故は起こらないと「安全宣言」を出したことで、発足当初から「原子力安全宣伝委員会[15]」などと揶揄されるようになった。結果として、規制当局が、安全に一義的な責任を持つ電気事業者に対して、十分な知識と経験をもってコントロールすることが難しくなるような状況になっていった。

伊方原発裁判と検査の書類偏重化

　原子力船「むつ」の事故が、原子力に反対する様々な勢力をネットワーク化させ、より大きな社会的勢力となるきっかけとなったことで、反対運動の勢いは高まったが、これに対してただ単に行政上、原子力安全規制機関を設置するだけでは説得力がなかった。その中で、1973年に伊方原発の安全性を巡る訴訟が起こり、政府の安全審査の妥当性を巡って、様々な争点で争われた。結果として1978年に出された判決は、原子炉設置許可は政府裁量と認めたが、この裁判を通じて原発の安全性を証明するための様々な「証拠」を持たなければならないという環境が作られた[16]。その結果、原子力安全規制当局は、検査項目を増加し、検査にかかわる時間を長期化し、膨大な量の資料を作成するための作業量を増加させる結果となった。

　このような、安全規制に向けてのガバナンス体制が、より厳格な検査を実施する方向に進んでいったことで、安全規制の実務は書類重視の傾向が強まった。書類による検査を厳密にすることで、ハードウェアの安全性を向上させ、原発事故が起こらない状況を作り出すことが安全規制の第一の目標となっていった。このような規制様式が定着していくと、安全規制の検査が官僚主義的に行われ、ミクロの安全性の強化によって原発の安全を確保するという規範が成立する。それは同時に原発の安全規制を細分化させ、部分別の専門性を高めることに寄与しつつも、原発全体の安全性を担保する仕組みを欠いた安全規制へと展開していく。

　さらに、原発を巡る度重なるトラブルがマスコミなどを通じて知られるようになると、世論からも強い非難を浴びるようになるため、トラブルを隠そうとするインセンティブが働くようになる。2002年に発覚した東京電力の「トラブル隠し事件」と呼ばれる[17]、1980年代から90年代にかけての保安院への報告書改ざんなどの告発は、原発の安全性に疑念を持つ世論に対し、わずかなトラブルでも表に出ると、原発の安全性に対する信頼、ないしは「安全神話」に傷がつくという恐れを生んだと推測される。

JCO事故と省庁再編でも変わらなかった「安全神話」

　しかし、結果として、前述したような官僚主義的な検査、安全規制ガバナンスの仕組みが1999年のJCO事故であるで強い批判の対象となった。この

事故で、科学技術庁の対応や情報隠蔽などの姿勢が事故対応を遅らせ、社会的に強い批判を受け、それが科技庁に対する不信へとつながった。JCO事故を受けて総合資源エネルギー調査会の原子力安全・保安部会で「原子力の安全基盤の確保について」と題する報告書が2001年に出され、そこではJCO事故を起こした原因として、「我が国の原子力安全規制は、原子力発電導入初期におけるトラブル克服に始まるハード面の安全確保に主眼を置いて、これまで整備、運営されてきた」ことを指摘し、これがJCO事故のような「意図的な不正」を防止できなかったことを反省し、「安全文化」とマネージメント面の強化が論じられている[18]。また、「これまでの安全規制は、施設などのハード面に重点をおいたものであったが、今後は安全管理などのソフト面の規制を充実させなければならない」とも論じている[19]。現時点からみると、この提言がきちんと実施されているかどうかは怪しく、提言の影響は必ずしも大きかったとは言えないが、こうした問題意識が安全規制当事者の中から出ることはきわめて重要である。

　折しも2001年に省庁再編が行われることになり、それに合わせる形で科技庁の原子力局を内閣府原子力委員会と資源エネルギー庁に、原子力安全局を、新設される経産省・資源エネルギー庁の「特別の機関」である原子力安全・保安院及び原子力安全委員会事務局（内閣府）に分割・再編することになり、科技庁からは二つの局が奪われた。しかし、統合でできた文部科学省には原子力課、原子力安全課が残った。それは本省の二つの局が統合されつつも、科技庁時代に設立した公益法人が、そのまま文科省に引き継がれたからである。これによって文科省には原子力関連の予算が維持され、「天下り」と呼ばれる本省人員の転出先が確保されることとなった。

　2001年の省庁再編を経ても、文科省、経産省と、その体制を補強する原子力委員会／原子力安全委員会という「二元推進体制」／「二元審査体制」は維持され、原子力の安全規制は経産省の原子力安全・保安院と原子力安全委員会がともに担うこととなった。しかし、文科省にも原子力安全を扱う機能が残り、放射線防護、原子炉規制、放射能調査などの権限が残された。その結果、安全規制はより複雑なものとなった。安全規制の基礎となる原子炉等規制法などの法的な枠組みに関しては依然として文科省も経産省とともに所掌するにもかかわらず、その法律に基づいて実際の検査をするのは原子力安全・保安院で、その検査の指針を示し、検査結果を承認するのは原子力安全委員会という仕組みが出来上がった。

15　吉岡斉『原子力の社会史：その日本的展開』朝日選書、1999年
16　伊方原発訴訟弁護団、原子力技術研究会編『原子力と安全性論争：伊方原発訴訟の判決批判』技術と人間、1979年
17　読売新聞「東電、原発損傷など隠す　29件、記録改ざんか　11件なお未修理」、2002年8月30日
18　総合資源エネルギー調査会「原子力の安全基盤の確保について」総合資源エネルギー調査会原子力安全・保安部会報告書、2001年
19　同上

2001年の報告書で提示された「ソフト面」を重視した安全規制の強化は、2000年の保安検査の導入、2003年の定期事業者検査の法定化と定期安全管理審査の導入、さらには2009年の保全プログラムに基づく保全活動に対する検査制度など、ある程度進んだとはいえる。しかし、2010年に出された原子力安全委員会報告書では「検査制度全体を俯瞰すれば未だハードの確認が中心の検査も残されていることから、事業者の品質保証活動の確認のあり方等について更なる検討を行う余地がある。また、設計段階に関しては、品質保証活動などのソフト面に着目した安全規制のあり方の検討は未だ十分に行われていない[20]」と評価した。2009年の原子力法制研究会でも①設置許可基準の不明確さ、②構造強度に偏った規制、③構造規制に比べ、機能・性能に対する規制が弱い、④技術の進歩に適合しない基本・詳細設計の区分、⑤保安規定の一貫性のなさなどが指摘されており、現在に至るまで、安全規制のあり方は抜本的に改革されてこなかったことが明らかにされている[21]。

安全規制の執行を担う公益法人の「二元性」

　省庁再編に伴い、原子力安全規制を行う公益法人の再編も進んだ。科技庁の下には、1961年に設立された、原子力技術開発の中核的機関、日本原子力研究所（JAERI：原研）と1966年に核燃料サイクル事業を行う動力炉・核燃料開発事業団（動燃：1995年の「もんじゅ」ナトリウム漏れ事故により、1997年から核燃料サイクル機構）があり、原子力安全の分野では1980年に放射線安全技術センターとして設立され、チェルノブイリ原発事故をきっかけに原子力安全全般にかかわる業務にまで拡大し、1986年から原子力安全技術センターとなる機関がある。

　原研と核燃料サイクル機構は2005年に公益法人改革の一環で統合され、原子力研究開発機構（JAEA：原子力機構）となる。原子力機構には原子力緊急時支援・研修センターがあり、原子力災害時にはモニタリング車を出して放射線量を測定するだけでなく、専門家の派遣や資機材の提供、防護対策のための助言、技術情報の提供などを行うことになっている。

　これらの機関は省庁再編後も文科省の所管に収まり、経産省系の機関とは別の存在として存在しつづけた。しかし、部分的に経産省系の機関に統合されたものもある。旧通産省傘下の原子力発電技術機構（1976年に原子力工学試験センターとして設立された、原子力発電機器の安全性試験機関）と発電設備技術検査協会（1970年に発電用熱機関協会として設立された、原発設備の検査立会機関）と、旧科技庁傘下の原子力安全技術センターの検査業務や安全解析・評価、防災支援などの業務を引き継ぐ形で、経産省の下に原子力安全基盤機構（JNES）が設立された。JNESは原子力安全・保安院の業務を補佐し、実質的な検査、審査機能を拡充していくことで、保安院における人事交代による専門知識の蓄積の欠如を埋め合わせ、専門的な業務を請け負うことが期待されていた。そのJNESも安全研究に関する予算の85％を他

の公益法人やメーカーなどに外注し、専門的能力の育成のあり方が疑問視されている[22]（後出の原子力安全・保安院の項参照）。

原子力行政の「二元審査体制」は、その傘下にある公益法人にも及んでいる。JAEA・原子力安全技術センターとJNESという重要な機関は縦割りの下で併存し、横の連携を作りにくいちぐはぐな関係にあった。今回の事故で明らかになったように、緊急時にそれぞれの機関が、定められた行動だけをとったことで効果的な事故対応ができなかった。しかし、それは省庁・公益法人の縦割りを超越して原子力災害への対応ができるだけの、全体像を見渡し、指示を出すことができる存在がいなかったことも影響している。

第3節　原子力安全・保安院

原子力安全・保安院は2001年の省庁再編に伴い、科技庁原子力安全局の一部を取り込んで発足した。経済産業省の一機関である資源エネルギー庁の「特別の機関」という位置付けで、原子力の規制機関として一定の独立を確保する形になった。資源エネルギー庁から原子力発電の安全規制業務が移管されたほか、核燃料の精製や加工、中間貯蔵、廃棄物関連施設の審査や検査業務なども行っている。旧通産省時代の高圧ガス保安、鉱山の安全業務など産業保安も引き継いでいる。

約800人の職員のうち、原発安全規制にかかわる職員は約330人。全国21カ所の原発や原子力施設に原子力保安検査官事務所を置き、原子力検査官や原子力防災専門官が1〜9人常駐している。原子力防災体制の整備も業務のひとつで、万が一事故が発生した場合は、災害の発生防止や被害の拡大防止に努め、現場に職員を派遣して、経産省内に設置した「緊急時対応センター」に情報を集めて、政府に報告する役割も担う。

保安院の予算は、その大半が電力料金に上乗せされる電源開発促進税などを財源とした、国のエネルギー対策特別会計（エネ特会）から支出されている。2011年度のエネ特会の経産省分の予算は7356億円で、原子力発電の推進のための予算は1816億円。このうち、保安院の予算（エネルギー予算における名目は「安全規制の充実と原子力防災体制の維持・向上」費）は283億円。このなかに、保安院の技術支援組織である経産省の独立行政法人原子力安全基盤機構（JNES）への201億円の運営交付金が含まれている。

安全規制に対する認識

原子力安全・保安院は「強い使命感」「科学的・合理的な判断」「業務遂行

20　総合資源エネルギー調査会『原子力安全規制に関する課題の整理』総合資源エネルギー調査会原子力安全・保安部会基本政策小委員会、2010年2月
21　原子力法制研究会、2009年。
22　「原発安全研究"丸投げ"　保安院関連独法」東京新聞　2011年12月26日、「検査手順書丸写し：業者依存体質を厳しく批判　第三者委」毎日新聞　2012年1月12日

の透明性」「中立・公平性」を行動規範とし、エネ庁時代の情報提供方法の見直しや、新たな「規制担当者」の増員も行った。原子力機器メーカーの実務者らを検査官として中途採用したり、原子力施設の軽微なトラブルについてもすべて公表したりするようになった。保安院の職員は電力会社の接待を受けないことはもちろん、原子力施設に行く際も、電力会社の車を使わないなど細かいところに注意を払うようになった。経産省の元次官は「科学技術庁はJCO事故でつぶれたようなものだから、傘下に入った保安院の安全規制をきちんとした体制で行わないと、経産省もつぶれかねないという危機感があった」と証言する[23]。

　保安院内では当初、エネ庁時代からの変化に対して、職員から戸惑いや抵抗の声もあがった。設立時、保安院で制度設計を担当した経産省幹部は「これまでエネ庁は心配されるような情報を出さずにいたが、これからは全部見せるやり方に変えようとした。規制当局として、事故やトラブルをきちんと説明し、どう評価しているか、と自ら説明することが大切だと発想を切り替えるのが難しかった」と話す[24]。当時、保安院の組織改革の目標として「問題になりそうなことを明らかにせず、問題が起こってから弁明に努める役所」から「生ずるであろう問題を予測し、自ら問題を提起し、進んで情報公開し、外部からの評価を踏まえて問題を解決できる行政」への変革を掲げたが、こうした目標にもかかわらず、改革は進まず、保安院は安全規制機関としての役割を十分に果たせずにきた。

人材不足と電気事業者との「もたれあい」

　保安院は、検査官の中途採用を大量に行ったことで、ノンキャリアの検査官は、発足時の約50人から約100人に倍増した。しかし、肝心のキャリア官僚はほとんどが2～3年の人事異動で経産省との間を行き来し、職員のスペシャリスト化が進まず、政策の継続性も乏しかった。院長や次長ポストは技術系だけでなく、事務系官僚も交代で就き、原子力の技術的な知識を持つキャリア官僚はごく少数で「プロ集団」というには程遠かった。こうした人材の脆弱さは、今回の原発事故の危機対応の遅れの直接の原因ともなった。

　福島原発事故の発生後、保安院は政府の原子力災害対策本部の事務局を務めながら、適切な情報収集や提供、首相への助言ができず、官邸の不信をかった。官邸の危機管理センターにいた班目春樹原子力安全委員長も「保安院という組織が全く消失していた」と述べている[25]。経産省は急きょ、事故対応に向けて経済省やエネ庁の職員を集め、保安院に送り込んだ。当初、官邸に詰めていた寺坂信昭保安院長と平岡英治保安院次長はそれぞれ東京大の経済学部、電気工学科出身で原子力専門家ではなく、2日後に京都大大学院で原子核工学専攻だった安井正也エネ庁省エネルギー・新エネルギー部長が保安院に送りこまれた。

　電力会社との関係でも、エネ庁時代からの「もたれあい」関係が続いてい

た。保安院は2002年8月、東京電力で長年にわたってデータ改ざんなどのトラブル隠しが続いていたことを公表したが、保安院が内部告発を受けての調査完了までに2年余りかかったことや、保安院職員が調査途中で内部告発者の名前を東電に伝えていたことが問題になり、原子力政策を推進している経産省から、規制機関を切り離し、米国原子力規制委員会（NRC）のような強力な規制機関を作る構想が浮上した[26]。

2011年6月には、九州電力が玄海原発に関する佐賀県民向け説明番組で「やらせ投稿」をしていたことが発覚。これを発端に原発関係の「やらせ問題」追及が進み、国主催の原子力関係のシンポジウムで、保安院とエネ庁の職員が電力会社に社員の動員を頼んだり、賛成の発言を促していたりしたことが明らかになった。経産省は2011年8月、「原子力発電に係るシンポジウム等についての第三者調査委員会」（委員長・大泉隆史元大阪高検検事長）を設置し、過去5年間に国主催のシンポジウムなど41件を調べたところ、7件で国の関与があり、不公正・不透明な行為が行われてきたことが判明した[27]。関係者によると、役所と電力会社が一体となった動員は2001年の省庁再編以前からあったといい、原子力安全・保安院という規制機関ができてからも、電力会社との癒着や馴れ合いが続いてきたことになる[28]。

原子力安全基盤機構（JNES）との連携不足

保安院の手足として、原子力施設の検査や安全性の解説や評価など多くの実務を請け負っているのがJNESだ。電力会社や機器メーカーなど民間の協力で設立された財団法人「原子力発電技術機構」（NUPEC、設立当初の名称は原子力工学試験センター）が母体[29]で、東電のトラブル隠し事件の教訓を踏まえ、予定を前倒しして設立された。約420人の職員のうち、常勤の検査員が75人いる。メーカー出身などの実務者が多く、2003年の設立時から即戦力になると見込まれていた。ところが、保安院とJNESの連携がうまくいかず、安全規制の強化にはつながらなかった。エネ庁や保安院に在籍経験のある東京大の西脇由弘客員教授は「JNESというコアな専門家集団と、ゼネラルな役所が協力すれば規制の高度化が進むと思ったが、専門性の高いJNESができたことで、規制の執行を担う保安院との技術内容の意思疎通がかえって悪くなった」と指摘している[30]。保安院は、JNESが設立されるま

---

23 経産省OBインタビュー、2011年10月3日
24 経産省OBインタビュー、2011年10月28日
25 班目委員長インタビュー、2011年12月17日
26 民主党は2003年7月16日、「原子力の安全性に関する検討委員会」最終報告で独立した第3条機関設置による安全規制体制の強化などを提言
27 2011年9月30日発表の第三者委員会の最終報告書より
28 電力関係者インタビュー、2011年10月
29 JNESは原子力発電機器の安全性などを実証する工学試験や安全解析、情報収集・分析などを行っていたNUPECの安全規制関連事業を受け継いだ。NUPECは残りの事業をエネルギー総合工学研究所に移管し、2008年3月末に解散。
30 西脇氏インタビュー、2011年12月16日

では安全研究など企画や立案を一手に行ってきた。が、JNESができてからは予算配分など管理側にまわって、安全研究などもJNESに任せる傾向ができてきたという。保安院で原子力に詳しい職員もJNESに出向した。JNESが安全研究を進めても、その結果を保安院が咀嚼できず、実際の規制には採用されずにきた[31]。

保安院は原子力安全規制にリスク情報を活用する計画をたて、JNESは2005年から前兆事象評価を実施し、2007年にはフランスのルブレイエ原発で1999年に発生した、洪水による電源喪失事故の前兆事象解析を行った。この結果、日本でも沸騰水型軽水炉（BWR）は溢水した場合、条件によっては炉心損傷の確率が高いことがわかった。さらに、2008年からは、地震にかかわる確率論的安全評価手法の改良版を実施し、海岸線に設置された日本の原発は津波のリスクが高く、炉心損傷が発生する可能性があることを報告していた。西脇客員教授は「この時の津波解析をみると、今回の福島のケースとほとんど同じだった。JNESでクライテリアを作っても、保安院ではリスクを評価できず、規制にどう採用すればいいかもわからなかったのだろう」と話し[32]、保安院の能力不足が新知見を安全規制に反映することを阻んだ一因であるとみている。

原子力安全委員会と原子力安全・保安院の関係

原子力安全規制については、保安院と原子力安全委員会や電力会社との役割分担が明確ではなく、見直しや取り組みの責任があいまいになってきた面もある。

例えば、全交流電源喪失対策は、原子力安全委員会が1990年に全交流電源喪失という状態を「考慮する必要はない」という安全設計審査指針を出し、保安院はこの指針に追随、新たな対策をとらなかった。深野弘行原子力安全・保安院長は安全委員会の指針について、「我々はそれを尊重しなければいけないと考えてきた。指針に従って判断するのが今のルールだ」と語る[33]。しかし、原子力安全委員会の班目委員長は「原発の安全に関する指針は、内規のような位置付けだが、これを本来、独自の安全基準を設けるべき保安院が使っている。かつて安全委員会が決めた指針だからと、改定の議論もないままズルズルと来た」と述べ[34]、保安院側に大きな責任があったと主張する。

シビアアクシデント（過酷事故）対策も1992年、原子力安全委員会の決定を受けてエネ庁が電力会社に自主的取り組みを要請して以来、ほとんど見直されずにきた。もともとアクシデントマネジメント（AM）手順書は機械故障や誤操作など内的事象しか考慮していなかったが、保安院と電力会社はいずれも、津波や地震、テロなどの外的事象を踏まえた見直しを進めてこなかった。

シビアアクシデント対策については、2011年6月に政府がIAEAに提出した福島原発事故報告のなかでも、同対策が法的規制ではなかったことで、「整

備の内容に厳格性を欠いた」と総括している。この報告をとりまとめた広瀬研吉元保安院長は「法的な要求であれば、要求する側もされる側も内容をもっと高度にして取り組んだのではないか。日本流の行政指導だったため、内容の徹底性を欠いた」と反省している[36]。

保安院と電気事業者の能力格差

　行政指導のような「日本流」規制が続いてきた背景には、電力業界と規制当局の能力格差の問題がある。日本では原子力規制の一貫化が進むなかで、実用化された発電原子炉については1979年、旧通産省に設置許可の権限が移管された。ところが、当時のエネ庁には原子炉の設置許可の解析経験や能力がなく、東京電力が解析を請け負った。エネ庁は、86年のチェルノブイリ事故の後、設計から防災まで含めた総合計画「セーフティ21」を策定し、本格的にシビアアクシデント対策に乗り出したが、この時も東京電力を通じて、電力業界をとりまとめ、同意をとった。「エネ庁と東電は二人三脚のような関係にあり、エネ庁は特別な規制手段がなくても規制を業界に浸透させることが可能だった」と東大の西脇客員教授はみる[37]。他方で、ある官邸中枢スタッフは「エネ庁は東電を規制しているようで、道具にされている」と述べている。東京電力は国の規制を根拠にして地域独占体制を正当化し、規制が「世の中を悪くしている」と主張して自らの責任を回避してきた。また、このスタッフは「保安院も本来は安全規制の話に特化し、東電全体の経営は無視して、必要な事は要求できる規制当局として作ったはずなのだが、そうはいってもずっと同じような人達がやっている」ため、電力会社に対して保安院が強く出ることは難しかったと述べている。ただ、日本では安全規制における民間の役割がきちんと確立できているわけではない。米国では1979年のTMI原発事故の教訓を受けて、原子力発電事業者が同年12月、自主規制組織「原子力発電運転協会」（INPO）を設立した。中立性を重視し、原子力推進という立場をとらず、NRCとも連携しながら、トラブル軽減や原発稼働率の向上に貢献するなど、実績をあげてきた[38]。日本の原子力産業界も2005年3月、「日本版INPO」を目指して日本原子力技術協会を設立したが、監査機能がなく、効果をあげていない。

「木を見て森を見ず」

　日本の原子力規制にとって、大きな転機になったのが2002年の東電トラ

31　西脇・論文「我が国のシビアアクシデント対策の変遷―原子力規制はどこで間違ったか」参照
32　西脇氏インタビュー、2011年12月16日
33　深野保安院長インタビュー、2011年10月15日
34　2011年6月30日　日経新聞電子版の班目委員長インタビューより
36　広瀬氏インタビュー、2011年11月26日
37　西脇氏インタビュー、2011年12月16日
38　鈴木、城山、武井「原子力安全規制における米国産業界の自主規制体制等民間機関の役割とその運用経験：日本にとっての示唆」（社会技術研究論文集　2005年11月）参照

ブル隠し事件である。原子力安全・保安院は、電力会社など事業者の自主点検を法律で義務付け、新たな「定期事業者検査」として従来の点検対象だった60項目を150項目に増やし、記録保存の義務付けや違反への罰則なども強化した。事業者の安全に関する経営方針や業務プロセスを検査対象にする「定期安全管理審査」も導入し、品質保証の徹底化を図った。この結果、「水をこぼした」などの些細なミスもすべて不適合事例として報告するよう義務付けた。品質保証とは、品質に影響を与えるすべてのプロセスで、Plan-Do-Check-Act（計画・実施・評価・改善）サイクルをまわすことで、原子力安全の達成をより強固にする狙いがあるが[39]、現実には品質管理の実態を書類上で保証することに労力がとられた。従来からの国の定期検査などに加え、新たな検査が導入されたことで、電力会社は膨大な書類の作成に追われ、現場の社員から「検査の準備のため、設備を見る時間が減っている」という苦情が出るようになった。電力業界は「重箱の隅をつつくような細かい内容が多く、実態は膨大な書類チェックだけで終わる。安全をトータルで考えるような部分がなく、安全向上につながっているとはいえない」（日本原子力産業協会・服部拓也理事長）などと批判してきた[40]。

　事業者頼みの検査の実態は、規制側からも疑問の声が出ている。JNESの元検査員は、実際の検査が、電力会社の作成資料を丸写しした検査要領書を見ながら、決められた手順通りに行われているかどうかをチェックするだけの内容になっていることを指摘したうえで、「原発の検査は形式だけの『儀式』。手順を見るだけの行為が本当の検査といえるのか」と話す[41]。保安院在籍経験のあるJNES幹部も「今の検査はどんどん細かいところに入り込んで、まさに『木を見て森を見ず』の状態になっている。チェック漏れがあると社会的に叩かれるから、漏れがないようにどんどんチェックリストを増やして、見たかどうかを確認していく。結局、悪循環になり、チェックしたかどうかが検査になる」と述べている[42]。JNESの検査業務に対しては、JNESが設けた第三者委員会も「事業者への依存体質」を指摘し、検査員の能力向上システムの欠如や検査員の6割以上が50歳代で年齢構成の偏りなども問題点としてあげている[43]。

　保安院は、東電トラブル隠し事件後も相次いだ事故などの対応にも追われ[44]、シビアアクシデントなどリスク問題への取り組みは進まなかった。ある経産省幹部は「原子力の安全性には根本的な問題はないトラブルでも、原因究明や再発防止対策、他の原子炉への水平転換、今までやっていなかったような規制を付加する形になって、そっちばかりに手をとられてきた面はある」と述べている[45]。東大の尾本彰特任教授も「東電の不祥事以降、安全規制の焦点がリスク問題ではなくなり、品質保証とコンプライアンスに過度な能力と労力が費やされたのは不幸なことだった」と話している[46]。

第4節　原子力安全委員会

原子力安全委員会の概要

　原子力安全委員会は1978年、原子力船「むつ」の事故をきっかけに高まった反原子力運動を受け、安全規制を強化するために原子力委員会から独立した機関として設置された。現在も文科省や経産省からは中立的な組織として、首相を通じて関係機関に勧告権を持つ第8条委員会である。5人の専門的な知見を持つ委員によって構成され、原子炉施設と核燃料の加工、再処理施設などの安全性を調査審議する。

　原子力安全委員会では、立地、設計、安全評価、線量目標値、シビアアクシデント対策など、原発運転に関わる多岐にわたる安全審査とその指針を出しているが、これらの項目は微細にわたり、極めて細かな基準や審査を行っていることが見て取れる。しかし、原子力安全委員会は、直接事業者を監督、指導することが出来ず、あくまでも首相を通じた勧告権を持つにとどまり、実際の事業者に対する保安、監視は原子力安全・保安院が行うこととなっている。

規制の実効性を欠いた規制当局

　これはすなわち、原子力安全委員会は実効性ある手足を持たないまま、原発運転の安全基準を決定し、審査していることになる。個々の委員が具体的な知見を持っているとしても、原子力安全委員会として直接事業者と向き合い、その問題点を発見し、それを是正するための安全基準の設定を行うという関係になっていない。従って、原子力安全委員会は、遠くから理論的に原発の安全性を検討し、現場の状況とは無関係に安全に必要な事項を定め、より厳しい基準やより安全な運転を目指した判断をする傾向にある。また、原子力安全委員会が策定する指針などは、法的拘束力がなく、あくまで「指針」にとどまるため、それが実質的な規制制度であっても、それを実行するための手段や措置を持たず、保安院がそれを尊重することを期待して策定するしかない。

細分化された専門知と危機対応の脆弱性

　この傾向が強く表れるのは、原子力安全委員会の下にある様々な専門審査

39　日本電気協会規定 JEAC-41111-2009「原子力発電所における安全のための品質保証規定」より
40　服部氏インタビュー、2011年11月17日
41　JNES元職員インタビュー、2011年11月2日
42　JNES幹部インタビュー、2011年11月7日
43　2012年1月12日　JNES「検査等業務についての第三者調査委員会」（委員長・柏木俊彦大宮法科大学院大学長）報告書より
44　2004年8月には関西電力の美浜原発（福井県）3号機の2次系配管破損事故で5人が死亡、2007年7月には新潟県中越沖地震が発生、東京電力の柏崎刈羽原発が被災した。
45　経産省幹部インタビュー、2011年10月28日
46　尾本氏インタビュー、2012年1月13日

会、専門部会・委員会等の構造である。原子力安全委員会の下には、専門審査会として原子炉安全専門審査会、核燃料安全専門審査会があり、専門部会として原子力安全基準・指針専門部会、放射性廃棄物・廃止措置専門部会、放射線防護専門部会、放射性物質安全輸送専門部会、原子力事故・故障分析評価専門部会、原子力安全研究専門部会、原子力施設等防災専門部会があり、その下に多数の小委員会等がある。また、そのほかにも特定の調査・検討組織として耐震安全性評価特別委員会、試験研究炉耐震安全性検討委員会、再処理施設安全調査プロジェクトチーム、特定放射性廃棄物処分安全調査会などがあり、助言組織として緊急技術助言組織、原子力艦災害対策緊急技術助言組織、武力攻撃原子力災害等対策緊急技術助言組織がある。

　これらの専門審議会等を構成するメンバーは、大学教員を中心とする学識者とJAEAをはじめとする公益法人の専門家が多数を占めるが[47]、彼らの中にはメーカーや電力事業体での勤務経験のある者も少なからずいる。しかしながら、専門審査会等の人数が多く、個々人の専門知識が生かされる状況ではないだけでなく、異論を唱えにくい環境でもある。様々な専門審査会や専門部会に分かれ、ミクロな審査を徹底する一方で、個々の専門家の役割が部分的な安全規制をチェックすることにエネルギーを注ぐあまり、全体としての原子力安全を統括する視点が弱まっていたといえる。緊急事態においては「緊急技術助言組織」が招集され、そのメンバー[48]が原子力安全委員長を通じ、首相（原子力災害対策本部長）に助言することが想定されている。しかしながら、今回の事故では、この緊急技術助言組織が3月11日に招集されたが、原子力安全委員会の班目委員長が官邸に張り付き、「相談する相手もないし、いろんなハンドブックとかそういうのも全然ない。何も、身一つの状況で何か判断しなきゃいけないという状況[49]」に置かれ、わずかに原子力安全委員会の久木田豊委員長代理からの助言を受けるにとどまった[50]。加えて、菅首相が独自のイニシアティブで多数の内閣官房参与を任命し、原子力安全委員会とは異なる助言チームを設置したため、原子力安全委員会、とりわけ緊急技術助言組織の機能は原子力災害対策本部への助言ではなく、他機関や地方自治体への助言活動に限定されたといってよい。この緊急技術助言組織に加え、原子力安全委員会の下に緊急事態応急対策調査委員会が設けられ、あらかじめ指定された調査委員を現地に派遣することが定められているが、事故にあたって、速やかに調査委員が指定された形跡はない。

事前の安全規制と矛盾する事故への「備え」

　こうした対応がみられるのは、ひとえに原子力安全委員会が原発の安全検査を強化し、その安全を確保することにエネルギーを注いだ一方、自らの安全規制の不完全さを認めるような緊急事態の対応についてはほとんど想定していなかったことに原因があると考えられる。形式的には緊急事態を想定し、技術助言組織を作っていたとしても、それが実際に使われる状態になること

を想定するのは、原子力安全委員会の規制が事故を防げないことを意味し、それは事故の防止を安全規制の第一とする原子力安全委員会の存在意義を否定するものになりかねなかったからである。そうした事前の事故防止が不十分であるかもしれないことを示唆するような緊急事態対応を想定することは、原発反対派の批判を受ける可能性があり、そうした状況を避けるためにも、事故に至らないようにするための規制に心血が注がれることになったのである。

その結果、原子力安全委員会による原発の安全検査が書類重視となり、現場に対応する原子力安全・保安院および原子力安全基盤機構（JNES）は、原子力安全委員会が策定した書類上の審査基準を機械的に適用し、形式的にその基準をクリアしていくことで、安全が確保されているという証明とされていくパターンが確立した。

原子力安全委員会事務局の役割と危機対応能力の欠如

原子力安全委員会の事務局は、設立当初は科学技術庁原子力安全局原子力安全調査室が担っていたが、JCO事故に伴い、総理大臣官房原子力安全室に移管され、2001年の省庁再編で内閣府の中に事務局が設置されることとなった。しかし、この事務局は、あくまでも原子力安全委員会のための会議事務局であり、原子力安全に関わる調査研究や、事業者に対する規制執行の権限を持つものではなかった。

このような現場と乖離した安全規制のあり方は、細部にわたる詳細な規制を定めていく一方で、大きな視野からの安全確保や、事業者とともに原子力安全を実現していくという共通目標を設定することを困難にした。また、書類上の検査を重視したために生み出された問題も大きい。その代表例が1990年の安全設計指針で示された「全電源喪失を考慮する必要はない」という認識である。日本における外部電源の信頼性は高く、仮に、外部電源が失われても、非常用電源などでバックアップが出来るという判断によるものだが、それは現場におけるオペレーションを十分に考慮したものとは言えない。

ここで明らかになることは、原子力安全委員会が平時の安全規制を司る機関であり、法的な権限や規制の実効性を担保する手足を持たない存在であったことだ。安全規制に対する専門知が高いとはいえ、ハードウェアの安全性の確保に偏りがちで、細かい技術分野に分断した安全審査を行うことに特化していった。多数の部会の取りまとめ役としての原子力安全委員長は、危機

---

47 たとえば原子炉安全専門審査会審査委員の一覧（http://www.nsc.go.jp/shinsa/shidai/genshiro/genshiro206/siryo1-2.pdf）を参照。
48 緊急技術助言組織の構成員はhttp://www.nsc.go.jp/senmon/shidai/sisetubo/sisetubo019/ssiryo2.pdfを参照。
49 班目委員長インタビュー、2011年12月17日
50 同上

の際の首相への助言者となることが想定されてはいたが、それが具体的にどのような権限で、どのような役割を果たすものなのかは明確に規定されておらず、それは安全委員長が原子力災害対策本部の本部員ですらないという法律的な規定にも表れている。緊急技術助言組織も活用されず、結果的に安全委員長が個人として首相に助言するという、制度から大きく逸脱した状況が、首相の「セカンド・オピニオンが必要だった[51]」という状況を作り出したともいえるだろう。

第5節 東京電力

東京電力の概要とその政治力

日本の電力業界は、戦前の国家管理、戦後のGHQ支配を経て、1951年に日本発送電が分割・民営化され、東電を含め9電力会社が誕生し、それぞれ電力供給エリアを決めて電力の発電から販売までを一貫して行う「発送電一体型」の地域独占体制がスタートした。その後、沖縄返還に伴って72年に沖縄電力が発足し、10社体制になった。

東京電力は業界のリーダーとして、政官財の豊富な人脈を駆使しながら、国の政策決定などに大きな影響力を与えてきた。資本金は9009億円、2010年度の売上高は5兆3685億円、総資産額は14兆7903億円、従業員は3万8671人（2011年度）にのぼる。東京都をはじめ1都8県に電力を供給し、販売電力量は2890億kWh（2008年度）で、日本全体の約3分の1を占め[52]、民間の電力会社としては世界最大級の規模である。

東京電力を含む電力10社は定められたエリア内で安定した電力供給を義務づけられている代わりに、電気料金も燃料費や人件費、修繕費などかかった費用に利益を上乗せした額を料金に転嫁できる「総括原価方式」が認められ、一定の利益をあげて安定成長を続けてきた。設備投資の規模も大きく、かつては政府・通産省から経済活性化策を要求されると、送電線の整備や電柱の地中化などの投資を追加するなど、国の景気対策にも協力してきた。電力各社のトップは各地域の財界の中枢におり、官僚OBの天下りなども受け入れ、政治献金などを通じて政治にも影響力を持っていた。

東京・内幸町にある東電本社は、経済産業省や首相官邸が徒歩圏内で、歴代社長は経団連会長や副会長を務め、中央の政財界に強いパイプを堅持してきた。1998年の参院選では、経団連の組織内候補として、加納時男元副社長が自民党比例区で当選した。電力業界は1974年、電力料金の値上げに反対する「1円不払い運動」を契機に「金権選挙」への批判が高まったことで企業献金を廃止したが、電力各社では役員の個人名による献金が続いていた。献金額は役職ごとに決められ、東電役員の自民党の政治資金団体に対する献金は1995年から2009年までの15年間で少なくとも延べ448人、総額5957万円にのぼるという[53]。

東電が受け入れた中央官庁からの天下り社員は、2011年8月末現在で顧問や嘱託を含めれば50人を超え、監督官庁である経産省をはじめ、国交省、外務省、財務省、警察庁などにも及ぶ。元経産次官や元エネ庁長官、次長経験者は副社長に昇格し、退任後も監査役会長や顧問としてとどまっている[54]。

また、規制機関である保安院やエネルギー庁を凌駕する技術力と企画力を持ち、規制機関が立案する規制事項や電力自由化に関する問題についても、様々な提案を行い、技術的な問題点を指摘するなどして、自らに有利な政策を推進する能力も高い。ある官邸中枢スタッフは、そうしたロビイングの能力の高さを「詰まっている」と表現し、官僚よりもはるかに優秀で、用意周到な根回しや非の打ちどころのないプランを提示することで、政府による規制がきわめて難しいことを吐露している。

業界リーダーとしての東電

東電は電力供給という実務を担い、豊富な情報量と人材を抱え、「日本の安定的な電力供給を支えているのは役所ではなく、自分たち」という自負を持ちながら[55]、国の政策決定に深く関与してきた。エネルギー政策に関係する審議会にもメンバーとして参加し、役所が提供する情報を用意することもあった。

「国策民営」体制で進められた原子力政策についても、東電は業界リーダーとして、推進の旗を振ってきた。1990年以降、地球温暖化対策という新たな課題が浮上すると、原発増設が日本の温室効果ガス削減策の「切り札」とされ、1997年12月の地球温暖化防止京都会議では、日本の温室効果ガス削減の目標達成のため、2010年度までに最大20基の原発を増設する目標が掲げられた[56]。また使用済み燃料を再利用する政策「核燃料サイクル」に関しては、科学技術庁が中心になった高速増殖炉開発がうまくいかず、電力会社はプルサーマル計画を進めた。原子力推進政策は立地自治体の協力が不可欠で、国は電力料金にかかる税金「電源開発促進税」を使った「電源三法交付金」で立地地域などを財政支援するシステムを作ったが[57]、電力各社はさらに自治体に対し核燃料税や原子力施設の「見返り」となる寄付などを追加してきた。東電は、1971年に運転を開始した福島第一原発1号機を手始めに福島第一原発に6基、福島第二原発に4基、新潟県の柏崎刈羽原発に7基、と合

---

51 菅首相インタビュー、2012年1月14日
52 東電はHP上で、この販売電力量を「イタリア一国とほぼ同程度」としている
53 2011年10月8日朝日新聞朝刊
54 2011年9月25日毎日新聞朝刊
55 東電はHP上で、信頼性の高い設備と高度な技術で、東電の顧客1軒当たりの停電時間は年間3分で、回数、時間ともに世界トップクラスの安定性であるとしている。http://www.tepco.co.jp/corporateinfo/company/annai/jigyou/index-j.html参照
56 この原発増設目標は2001年、「2010年度までに最大13基」に修正されたが、98年以降に実際に新設された原発は5基にとどまった
57 電源三法交付金は当初は原発立地促進だけを目的としたものではなかったが、実際には原発立地に大半が使われてきた

計17基を保有し、同社の全発電電力量のうち、原子力が約3割を占める。同社の過去20年以上にわたる原子力関連自治体に対する寄付総額は、1997年に福島県楢葉町に130億円で建設したサッカー施設「Jヴィレッジ」を含め、総額400億円を超える[58]。

「国策民営」と事業のバランス

90年のバブル経済崩壊後は海外より割高な電気料金への批判が高まり、電力自由化の議論が始まった。95年には31年ぶりに電気事業法が改正され、独立系発電事業者の新規参入が始まった。2000年3月からは電力小売り事業の部分自由化が始まり、その対象が段階的に拡大された[59]。東電は自由化の対象拡大は容認してきたものの、発送電分離については「日本における発送電一貫のシステムは電力安定供給には欠かせない」と、業界一丸となって猛反対し、当時政権政党だった自民党も電力業界に肩入れし[60]、実現しなかった。電力自由化が頓挫したのは、国策民営体制で進んできた原子力推進政策を優先させた結果でもある。原発の建設は初期投資が膨大なため、民間企業にとっては経済的なリスクが高いうえ、プルサーマル計画などの核燃料サイクル事業もコスト高で、電力会社にとって重荷になっていたからだ。発送電の分離が見送られたことで、原子力の国策民営体制も継続されることになった。

電力業界のなかで、東電はいち早く電力自由化時代の到来を見据えて、経営改革を進めてきた。93年に就任した荒木浩社長（当時）は、「普通の会社にしよう」「兜町のほうを向いて仕事をしよう」などと発言し、コストカットや財務体質の改善を目標に掲げ、合理化策を進めた。電力自由化の議論が始まったことでこの傾向は加速し、資材の調達先の見直しなどで修繕費を減らすほか、本店から支店への権限移譲、通信、介護、新エネルギーなど新規事業への投資なども拡大させた。原子力部門でも各発電所の独立採算制が導入され、原発間の競争が進んだ。原子炉を1日止めると1億円程度の経費増になるとされ、定期検査も期間縮小が図られた。柏崎刈羽原発では定検による停止期間が当初は3ヵ月程度だったが、2002年には40日を切る原子炉もあった。原発の燃料調達先も見直し、高効率燃料などへの切り替えなどが行われたりした。原子力プラントメーカーである東芝や日立などにもコストカットを要請した。

社長ポストは、荒木氏までは政財界への人脈が豊富な総務部門の出身者（水野久男、平岩外四、那須翔の各氏）が占めていた。荒木氏は改革路線を重視して、次期社長に初めて、事業の多角化などを指揮する企画部出身の南直哉氏を抜擢した。南氏の後任の勝俣恒久氏（現会長）、現社長の西澤俊夫氏も企画部出身である。南氏は1999年に社長に就任すると、5年間で2割のコスト削減を行う目標を掲げ、90年代後半には10兆円を超えていた有利子負債の削減を進め、公約していた電気料金の値下げを実施した[62]。

東電トラブル隠し事件にみる隠蔽体質

　東電にとって、大きな転機になったのが2002年8月に発覚したトラブル隠し事件である。発端は、2000年7月、米国のGE子会社ゼネラル・エレクトリック・インターナショナル・インク（GEII）の元社員からの内部告発で、原子力安全・保安院と東電、GEの調査がそれぞれ始まった。1980年代から1990年代にかけて、部品のひび割れなどを隠すため、原発13基で計29件の自主点検記録を改ざんした疑いがあることが判明し、2002年8月に調査結果が公表された。この改ざん事件の責任をとって、南社長、荒木会長、平岩、那須の両顧問の歴代4人の社長が総退陣した。また、この後、東電は1991年と92年、福島第一原発の1号機での原子炉格納容器の漏えい検査の際、空気を注入するなどして、漏えい率を低くみせる不正を行っていたこともわかり、1年間の運転停止処分を受けた。この事件の代償は大きく、東電は原発立地自治体からの安全確認要請に応えるため、原発の定期検査を前倒しし、2003年春には17基すべての原発を停止し、東電の原発稼働（設備利用率）は、90年代後半には80％台だったのが、03年度には26.3％まで下がった。

　東電のトラブル隠し事件は、国の規制や東電の組織におけるさまざまな問題をあぶり出した。東電社員がデータ改ざんを行った背景には、国の規制の問題があった。米国には、軽度の損傷であれば運転を継続できる「維持基準」と呼ばれる基準があったが、日本ではこれがなかったため、部品は絶えず「新品同様」であることが求められた。このため、東電の原子力部門の保修担当はメーカーとも協力しながら独自に米国の基準に照らし合わせ、部品のひび割れなどがあっても、「異常なし」と虚偽の報告を行った。

　東電内部でこの事件を調べた社内調査委員会は「原子力部門の社員たちが原子力トラブルに対する社会的重圧と、原子力のことは自分たちが一番わかっているという過信が、安全性に問題がなければ（トラブルを）報告しなくていい、という誤った考えを生んだ」などと報告書で指摘している。ただ、こうした隠蔽体質は東電に限らず、東電のトラブル隠し発覚後、他の電力会社でもデータ改ざんがあったことが次々に判明した。

隠蔽体質を生み出した組織の構造

　東電で原子力を担当していた元役員らは、隠蔽体質が長年続いてきた背景に、組織の分断構造があったことを指摘している。東電では、総務と企画など事務系が主流で、技術系の集団である原子力部門はいわば「傍流」だった。

58　2011年9月15日朝日新聞朝刊
59　小売自由化の対象は、2005年4月には契約電力50kW以上（スーパーや中小ビルなどを含む）にまで拡大された
60　自民党のエネルギー総合政策小委員会委員長の甘利明衆院議員らは2002年6月、自民党の議員立法で「エネルギー政策基本法」を成立させ、これに基づいて経産省が03年10月に策定したエネルギー計画では、原子力を基幹電源として位置付けることや発送電一体の電気事業者制度の維持なども盛り込まれた
62　東電は1998年、2000年、2002年、2004年、2006年に電気料金を引き下げた

他の電力会社と異なり、東電では技術系役員が社長に就いたことはない[63]。原子力部門では、原発所長などを経験した役員が副社長になり、3000人を超える原子力本部（現・原子力・立地本部）を取り仕切ってきた。歴代の総務・企画部出身の社長は、専門性が高い原子力部門の細かい事業内容にはほとんどかかわらず、安全対策なども原子力担当者に任せてきた[64]。原子力分野は専門的で素人には口を出せない雰囲気があったといい、南・元社長は「役員のなかでも経営マターとしては、限られた人しか把握していなかった」と話す[65]。

　経営の大きな方針は事務系の企画部などが決め、原子力のような技術系部門はその方針に従うだけ。会社としてコスト削減などの方針が決まると、原子力部門にも「一律5％カット」などの指示が下りてくる。原子力事業は東電内でも「稼ぎ頭」であるのに、原発のトラブルが続くと、他の火力部門などに燃料調達などしわ寄せがいくため、常に原発の稼働率をあげなければいけないというプレッシャーが大きい。そのため、立地自治体が反応するトラブル情報は極力表に出さず、自分たちで判断・処理しようとしてますます閉鎖的になる傾向があった。さらに、原子力部門の中でさえ、電気や機械の専門家が中心の保修・点検部門と、原子炉専門家中心の技術部門の間に情報の分断があり、データ改ざんは保修部門で行われていたという。本来、一番情報を握っているのは機器製造メーカーだが、東電と日立・東芝とは主従の関係にあり、メーカーが問題提起をすることはほとんどなかったという。

　東電元常務の一人は、部門ごとの縦割り構造になり、横の連携が少ないことを問題点として挙げる。頻繁に行われる常務会でも、社長や会長以外は担当以外がわからないのでほとんど発言せず、結局、各部門が一点突破で案件を持ち込み、それを整理して仕分けするのは企画部になる。「電力会社は電気を起こして売るといったドブ板産業のはずなのに、企画部が高尚な物言いをして、現場を知っている人間が経営に携わっていない」と話す[66]。

規制・改革と安全文化の劣化

　2002年の東電トラブル隠し事件の教訓を受けて、東電と国はそれぞれ、これまでの規制や組織を見直した。だが、こうした改革が逆に原発の安全向上とは反対の方向に向かう要因になり、福島原発事故の遠因にもなった可能性がある。

　国の規制の焦点が品質保証やコンプライアンスなどに向かったことは、シビアアクシデントなど安全リスク評価への取り組みが遅れただけでなく、原発の現場の職員らの手足を縛る結果にもなった。2003年に東電を退社後、IAEAに在籍していた東大の尾本彰特任教授のもとにも、「（検査強化で）過去の文書探しや他の事業者との比較などで忙しく、プラントに行く時間がない。書類に縛り付けられている」という東電社員の不満の声が届いていたという。東電はトラブル隠しの反省から、「原子力部門の閉鎖性や隠蔽性の払

しょく」を掲げ、原子力部門の人員の入れ替えなどの改革を進め、2002年年10月には、火力発電部門の社員を原子力・立地本部長に抜擢した[67]。尾本特任教授は、こうした改革で、火力部門や工務の担当だった社員が福島第一原発の原子力技術総括部長を務めていたことを知って驚いた。「2002年以前の東電では、原子炉を一番よく理解している人が技術部長をやるのが伝統。炉心、燃料、放射線管理など肝心な役職に、技術を知らない人がいるのは誤りだと思う。原子力に多様な見方を取り入れる重要性はわかるが、この人事交流は行き過ぎで、安全文化の劣化といっていいのではないか」と話す[68]。

津波対策と大企業の弊害

　福島原発の事故後、東電が福島第一原発で現状の想定を上回る津波が発生する可能性があるという試算を出し、保安院にも報告しながら、対策をとっていなかったことが判明した。

　2011年12月26日に公表された政府事故調の福島原発の中間報告でも、試算や社内の対策検討の経緯を詳しく紹介している。

> 　東電は2002年2月、土木学会が新たな津波評価技術をまとめたのを建設時に3.1mだった福島第一原発の津波の想定を5.7mまで引き上げ、6号機の非常用ディーゼル発電機冷却系海水ポンプの電動機のかさ上げなどを実施した。ところが、その後も、専門家の間からより大きな津波についての可能性が指摘されるようになり、2002年7月には地震調査研究推進本部が過去記録のなかった福島県沖を含め、三陸沖北部から房総半島沖の海溝よりの領域内でも津波地震が発生しうるとの見解を発表した。869年に東北地方沿岸を襲った巨大津波「貞観津波」などの研究結果も出てきた。
> 　東電は三陸沖の波源モデルをもとに津波を試算し、最大で15.7mの津波が起こりうるとの試算を出した。これを受けて2008年6月ごろには社内検討会が開かれ、当時、原子力・立地副本部長だった武藤栄と、原子力設備管理部長だった吉田昌郎が、防波堤を設置すれば、数百億円の費用と4年かかる見込みであるという説明を担当者から受けながら、防波堤を造ると、原発を守るために周辺集落を犠牲にすることになりかねないため、社会的に受け入れられないとの発言をした。武藤と吉田は「実際には津波は来ない」と考えながらも、念のため、土木学会に津波の再

63　関西電力では2010年6月に原子力事業本部長だった八木誠氏が社長に就任。北海道、北陸、九州電力などにも技術系の社長が就任している
64　原発立地地域への陳情や説明などは、社長が引き受けてきた
65　南氏インタビュー、2011年11月15日
66　東電OBインタビュー、2011年11月1日
67　火力出身の原子力・立地部長はこの時だけで、後任には、柏崎刈羽原発所長などを歴任、後に社長の補佐役である「フェロー」になる武黒一郎氏が就いた
68　尾本氏インタビュー、2012年1月13日

評価を依頼。土木学会が2012年10月にこの検討結果を出すことを踏まえ、東電は必要となりうる対策工事を内々に検討するため、2010年8月に「福島地点津波対策ワーキング」を立ち上げた。このなかで、海水ポンプの電動機の水密化やポンプを収納する建物の設置、発電所内の防波堤の設置などの提案が出たという。ただ、こうした対策工事は、土木学会で余程の結果が出ない限り、必要ないという判断もあり、当時原子力・立地副本部長だった小森明生には報告されておらず、政府事故調報告書では、津波問題について「東電の重要な問題として認識されていた形跡はうかがわれない」としている。

（「政府事故調中間報告」より抜粋・まとめ、敬称略）

東電が2002年以降、福島第一原発の津波対策を見直してこなかったことについて、日本原子力発電（日本原電）元理事の北村俊郎氏は、東電がリーディングカンパニーの立場にあり、その対応が全電力会社に大きな影響を与えることから、新しい知見に抵抗し、監督官庁も影響力を配慮して東電の主張にそった対応をしたのではないかと推測する。日本原電では、津波の知見を踏まえ、茨城県の指摘を受けて東海村の「東海第二原発」の防波堤をかさ上げしていたため、ぎりぎりで機器が浸水を逃れ、東電と明暗を分けた。北村氏は「津波対策を講ずるうえで東電は財政、人材面では原電よりはるかに有利だった」としながらも、「原電は原子力事業で組織も小さいため現場の意見が経営トップに直結しやすく、決断、実行ともに身軽であった」とし、東電は組織の大きさがむしろ弊害になったとみている。

政府事故調メンバーでもある九州大の吉岡斉副学長も、今回の調査で各地の原発をまわり、「東電の安全対策は他社と比べて最低ラインでやっている」と感じたという。原発の安全リーダーの責任感も乏しい印象を受け、人がどんとん変わることで危機感が薄れ、危機感があっても上に伝わらないなど、「巨大官僚組織」的であることが安全対策の劣化につながったとみている[69]。

安全対策とコスト

東電が経費削減を進めるなかで、原発の安全対策費をどう位置付けていたのか。南直哉元社長は「安全がきちんと確保でき、それを維持し続けることが経済的にもローコストな仕組みになる。安全対策と合理化は一致するし、安全上、大事だと思うことはやってきたつもりだ」と話す[70]。東電の元役員らも「重要な安全対策に対して、上から『待った』がかかったことはない」「2000年以降も、福島第一原発で耐震上のリスク低減を理由に100億円単位の安全対策を行った」などと話し、安全対策が却下されたことはないなどと語る[71]。

ただ、全社的なコスト削減を進めているなかで、細かな安全対策についてはすべてに費用をかけるわけにいかず、原子力部門の担当者らは優先順位を

つけるためのシビアな判断をしてきた。東電は2006年、電源喪失を防ぐため、福島第一原発で電源連結の改良工事を検討しながら、技術的な障害などを理由に見送っていたことが報道されている[72]。前出の東電元常務は、荒木・元社長が掲げた「普通の会社」というスローガンについて、「コストダウンが役員の評価基準になり、安全面で危うさがあった」と打ち明ける。「原子力などリスクがあるものを扱い、ライフラインの根幹となる電力を供給する公益会社がどこまで『普通の会社』になれるのか、社内でもきちんと議論を行ってこなかった」と指摘している[73]。

安全リスク意識の世代間格差

　東電は80年代までは安全対策にも積極的だった。だが、90年代に入ると、原子力の担当者は原子炉の増加や原子力への逆風で地元自治体の対応に追われるようになり、コスト削減のプレッシャーなども加わって、保守的になっていった。原発の保修や点検なども人件費抑制のために下請けへの外注を増やし、現場意識も薄れていった。福島事故当時の東電幹部のインタビューが拒否されているため、社内にどの程度津波への危機感があったのかは不明だが、東電の元役員らは原子力を巡る環境の変化によって担当者の安全意識やリスクに対する感度が低くなっていった可能性があるとみている。

　東電で原子力を担当していた榎本聰明元副社長は「80年代までは国に言われなくても自分たちでやるというような意気込みがあり、原子力の安全設計思想や過去の事故例を学び、改良や改善に取り組むなかで人が育ってきた。だが90年代に入ると、原発の業務の中心が保修や運転になり、安全設計などの実務から遠ざかった。業務や人的な質の変化は安全確保の取り組みにも影響を与えたのではないか」と推測する。

　榎本氏は東電のトラブル隠し事件で2002年に副社長を辞任したが、東電の原子力担当者が2006年に米国の原子力工学国際会議で福島原発を対象にした確率論的津波ハザード解析の論文を公表していたことや、巨大津波到来の可能性があるという試算も出していたことを福島原発事故後に知って、愕然としたという。「この試算が出た時点ですぐに、福島第一原発に津波が来て電源喪失が起こった場合を考え、どんなことが起こりうるか現場も一緒にブレインストーミングすべきだった。そうすれば、放射性物質の大量放出を防ぐための最低限の対策をとれたはずだ。自分たちの考えや知見には考え落としがあるから、保険をかける。これは原子力安全に一義的な責任がある事業者が行うべきことで、技術判断というより、経営判断にあたる」と話す[75]。

69　吉岡副学長インタビュー、2012年1月21日
70　南氏インタビュー、2011年11月15日
71　東電OBインタビュー、2011年11月〜12年1月のインタビュー
72　2011年10月23日朝日新聞朝刊より
73　東電OBインタビュー、2011年11月1日
75　榎本氏インタビュー、2011年11月、12月

東電出身の尾本・東大特任教授も「世代によって発想や危機感は違う。初期や我々の世代はなぜこんな設計になっているのかとがむしゃらに考えるケースがまだ多かったが、原子力の国産化が進む中で、『なぜ』と考える前にメーカーに電話で聞くという発想になった。意思決定には必ず落とし穴がある。想像力の欠如や過信、バイアスなどが今回の事故の根本にあると思う」と話している[76]。

「国策民営」がもたらす責任の所在の曖昧さ

東電は2011年12月2日、社内に設けた福島原子力事故調査委員会（委員長・山崎雅男副社長）の中間報告を公表し、津波の試算などの経過を説明した。東電が行っていた津波の試算を「具体的根拠のない仮定に基づくもの」として、「想定を大きく超える津波の影響により、事故対応の取り組みの前提を外れる事態になった」と説明するなど、巨大津波を「想定外」とする従来の主張を繰り返した。アクシデント・マネジメントについては「電気事業者と国が一緒になって整備を進めてきたものであり、整備内容については国に報告し、妥当との確認を得ながら進めてきた」として、東電だけの責任ではないことを強調している。

電力業などの経営史を研究している一橋大の橘川武郎教授は、日本の原子力事業の問題点として、国策民営体制によって、民間企業としての電力会社の健全性を損なってきた点があると指摘する。公益事業を民営で行う場合、民間企業の合理性や効率性を生かしたうえで、国営以上のパフォーマンスを発揮し、リスクマネジメントの観点から安全性の上積みなどの期待もできる。ところが、東電が繰り返す「想定外」という言葉からは、「国から言われている基準を守っていた」「だから、仕方ない」「私たちのせいではない」というニュアンスを受け、「民間公営事業の負の面を象徴している」という。橘川教授は「民間企業はリスクマネジメントの観点を取り入れることによって、国営に比べて、もう一段高い安全性を確保できるというメリットを発揮できるはずだ。残念ながら、福島第一の場合は、そうした民営のメリットが発揮されなかった」と指摘している[77]。

第6節　まとめ

政府は2011年8月15日に原子力安全・保安院と原子力安全委員会の機能を統合した「原子力安全庁」（仮称）を環境省の外局として設置することを決定した（名称は、規制強化を印象付けるため、民主党の提言を踏まえて「原子力規制庁」に変更）。2012年の通常国会に法案を提出し、同年4月に発足予定で、平時には原子力災害を予防するための指針作りや安全規制の実施、原発の検査、防災訓練などを担当し、原発事故など緊急時には原子力災害対策本部の事務局として司令塔的な役割を果たすこととなっている。局長クラ

スで、緊急時対応の総括担当の「緊急事態対策監」、災害時の住民の安全確保対策を担当する「原子力地域安全総括官」を設けるほか、原子力安全規制行政を第三者がチェックする「原子力安全審査委員会」を監査機関として設置する予定だ。定員は480人程度の見込み。課長級以上の職員はプロパーとなり、原則として出身官庁に戻らない方向だが、平時における保安院の実務はそのまま継承され、JNESを実行部隊とする体制も変わらない。原子力研究者からは規制機関の人材強化に向けて規制庁とJNESの一体運営を求める声も出ているが、現状では検討課題にはなっていない。

　原子力規制庁の設立により、これまで経産省、文科省、原子力安全委員会などに多元的に分散していた安全規制の仕組みを一元化し、効率的に規制を実施し、緊急時にも一元的に対応できる仕組みが目指されている。本章で述べてきたとおり、これまでの「二元体制」による責任の曖昧さが解消され、安全規制にコミットする機関ができることは前進と言える。しかし、現在複数の組織に分かれているものを一つに束ねるだけでは安全規制ガバナンスとして十分であるとはいえない。本章で指摘した安全規制に携わる人材不足の問題や、霞が関の人事異動の慣行によるキャリア官僚のローテーション、規制を担当する独立行政法人の統合と改革、そして「国策民営」体制による電気事業者との責任分担のあり方や能力格差の解消といった問題は、まだ解決される見通しがない。加えて言えば、次章で論じる「原子力ムラ」が閉じられた構造のまま残り、外部の建設的批判や代替案を提案するような「批判的専門家グループ」が育たなければ、安全規制ガバナンスの発展は難しい。原理原則に基づくイデオロギー的反対派の存在が「安全神話」を強化する土壌を提供したことを考えると、建設的な原子力安全規制を提起する「批判的専門家グループ」の存在は不可欠である。原子力政策が今後どう展開していくにせよ、国、規制官庁、独立行政法人、電気事業者が自らの安全規制への責任を再認識し、安全規制ガバナンスの見直しを進めるしか、原子力の安全を確保する方法はない。

76　尾本氏インタビュー、2012年1月13日
77　橘川武郎『東京電力　失敗の本質』（東洋経済新報社、2011年）

第9章 「安全神話」の社会的背景

　福島第一原子力発電所事故の原因には、「技術的な側面」「制度・政策的な側面」と同時に「社会的な側面」が存在する。

　事故一般において、「トラブルの技術的な原因」は自然科学的な説明をしやすい一方で、「トラブルの社会的な原因」はしばしば自然科学的な説明の範囲を超え、事故が起こった背景に何があったのかを容易に理解することは難しい。しかし、なぜ、いかに日本の原発が十分な「備え」を持たず、過酷な事故の想定をしてこなかったのかを問い直すなかで、「安全神話」と呼ばれる、社会的な認識を分析せずに事故の原因を理解することは難しい。原発事故の背景にある原因の究明には、日本における「原子力と社会の関係」がいかなるものだったのかを改めて歴史的に検討しなおす必要がある。

　そのような観点から、本章では「安全神話」を作り出す主体となった「原子力ムラ」と呼ばれる集団の歴史的分析を通してその解明を試みる。

　本章で述べる「原子力ムラ」については、大きく三つの含意がある。

　一つは、原子力行政・原子力産業における推進体制としての「原子力ムラ」、もう一つは、原子力発電所やその関連施設の立地自治体、すなわち原子力のムラとしての「原子力ムラ」だ。この二者は原発を「置く側／置きたい側」と「置かれる側／置かれたい側」と位置づけられる二者であり、この中央と地方の二つの「原子力ムラ」がそれぞれの中で独自の「安全神話」を形成しながら、結果的に原子力を強固に推進し、一方で外部からの批判にさらされにくく揺るぎない「神話」を醸成する体制をつくってきたことが明らかになる。三つ目として「原子力ムラの外部」、すなわち、福島第一原発事故に至るまで、この二つの「原子力ムラ」による原子力推進体制に対して関心や批判的な目を持つことなく、結果的に「安全神話」を追認する形となっていた、上記の政治、行政、財界、学識者、地方自治体といったアクターの外にいる、「一般国民」の状況を振り返る。

〈検証すべきポイント・論点〉

　本章では「なぜ日本において原発が維持され、福島第一原発事故に至ったのか」という問いに対し、その社会的背景を検証する。その上で、以下の点を検証する。

1.中央における原発推進のメカニズム

　ここでいう中央とは、国の中心的な機関、すなわち政治、行政、産業界、学識者、メディアといったアクターのことであるが、その中で結果的に福島第一原発事故に至るまで原発が推進されてきた背景を探る。「結果的に」と

いう言葉を用いるのは、必ずしもそれらのアクターがただ純粋に原発推進を志向していたわけではないということを理解する必要があるためだ。原発やその技術的安全性、ガバナンス等に対して批判的な勢力や声、あるいはそもそも関心を持たない勢力がありつつも、大きな流れとして原発が推進されてきた状況を追う。

2. 原発及び関連施設立地地域における原発推進のメカニズム

原発や関連施設を持つ地域はそれを推進しようとするメカニズムを持っている。例えばそれは福島第一原発事故の後、半年とたたないうちに、多くの立地地域における選挙で脱原発を唱える候補ではなく原発の維持や容認を主張する候補が勝ち、あるいは停止している原子炉の再稼動を自ら求める首長や議会が少なからず存在することにも表れる。原発立地地域がいかに原発を推進する状況にあったのか検討する。

3. 日本における原発維持のメカニズム

上記2点を踏まえた上で、いかに日本の社会において原発が維持され福島第一原発事故に至ったのか。そこにある「安全神話」の形成の背景をさぐりながら検討を進める。

第1節　2つの「原子力ムラ」と日本社会

福島第一原発事故がおきた背景に「安全神話」があったとすれば、それはいかに形成されたのか。
「安全神話」の中での原発の安全性は、それを疑うことが許されず、また、あらかじめ決まった「安全」という究極の前提に向かって論理が作られるものとしてある[1]。それはまず「技術的な側面」で、徹底した安全性の研究がなされ、技術的に事故は起こらないとする理論として現れた。

事故直後、マスメディアには原子炉や原子力発電についての技術的な専門家が、これまでの技術的な知見への自負もあり、多くの場面で「安全であること」と「安心であること」を強調した。

しかし、時間の経過とともに、原子炉建屋の水素爆発をはじめ、事態の悪化が明らかになるとともに、その「安全・安心」に疑問をもつ者も多く出てきた。科学者が求められ、おそらく自らも望んだであろう「人々に事態の理解を促し、落ち着きを取り戻させる」役割を果たすどころか、かえって社会の混乱を拡大させた結果になったともいえる。

ここで指摘すべきなのは、そういった原子力が「安全・安心」であるという前提は急に始まったわけではなく、1955年の原子力基本法制定以来、形を変えつつも常にあったということだ。そして、その「安全・安心」であるという前提が、それを解説する専門家の間のみならず、受け止める非専門家

の間にもあり、それが今回の事故において無視できない背景としてあるということもまた認識しておかなければならない。

　他の科学技術と同様、原子力には「技術的な側面」やそれを規定する「制度・政策的な側面」と同時に「社会的な側面」がある。原子力が「安全・安心」であるということ、その「安全神話」が事故が起こるまで表面化しなかった理由を考える上では、原子力の「社会的な側面」を見なければならない。福島第一原発事故の原因の究明には、日本における「原子力と社会の関係」がいかなるものだったのか改めて検討しなおす必要がある。

　本章で設定するのが「二つの原子力ムラと日本社会」という観点だ。「二つの原子力ムラ」とは、一方に「中央の原子力ムラ」＝原子力行政・原子産業が、もう一方に「地方の原子力ムラ」＝原発及び関連施設立地地域があり、その二つが原発を推進するという点において「共鳴」し、原発を維持する体制を作ったことを指す。この二つの強固な原子力推進の勢力は、日本社会全体においていかに位置づけられるのか。これらを明らかにしながら「安全神話」がいかに形成されたのかを明らかにしていきたい。

　なお、「原子力ムラ」という概念自体は、明確な定義がなされて広く流通してきたものではなく、いわゆる「俗語」に過ぎない。中央の「原子力ムラ」については、その閉鎖性・保守性をもったあり様を揶揄する意を含めて用いられてきた。地方の「原子力ムラ」についても、しばしば「○○ムラ」と特定産業の企業城下町などを指していうように、その地域と原子力産業の結びつきを含む意味で使われてきた。以下では、これら「原子力ムラ」と呼べるもの、呼ばれてきたものを改めて整理し直していく。

第2節　中央の「原子力ムラ」

　中央の「原子力ムラ」とは第一に、日本における原子力行政・原子力産業の特異なあり様を指す。より具体的に言えば、吉岡斉・九州大学副学長が『原子力の社会史』（朝日選書）等において「二元体制的サブガバメント・モデル」として描いたような特異な体制、すなわち、一方に旧通産省と電力会社の連合体、もう一方に旧科技庁という二つの異なる推進勢力がそれぞれ競うように原子力の推進を目指し、一方で、本来であればそれを適切に規制・監督すべき機関が原子力推進勢力に付属した状態にある体制を指す。（第8章参照）

　原子力の推進を国を挙げて行う体制は、日本を世界有数の原子力発電先進国としたが、一方で、国会から市民まで、原子力ムラの外部のアクターがその政策決定過程に関与することが困難な状況も作った。それは、現在の日本経団連・電力事業連合会（電事連）をはじめ、これまで産業界が原発を一貫して推進してきたことに象徴されるように、電力産業自体が日本の経済界に

---

[1] 菅直人前首相はインタビュー（2011年1月14日）で、「ある一定以上のこと」を想定させず、安全だと押し通すことを「安全神話」とし、その問題の大きさを指摘した

おいて非常に大きな影響力をもちながら維持されてきたからである。その中では、国の推進機関に守られながら、同時に圧倒的な技術力と政治力で国に影響を及ぼす電気事業者によって閉鎖的に構成される共同体の外部のアクターが政策決定過程に参与できていたとしてもそれによって何らかの有効な規制作用をもつことは困難であったと言うことができるだろう。ただし、産業界と規制官庁の間での緊張関係がなかったわけではない。官邸スタッフへのインタビューによると、電力の安定供給を確保するための電力会社による地域独占を維持するという産業界の主張に対し、規制官庁は電力自由化などを通じて産業界の利害に介入し、既得権益を解体しようと試みた。しかし、この試みは結果的に電力会社の既得権益を解体するには至らず、その利益の源泉は温存される結果となった。その背景には電力会社の圧倒的な技術力、政治力、交渉能力があったことが挙げられる。

このように、中央の「原子力ムラ」は産業界と官僚だけによって成り立っていたわけではない。

例えば、電気事業者は献金等を通して国会、地方議会へ少なからぬ影響力をもっていた。それは、55年体制下で社会党からの反対に対抗する形となっていた自民党議員に対してのみならず、その後2009年に与党となる民主党の議員に対しても電力会社などの労組連合体「全国電力関連産業労働組合総連合（電力総連）」等の労働組合を通しても同様になされ、政権与党において常に原発を推進・容認する体制を作っていたと言える。2011年7月22日に発表された共同通信の調査によれば、自民党の政治資金団体「国民政治協会」本部の2009年分政治資金収支報告書では、個人献金額の72.5％が東京電力など電力9社の当時の役員・OBらによるものとされる。また、電力総連や東京電力労組が2010年、寄付やパーティー券購入などの形で、民主党国会議員・地方議員に少なくとも1億2000万円を献金していたことが明らかになっている。

また、マスメディアに対しては電気事業連合会や各地域の電力会社が積極的に広告展開をするなど、視聴者・読者への原発のポジティブなイメージ形成がなされ、一方ではスポンサーに対してメディアの側も容易に批判がしにくくなる傾向にあったことも確かであろう。

では、そういった中央の「原子力ムラ」を中心にすえながら日本の隅々にまで「安全神話」が拡がった状況を覆すような可能性が、日本社会における原発の歴史の中で皆無であったかというと必ずしもそうではない。

例えば、70年代を境に変わった日本における原発受容のあり方がその一例だ。70年代以前の日本においては、原発自体について今に至るような明確な反対論が存在しているわけではなかった。例えば、69年に連載がはじまった子ども向けの漫画である『ドラえもん』の主人公は原子力で動いているという設定であるが、むしろ「夢のエネルギー」としての側面が受容されていた。

メディアを通して描かれる「夢のエネルギー・原子力」の源流を探れば、それが終戦後の40年代後半から国内への原発導入期である50年代半ばにはすでに現れていたことがわかる[2]。例えば、読売新聞紙上で行われた原子力導入のキャンペーンは象徴的だ。53年正月紙面の「水爆を平和に使おう本社座談会」では、「原爆の洗礼を受けた日本としては非常にこれに関心を持つとともに原子力を平和的に使うということに大いに心を寄せているのであります。軍事的に大きな力のあるものを平和のために使うことができますなら、これはわれわれにとって、いや全世界の人々にとって誠にこの上もない幸福をもたらすに相違ない」[3]としながら、当時第一線で活躍する科学者を中心とした座談会を行い、そこでは以下のような見出しが並んでいる。

> まず大発電所建設　日本中の建物にスチーム
> 船にはこうして使う
> 副産物のお湯を利用
> 月世界の征服近し　音速30倍のロケット
> 行くなら金星
> 木星を打ち砕いて第二の地球造る
> デパートに原子売場？

ここにあるのは原子力が「夢のエネルギー」として、事故以後の現時点から見れば「無邪気」に描かれた姿に他ならない。原子力に対して、日本社会が未だ一定の評価をもってはいないなかで、「バラ色の未来」というイメージがメディアを通して描かれ一人歩きしていった状況があったと見ていいだろう。ここには、有識者が関与し、政治家や産業界の思惑も絡み合う。まさにそのような中で中央の「原子力ムラ」成立の必要条件が整えられていったと言える[4]。

しかし、70年代以降[5]、一方では商業炉の営業運転が次々に始まっていくが、他方では反原発運動や思想が世界的に広まり、日本においても反原発をベースにした政治勢力やジャーナリズムの動きが生まれてくる。原子力が必ずしも純粋な「夢のエネルギー」として捉えられなくなり、労働の現場や事故発

---

[2] 毎日新聞（1947）「社説・原子力と第二産業革命」1947年10月27日朝刊においては、東京大学の南原総長が卒業式辞において、人類を「原子力の発展は第二の産業革命に導く」であろうと述べたことを引きながら、「一弱小国家となった日本が今後世界史に貢献し得る道がここに開けている」と結ばれている
[3] 読売新聞（1953）「水爆を平和に使おう」1953年1月1日朝刊
[4] 無論、この時期に原子力の負の側面が全く認知されていなかったというわけではない。広島・長崎の原爆の記憶はまだ生々しく、また、54年3月の第五福竜丸事件は社会に大きな衝撃を与え後に映画「ゴジラ」の制作へとつながっていく。しかし、それをも飲み込む形で「戦争の道具というネガティブなものを平和と夢のためにポジティブに使う」という社会的な意味づけが、戦後日本における原子力の導入期においてなされ、例えば55年の原子力基本法の成立に至る。
[5] 60年代の半ばから、原子力発電における最先進国であった英米などにおいて小さな事故・故障が露見することとなり、危険性への認知も少しずつ明らかになっていった。

生時に生じる放射線被害をはじめとする危険性の認識も明確になされるようになった。

　だが、それが大きな勢力となり、例えば営業運転がはじまった原子炉が廃炉になるような事例が日本で生じることはなかった。その背景には、大きなトラブルが起こるたびに反対の声は強まるものの、時間がたち、ほとぼりが冷めれば、報道や反対運動自体が縮小していったこと、政治的な問題設定として優先順位の低いままになってしまったこと、あるいはオイルショック以後、国内のエネルギー確保手段としての原発の位置づけが確実なものとなったことなどがある。55年体制と経済成長の中、議論自体は存在しても、その裏には政官財による「原子力ムラ」に支えられた強固な原発維持の体制があったといってよい。

　勿論、80年代にはTMIやチェルノブイリの原発事故を受けて、例えば「脱原発法制定運動」と呼ばれる反原発の大衆を巻き込んだ動きもあった。そこで生まれた署名運動においては、社会党、総評（日本労働組合総評議会）、反原発を掲げる市民運動などが中心となって、それが国会に提出されることとなったが、それが「原子力ムラ」による推進体制を揺るがすことはなく、99年の東海村ＪＣＯ事故を経てもその大きな流れが変わることはなかった。

　2000年代になり、支持基盤として労働組合の影響が強い民主党が力を持ち政権をとるに至るわけだが、そこにおいても「反原発」が実現に向かうわけではなかった。それは、先にも触れたとおり電力総連をはじめ労組の中には原発推進を強く掲げるところがあり、他の組合もそれに歩調をあわせていった状況があったからだ。もともと原子力には批判的であった菅首相でさえ「新成長戦略」において原発インフラの海外輸出を掲げ、「原子力ルネサンス」と相まって「CO_2削減に役立つエコな原子力発電」などという言葉を広く浸透させ、原発を推進してきた。このように、福島第一原発事故に至るまで原発の安全性に対して、社会から批判的な目が向けられる機会は限られた状況にあった。

　2011年7月13日、衆議院震災復興特別委員会において、八木誠・電事連会長（関西電力社長）は原子力広報のみならず電気事業全般への理解のためのテレビ・新聞等マスメディアへの広告出稿額を5ヵ年平均で20億円であると述べている。当然、電事連以外の各電力会社等がそれぞれにこういった広告出稿を行っているため、実際に原子力の利害関係者からのマスメディアに渡る額はこの数倍にもなると考えられる。

　事故が起こってもなお原発の危険性を語ることが少なかったことは、「原子力ムラ」内部においては、原子力の是非を問いかけることがタブー視され、安全性を強調することで今後も原子力発電を継続することを目指していたことを意味している。このような、原子力行政・産業のみならず、それが強い影響力を持つ財界・政界・マスメディア・学術界を含めた強固な原子力維持の体制としての、中央の「原子力ムラ」が原子力と他のエネルギーとを比較

するなど代替案を検討せずに、これまで通り原子力発電を継続できると主張し、多くの国民を「安全神話」の中に引き戻そうとしてきたのである。

　55年の原子力基本法以降、現在に至るまで、70年代のオイルショックをはじめとするエネルギー秩序の不安定化、あるいはCO_2削減を求める京都議定書のような何らかの国際間の取り決めといった、その時々の複雑な要因の中で、相対的に原子力発電の重要性が増す機会はあった。その中で、常に形を変えながらも、閉鎖的・保守的な原発の推進を志向する中央の「原子力ムラ」は維持され、原子力の「安全神話」が共有され続けたのだった。そして事故が起こってからも「原子力ムラ」は解体することなく、「安全神話」を復活させるべく、様々な形で影響力を行使しようとしている。

第3節　地方の「原子力ムラ」

　地方の「原子力ムラ」、つまり原子力発電所及び関連施設の立地地域はなぜそれを受け入れ、維持しようとするのか。この問いに答えながら地方の「原子力ムラ」と「安全神話」の関係を見ていく必要がある。

　原発立地地域の問題は、その状況を目にしたことのない者にとっては次のような形で認識されるかもしれない。「立地地域が原発を受け入れ、維持しようとしているなんていうことがあるのか。まさに『NIMBY (not in my backyard)』というコンセプトが意味するように、そこに住む人々は原発なんて押し付けられて当然嫌がっていて、すぐにでも追い出したいと思っているはずである」。

　だが、実際は違う。地方の「原子力ムラ」が原子力産業と密接に結びつき、容易に離れそうにもない状況にあるのは覆しようのない事実だ。

　2011年4月以降、新潟、北陸、北海道などの原発立地地域の首長選挙では、軒並み原発推進・容認派の候補者が勝ち、原発立地が計画段階の山口県上関町でも推進派が反対派に大差をつけて選出された。あるいは、定期検査に入るとともに再稼動ができない状況が続く中で、少なからぬ立地自治体が再稼動を望む声をあげ、それは、事故の当事者である、福島県においてすら同様だった[6]。

　この背景には何があるのか。一つには、財政的な構造の問題がある。原発の受け入れは立地地域に大きな収入をもたらす。それは住民のレベルと自治体のレベルに分かれる。

　住民のレベルでは、それまで第一次産業を中心に成立していた地域に巨大であり安定もした雇用先ができることとなり、住民の収入や人口の流出を抑える効果をもつ。それのみならず、13ヵ月に一度行われるプラントの定期検査は一時的に作業員の数を増やすことになるため、民宿などの関連産業を

---

[6] 佐藤雄平福島県知事が2011年11月30日に東京電力福島第二原発まで含めた廃炉の意向を表明すると、その立地町である富岡町・楢葉町からは戸惑いの声があがった。

潤す。福島においては1万人を超える規模の雇用が持続的に生まれる巨大産業となり、その波及効果も非常に大きかった。

自治体のレベルにおいては、建設時から運転開始後に至るまで固定資産税や電源三法（電源開発促進税法、電源開発促進対策特別会計法、発電用施設周辺地域整備法）に基づく交付金が収入として入ることになる。自治体によってその詳細は様々だが、施設やインフラなどへの公共投資や医療費の相対的な優遇などの恩恵が生まれる。一例として、福島県内原発立地4町の原発関連交付金と歳入総額をあげれば以下のようになる[7]。いかにその割合が大きいかがよく分かる。

	交付金	歳入総額
双葉町	約20億円	約61億円
大熊町	約17億円	約75億円
富岡町	約9億円	約61億円
楢葉町	約9億円	約74億円

しかし、これらの状況は永続するわけではない。特に、自治体のレベルにおける経済的な効果については、固定資産税は年々、減価償却の中で下がり、一方で初期に整備した公共施設などの維持費などが維持・増加することになる。そして収入は減り、支出が維持・増加することによって財政赤字が積みあがる。

その結果、交付金の増額をはじめとする新たな収入の確保を求めて「原子炉の増設」や「関連施設の建設」が要望されることとなる。無論、原発以外の代替産業の誘致等もされるが、実際は原発ほどの雇用吸収力や賃金水準の安定性が確保されるものがないと言ってよい。少なくとも福島の原発立地地域においては原発立地後の歴史の中で相当の努力がなされたにもかかわらず、代替産業の確立は失敗に終わったという状況があった。

福島第一原発が立地する大熊町にある常磐線大野駅前の看板＝2010年10月3日撮影

とりわけ、日本における80年代以降の製造業の海外移転や地方リゾート開発政策の失敗、あるいは90年代後半以降の自治体への交付金の削減をはじめとする自助努力の要請は、地方にとっての健全な財政の維持策の選択肢を狭め、結果として原発立地地域が原発をより求める構造を作っていった。原発に特有のこの地域財政の構造を「中毒的」あるいは「麻薬的」と表現する指摘もある。もう一つは、原発立地地域に特有の原発を肯定的に捉える構造だ。例えば、1999年の東海村JCO事故を経た2003年の時点で、前双葉町長の岩本忠夫氏は以下のように語っている[8]。なお、岩本氏は元々社会党の福島県議会議員であり、反原発の立場にいた人物である。

私は長い間、東京電力との関係において、発電所での「多少のトラブルはありましても、極度に安全性に影響するものはなかった」と実は思っています。（略）私は前向きにとらえているつもりなのです。いつまでもダラダラと問題点を突いていたのでは、自分自身が後ろ向きになってしまうものですから、極力前向きに考えているのです。（略）

　現在の原子炉の構造の中で、最悪の事故が放射能漏れの事故ですが、わが国の原子力発電所はそれを完全に封じ込める機能を十分に持っていると私は思っています。アメリカのスリーマイル島の原子力発電所の事故とか、ソ連のチェルノブイリ発電所の事故とか、あのような事故につながっていくことは日本の原発ではまず無いと思っているのです。（略）そのように信じて対応していかないと、これからの原子力行政に自ら携わっていくことができ難くなります。（略）

　私はどのようなことがあっても原子力発電の推進だけは信じて生きたい。それだけは崩してはいけないと思っています。それを私自身の誇りにしています。

　このような、「国、東電、そして原発を信じるしかない」といった言葉は、原発立地地域の首長らが原発について語る中にしばしば示し合わせたかのように現れていた。

　また、住民にとっても、原発は、例えばかつてあった出稼ぎや過疎に対峙する手段として現れ、今も住民の4分の1から3分の1が何らかの形で原発に関わる仕事を得ているともいわれる規模の、暮らしを立てるうえで不可欠なものとしてあると認識されている。

　そのような中で地域の光景には例えば「原子力○○」「アトム○○」といった名前のついた商品、「原子力明るい未来のエネルギー」などと書かれた看板があり、また電力会社からの地域振興策として作られた施設や協賛を得て開催される祭りなどが見られる。

　これらは、60年代の原発建設開始当初からこの地域が深く原発に依存する状況にあったことのあらわれにほかならず、いくつかの大きな事故や制度・政策的な課題が露呈した時期を経ながらも、根本的には揺らぐことなく維持されてきたことが読み取れる。外から見ていると、その近くにいる人間には忌避されているとも見えるかもしれない原発は、その住民が、それを嫌悪するどころか、むしろ進んで共存することを選び続けるような社会構造の中にある。例えば住民の中には「原発が事故を起こす確率より、外を歩いていて

7　以下の図を参照して作成。「福島の原発交付金穴埋め　経産省、廃炉へ財政措置検討」asahi.com 2011年12月20日 http://www.asahi.com/politics/update/1219/TKY201112190635.html
8　社団法人原子力燃料政策研究会編集部（2003）「取材レポート　発電所は運命共同体　岩本忠夫双葉町長インタビュー」『Plutonium 42』社団法人原子力燃料政策研究会

交通事故にあうほうがあぶないべよ。気にしてもしかたねー⁹」といった言葉を持つ者も存在するような、特異な「安全神話」の中にあった。地元住民は、ただ単純に無知であった、あるいは経済的な依存構造に服従していたというわけではなく、自ら「安全神話」を構築し、そこに自発的に没入していく状況があり、その中でリスクが不問にされていく状況もあったと言えよう。

第4節　「原子力ムラ」の外部

　ここまで見てきた二者は原子力を「置く側／置きたい側」と「置かれる側／置かれたい側」と位置づけられる二者であり、この中央と地方の二つの「原子力ムラ」がそれぞれの中で独自の「原子力安全神話」を形成しながら、結果的に原子力を強固に推進し、一方で外部からの批判にさらされにくく揺るぎのない体制をつくってきたと言える。最後にふれておく必要があるのは二つの「原子力ムラ」の外部、つまり、政治、行政、産業界、学識者、地方自治体によって構成される共同体の外にいる「一般国民」がいかに原子力と関係を結んできたのかということだ。端的に言えば、その「原子力ムラの外部」の姿勢は「無知・無関心」で貫かれ、その中に「安全神話」を築く土壌が作られてきた。例えば、原子力の推進機関である文部科学省は学校教育や全国各地にある科学館など、自らが所管する教育分野を通じて原子力のメリットや安全性をアピールし、小さいころから原子力の「安全神話」に接する機会を作り出してきた。また、すでに論じたように、産業界はメディアでの広告や原発に積極的な論壇の形成を支援してきた。しかし、それ以上に反原発運動が社会に広がることを警戒し、その運動が社会の一部にとどまるよう、「原子力ムラ」の持つ資金力や政治力、技術的知見を動員して、反対派の意見に対抗し、原発の安全性を強調することで「安全神話」を強化してきた。その結果、原発問題に関心のある一部の国民を除いて、原発は複雑で難解な技術的問題として認識され、賛成／反対の議論が錯綜する中で、多くの国民は誰を信じてよいのかわからない状態に置かれることとなった。そうした混沌の中、「原発は安全である」という単純化したイメージを受け入れ、原発の問題に一定のめどをつけ、それ以上の検討や判断を避けることで、日々の生活を安心して送れる選択をしていったのである。その結果、一般国民は日々原発のことについて考えることもなく、無知・無関心であることを問題視しなくなっていったともいえる。また、スリーマイル島やチェルノブイリ原発事故、JCO事故などがあっても、それが直接日々の生活に影響のある事故ではなく、推進派が「日本の原発とは異なる原子炉による事故」「原発作業員のミス」といった議論を展開し、日本の原発は安全であるという「安全神話」を維持する議論を推し進めたため、一般国民はそれ以上の疑念を持つことなく、「安全神話」を受け入れつづけたのだともいえる。

　50年代から60年代にかけての「夢の原子力」とも呼べるような社会的な

需要の側面から、70年代以降の原子力に批判的でありつつも経済規模を維持する上で重要度を増していった状況の中で、さらにスリーマイル島、チェルノブイリ原発事故、JCO事故などを背景にしつつも、結局「安全神話」自体が「一般国民」の間で維持されることになった。

　ここまで見てきた「社会的な側面」は「技術的」あるいは「制度・政策的な側面」に比べると、今回の福島第一原発事故の直接的な原因ではないように思われるかもしれない。しかし二つの「原子力ムラ」による「安全神話」をベースにした安定的な原発受容と「原子力ムラの外部」における無意識的、無批判的な態度の上で、事故に至るような「技術的」、「制度・政策的」な状況が作り上げられた。しかし、福島第一原発事故という最大級の事故に見舞われたにも関わらず、「中央の原子力ムラ」は、早々と「事故収束宣言」を出し、定期点検によって停止している原発の再稼働を進めようとしている。その際、改めて「安全神話」を確立するための「ストレステスト」を実施し、それに合格することで原発は安全であることを証明して再稼働につなげようとしている。これは、福島第一原発事故の徹底的な原因究明や、抜本的な安全規制の改革、さらには国民に向けての説得などを省略して、「ストレステスト」による安全性の評価だけを用いて、これまで通りの原子力政策を展開することを意図しているかのように見える。また、「地方の原子力ムラ」においても、上関町や玄海町、泊村といった原発立地自治体における選挙で原発推進派が勝利し、反原発派はほとんどといってよいほど受け入れられていない。福島第一原発の事故によって多くの人が避難を余儀なくされ、厳しく困難な生活に直面していることは知りつつも、立地自治体の住民は、原発と共存することを選んでいるのである。

　このように、過酷な事故を現実に目の当たりにしても継続される、中央と地方の2つの「原子力ムラ」の強固さは、これまでの日本における原発受容のあり方が、単に交付金やマスメディアを使った宣伝広告といったことにとどまらず、人々の意識や精神の中に「安全神話」が取り込まれ、「原発は安全である」ことを信じることが社会を構成する基盤となっているのである。こうした社会的な意識の基盤の上に、第6、7章で論じた原子力の技術的な思想や「備え」の欠如が生まれ、また第8章で論じた、複雑で責任の所在をあいまいにする安全規制ガバナンスの仕組みが構築されていったのである。つまり、「原子力ムラ」が生み出した「安全神話」は、福島第一原発事故の遠因となった、諸事象の基盤をなす、「遠因の遠因」たるものであり、そうした社会的・精神的構造を理解することで初めて事故の原因が見えてくる。

　こうした分析を踏まえて、これからの原子力と社会の関係を考えていくうえで以下の点が重要となってくるだろう。「安全神話」とはなんだったのかを改めて検証し、「中央の原子力ムラ」における政治と産業界、あるいはマ

9　開沼博（2011）『フクシマ論　原子力ムラはなぜ生まれたのか』

スメディアや関連学会などとの強固な結びつきを相対化して、一般国民が、それぞれの関係性を批判的に検証する場を設ける必要がある。そうすることで、原子力をめぐる政治的、経済的判断がなされるプロセスを透明化し、国民が原子力政策を判断できるような情報提供がなされるべきである。また、「地方の原子力ムラ」における原子力依存型経済や労働環境への政策的配慮がなされなければならない。例えば、原子力普及という点に関する献金や広告費の流れを明確化することを義務付けることで、その資金の流れを「地方の原子力ムラ」が原発に依存しないで生活できる環境整備を行っていくなどである。電源三法交付金のような「古くなりリスクが高まっているものにでもしがみつくインセンティブ」ではない、「古いものを廃していく、作り変えていくインセンティブ」としての廃炉交付金のような制度を作ることもひとつの方法といえるかも知れない。しかし、人々の意識や精神の中に埋め込まれた「安全神話」を「脱神話化」することは容易ではない。とはいえ、「安全神話」を強固に維持する「社会的側面」がこのまま続き、「中央の原子力ムラ」による、安全対策が不十分なままの原発再稼働と、「地方の原子力ムラ」による原発依存経済の継続がなされ、「一般国民」による無関心が続く限り、再び過酷な事故を引き起こす可能性は常に存在すると言ってよいだろう。

第4部
グローバル・コンテクスト

第4部　グローバル・コンテクスト

〈概要〉

　福島第一原発事故を収束させる過程についての評価は、グローバルな文脈の中にこの事故をどう位置づけるかも極めて重要なポイントである。それには、大きく分けて三つの観点からアプローチする必要がある。

　第一に、セキュリティの視点である。この事故は、自然災害との複合災害であり、また複数の原子炉及び使用済み燃料プールが同時に機能不全を起こしたという、特異性および重大性のために国際社会の注目を集め、原子力の平和利用やそのための原子力安全の国際的な強化の行方に大きな影響を与えた。それだけでなく、全電源喪失（SBO）の状態、建屋の破壊、原子炉および使用済み燃料プール冷却システムの損傷などが、地震とその後の津波によってもたらされたが、これらの深刻な事態は、核テロ攻撃に対する原発の脆弱性を想起させる。核セキュリティの重要性への認識が高まりつつある中、福島原発の事故は、核セキュリティと原子力安全の近似性や共通性、および両者のアプローチの相違についての認識を高めることになった。

　第二に、日本の原子力政策の「ガラパゴス化」が指摘される。それは、二つの側面から議論される。ひとつは、原子力安全や核セキュリティをめぐる海外からの警告や指摘が活かされず、また原子力災害への一連の対応において既存の国際レジームが効果的に活用されなかった点である。もうひとつは、事故の経過の対外的な説明、とりわけ4月4日の汚染水の放出をめぐるコミュニケーションにおいて、国際社会への配慮を欠いていた点である。

　そして第三に、原子力災害の収束に向けた国際協力のあり方をめぐっていくつかの教訓が示された。今回の事故では、その収束のために米国やフランスを中心にいくつかの国からの支援の申し出を受け、実際に協力が提供された。この中でもとりわけ、同盟国である米国とは日米政府間の合同会議を設置し、物資の提供だけではなく、知見の提供や情報の交換など緊密な協力態勢がとられたが、協力の必要性および実効性と、その限界について改めて検証をする必要があろう。

第10章 核セキュリティへのインプリケーション

〈概要〉

　原子力の平和利用をめぐるリスクには、事故や災害などを念頭に置いた原子力安全（セーフティ）、テロや紛争等の人為的な攻撃を想定したセキュリティ、そして、核兵器の拡散防止を念頭においたセーフガード（保障措置）という三つの概念が重視されるようになってきている。いわゆる3Sである。

　本章の目的は、これら三つの概念のうち、セキュリティ（核セキュリティ）という観点に焦点をあてて、今回の福島第一原子力発電所事故を再検討し、得るべき教訓を明らかにする事にある[1]。福島の原発事故は、自然災害に起因する原子力災害という意味では、原子力安全にかかわる事案であると言える。しかしながら、この事故で明らかになったのは、自然災害などによって引き起こされた原子力災害は、核テロ攻撃事案に似ている点が多く、その対処方法においても、共通する点が多い。これは原子力安全と核セキュリティのインターフェースの部分として認識される。言うまでもなく、その対応において情報公開を原則とすべき原子力安全と、一定程度の機微な情報の秘匿を要する核セキュリティでは、政策思想において異なる点があることは当然だ。

　核セキュリティに関する重要な国際的取り決めとして、1975年に制定された国際原子力機関（IAEA）のセキュリティガイドラインであるINFCIRC225がある。このガイドラインは、現在まで5次にわたる改訂を続けてきたが、こうした国際的な趨勢にあわせて、我が国でも核セキュリティの強化が随時図られてきた。

　特に、2001年の米国同時多発テロ事件以降は、原子炉等規制法に代表される原子力法制度の文脈だけでなく、テロ対策における重要インフラ防護という文脈からも核セキュリティの強化が進められてきた。

　具体的には、事業者等による機械装置や警備体制の増強や、警察の原子力施設警戒隊に代表される公的機関による警備の強化などの措置がとられてきた。しかしながら、福島第一原発事故では、大規模な事故がセキュリティ上の懸念も誘発することを示しただけでなく、電源の喪失がもたらす深刻な事態を公知のものとし、原子力発電所におけるセキュリティ上の脆弱性を示す結果となってしまった。

　こうした事態を踏まえ、本章では、今回の事故以前の状況として、我が国では十分な核セキュリティの整備ができていたのか、また、今回の事故によってどのようなセキュリティ上の課題が生じたのか、の2点について検証を進

---

[1] 2011年8月9日付で公表された原子力委員会の「核セキュリティの確保に対する基本的な考え方」では、核セキュリティを「核物質、その他の放射性物質、その関連施設及びその輸送を含む関連活動を対象にした犯罪行為又は故意の違反行為の防止、検知及び対応」と定義している。
原子力委員会、「核セキュリティの確保に対する基本的な考え方」。

めていく。

〈検証すべきポイント・論点〉

　本章で検証の論点としたいのは次の2点である。

　論点1：今回の事故以前、我が国では十分な核セキュリティの整備ができていたのか。核セキュリティには様々な観点が考えられるが、福島第一原子力発電所での事故との関係から、特に事態発生後の被害対処および原子炉以外の重要施設の防護のありかたに焦点を当てる。

　論点2：今回の事故によってどのようなセキュリティ上の課題が明らかになったのか。

　事故の発生によって、福島第一および第二原発では出入管理や侵入阻止などの面で様々なセキュリティ上の課題が発生した。また、大量の高濃度汚染水や放射性廃棄物の管理など、事故によって新たに生じるセキュリティ上の課題もある。

第1節　日本の核セキュリティ

1-1. 制度の発展

　原子力施設を巡る核セキュリティの検討は1960年代頃から本格化した。核セキュリティ分野の発展は米国が一貫して牽引してきた。1969年に米国は「原子力関連施設及び核物質の物理的防護（Physical Protection of Plants and Materials）」を導入した。いわゆる10CFR Part73とよばれる文書である。そして、1975年にはIAEAにおいてINFCIRC225とよばれる文書が採択された。INFCIRC225は核物質防護に関するガイドラインであり、以降、IAEA加盟国はこのガイドラインおよびその改訂版に準拠して自国の原子力施設の防護強化を進めてきた。

　1970年代当時、我が国の原子力委員会では核物質防護専門部会を設置し、当面は制度整備を伴わない実質的な体制強化によって、核物質防護の水準確保を目指すこととなった。

　こうした状況は1987年2月に核物質防護条約が発効したことで変化し、1988年に同条約に加盟したことを契機に、我が国でも核物質防護のための制度整備が進められることとなった。具体的には、我が国の原子力事業に対する基本的な規制である原子炉等規制法の改定によって、国際的な要請に応えうる核物質防護体制の確立が図られることとなった。

　その後、2001年9月11日の米国同時多発テロ事件（9.11事件）を契機に国際的なテロ対策の強化が図られる中で、2004年12月には日本で「テロの未然防止に関する行動計画」が閣議決定され、この中でも改めて原子力施設の防護の重要性が指摘された。直接的には1999年のINFCIRC225の第4次改

訂版（INFCIRC225/rev.4）を踏まえた措置として、2005年には原子炉等規制法が改定され、核物質防護の大幅な充実が図られた。この改定では、事業者が防護措置を設計する際の基礎となる設計基礎脅威（Design Basis Threat: DBT）の導入や、核物質防護に関する検査制度の導入、また核物質防護秘密の導入による機微情報の保護が図られた。

これは、これまで個々の事業者で自主的に行われていた核物質防護について、国が一定の基準を設けるものであった。

1-2. 原子力施設の警備体制

こうした制度の発展に加えて、特に9.11事件以降、実態としての原子力発電所の防護体制の強化も図られていった。

原子力施設警備は検知・通報、阻止・遅延、侵害排除、そして出入管理の四つの概念要素から構成されている。

検知・通報とは、「施設からできるだけ遠く、早い段階で脅威を検知し、その脅威を適切に評価して速やかに通報すること」、そして、阻止・遅延とは、「侵入者等の脅威が枢要区画に到達することをできる限り遅らせること」を意味しており、侵害排除とは「侵入者等の脅威を無力化し、施設等の安全を確実にすること」と言える。一方、出入管理とは、「核物質や核物質防護秘密等の保持のため、人や物の出入りを厳重に管理すること」と考えることができる。

検知・通報から侵害排除までは、脅威の接近から撃退までの一連の流れとして理解することができ、出入管理は、INFCIRC225/rev.4以降特に問題とされている内部脅威対策としての意味あいを持つ。

これらの概念は、不審者等の侵入を検知するためのカメラ（CCTV）や各種センサー、あるいは入構ゲート等に設置された爆発物探知装置等を用いた機械による警備と、原子力発電所の警備においては事業者が契約する民間警備会社と警察の常駐警備部隊を主力とした人による警備、そして区画管理によって支えられている。一般に、原子力発電所の警備体制の詳細は原子炉等規制法にいう核物質防護秘密にあたる。そのため、機械警備の規模や機材の性能、または警備人員の規模や巡回時間・頻度、装備の詳細などの情報が公表されることはない。しかし、本項では、過去の報道等の情報をもとに、可能な範囲で、福島第一原子力発電所の警備体制を整理しておく。

既述の通り、原子力発電所の警備は機械警備と人による警備を組み合わせて実施されている。このうち、機械警備については、設置されている機器の種類や数などの情報は公開されていないものの、敷地の区分に応じて防護フェンスやセンサー類、監視カメラ類が設置されている。また、2006年より、海側の防護策として、従来のカメラに加えて、洋上監視レーダーが設置されたという[2]。さらに、出入管理に関して、福島第一原子力発電所では、2008

年からUHF帯を用いたICタグが導入されたという。これにより、車両入構時の乗車人数の把握および入構登録を電子的に行うことが可能になった[3]。

一方、人による警備体制についてはどうであろうか。2007年の中越沖地震発生以後、原子力発電所を保有する各事業者は防災体制を中心に安全に関する対応体制強化を行ってきた。福島第一原子力発電所では、2008年7月に、所内の各部門が保持していた防災安全機能を集約して「防災安全部」を新設している。同部は、緊急時の措置や初期消火活動を総括する「防災安全グループ」と核物質防護管理を担う「防護管理グループ」からなり、50人超の人員が専任で業務にあたるとされていた。これらはいわば管理上の体制であり、これに加えて、事業者が契約した民間の警備員がゲートでの入構管理や施設内の巡回警備等を行っていた。加えて、福島第一原子力発電所には福島県警の銃器対策部隊から編成された原子力施設警戒隊が常駐警備を行っていた。

第2節　福島第一原子力発電所事故と核セキュリティ上の課題

2－1. 米国の核セキュリティ上の懸念と　　　日本での受容：B.5.bを中心に

日本における核セキュリティは攻撃（もしくはサイトへの侵入）の未然防止に強い力点が置かれてきた。それは結果として、被害の局小化や復旧といった事態発生後の対処能力の強化の不足をもたらしたと考えられる[4]。

我が国の原子力平和利用にかかわるリスクへの対処の中でも核セキュリティの位置づけは、必ずしも高くなかった。例えば、2011年8月23日に開催された原子力委員会原子力防護専門部会の第1回技術検討ワーキンググループ会合では、我が国におけるセキュリティとセーフティとの関係について、次のような指摘があった。

「従来、セキュリティの問題については、セーフティ対策が何重にもあるから、多少セキュリティ上の問題があってもセーフティ対策で防げるという思いがあったのではないか。今回の福島の事故を受け、セキュリティの問題についてセーフティ対策でカバーできない部分があることを認めなければいけないと考える」[5]

セキュリティの面から、施設の主要な機能を喪失した場合における被害の局小化や復旧を考えることは決して突飛なことではない。事実米国では、

2　電気新聞、2005年12月5日、「東電がテロ警戒でレーダーを柏崎刈羽に設置」。
3　日経ヴェリタスマーケットonline（ニュース）、2009年5月13日。
4　西脇由弘、『我が国のシビアアクシデント対策の変遷―原子力規制はどこで間違ったか』、5頁、2011年（原子力eye2011年9月、10月号掲載、日刊工業新聞）。http://www.n.t.u-tokyo.ac.jp/nishiwaki/nishiwaki-kennkyuseika/gensiryoku-eye% 209-10.pdf
5　原子力委員会原子力防護専門部会技術検討ワーキング・グループ（第一回）議事録、2頁。

9.11事件後の原子力施設でのテロ対策強化の一環として、攻撃を受けた際の原子力施設における被害の局小化が図られた。これは2002年2月に出された米国原子力規制委員会（NRC）命令のB.5.b項でカバーされる事となり、現在では連邦規則10CFR50.54(hh)(2)において、「各事業者は爆発あるいは火災によってプラントの大規模な機能喪失が発生した状況においても、炉心冷却、格納容器の機能及び使用済み燃料プールの冷却能力を維持・回復するためのガイダンス及戦略を実施し発展させなければならない」として規制化されている[6]。

B.5.bはフェーズ化アプローチとして3段階で課題への分析と対応を進めており、第一段階として想定される事態に対応可能な機材や人員の準備、第二段階として使用済み燃料プールの機能維持及び回復のための措置、そして第三段階として炉心冷却と格納容器の機能の維持及び回復のための措置がそれぞれ整備されていった。

公表されているB.5.bの事業者向けガイドライン（B.5.b Phase 2 & 3 Submittal Guideline Revise2）によれば、使用済み燃料プールの機能維持及び回復（Phase2）については、「サイト内での給水維持のための戦略」及び「サイト外からの給水及び注水の維持のための戦略」が求められており、前者については給水手段の多重化が、後者については給水装置の柔軟性及び動力の独立性が求められている[7]。

同様に、炉心冷却と格納容器の機能の維持及び回復（Phase3）については、「原子炉への攻撃に対する初動時の指揮命令系統の強化」及び「原子炉への攻撃に対する対処戦略の強化」が求められた。この際、ガイドラインでは、切迫した脅威への警報が機能しない（事態への直前対応が不可能である）ことや、制御室の機能や人員あるいは制御室へのアクセスそのものが失われること、そして、プラントの運営に必要なあらゆる交流電源及び直流電源が失われることなど、12の前提条件を踏まえて緊急事態対応を確立する事が求められている[8]。

米国におけるこれらの措置は、航空機衝突のような大規模攻撃によって施設の大部分が失われた場合を想定したものである[9]。米国では、2007年1月29日のDBTの改訂において、航空機突入をDBTには含めない決定をしている[10]。また、2009年2月17日に発表された新規炉建設のための最終規則では、新規炉に航空機衝突が発生した場合であっても、炉心の冷却機能、格納構造の健全性、使用済み燃料の冷却機能、そして使用済み燃料プールの健全性を

---

[6] NRCホームページ http://www.nrc.gov/reading-rm/doc-collections/cfr/part050/
[7] Nuclear Energy Institute, B.5.b Phase 2 & 3 Submittal Guideline, Revise2, December 2006. P.1, 5, 9, 13. http://pbadupws.nrc.gov/docs/ML0700/ML070090060.pdf
[8] ibid. pp.24-25.
[9] NRCホームページ http://www.nrc.gov/security/faq-security-assess-nuc-pwr-plants.html
[10] Mark Holt, Anthony Andrews, Nuclear Power Plant Security and Vulnerabilities, 2010.08.23, Congressional Research Service, pp.2-6.

維持できるような設計を求めていたが、この場合でも、航空機衝突に対する冗長性の確保は設計基準からは外されている[11]。

当の米国においてすら航空機衝突がDBTあるいはDBE（設計基準事象）に含まれていない以上、我が国がこうした事態を想定した対応を採る必然性は乏しい。また、航空機衝突を出発点として検討された措置がそのまま導入されていたとしても、津波あるいはその前の地震に起因する今回の福島第一原発事故を防げたという事はできない。しかし、核セキュリティを充実させていく中で、事業者による重大事故における事態発生後の対処能力の強化や影響の緩和策を充実させる可能性があったこともまた事実である。例えば、B.5.bの事業者向けガイドラインの付属文書では、使用済み燃料プールや炉の冷却に必要な給水あるいは注水の条件やそれを満たす機材を例示している。

このB.5.bについて日本側がどの程度深くその意味を理解するための機会があったか、という点である。日本側は、その内容を米国から正式な形で情報提供を受ける機会が存在していた。2001年以降原子力安全・保安院が米側から核テロ対策の説明を受け、同文書について情報提供を受ける機会は何度かあった。これらの機会は少なくとも2008年までに2回あり、たとえば、2008年5月8日にはNRC本部で、原子力安全・保安院と日本原子力安全基盤機構（JNES）のスタッフに対して「NRC Security Assessment Briefing for Japan」というワークショップを開催している。このワークショップでは、福島原発とは炉型の異なるPWR型炉についてセキュリティ評価などがブリーフィングされたが、このワークショップの後、NRCは日米両政府間の公式なチャネルを通じてB.5.bの内容を日本側に送付しているという[12]。また、2012年1月16日付の日本経済新聞の記事によれば、NRCは2002年にB.5.bの内容を知らせたうえで保安院に対してテロ対策強化の助言を与えていたともいう。しかし、記事の中で、原子力技術協会の藤江孝夫理事長（元日本原子力発電副社長）は、「民間は知らされていなかった」と述べている。これが事実だとすると、保安院は米側から情報提供とアドバイスを受けておきながら、このB.5.bの概念に基づいたセキュリティ措置の強化という選択肢を事業者に伝えていなかったことになる。さらに、B.5.bの内容については、原子力委員会や武力攻撃原子力災害等対策緊急技術助言組織（原子力安全委員会の部会）といった、核セキュリティや原子力安全についての政策的助言をする組織の責任者でさえも、保安院やJNESの事務局から、ブリーフィングを受けていない。

なお、今回の事故の中で使用済み燃料プールの安全性が問題となったが、この点についてもいくつかの指摘する必要があるだろう。BWR型の原子炉の設計上の特性として燃料プールが上層階に設置されているが、今回のような災害時に構造上の脆弱性に対する懸念が出されたことは指摘しておく必要

11　原子力産業新聞、2009年2月26日、「米原子力規制委　新設炉設計で　航空機衝突への耐久性評価を要求」。
12　NRC関係者インタビュー、2011年11月。

がある。

他方で、地下に位置し津波をかぶりながらも現在のところ安全上も問題が見つかっていない、ドライキャスクによる使用済み燃料貯蔵については、セキュリティ上も有効性が認められる。

これ以外にも、我が国における核セキュリティについては、福島第一原子力発電所事故以前から、特に米国を中心にその不備が懸念されると共に、対応の強化に繋がる示唆があった。例えば、内部告発サイト「ウィキリークス」に掲載されている米国の外交公電では、2005年11月に福井県の関西電力美浜原発で実施された、テロリストによる原発への侵入を想定した国民保護訓練について、事前に台本が用意されていることなどから、テロ攻撃の実態に即した訓練になっていないと指摘している[13]。

2-2. 福島原発事故時の警備体制

発災後、福島第一原子力発電所における警備体制はどのように機能していたのであろうか。現在までのところ、地震および津波に伴う監視機器等の損傷がどの程度であったのかについて、確たる情報はないが、その後に発生した全電源停喪失という状況は、中央警備室を含む機械による警備のための体制のほとんどを無力化してしまっていたと推測される。

問題点は機械警備の面にとどまらない。事故直後には、入構者の避難誘導にあたっていた警備員が、誘導を中断して避難する場面が見られたという。構内からの退避を迅速に行う必要から、警備員は通常のセキュリティゲートを使用せず、非常口を開放して避難誘導を行っていたという。民間の警備員が自身の安全を図る事は当然だろうが、ゲートの管理等を含め、組織的、計画的な対応となっていたのかについては、事故対応という観点からだけでなく、セキュリティの観点からも再検討が必要と思われる。

福島第一原子力発電所事故にかかわる核セキュリティ上の出来事

3月11日	構内からの退避者殺到のためゲート開放。誘導中の警備員も途中から避難開始
5月27日	政府は内閣官房安全保障危機管理室を中心に原子力発電所でのテロ対策の見直し実施を表明
6月2日	警視庁および5県警による「特別警備隊」発足。防犯を目的に20km圏内での警備を強化
6月21日	事故当時の入構者のうち69人の所在および連絡先が把握できていないことが発覚 被曝線量管理および出入管理に問題があったことが判明、最終的には10人が未確認
6月30日	原子力委員会において核セキュリティの見直しが表明される
7月25日	原子力委員会による「核セキュリティの確保に対する基本的な考え方」原案公表 福島第一原子力発電所の入構管理について、顔写真付身分証を導入
8月2日	事故当初の出入管理について、核物質防護上の違反があったとして 原子力安全・保安院が東京電力を厳重注意
11月14日	国際組織犯罪・国際テロ対策推進本部の初会合にて、原子力発電所の防護強化を確認

報道資料をもとに作成

---

13 以下、米国の公電に関する記述はウィキリークス上に掲載された文書に基づいて記述している。
ウィキリークスホームページ http://wikileaks.org/cable/2006/01/06TOKYO442.html#
なお、この文書は以下のメディアで我が国においても報道されている。朝日新聞、2011年5月7日。

第3節　核セキュリティをめぐる事故後の対応

　福島第一原発事故の発生を受け、原子力発電所でのテロ対策の見直しおよび強化は2011年5月頃から取り組みが始まっていった。

　その具体的な成果としては、まず、9月13日に決定された原子力委員会による「核セキュリティの確保に対する基本的な考え方」（以下「考え方」）が挙げられる[14]。

　「考え方」は、核セキュリティに関係する行政機関及び事業者の責務、核セキュリティのための体制維持、核物質等の防護、盗取された核物質等（いわゆる「ダーティーボム」）への対応という四つの観点について、それぞれに必要な措置や検討事項を列挙している。同時に「福島第一原子力発電所事故の教訓」として、施設・設備の防護措置の強化、内部脅威対策の強化、事態の深刻化を想定した教育・訓練の強化、そして、緊急時の核セキュリティ確保のための体制の強化（明確化）という4点を挙げている。

　「考え方」を受けて、10月25日には、福島第一原発事故後に当面実施すべき措置を列挙した文書が原子力委員会の原子力防護専門部会から発表された[15]。この文書は「福島第一原子力発電所事故を踏まえた核セキュリティ上の課題への対応」と題され、全交流電源喪失、原子炉施設の冷却機能の喪失、そして使用済み燃料プールの冷却機能の喪失という3つの機能喪失の防止を中心に、早期検知や遅延などの強化を求めるものとなっている。また、テロ攻撃の発生を念頭に、被害緩和措置の検討も盛り込まれるなど、従来の核物質防護よりも踏み込んだ内容となっている。

　こうした原子力委員会の動きと併せて、政府でも福島第一原子力発電所事故を踏まえた対策に乗り出している。11月14日に開催された国際組織犯罪・国際テロ対策推進本部の初会合で、原発テロ対策の観点から非常用電源の防護強化として、ケーブルや電源盤などの非常用設備をテロからの防護対象に加え、障壁を設けたうえで警察官、警備員を増やすなどの対策を事業者に求める方針を確認している。

---

[14] 原子力委員会、原子力防護専門部会ホームページ
http://www.aec.go.jp/jicst/NC/about/kettei/kettei110913_1.pdf
[15] 原子力委員会、原子力防護専門部会ホームページhttp://www.aec.go.jp/jicst/NC/senmon/bougo/siryo/bougo25/siryo1.pdf

第11章 原子力安全レジームの中の日本

〈概要〉

現行の原子力安全に関わる国際レジーム[16]は、1979年のスリーマイルアイランド（TMI）原子力発電所の事故を機に整備され、その後1986年の旧ソ連のチェルノブイリ原子力発電所の大事故によりさらに強化された。つまり過去の事故の教訓を経て国際社会が積み重ねてきた体制であるといえよう。では、今般の福島第一原子力発電所の事故で、こうした原子力安全レジームは事故の防止、影響拡大の防止などにおいてどのような役割を果たしたのだろうか。

チェルノブイリ原発事故では、国際原子力機関（IAEA）においてそれまでに整備されてきた原子力平和利用の安全基準がより具体的、体系的に整備される契機となり、同時にこれを実効あるものとするためのピアレビュー（加盟国専門家による総合評価）制度が精緻化された。他方で、このレジームは、「ソフトアプローチ」などと呼ばれる、強制力はないものの、締約国に自発的な原子力安全の維持・向上のための取組みを促すための枠組みであった。

福島の事故は、こうしたこれまでの強制力のない条約やピアレビューのあり方——その多くがIAEAの安全基準とピアレビュー、原子力安全条約の二つについてであるが——が果たして妥当であったかどうかの議論を活発化させることとなった。これまで国際レジームを通じ、日本は国際社会から「警告」を受けていたにもかかわらず、福島の原発事故の防止や影響緩和にどの程度役立ったかは疑問である。また、同様にチェルノブイリの事故を受けて整備された原子力災害時の早期通報条約、それに原子力災害時の国際協力のあり方を規定した援助条約については、それらの条約に照らして日本のとった措置の妥当性を評価するだけでなく、条約が制定されたその趣旨及び目的に基づき、対外的なコミュニケーションおよび国際支援の受け入れにおいて日本の措置が適切であったかも検討する必要がある。本章はこのような観点から、福島原発事故の国際社会との関わりを検証する。

〈検証すべきポイント・論点〉

1.ピアレビュー制度の整備の経緯

IAEAの安全基準や統合規制評価サービス（IRRS）がどのような経緯で誕生したか、また日本がIRRSをいかに受け止めたかを明らかにし、ピアレビュー制度の効果が、結局は評価を受ける国の受け止め方に依存していることを示す。また、福島第一原子力発電所の事故を契機として、IAEAのピアレビューがどのように見直されようとしているのか、最近の動向を踏まえて展望する。本章ではさらに、世界原子力発電事業者協会（WANO）のピア

---

[16] 国際レジームとは、国家間で成立しているルールや規範、あるいは慣行（弘文堂『政治学事典』）

レビュー制度がどのように生まれ、改革に向けどのような方向が示されているかを示す。

2. 地震と津波への備え

福島第一原子力発電所の事故は、原子力発電所の耐震性について、IAEAの基準が先般の地震では妥当なものであったのか、また、結果として、そうした基準が妥当であったとすれば、その運用面で改善すべき点は何か、という点について検討の余地があることを示した。津波に関しては、リスクが過小評価されていることがIAEAの専門家調査団によって指摘されている。

3. 国際社会に対する情報提供のあり方：適切な広報と危機管理

事故の国際的な影響、とりわけ風評被害や信用の失墜を最小限に抑えるために必要な、国際社会との情報共有のあり方について検討する。国際ルール上の義務（IAEAへの通報や原子力事故早期通報条約上の義務）、そして周辺諸国との関係維持といった視点から、国際社会に対し日本政府がどのように、どのような情報を提供していったのか、そのあり方について、海外に向けた広報体制や情報の流れといったような制度分析と、合わせて低レベル放射能汚染水の海洋投棄の事例分析を通じ、今回の国際的な情報共有の方法の適切性について検証する。

4. 放射線防護の基準

放射線防護に関しては、チェルノブイリ原発事故以後、非政府・専門組織として権威を誇る国際放射線防護委員会（ICRP）に欧州放射線リスク委員会（ECRR）とフランス科学アカデミーがそれぞれ違う立場から挑戦している。市民や科学界の間に、既存の知的権威への不信が増幅するなど、将来の状況如何によっては、あるべき国際レジームのあり方に一石を投じる可能性はあり、その結果、諸国の防災指針に影響を与えることもありうる。

はじめに

米国のスリーマイルアイランド原子力発電所の事故、そしてより決定的には、その後の旧ソ連チェルノブイリ原子力発電所の事故以来、国際社会では原子力安全に関わるレジームが、一貫して強化されてきた。原子力安全条約（CNS）、原子力事故の早期通報に関する条約（早期通報条約）等の成立、IAEAにおけるピアレビュー制度の整備、原子力規制の調和化、そして放射線防護に関するICRPの1990年勧告の公表など様々なレベルで強化されてきている。つまり、これら国際レジームの強化はかなりの部分、「チェルノブイリの克服」という文脈で語り得るものである。

さらに、近年の欧州連合（EU）の「東方拡大」に伴って、旧ソ連型原子炉がEU域内に存立する状況になったこと、それにもかかわらずEU域内で温

暖化対策の切り札として原子力オプションを確保しておきたい思惑があったこと、世界的に新興国への原子力輸出の機会の増大をはじめとした「原子力ルネサンス」と呼ばれる状況が生まれていたこと、これら全ての要素がある意味でチェルノブイリを克服し、民生原子力利用への信頼性を高める国際的な運動への動機づけになった[17]。

　福島の事故の遠因として、日本の規制体制に構造的問題があったことは第3部で見たとおりである。加えて日本は、チェルノブイリ以後、強固になっていった国際レジームから発せられた直接、間接の「警告」があったにもかかわらず、問題を是正できず、結果として原子力災害へ適切に対処できたかどうか疑問が残る結果となった。今般の福島の事故は、日本の安全やセキュリティの規制の「ガラパゴス化」（国際規制のグローバル・スタンダードからの乖離）と、これまでの国際枠組み自体の在り方――その多くがIAEAの安全基準とピアレビュー、原子力安全条約、及び早期通報条約の三つについてであるが――が果たして妥当であったかどうかという二つの論点をめぐる議論を活発化させることとなった。

第1節　国際的ピアレビューの発展

　原子炉の建設が急増した1970年代、IAEAでは原子力安全のための参照基準作りの気運が高まった。1974年には原子力発電施設の国際的な安全基準を策定する「原子炉施設に関する原子力安全基準」通称NUSS計画が実行された。同計画では、スリーマイル原発事故の調査結果も汲みつつ、5分野（原子力プラント規制のための政府組織、原子力プラントの立地安全、原子力プラントの安全設計、原子力プラントの安全運転、及び原子力プラントの品質保証）における安全基準や指針等が策定されていった。

　その後、NUSS計画は、チェルノブイリ原発事故を受けて1988年に大幅に見直され、さらに1993年には、安全基準における上部規定たる安全原則が策定された。これにより、安全原則－安全要件－安全指針の3層構造による原子力安全基準が完成した。また、分野ごとに作成プロセスが異なっていた基準文書は1996年に統一された[18]。こうして各国の原子力発電の安全基準の調和に資するIAEAの基準が次第に整備されていった。しかし、これら基準は加盟国を法的に拘束するものでなく、あくまでそれぞれの国が自国の裁量で使用することのできる参照条件、とされた。問題はこうした基準について、いかに国家主権を損なわずに実効性を持たせるのか、ということであった。

17　例えば、EUでは、ソ連製の原子炉を保有する中・東欧諸国を新規加盟国に迎えるにあたり、原子力安全の規制の各国の調和を進めるための指令の発効に向けた努力が、2002年11月の欧州委員会による一括指令案の提案以降ずっと続いていた。この取り組みは、なかなか実を結ばなかったが、紆余曲折を経て2009年に強制性を大幅に薄められ採択された。当初の、指令案採択に向けた欧州委員会の取組の中心にいたのが、ラヨラ・デパラシオ（Loyola de Palacio）欧州委員会エネルギー担当委員であった。彼女は、京都議定書の遵守のためには原子力は重要であり、そのために原子力安全は不可欠であると考えていた。

その答えとしてIAEAは、安全基準の整備に合わせ、各国が自国の判断として利用可能な一連のピアレビュー制度を整備した。1982年にはIAEA内に安全運転調査団（OSART）によるピアレビューの仕組みが創設され、翌年から制度として運用を開始した。これは、当該国の要請に基づき、国際調査団が原子力発電所の運転安全性を調査するものである[19]。

またIAEAは1989年、国際規制レビューチーム（IRRT）プログラムを開始した。これはNUSS計画の安全基準を参照としつつ、希望する国の原子力安全規制をピアレビューし、助言するものである。続いて「放射線源の安全とセキュリティを含む放射線安全のための国内規制基盤の有効性を評価する放射線安全・セキュリティ基盤評価（RaSSIA）」、「IAEAの輸送規則の実施状況を評価する輸送安全評価サービス（TranSAS）」、「原子力事故及び放射線緊急事態における防災対策並びに適切な法令の審査のために実施される防災対策レビュー（EPREV）」も構築した。

これらピアレビューの実効性を高める両輪として、IAEAとCNSは機能していく。国際原子力安全条約（CNS）は、原子力安全を確保するための規制機関と諸手続きの整備を求めるもので、3年ごとに目標達成状況を含む報告書の公開が要請されている。2005年3月に開催されたCNSの第3回再検討会議では、一国の原子力安全規制体制の強みや弱みを明らかにできるピアレビューの重要性が確認された。IAEAはさらに、上記のサービスのうちIRRTとRaSSIAを統合・高度化し、原子力安全規制にかかわる国の法制度、組織等について総合的に評価する「総合規制評価サービス（IRRS）」を開発、運用を始めた。

他方、原子力発電事業者によるピアレビュー制度も順次整備された。チェルノブイリ級の事故が破滅的影響をもたらすと悟った世界の事業者は、1987年10月にパリで会合をひらき、世界原子力発電事業者協会（WANO）の構想を固める。1989年5月にはモスクワに集結、WANOの第1回総会を開催し、原子力発電の安全運転管理のための知見を共有していくことを宣言した[20]。WANOは1991年にはピアレビューの整備にも着手、1992～93年に試験的にプログラムを開始した後、正式に発足させ、各プラントで6年毎の実施を目指すこととなった。現在、組織運営や発電所の運用、保守、放射線防護などを対象としたレビューが、年間30～40件実施されている。

第2節　ピアレビューと日本の対応

原子力安全基準の体系化、及びIAEAやWANOのピアレビュー制度を、日本はどのように受け止めてきたのか。結論から言えば、近年その傾向が薄れたとはいえ、日本の原子力事業者および規制当局はピアレビューからの安全に関する数々の助言や、独立規制機関に関する指摘に、必ずしも積極的に向き合ってこなかった。以下では、国内の規制当局や事業者の反応や活動につ

いて議論する。

（1）安全運転調査団（OSART）の場合

　IAEAは、1988年に関西電力高浜発電所3、4号機で、1992年に東京電力福島第二原子力発電所3、4号機で、1995年に中部電力浜岡原子力発電所3、4号機で、2004年には東京電力柏崎刈羽原子力発電所で同レビューを実施した。しかし、OSARTを巡って、IAEAと日本の関係は良好ではなかった。2002年に、東京電力のいわゆるトラブル隠し事件があった時、IAEAのモハメッド・エルバラダイ事務局長が、事実究明のための支援を申し出たが、日本は返答しなかったとされる[21]。また2002年10月付の専門紙の報道は、1992年に実施した福島第二原子力発電所の調査で、OSARTから多数の勧告が示されたのに、東京電力がこれを拒否したとIAEAの関係者が述べたことを伝えている[22]。東京電力の関係者は否定しているが、IAEAの関係者は、その努力が明らかに足りないことを示唆した。さらにIAEAの関係者は2002年10月、1995年の調査に基づく浜岡原子力発電所3、4号機に関する勧告に関しても、中部電力が十分に対応していないと指摘した[23]。

　このように、少なくともIAEAからすれば、ピアレビューに関し日本の事業者は必ずしも協力的ではなかった。一方、事業者側にとっては、ピアレビューに則した過度の検査が、運転の隠ぺい体質を助長したようにも思われた。実際、日本の事業者の複数の首脳は、1980年代後半と1990年代前半に遵守条件として導入された検査が、かえってトラブル隠しを助長したとの見方を示していた[24]。

（2）統合規制評価サービス（IRRS）の場合

　IRRSの場合も、IAEAと日本の当局者の認識は異なっていた。2006年9月に開催されたIAEA総会では、当時の松田科学技術政策担当相が、IRRSを受け入れることを表明、これを受けて2007年6月25日～30日には、IRRSが実施された。その結果をまとめた『日本政府への報告書』の冒頭の部分では考慮されうる改善点として以下の5点が提示された[25]。

・規制機関である原子力安全・保安院の役割と原子力安全委員会の役割、特

18　平成13年『原子力安全白書』(http://www.nsc.go.jp/hakusyo/hakusyo13/372.htm)
19　IAEA, OSART: Operational Safety Review Team Brochure, (出版年不詳)
20　WANO, WANO HISTORY, (http://www.wano.info/about-us/history/)
21　"IAEA aims for thaw with JAPAN on OSART, safety cooperation" Nucleonics Week September 26, 2002
22　"TEPCO says it has cooperated with IAEA on OSART findings"
　　Nucleonics Week October 10, 2002. 関西電力は調査の際に協力的であり、東京電力の拒絶的な対応は対照的であった。ただ、東京電力がいかなる意味で対応していないのか具体事例は確認できなかった。
23　同上。中部電力がいかなる意味で非協力的であったか具体的な事例は確認できなかった。
24　"Excessive Japanese Requirements led to Coverups, Managers Say" Inside N.R.C, November 4, 2002, Vol. 24, No. 22

- **原子力安全・保安院は、人的及び組織的要因が運転安全性に及ぼす影響を扱うための取り組みを継続すべき。**
- **原子力安全・保安院は、将来の課題を見据えた戦略的な人的資源管理計画を開発すべき。**
- **原子力安全・保安院は、相互理解と尊重に基づいた、率直かつ開かれた、但し、立場の違いをわきまえた産業界との関係の醸成を継続すべき。**
- **原子力安全・保安院は、総合的なマネジメントシステムの開発を継続すべき。**

最初の点、つまり保安院と原子力安全委員会の役割の明確化については、同IRRS『日本政府への報告書』本論部分で、より厳しく指摘された。

> 原子力安全委員会は内閣府に設置された委員会であって、規制機関である原子力安全・保安院を監督している。また、法律の規定によって、原子力安全基盤機構は何種かの検査業務を実施している。しかし、こうした組織上の取り決めは煩雑さの原因であるかもしれず、これら機関の間での原子力安全に対する責任は、関連法律に定義されているとはいえ、錯綜しているように思われる[26]。

しかしこのような指摘点について、日本の当局者はさほど重要視しなかったようだ。2008年3月14日付の原子力安全・保安院のプレスリリースは、IRRSの実施経緯について報告しているが、その中でIRRS「評価の結果」としては、次の通り明らかにしたのみであった[27]。

- 日本は、原子力安全のための総合的な国の法的枠組み及び行政府の枠組みを備えている。現行の規制の枠組みは最近になって修正されており、発展し続けている。
- 規制機関である原子力安全・保安院は、規制の枠組みの発展の指揮と調整において主たる役割を演じている。
- 互いの理解及び協力を促進するために、原子力安全・保安院、原子力産業界及び関係者の間の関係を改善するという課題への取り組みがすでに行われている。更なる作業が進行中である。

さらに原子力安全・保安院は、以上のような認識を前提として、「IRRSのレビューチームは、良好事例を特定するとともに、規制活動の実効性を更に強化するために改善が必要とされ又は望まれることを勧告及び助言した」と付言した。高い優先度として指摘されていた規制機関の改善点を明らかにしないで、日本の実績や賞賛すべき点のみを示したのは、日本の規制当局の姿勢を示していたといえる。

原子力安全委員会の2008年3月20日付「IAEA/IRRSの評価結果に関する委員長コメント」は、「総じて、日本の規制は、国際的基準に照らしても非常に優れており、原子力安全の確保に有効に機能しているとの高い評価を、幸いにも得ている」とし、規制そのものへの信頼を再確認する一方、原子力

体制の複雑性に関するIRRSの指摘については、これとは異なる自己評価を示していた[28]。

> 報告書には、原子力安全・保安院と原子力安全委員会をはじめとする他の関係機関との関係は、外部から見ると複雑で、責任関係が互いに絡み合っている、との記述がある。この点については、これまでも、いろいろなところから指摘されており、当委員会としては、原子力安全・保安院との違いを、機会を捉えて、もっと分かりやすく説明する努力が必要と認識している。

ピアレビューの難しさは、まず、主権を侵してまで当該国にそれを強制することは出来ないこと、次にピアレビューの結果をどのように被評価国自身が受け止めるか、ということに帰せられるという点である。

ところで、これまでの、IRRSの指摘は、これまでの世界の主要原子力国での規制の潮流を踏まえたものであり、警告として一定の妥当性を持っていた。事実、脱原子力、原子力推進の路線の違いはあれ、歴史のある原子力発電国においては、規制機関が、原子力安全と放射線防護などをも包含する、単一組織に収束・再編されていく趨勢があった。

例えばドイツでは、連邦環境・自然保護・原子炉安全省（BMU）の傘下に、放射線防護や、原子力安全のみならず、放射性廃棄物管理の各分野の規制権限を一本化する目的で、連邦放射線防護庁（BfS）が1989年に設立されている[29]。フランスでは、原子力安全、放射線防護の双方の規制・監督業務を管掌し、省庁から独立した一本化された組織として原子力安全機関（ASN）が2006年に創設された[30]。スウェーデンでも原子力安全、放射線防護の双方の規制当局を一本化した放射線安全機関（SSM）が2008年に創設されている。

しかし日本では、様々な組織の所管は複雑に細分化され、組織間の関係は錯綜していた。原子炉の安全規制は、経済産業省の付託を受けた原子力安全・保安院が司っている。しかし、同機関が行った安全審査の結果について経済産業相は、原子力平和利用、及び原子炉の安全性確保の観点から、内閣府管轄下の原子力安全委員会に意見を聴くものとされている。

また、独立した規制機関の必要性について言えば、他の締約国からの指摘、質問に対しては、あくまで独自の見解を堅持する姿勢を見せている。例えば

---

25 「日本に対する総合原子力安全規制評価サービス」（保安院仮訳）http://www.nisa.meti.go.jp/genshiryoku/files/report.pdf
26 同上。
27 同上。
28 2008年3月17日「IAEA/IRRSの評価結果に関する委員長コメント」原子力安全委員会委員長鈴木篤之
29 ドイツでは、連邦レベルではBfSに原子力規制全般を所管している。同一部局（Z局）内に、諮問委員会である原子炉安全委員会（RSK）と放射線防護委員会（SSK）の双方の事務局がある。(http://www.bfs.de/en/bfs/wir/organigramm_en.pdf) RSKの設置法については、RSKウェブサイト(http://www.rskonline.de/English/the-rsk/statutes/index.html)もっとも、諮問活動に関しては、BfSの拘束を受ける訳ではない。また、規制の執行は州に委託されている（連邦委託行政）。
30 仏、原子力安全機関（ASN）ウェブサイトhttp://www.french-nuclear-safety.fr/index.php/English-version/About-ASN

日本の2004年の原子力安全条約（CNS）の第3回国別報告書では、他の締約国から、経済産業省内に原子力安全・保安院が設置されていることに関して、規制機関としての独立性を確保したといえるのかとの疑義が示された。また、別の質問では、経済産業省と原子力安全・保安院との人事交流があるのか、もしあるとすれば、それは規制機関の独立性確保に支障があるのではないかとの指摘もなされた。しかし、こうした質問に対し日本は、原子力安全・保安院と経済産業省は法的に分離されており、独立性は問題にならないと回答した。また、二つの組織の間には人事交流があることを認めた上で、独立した規制当局としての職務遂行には支障がないとの立場を強調した[31]。

　事故後の2011年7月、IAEAは、規制機関の役割の明確化について指摘されたにもかかわらず、問題の改善を先送りしているとして日本政府に注意している[32]。福島原発事故後、2011年6月に訪日したIAEA調査団のウェイトマン団長も「日本の複雑な体制や組織が緊急時の意思決定を遅らせる可能性がある」と述べたという[33]。

（3）WANOの場合

　日本では2000～03年頃から、WANOを活用していこうという動きが活発化した。1999年9月に発生したJCO臨界事故を契機に日本では、電力事業者、燃料加工事業者、プラントメーカー、研究機関からなるニュークリア・セーフティ・ネットワーク（NSネット）が設立され、WANOで確立した手法や蓄積されたデータ等を参考にした自主的なレビュー体制として整備された。WANOでは発電所だけがピアレビューの対象であったが、NSネットでは核燃料サイクルに関わる施設全般が対象とされた[34]。さらに、東京電力のトラブル隠し事件を機に、同社は透明性の確保を目的として2003年に福島第一原子力発電所で、2004年に同第二原子力発電所でWANOのピアレビューを実施した。こうして、日本ではWANOの活用が進んだ。

　世界的に見れば、1992～93年頃に発足したWANOのピアレビューは2000年に全プラントのほぼ半分で実施され、2005年には全てが完了したとされる。

第3節　地震と津波への備え　IAEAの指針と評価

（1）耐震指針

　IAEAはこれまで耐震のための参照基準を作っており、2002年からはNS-G-3.3を整備していた。しかし、2007年の新潟県中越沖地震によって柏崎刈羽原子力発電所で被害が出たことがIAEAに危機感をもたらした[35]。同機関は翌2008年「最近の地震や自然災害が、既存及び将来の原子力発電所の安全性を見直す必要性を示している」との見方を示し、IAEA安全セキュリティ局内に国際耐震安全センターを設立するとともに、新基準DSS422の策定を

急いだ[36]。この過程で、IAEAは20件を越える地震PSA（確率論的安全評価）評価経験やスイス、米国等における地震PSA評価経験の反映、米国カリフォルニア州、日本（宮城県沖地震や新潟県中越沖地震）での大地震の経験の反映、確率論的評価（PSHA）の記載の充実などを図った。しかし、こうした耐震基準の見直しの流れは、結果的には今回の福島での過酷事故の防止にはつながらなかった。

（2）津波への備え

2011年にスイス原子力学会会長のネゲラット、東京大学大学院理学系研究科地球惑星科学専攻教授のゲラー、ロシア科学アカデミー・シベリア部門計算科学・数値地球物理研究所・津波研究室長のグシアコフの3氏は、ブレティン・オブ・ザ・アトミック・サイエンティスト誌に寄稿し、IAEAの安全基準に「想定起因事象（PIE）」（1万年に一度以上起こる可能性のある事象）を想定しなくてはならないことが明確に規定されていること、及び、過去3000年の間に,貞観津波および他の2つの似た津波が起きていることを指摘したうえで、これらの津波を想定起因事象として扱うべきではなかったか、と述べている[37]。3氏はさらに、2009年のIAEA「立地評価安全ガイド」、さらには2003年のIAEA「沿岸・河川地域浸水危険性安全ガイド」にも、歴史的津波を徹底的に考慮するよう明確に規定してあるのに、これを重視しなかったと指摘している。

また、IAEAは、津波研究の分野で日本が豊富な知見を持っていることを認めつつも、福島第一原子力発電所に関しては想定が十分でなかった、と指摘している。IAEAが2011年5月24日～6月2日に派遣した専門家調査団による報告書によれば、日本における幾つかのサイトで、原子力発電所における津波のリスクが過小評価されているとされた。

仮にIAEAが用意した参照基準が実際に活用されなかったとしても、それは国際的なレジームがカバーする範囲を逸脱しており、主権国家の責任の範疇であるから何らかの違反をなしたとはいえない。ここに、国際基準の難し

---

31 なお、今般の福島での事故で問題となっている津波に関しては、同じ国別報告書において、いかなる手続きと方法論に基づきプラント設計に考慮されているのかが質問されている。これに対し日本は、全ての原子力発電所で、サイト近くの津波の痕跡を調査した後、地盤高を決定していると回答している。

32 日本でのIRRSを率いた仏原子力安全機関（ASN）の元総裁、アンドレクロード・ラコスト氏が、2011年6月に菅首相の補佐官を務めていた細野豪志氏（現・原発担当相）に会った際、日本政府は安全規制当局の独立性を高める方針を表明したことを伝えた模様。

33 「福島第一原発：AEA報告書『日本は緊急時の決定遅い』」毎日新聞2011年6月18日　http://mainichi.jp/select/weathernews/20110311/archive/news/2011/06/18/20110618k0000e040061000c.html

34 2005年に創設された日本原子力技術協会がNSネットの役割を継承・発展させ、ピアレビュー活動を実施している。

35 IAEA, 2008 Annual Report.

36 第4回原子力安全委員会資料「国際原子力機関（IAEA）の新たな耐震基準案について」（2010年1月25日）http://www.nsc.go.jp/anzen/shidai/genan2010/genan004/siryo2.pdf

37 Bulletin of the Atomic Scientists、2011年9月15日。

さがある。

第4節　国際社会への情報提供のあり方について

　日本政府からの国際社会に対する事故に関連する情報提供のあり方については、重大な問題を提起したと言わざるを得ない。かつて、JCOの事故の際には、六ヶ所村の再処理工場に常駐するフランス人スタッフから、事故の情報について日本語以外での発信がなく、情報の入手先がCNNなど海外のメディアに限られていて日本政府からの対外的な情報発信が不十分であった、との問題提起があったとされる。それに対して今回の情報発信方法は、外務省主催のブリーフィングが毎日開催されたことは評価されるものの、発信された情報の内容や方法については課題を残した。

　海外への情報発信については、その内容とともに体制の脆弱性が指摘されよう。従来英語での情報発信体制は極めて脆弱であった。事故後、外務省が通訳会社を紹介し、翻訳能力を高めたうえで東京から英語で発信することに努め、またIAEAへの報告についても、5月末までで800件以上の通報を行うなど透明性の確保に対する姿勢は一定程度評価できる[38]。

　各国への情報提供の手法については、保安院や東電から外務省やIAEAに提供される情報の量においては次第に改善していった（むしろ「データの洪水」とも言える状況であったとの指摘もあった）ものの、外務省など対外発信を担う機関では、提供された数値などの情報をどのように解釈し、具体的な政策や措置へと反映させていくのかという、科学コミュニケーションの能力が欠如していたことは否定できない。

① 早期通報条約

　本条約は、チェルノブイリ事故のわずか4週間後に、1986年9月IAEA特別総会で採択、翌10月に発効した。原子力発電所に対象を絞っているCNSとは異なり、民生および軍事利用の別を問わず、全ての核関連施設で国境を越えてその影響が及ぶ恐れのある事故が発生した場合、IAEAおよび被害を受ける可能性のある国に対し、直ちに事故の発生、日時および場所を通報することを定めた条約である。同条約ではまた、事故原因、放出放射能量、拡散予測等、安全対策上必要なデータを提供することが定められている[39]。

　しかし、日本は同条約の締約国であるものの、結果として、条約の履行に関しては、十分な対応をとらなかった。IAEAの天野之弥事務局長は、3月16日の時点で、日本の当局者から十分な情報が提供されていないと指摘していた。IAEAのコンサルテーションを手掛ける非営利法人「VERTIC」の幹部、ペルスボ氏も「日本の当局者自身が、条約の義務履行に必要な十分な情報の確保に失敗しているかもしれない」などと述べていた[40]。

　もとより、条約自体が実は極めて簡素なものであり、解釈の余地を残し、

締約国の行動を拘束するものではないということもあった。どこまで具体的に、そしてどの程度の怠慢が違反に当たり、また当たらないかは、結局は解釈に依拠する。例えば、東京電力が放射性物質を含む汚染水を海に放出したことも、同条約の関連で問題視される可能性を確かにはらんではいた。しかし、当時の松本剛明外相は2011年4月5日、東電の発表後に各国政府へ連絡し、IAEAにも報告したとしている[41]。外相はさらに、「健康への有意な影響はなく、国際法上の義務との関係で、直ちに問題になるものではない」とのべた[42]。他方、韓国外交通商省は事前の発表がなかったとして不満を表明した[43]。同条約にははじめからこうした認識ギャップが生まれる性格があった。

こうした中、日本政府は東アジア地域の国際協調を図るよう、各国に事前通報の体制を守っていくことを伝達した。菅首相は2011年5月22日、中国の温家宝首相、韓国の李明博大統領と会談して、緊急時早期通報の枠組みを構築していくべく緊密に連絡していくことで合意した。この動きは、さらに発展し、11月29日には第4回日中韓の上級規制者会合（TRM）が開催され、原発事故が起こった際に速やかな情報共有を図る仕組みの構築などを盛り込んだ覚書「日中韓原子力安全協力イニシアティブ」に署名された。同覚書では、2008年8月、2009年8月、2010年11月とこれまでに開催されてきたTRMを、実質的な枠組みとして発展させ、IAEA安全基準に準拠しつつ、三国間で協調した、原子力安全及び規制に対するアプローチを発展させること、さらには、経験の共有と各国のベストプラクティスから学ぶことを促進することや、防災緊急時対応能力の維持、キャパシティ・ビルディング、緊急時発生における情報の透明性の重要性の確認等が約束された[44]。

②ケーススタディ：汚染水海洋投棄に関する情報提供をめぐる問題

4月4日に実施された、福島第一原発の集中廃棄物処理施設に満杯近くにまで溜まった低濃度汚染水の海洋投棄に関する周知の方法にも問題が残った。低レベルの放射性汚染水の投棄は、2号機から海に漏れていた、より高濃度の汚染水の漏出を回避するために必要な措置であったと判断されている。しかし、この汚染水の海洋投棄をめぐる国際社会への情報提供のあり方には、課題が残った。

この低濃度汚染水の放出をめぐる対外的な発信の経緯は、外務省の資料に

---

38 外務省関係者インタビュー、2011年9月29日。
39 原文については以下を参照。http://www.iaea.org/Publications/Documents/Infcircs/Others/infcirc335.shtml
40 "Nuclear Watchdog Says Japan Falls Short Supplying Information" Nuclear Watchdog Says Japan Falls Short Supplying Information
http://www.bloomberg.com/news/2011-03-16/nuclear-watchdog-says-japan-falls-short-supplying-information.html
41 「事前説明なしの汚染水放水…政府、釈明に追われる」産経新聞 2011年4月6日。
42 同上。
43 同上。

15：30過ぎ	東電本部に派遣された外務省リエゾンから放出予定について連絡
15：53	東電から対外発表（当初15：30予定であったが遅れた）
16：00〜	外交団向けブリーフの中で一報を受けた旨言及
19：03	集中廃棄物処理施設の水の放出開始
19：05	全外交団向けメールおよびFAXで放水について連絡
21：00	5、6号機のサブドレイン（建屋周辺の地下水をくみ上げる設備）の水の放出開始
翌日	より詳細な事実関係を外交団向けのブリーフィングの中で説明

よれば次のとおりである。

　この行為は、国際法（海洋汚染を防止する一般的義務を定めた「国連海洋法条約」、「廃棄物その他の物の投棄による海洋汚染の防止に関する条約の1996年議定書（ロンドン議定書）」）の義務上は違法なものではなく、また、その意味では近隣諸国への通報等に法的義務を負うものではない。また、国境を越えて放射線安全に関する影響を及ぼし得るような放射線物質の放出をもたらし、またはそのおそれがある原子力事故の通報に関する「原子力事故早期通報条約」においても、事故そのものについてはIAEAに通報しており、同条約との義務で問題になるものではないといえる。

　ただし、道義上、もしくは政治的な面から見た場合、問題なしとはされない。当該ブリーフィングに欠席していたといわれている韓国およびロシアという、もっとも関心の高いはずの近隣諸国への通報が遅れたことは、外交上好ましいものではなかった。たとえば、韓国は、独自に情報収集に動いており[45]、この時の外務省のブリーフィングには出席していなかった。韓国大使館の一等書記官は、通常外務省のブリーフィングに出席するものの、当日ほぼ同時刻（16時）には枝野官房長官の記者会見が行われており、そちらへ出席して、外務省でのブリーフィングを欠席した。それは、枝野官房長官の記者会見の方がより有益であろうとの韓国大使館の判断に基づいてた[46]。この記者会見では、東京電力が、2号機に溜まった比較的高レベルの汚染水の流出をとどめるために集中環境建屋に溜まっている比較的低濃度の汚染水と、3、4号機のタービン建屋内に溜まり始めているサブドレイン水を海中に放出することを政府が了承した旨が発表された[47]。この情報を得た韓国大使館は直ちにソウルの外交通商省に報告を行った。また、当日21時ごろになって汚染水が実際に放出されたことを知った韓国大使館は、外務省の国際原子力協力室に対し、国際法上問題はないのか、IAEAに対して通報を行ったかどうかについて確認を求めた。なお、外務省では国際条約上違法性がないかどうかについて検討を行い、6日に韓国、中国、ロシアに対して改めて汚染水放出に関する説明を行った。

　この一連の過程においては、韓国政府は記者会見への出席時から汚染水放出を把握しており、日本政府の対応ぶりについては当初特に問題視していなかったようである[48]。しかし、4月5日付の朝鮮日報は、日本政府から韓国政府に通告がなかったことを問題視した。この報道を受けて、日本政府からは

韓国などがブリーフィングに欠席していた旨が説明され、また日本政府が汚染水の放出について米政府とは事前に協議していたことが報じられたため（のちに東京電力は否定）、韓国の国会では政府が無能だったのではないかとの野党からの非難に対して、金滉植首相は、日本が無能であると反論した[49]。

　法的な妥当性だけでなく、相手にどれだけ自らの意図を伝えられたかについても精査されるべきである。出席が任意のブリーフィングでの言及のみで通報を行った、とするのは不十分であるとの印象を受ける。その後FAXによって各国大使館に通知をしたとされるが、これは、数分とはいえ放出開始後の連絡となった。

　また、海洋投棄にあたって、国際法上の問題があったかどうかについては事前に議論された形跡は見当たらない。外務省は、東京電力の対策統合本部に詰めていたリエゾンがその事実を「知って」本省に連絡した、としており、外務省は放出をめぐる協議から外れていたことを示唆する。今回の事案では、おそらく低濃度汚染水の海洋投棄以外の選択肢を、限られた時間の中で見つけることは困難であったであろうし、結果として国際法上の問題にはならなかった。しかしそれはあくまで結果として放出された汚染水の放射性物質の濃度が低レベルにとどまったからであり、国際法に抵触という問題に発展した可能性も否定できない。

第5節　放射線防護のレジーム

　放射線防護に関する国際レジームは、ICRPと国連・原子放射線の影響に関する科学委員会（UNSCEAR）によって構成されている。まず、ICRPは、放射線防護に関わる知見を獲得し、それに基づく勧告を出すということに自らの使命を限定する一方、線量限度などに関わる判断については、各国政府やIAEAにゆだねてきた。同委員会は1953年の勧告をベースに1958年勧告（刊行物第1号）を刊行した後、幾度となく追加修正を行ってきている。

　1986年に発生したチェルノブイリ原発事故で得られた種々のデータや知見に基づき、ICRPは1990年11月に新しい勧告を採択、1990年勧告（刊行物第60号）として公表した。ここでは、被曝の生じる可能性、被曝する人の数及び彼らの個人線量の大きさは、すべての経済的及び社会的要因を考慮

44　原子力安全・保安院プレスリリース　http://www.nisa.meti.go.jp/oshirase/2011/11/231130-4-1.pdf
　　日中韓三カ国の取り組みは、欧州で規制当局がベストプラクティスの交換のための非公式な枠組みとして、1999年から発展させてきた西欧原子力規制者協会（WENRA）のような取組みが、東アジアにおいても発展する可能性のあることを示しているかもしれない。
45　在京韓国大使館関係者インタビュー、2011年11月18日。
46　在京韓国大使館関係者インタビュー、2011年12月29日。
47　「枝野官房長官の会見全文（4日午後4時）」、朝日新聞、2011年4月5日、http://www.asahi.com/politics/update/0404/TKY201104040492.html
48　在京韓国大使館インタビュー、2011年12月29日。
49　「韓国首相『日本が無能』汚染水放出、事前連絡なく」、日本経済新聞、2011年4月8日。

に入れながら、合理的に達成できる限り低く保つべきという「防護の最適化の原則」が示された。この原則は、その後採択された2007年勧告でも踏襲された。

一方、UNSCEARは、勧告は出さないでもっぱら知見を交換・収集し、報告書をまとめる。1958年に報告書を刊行して以来、4年毎に報告書を更新、刊行している。UNSCEARは福島原発事故の半月ほど前に、「チェルノブイリ原発事故による放射線健康影響」を刊行し、これで同事故以降の約20年にわたる研究成果を網羅した報告となった。これらの刊行物には、ICRPが行っているような勧告的内容は一切含まれていない。ただ、ICRPの勧告等

放射線防護の国際レジームのイメージ

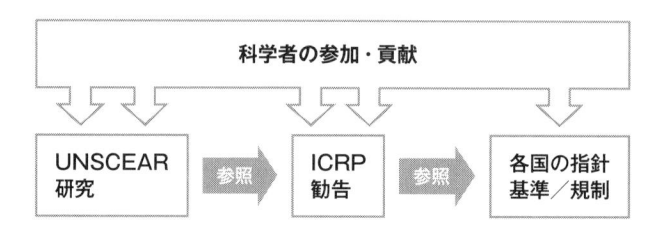

```
         科学者の参加・貢献
    ↓    ↓    ↓    ↓    ↓    ↓
  UNSCEAR  →参照→  ICRP  →参照→  各国の指針
   研究              勧告              基準／規制
```

はUNSCEARの報告書をもとに、あるいは引用して作成されているため、両機関は相補関係にあるとも言える。

日本の原子力安全委員会は「原子力施設等の防災対策について(防災指針)」を定めているが、ここには、他の多くの政府と同じように、ICRPの考え方が踏まえられている。1980年に策定された防災指針は、何度も改定される中で、1989年の改定時からICRPの勧告の考え方が採りいれられるようになった（1977年勧告）。2001年3月には、ICRPの1990年勧告にあわせ、「実効線量当量」を「実効線量」に、「組織線量当量」を「等価線量」に変更するなどとともに、内部被曝に係る線量係数（Sv/Bq）の変更に伴う改定が実施されている[50]。

近年こうしたICRPによる公的な知的権威に真っ向から挑戦する動きもでてきている。例えば、ICRPの勧告に基づき、EUなどでは放射線防護基準の標準化が進んだが、その結果1997年にまとめられた「放射線防護に関するEU指令」は激しい論争を呼んだ。ICRPに批判的な科学者たちは、ICRPに代わる技術的評価の諮問機関として独自に「欧州放射線リスク委員会（ECRR）」を設立し、市民団体との連携を深めてきている。ECRRは2003年、DNAレベルでの低線量被曝の影響について独自のモデルを提唱し、内部被曝による致死性がん発生リスクはICRPモデルの数百倍以上に達すると主張している[51]。ICRPはこれに対し、ECRRの主張が「専門家の査読を得た論文に基づいておらず、科学的な根拠があるとはいえない」との立場を取っている[52]。

第6節　国際レジーム強化・改正をめぐる論議

　これまで見た、IAEAの基準やピアレビュー制度、事業者によるWANOのピアレビュー、CNS、早期通報条約、そして放射線防護については、福島第一原子力発電所の事故以降、様々な議論がされ、国際社会の認識や、その立場の違いが次第に明らかになってきている。

　2011年4月4日より14日まで開かれたCNSの再検討会議では、福島第一原発事故の対応関係に議論が集中した。同会議では、事故の教訓や各国の対応、CNSの見直し必要性の有無、原子力発電所の安全対策強化などについて協議する場として、再検討会議とは別に特別会合を2012年8月に開催することで合意した。なお、従来予定されていた、独立した規制機関の在り方についての論議は、2012年に先送りになった[53]。

　次に、2011年5月26日、27日の両日、フランスで開催されたG8サミットでは、福島第一原子力発電所の事故についても論議された。報道によれば、この中で当時の菅直人首相は、原子力安全の実現に向けた5項目の提案として、①IAEAを中心に行われる安全指針の策定・強化などに対する支援、②安全評価のために原発利用国に対するIAEAの調査の拡充、③原子力事故時の支援に関するIAEA登録制度の拡充、④各国の原子力安全当局間の連携強化、及び⑤原子力安全関連条約の強化の5点を提案した。サミット採択文書では、CNSと早期通報条約の強化の必要性、及び原子力安全規範と基準の向上に関して検討する必要性を留意することなどが盛り込まれた。

　一方、2011年6月、ウィーンのIAEA本部で開催された「原子力安全に関するIAEA閣僚会議」では、国際レジームをより実効力あるものにするための方途をより包括的、具体的にすることが宣言されたが、既存の枠組みを活用すること、あるいはその運用を強化することが強調され、条約等の枠組み自体を強化したり改正したりする志向性は、明らかに後退した。これは、CNSの改正案に慎重意見が続出した、同会議の論議をそのまま反映したものと思われる。例えば、宣言では、すでに確立した枠組みを十全に活用することが強調されている上、当該勧告を「自発的に」受け入れることの「利点」を述べるにとどまった。即ち強制色も格段に薄められた。

　IAEA理事会は、2011年9月13日、世界の原子力発電所の安全性向上をめざす行動計画を採択した。この計画は実体として、原子力安全に関するIAEA閣僚会議の内容を踏襲したものとなっている。この中にはIRRSを無作為で選択した世界中の原子力発電所で調査することなどの提案が含まれていた。しかし、採択された行動計画ではそれら義務的要素をもつ条項は全て削

---

[50] 原子力安全委員会ウェブサイト　http://www.nsc.go.jp/bousai/page4.htm
[51] 日本でも九州大学の吉岡斉氏が、ICRPのリスク評価が過小に過ぎるとの見方を取っている。
[52] Asahi Shimbun Globe　2011年12月15日　http://globe.asahi.com/feature/110619/02_2.html
[53] "Fukushima fuels push for independent regulators" Inside N.R.C. August 1 2011. もっとも、より独立した原子力規制機関を求める議論は、今後国際的に高まることが予想される。

除され、代わりに定期的なピアレビューの自発的な受け入れが推奨されるとともに、当該国同意のもとでのレビュー結果の公表が求められるなど、最終的には各国の自発的な判断にまかされる内容となった。

　原子力事業者の側では、WANOでピアレビュー強化の方向が明確に打ち出されている。WANOでは、福島の事故直後である3月30日に、同協会内に「WANOポスト福島委員会」が設置された。同委員会の委員には、世界中の事業者の中から14人の最高経営責任者（CEO）が任命され、勧告案が10月23日にまとめられた。同25日には、WANOの隔年集会において、WANOポスト福島委員会が準備した勧告への支持が、参加した600を超すメンバー事業者によって採択された[54]。この勧告は、ピアレビューを事故の防止だけを目的とせず、過酷事故発生後の対処にも拡げること、つまり事態準備と事故発生後のマネジメントをも目的とすることや、レビューの対象に使用済み燃料プールも含めることとしている。また、勧告では、全てのプラントのピアレビューを4年ごとに実施し、フォローアップに2年をかけること、さらには全事業者への企業体としてのレビューを6年以内に行うことにより、ピアレビューの効率と効果を高めると宣言された。

　こうした過酷事故の準備と対処をも対象とする国際的なレビュー体制は、WANOのみならずIAEAのレビューでも導入の動きがある。今後、レビュー体制をめぐる国際レジームは、事業者と規制当局らの連携の上、発展していくと思われる。ウィーンのIAEA本部では2011年11月1〜4日、19加盟国より規制当局者、原子力事業者、原子力発電所、技術支援機関の代表に、WANOの代表も交えた会議が開催された。同会議では、前述のOSARTミッションの対象範囲と手法を、どのように変更すべきかについていくつかの提案がなされた。この提案には「過酷事故管理」を独立したレビュー領域として、OSARTのスコープに新たに加えることが含まれた。同会議ではまた、安全を担保するための種々の業務を、OSARTの枠内で統合するというアイデアが支持された[55]。

第7節　事故からの教訓

　日本は、国際レジームを通して幾つかの「警告」を受けてはいた。前述のウェイトマンIAEA調査団長が、日本の規制当局の複雑さを指摘したが、このような指摘は事故前からもあった。しかし、これまでの体制では、IAEAのレビューや基準の設定などにあるように、各国の自発的判断と行動が伴わなければ機能しなかった。そのため、これらの事実を出発点として、この「ソフト」なやり方自体に変更を迫るような、国際体制刷新の主張が提起されている。しかし、既存の原子力供給国で、なおかつ今後も原子力利用を維持ないしは拡大していきたい国々の中には、レビューの定期的な実施や、調査の無作為抽出と抜き打ちの実施など、IAEAの強制的な権限行使を拡大しよう

とする動きへの根強い抵抗がある。これらの国々は、ソフトアプローチを基本的に守りつつ、レジームをいかにうまく運用しようかと考えている。そのためこうした国際レジームの強化は容易ではない。

既存の体制は、もともと独特の炉型や規制システムに起因するチェルノブイリ原発事故を契機として整備が進んだものであるが、今般の福島の事故は、異なる炉型や社会体制などに原因を簡単に帰すべきでないことが示された。その結果、事故を「特殊」なものとして片付けるべきではなく、それゆえに、原子力レジームは、よりグローバルで普遍的な問題として対処するべく、各国の規制とレジームの関係をより整合性を追求する方向に変えなければならない。

アジアにおいて日本は「原子力先進国として原子力規制レジームにおいて「優等生」を自負していた。それゆえ、日本の考える国際協力とは、むしろ、支援の側に立ったものであった。制度上、原子炉の運転上の問題点を他国と対等相互に、そして活発に指摘し合うような環境にはなかったものと考えられる。そのような背景も多分に手伝って、日本が原子力国際体制の観点からは、国際レジームとの整合性に配慮しながらも独自の理論の中で発展していった「ガラパゴス」のような状態にあったといっても言い過ぎではあるまい。

---

54 WANO Press Release October 25 2011 (http://www.wano.info/press-release/wano-biennial-general-meeting-press-release/)
55 IAEA Press Release November 4 2011

第12章 原発事故対応をめぐる日米関係

〈概要〉

　福島原発事故への対処において日米関係は、特にふたつの側面から検証されうる。第一は、事故以降、米国と日本の間でどのように協力関係が構築されていったのか、また支援提供の申し出に対し、日本政府および東京電力がどのような対応をしたのか。事故の収束にあたり日本は、米国を中心にフランスやその他の国々から、二国間の枠組みを通じて支援の提供を受けた。こうした二国間関係の中で、とりわけ日米関係が、原発事故という重大な危機に際しどのように機能したのか、あるいは摩擦や相互不信をどのように解消して協調体制を構築したのかについて分析を行う。また日米関係が事故対処する過程でどのようなインパクトを持ったか、その効用と限界を分析する。

　第二は、今回の原発事故は、原子力災害というだけでなく、自然災害との複合災害であると同時に、被害の態様や事態の展開が、まさに核テロの事態を想起させるものであった点だ。こうした大きな安全保障上の危機において日米同盟という枠組みがどう機能するのか、また今後どのような役割を果たすことができるのかを検討する。

〈検証すべきポイント〉

1. 日米協力体制の確立：日米関係を中心とした、情報および知見の共有と支援の調整

　特に、日米間における調整会合の設立を重視し、この体制の成立が日米間の情報共有の欠如や支援の提供・受け入れのコーディネーションの非効率といった問題を解決していった過程を分析する。これは、日米同盟という極めて緊密な二国間関係の中で浮き彫りになった、両国の戦略的プライオリティの調整過程でもあり、こうした協力体制の制度化が同盟を危機から救ったともいえる。

2. 日米調整会合を通じた「全省庁横断的」アプローチの確立

　日米調整会合が、両国間の関係の円滑化のみならず、両国内の組織間の調整機能の確立を促進した点を指摘する。しかし、これは裏を返せば、なぜこのような二国間調整のメカニズムがなければ、それぞれの国内の組織間での調整メカニズムが立ち上がらなかったかという問題点を浮上させる。さらに、日米の「特殊な」関係の中で顕在化しなかったものの、原発事故のような過酷な災害における国際支援の受け入れにあたって、クリアしなければいけなかった支援に対する免責や国内規制との整合性をどうクリアするかといった問題についても指摘する必要がある。

第1節　国際協力の概要

今回の福島原発事故においては、事故収束のためにいくつかの国から支援を受けた。米国、フランス、ロシアなどからは物資や資機材の提供だけでなく、原子炉や使用済み燃料プールの安定化のための知見の提供のような、さまざまな形の申し出があった。国際社会から福島の原発事故への対応にむけて提供された支援のリストは表❶のとおりである。なお、米国からの支援の受け入れは、後述する日米調整会合を通じて行われた。また、米国以外の国からの支援の受け入れは、外務省を通じて各省庁・関係諸機関や東京電力などと調整された。

表❶　各国の物資支援

国・地域・機関	物資支援	受入日	受入場所
米国	放射線防護服1万着、消防車2台、ポンプ5機、核・生物・化学兵器対処用防護服99セット、ホウ素約9トン。大型放水用ポンプ1式、バージ船に積載した淡水（2隻分）、バージ船2隻、ゲルマニウム半導体検出器3台。米国防総省より放射線線量計3万1000枚。イリノイ州より個人線量計2000個他	随時	福島県他
カナダ	放射線サーベイメーター78個、個人線量計75個、放射線線量計（5000枚）、放射線線量計の読取装置5個	4月6日	
ウクライナ	放射線サーベイメーター（1000個）、個人線量計（1000個）、防護マスク・ヨウ素吸着缶（1000セット）	8月4日	原子力災害現地対策本部
フランス	マスク（97万2000枚）、防護服・防護マスク（約2万セット）、放射線サーベイメーター（239個）、個人線量計（35個）、ポンプ（10台）、発電機（5台）、空気圧搾機（5台）、環境測定車両（1台）、環境測定被牽引車両（1台）、	3月25日	福島県等
	防護服（1000着）	4月6日	防衛省
	放射線計測器（放射線サーベイメーター（103個）、個人線量計（310個）、放射線線量計（1161個））等の原子力関連物資	4月10日	福島県オフサイトセンター等
韓国	放射線サーベイメーター（20個）	5月4日	東電
ロシア	個人線量計（400個）、マスク（5000枚）	4月9日	福島県、農水省他
フィンランド	放射線サーベイメーター（52個）※EUを通じた支援	3月25日 4月5日	茨城県、北茨城市
英国	個人線量計（195個）、放射線サーベイメーター（135個）、防護マスク、同マスク用交換フィルター、防護フード	4月2日	東電
	放射線サーベイメーター（249個）、防護マスク（3672個）等	4月12日	原子力被災者生活支援チーム

外務省資料より作成

この中でも、特に米国の対応は、質量ともに極めて大規模なものであった。支援の内容も多岐にわたり、要員の派遣も極めて大規模なものであった。

人員については、在京大使館および在日米軍だけでなく、軍関係では海兵隊所属、北部司令部下にある化学生物事態対処部隊（CBIRF）、ハワイのアジア太平洋司令部幹部およびスタッフが派遣された。原子力関係では原子力規制委員会（NRC）スタッフ11人にエネルギー省スタッフを加えた総勢47人を中心に、160人におよぶ大規模なサポートスタッフを在京大使館に送り

込んで、危機管理や日本への支援にあたった。

　言うまでもなく、この場合も米政府の最優先事項は軍人を含む自国民の保護にある。しかし米側は同時に、原発における事態の収束に向けた協力も、自国民の保護と同等に重要視していたと、複数の政府関係者は強調する[55]。

　米側は当初、複数のチャネルを通じて原子炉の状態についての情報収集に努めるとともに、日本側が事態に主体的に対処するのを見守りつつ、日本からの支援要請を待っていた。しかし、4号機建屋の爆発（3月15日）以降、積極的に関与する姿勢に転換する[56]。発災当初から3月22日に正式に発足した日米調整会合が軌道に乗るまでの間は、日米間の情報の共有は必ずしも円滑ではなく、両者の間で原子炉の状況に対する認識や対応策の策定・選択において認識の違いや対応策の検討における重複があった。しかし、事故発生から約10日後の22日に日米合同の調整会合が設置され、この会議を通じて原子炉の状態等に関する情報の共有や、支援内容の調整および原子炉や使用済み燃料プールの安定化のための対策に関する意見交換などを行うなど、日米間には緊密な協力関係が構築された。

第2節　日米調整会合の設立と役割

「日米調整所」の立ち上がり：同盟管理アプローチ

　日米間で支援をめぐる調整が円滑に実施できたのには、原発事故対応を包括的に協議する政策調整に関する会議が、日本政府と在京米大使館の間で設置されたことが極めて重要であった。この政策調整会議は3月22日に正式に立ち上がったが、それ以前の日米間の情報交換および調整は必ずしも円滑であったとは言えない。日米同盟の防衛当局レベルにおける「日米調整所」と、東京電力、原子力安全・保安院とNRCの間の実務レベルのアド・ホックな協議、あるいは、近藤駿介原子力委員長と米エネルギー省ポネマン副長官の間のコミュニケーションをはじめとする、個人レベルのコネクションによって行われるだけで、政府として体系的な情報交換および調整の機能はなかった。

　発災当初から日米調整会合が立ち上がるまでの間は、日米関係にとって大きな危機であった米側は、情報の欠如を埋めることに躍起になっていた。米政府の焦りは、ルース駐日大使が14日深夜の電話会談で、枝野幸男官房長官に対して官邸にNRCのスタッフを常駐させるように要請していることにも表れている（日本側はこれを断っている）。また、当時大使館内ではきわめて頻繁にミーティングが行われており、NRCスタッフは、大使やそのほかの幹部との接触を図ることでミーティングの回数を減らすことが、来日してまず第一にやらなければならなかったことだと懐述する[57]。

　こうした中で日米間の調整を一時防衛省が仕切る形になったのは、このような日米同盟の運用実績に基づく両国間のコーディネーション機能が、あら

ゆる省庁の中においても、素早く立ち上がり、機能していたことに関連している。また、北澤俊美防衛相に対し菅直人首相が直接日米間の調整を防衛省・自衛隊で行うように指示している[58]。

「日米調整所」は、地震・津波への被害に対する災害救援活動における協力を主たる目的として、市ヶ谷の防衛省内に立ち上がった。これは、有事や緊急時対処の防衛当局のマニュアルにあった通りの動きである。その後、原発の事態が深刻化し、他方で地震・津波被災者の救援活動が円滑になされるようになると、日米調整所における協議は原発対応へとその焦点を移した。

「日米調整所」は、横田（3月11日）、そしてキャンプ仙台（15日）にも設置され、自衛隊、米軍双方のリエゾンが配置された。日米間の連絡調整会議は、これら3カ所の調整所に在京米大使館を結んで、ビデオ会議の形で実施された。米側関係者によれば、その際には、米側の会議室内で起こっている関係機関間のやり取りがそのまま日本側の同会議出席者にも公開されており、米側の意思決定プロセスは日本側に対してかなり透明性が高かったという[59]。

なお、日本側の出席者については、防衛当局および統合幕僚本部スタッフに加え、外務省からは日米同盟政策を担当する日米安保課、北米一課のスタッフが出席していた。しかし、外務省の参加については当初、防衛当局は全面的に歓迎していたというわけではなく、外務省側から押しかける形で出席が実現したという面もあったという[60]。

前述のとおり、防衛当局間の「日米調整所」は当初、震災の被災地における救援活動（人道支援）を主たるイシューとして立ち上がった。震災のような自然災害の事態の場合には、発災当初が最悪の状態であるが、次第に被災状況の把握がなされ、対処すべき事態と対応策、それに日米の役割分担等について明確に定義されるようになると、震災の被災者に対する救援活動における日米両軍の調整は比較的円滑になされ、作戦の実施段階へと移行していった。しかし、福島第一原子力発電所の状況は、次第に事態が深刻化していき、防衛当局が対処すべき事態は刻々と変化していくことになった。このような常に変化する事態への対応は、戦闘において状況が変化する中で対応が迫られる実戦状態に比較的近いといえる。その意味で、福島原発危機への対応は、日米同盟にとって大きな挑戦であった。

原子炉の深刻な状況が明らかになる一方で、津波被災者の救援活動における日米両軍の調整が2、3日ほどで軌道に乗ると、連絡調整の主たる関心は原発事故対応へと移っていった[61]。

ただし、防衛当局間の連絡調整は、あくまでも自衛隊・米軍として、もし

---

55 米政府関係者のインタビュー、2011年12月1日、12月2日。
56 米政府関係者のインタビュー、2011年11月3日、4日。
57 NRC関係者インタビュー、2011年10月28日。
58 防衛省関係者インタビュー、2012年1月16日。
59 在京米大使館関係者インタビュー、2011年10月27日。
60 外務省関係者インタビュー、2011年10月28日。
61 防衛省関係者インタビュー、2011年10月24日。

くは同盟としての役割を検討・調整する場であり、マンデートの範囲が限定されていたことによる限界も指摘されなければならない。そもそも防衛省および自衛隊の任務には、オフサイト（原発敷地外）の周辺住民の避難等被災者への対応は含まれていても、オンサイト（同施設内）での原発事故収束にむけた対処は含まれていなかった。しかし事態が深刻化してオンサイトでの活動が求められると、事態を短期、中期、長期的に適切に評価し、作戦の見通しを立てる必要があった。そしてその中での自衛隊の役割と対処方針を明確にする必要があった。これは、自衛隊に限らず米軍側も同様であった。そうした限定的な目的のもとに他の省庁や東京電力からの情報収集や意見交換を行ってきたため、ある程度の情報の収集機能および米側との情報共有機能はあったとしても、そこには限界があったといえる。したがって、発災直後の日米調整所を通じた日米の意思疎通は、あくまでも軍事的な同盟としてどのような活動が必要かという問題意識と、限られた情報チャネルを通じた情報収集という、限定された枠組みの中での協調関係であったと理解すべきであろう。

ワシントンでの初動と日米間の情報共有体制の欠如

　米政府の国家安全保障会議（NSC）は、当日の深夜に東北太平洋沖地震発生を把握した。全チームが招集され、就寝中だった大統領にも事態は知らされ[62]、翌朝7時にエネルギー省（DOE）やNRCといった原子力関連の政府機関をはじめ、NSCや国防総省、国務省といった安全保障分野の機関の副長官レベルでの会議が招集され、情報収集および事態対応の調整を行うことになった。この最初の副長官会議では地震、津波の被害への救援が主たるテーマであったが、大統領の科学技術担当のホルドレン補佐官より原子力災害の可能性についても報告があった。NSCでは最悪シナリオを想定し対処にあたるということを確認した[63]。また、NRCは、9時46分に監視対処モードを発令し、Region IVが全米の原子炉への対応を、そして本部が国際対応の指揮を執ることになった。

　また、米国際援助庁（USAID）には、災害支援対応チーム（DART）という、海外の災害支援への緊急対応を組織するセクションがあり、福島原発事故への対応として最初にNRCのスタッフを派遣したのは、このDARTの予算によるものであった。このとき派遣されたNRCスタッフは、24時間以内に東京に派遣されている。そして東京の米国大使館内には、日本との二国間調整等、原発災害関連の業務を統括するBilateral Assistance Coordination Cell（BACC）が設置された。

　米政府の最優先事項の一つは言うまでもなく日本にいる自国民の安全確保であり、万一の危険に備えて米国民に対しての避難指示や勧告を発出するためのより正確なデータを必要としていた。しかし、日本側から得られる情報は不十分であった。在京大使館および派遣されたNRCスタッフやDOEスタッ

フも、原子力安全・保安院や経済産業省、東京電力などと接触し、情報収集に努めるとともに、大使館や在日米軍も日米調整所や外務省等のルートを通じて情報の確保に奔走したが十分な情報を得ることはできなかった。東京に駐在したNRCのチームリーダーは、当時大使をはじめとするハイレベルの会合等の対応に追われており、NRCと保安院の接触は担当者レベルで行っていた。そのことによって円滑な情報交換ができなかったので、最初からハイレベルな場でNRCと保安院の緊密な関係を確立しておくべきであったと振り返る[64]。

東京での情報収集とは別に、ワシントンでは旧知の日本政府関係者から直接電話によって情報を得る努力を行っていた。そうした中では、エネルギー省のポネマン副長官と近藤原子力委員長が電話やメールによってコンタクトを取っているが[65]、このチャネルが事故後数日間、日米の調整会合が立ち上がる以前の段階ではエネルギー省の情報収集において重要な役割を果たしていた。その様子は、たとえば、近藤委員長からエネルギー省のライオンズ次官補へ3月12日7時01分（米東部時間）に送られたEメールに見ることができる。

このような体制もあいまって、米側は当初日本側から提供されていた情報の量や正確性に対して、必ずしも高い信頼を置いていたわけではなかった。米側の日本からの情報への信頼性の低下の理由には、日本側からの情報提供が滞った面だけでなく、津波の後でセンサー等が正常に作動しているかどうか懸念を持っていたという面もある[67]。米政府は、最初の数日間は情報収集に努めつつ、原発事故収束への対処については日本側のイニシアティブを期待して日本側が講じる事故収束策を見守り、支援の要請を待つという日本の自発性を尊重する姿勢を維持していた。しかしながら、原発における事態悪化にもかかわらず十分な情報共有がなされていないことに対して、米政府はフラストレーションを募らせていった。その一方で、日本側は当初米側からの支援の申し出の受け入れについて慎重な姿勢を示していた。3月12日6時46分に、原子力安全基盤機構（JNES）の曽我部捷洋理事長からヤツコ委員長宛に送られたEメールでは、NRCからの支援の申し出に対して丁重に謝意を表すとともに、その時点ではその申し出を断っている[68]。もちろん、3月12日の時点においてJNESがどの程度正確に現場の状況を把握していたかは不明であるし、こうした返信を作成する際に保安院や官邸、東京電力と協議したかどうかについて、現在のところ確認が取れていない。ただし、この返信からは、日本が独力で事態に対処し収束させたいという意志が見て取れ、

62　NSCインタビュー、2011年12月2日。
63　NSCインタビュー、2011年12月2日。
64　NRC東京派遣チーム関係者、2011年10月28日。
65　米政府エネルギー省関係者インタビュー、2011年11月3日。
67　NRC東京派遣チーム関係者インタビュー、2011年12月17日。
68　NRC FOIA情報公開文書、ML11257A101。

国際的な支援を仰ぐという意識は発災当初の段階では日本国内では希薄だったと言える。

日米同盟の危機から日米調整会合の立ち上げ

　日米間のこのような意識のずれや不信感は、3月15日から16日ごろにかけてピークに達した。14日深夜に枝野官房長官と電話会談を行ったルース大使は、米国の原子力問題専門家を官邸に常駐させたいと要請したが、枝野長官は難色を示した。15日の閣議では、単に米国は原発事故の情報がほしいだけなのではないか、というような米側からの情報提供及び協力の申し入れの真意をいぶかるような発言があったという。これは米国の関与の姿勢について日本側がその意図を正確に理解するための日米間の対話が欠けていることを示唆する。なお、それに対して北澤防衛相が米側の協力支援の申し入れは受けたほうがいいと発言している[69]。

　15日、ルース大使から北澤防衛相に対して日米間の情報共有と意思疎通がうまくいっていないとの連絡があり、また菅首相から北澤防衛相に対して、米側と官邸の正規ルートが機能していないので[70]改善してほしいと正式に依頼があった[71]。それを受けて北澤防衛相はNRCに問い合わせたところ、東京電力および保安院と接触ができていないとの回答があったため、16日午前、防衛省に外務省、保安院、東京電力を招き、米側との会議を開催した。この防衛省における日米会議は、その後3回開催された。陸上自衛隊がヘリで第一原発への放水を実施した直後の3月17日には、米太平洋司令部が防衛省を通じて首相官邸に、提供可能な支援のリストを示した[72]。なお、官邸にはこのような防衛省での会合の存在について知らなかったスタッフもいたようで、これは、日本政府内部での意思疎通の欠如を示唆している。

　ワシントンでは、16日に藤崎一郎駐米大使に対してキャンベル国務次官補から日本政府からの情報提供の強い申し入れがあった。こうした申し入れは、日本政府内（防衛省、外務省）において日米関係の悪化へ懸念を高めた[73]。4号機建屋の爆発後、16日未明（米東部時間）に米政府の各省庁の担当者を結んだ電話会議が開催された。その中で無人偵察機グローバル・ホークによる観測などの結果から原子炉がメルトダウンを起こしていると判断、また4号機の使用済み燃料プールの状態も懸念されることから、事態がさらに悪化するという懸念が議論された[74]。その会議の後、ホワイトハウスは日本側の要請を待つ姿勢から、より積極的に自ら関与していく姿勢へと転換した。この転換には、大統領自身の意向も反映されていたという[75]。

　このような日米関係が最大の危機に直面するのと並行して、米側は自国民に対する避難勧告区域を設定する。

　16日19時50分に松本外相とルース大使が電話で会談した。その中でルース大使は、炉の冷却のための大量の放水の必要性と、日本在住の米国市民に向けた重大な決定を行う必要性に言及した。さらに、17日未明にはスタイ

ンバーグ国務副長官が枝野官房長官と電話で会談し、日本から米側への情報の提供を要請した。そして、同日10時22分には、菅首相とオバマ大統領の間で電話会談が約30分にわたって行われ、大統領からは日本にいる米国民に対して避難勧告を出す予定であるとの発言があった[76]。

他方、長島昭久防衛政務官によれば、日米情報共有の欠如と日米関係の緊張は日本側でも次第に広く共有されるようになってきた。情報共有欠如による日米相互不信の情報を得た長島元政務官は、細野首相補佐官から要請を受け、18日に東電において開かれたNRCとの会合に出席した。NRCからはメンバー3人が出席していた。NRC側はその会合においても、どこに行けば正確な情報が入手できるかを知りたがっていた。

長島氏はその会合の直後に、官邸で仙谷由人官房副長官にその旨を報告したところ、仙谷官房副長官にもルース大使から同様のメッセージが寄せられていた。仙谷副長官の要請で長島氏は13時ごろにルース大使に連絡を取り、さっそく当日15時半に日米の会合がセットされた。その会合には、日本側からは細野補佐官、長島氏、近藤原子力委員長、原子力安全委員会の関係者が出席し、米側からは、ルース大使、ルーク公使、NRCのカスト氏、DOEの代表が出席した[77]。

その席において、日米間での情報共有が可能になるインターフェースを官邸が中心となって立ち上げることが提案され、その場で合意された。長島氏が準備したメモによれば、その目的は、「福島の原子力発電所災害に関し、日米の情報共有、対処活動の調整、米側からの支援申し出と日本側のニーズとのすりあわせ（急務）等、両国間の協力関係について定期的に議論する」というものであった[78]。19日、細野補佐官と長島氏が官邸を訪問して首相に日米間の政策調整を行う会合を提案し、首相はその場で設置を決断した。

日米調整会合には、事務局が内閣官房内閣安全保障・危機管理室におかれ、日本側からは、福山官房副長官をトップに、実質的には細野補佐官が仕切る形で、防衛省、外務省、保安院、原子力安全委員会、厚生労働省、環境省、経済産業省、そして東電が出席した。米側からは、大使の代理としてズムワルト公使、ルーク公使、そしてNRC、エネルギー省、太平洋司令部、在日米軍からの代表、大使館のスタッフが出席した。

---

69 北澤防衛相インタビュー、2012年1月17日。
70 ただし、14日夜、および15日午前には、米側原子力専門家と福山官房副長官、安井官房審議官ほかとの会合が開かれている。
71 北澤防衛相インタビュー、2012年1月17日。
72 「原発事故、米軍が全面支援リスト　大量飛散を想定」、朝日新聞、2011年5月22日、http://www.asahi.com/international/update/0521/TKY201105210528.html
73 外務省関係者インタビュー、防衛省関係者インタビュー
74 ケビン・メア「決断できない日本」（文春新書、2011年）。
75 米政府関係者インタビュー、2011年11月3、4日。
76 官邸作成クロノロジー、2011年8月31日時点。
77 長島昭久衆議院議員、笹川平和財団第三回日米共同制作フォーラムでの講演。2011年11月。
78 メモ「原発対応に関する日米調整機能の再構築についての提案」。

日米両軍当局間の「日米調整所」という同盟の枠組みを通じた公式チャネルに加えて、アドホックなNRCと保安院・東京電力との意見交換の会議、あるいは複数のレベルで個人的なチャンネルが存在し、必ずしも体系的かつ効果的に行われていたとは言えない日米間のコミュニケーションは、これ以後、官邸の主導する形で関連省庁すべてが参加する日米調整会合のもとに統合された。

日米調整会合は、3月21日夜に最初の準備的会合が開かれ、22日以降ほぼ毎晩、約40回開催された。当初は毎日開かれ、1回の会議が2時間以上にも及ぶことがあった。

会議には、①放射性物質の拡散を防ぐため、早急な取り組みが必要な「放射性物質遮蔽」、②中期的に原発を安定化させる「核燃料棒処理」、③長期の対策となる「原発廃炉」、④住民の健康管理など「医療・生活支援」、という4つの検討・作業チームが設置され、それぞれの分野において個別の協力案件が話し合われた（なお米国では、会議を統括した細野首相補佐官（（のちの原発担当相））の名前を取って「ホソノ・プロセス」と呼ばれている）。

この「ホソノ・プロセス」は、米側からは非常に有効な情報共有および政策調整の機能であったと評価されている[79]。同会合設置以前には、米側は原子炉の状況を正確に把握することできないことに不満があった。これは、現地からの情報が東電本店の対策統合本部および保安院および官邸に正確に伝わっていなかったことと、情報共有のためのメカニズムが確立されていなかった、という二重の理由によると見られる。なお、ワシントンにおいては、このような「ストーブ・パイプ」的問題（組織横断的な情報共有の欠如）に対する指摘はそれほど重大だと認識されておらず、それよりも東京からの情報の不足や、東京とワシントンの間で発生する情報のタイムラグの問題に対する指摘（エネルギー省およびNRC）があった。しかしいずれの理由にせよ、米側には日本の提供する情報の少なさに対する不信感が高まっていた[80]。しかも、たとえ日米間での情報の交換がなされていたとしても、それは防衛当局者間といった限定的なセクション間の情報交換であったため、情報共有が体系的・継続的になされず、日米両政府全体として情報交換自体の事実や内容が共有されていなかった。そのような複合的理由のために情報の欠如の認識が日米間、および日米双方の政府内部で広がっていたのである。また、たとえ日米間で情報の交換がなされていたとしても、通常連絡を取り合っている。カウンターパート同士の担当者レベルの情報交換にとどまっているために、さまざまな取り組みが重複して行われていたことも指摘されている[81]。

日米調整会合はそうした情報のクリアリング・ハウスの役割を担うことになった。米側の不信感は、日米調整会合による情報共有の流れができたことで解消の方向に向かっていった。またこの過程を通じて、米側にも、日本側が情報の提供を渋っているのではなく、日本側内部においても現地の情報が正確に伝えられなかったことが理解されてきたことも指摘される[82]。

情報共有および調整機能の向上は、当初より日本と米国の二国間だけでなく、両国政府の内部でも課題となっていた。この日米調整会合の運用を契機に、両国政府それぞれが「ワン・ボイス」で話す必要性を認識した。そのため、事前に両国政府内部の関係機関間で事前調整を行うようになったため、政府内部での情報共有・調整機能が向上した。両国とも夜の調整会議が開催される前には、それぞれ自国の関係機関間でそれぞれが実施している作業の状況、今後の対処方針、支援のニーズ等について情報共有や調整が行われた[83]。

日米調整会合の機能

日米調整会合設置の効果としては、情報の共有が円滑化したことに加え、両国の各省庁の担当者レベルでの調整の習慣が醸成されるなど、問題意識の共有を含めた効果的な協力が可能になったことがあげられる。また、この日米調整会合とは別に、保安院、東京電力とNRCとの間で実務者レベルでの調整会議が毎日開催されていた。通常、日米調整会合は19時からの開催であったが、この実務者レベルの会合は、11時から開催され、原子炉の冷却や注水といった、具体的な技術的問題について意見交換がなされていた。このような個別の日米担当者間協議で合意を得た事項は、夜の日米調整会合において承認された。

この日米間の政策調整メカニズムでは、例えば、注入される冷却水を海水からどのタイミングで淡水に切り替えるか[84]、あるいは、水素が原子炉格納容器内に溜まり爆発する危険性が高まったという認識を前提に、窒素封入をいつやるか、また汚染水をどのように処理するのかといった課題について協議し、施策を決定し、実行に移すというプロセスが形成された。たとえば、3月22日の会合においては、東京電力側から圧力容器の底に蓄積された塩についての分析が共有され、冷却水の淡水への切り替えが議論されている[85]。

ここで重要なのは、あくまでも対処チームの主体は日本側であり、米側からは知見や情報の提供はあってもそれらはアドバイスやセカンド・オピニオン的な位置づけがなされた[86]。日本側の主体性の確立は同時に、米側において時々刻々と変化する事態への短期的対応は日本側に任せ、米国は数日、数

---

79 在京米大使館、米政府関係者インタビュー、2011年10月27日、28日、11月3日、4日、12月1日。
80 在京米大使館、米政府関係者インタビュー、2011年10月27日、11月3日、4日。
81 防衛省関係者インタビュー、2011年10月24日。
82 米政府関係者インタビュー、2011年12月5日。
83 外務省、防衛省関係者インタビュー、2011年10月18日、24日。
84 なお、発災直後の段階においては、米側は日本側に対して淡水の注入を進言しているが、日本側は注水可能な淡水の量には限界があったため、とにかく冷却を優先するために海水注入に踏み切っている。
85 3月22日の会合のために東京電力が準備した資料、"Preliminary Analysis on Salt Accumulation on RPV Bottom," March 22, 2011, NRC FOIA情報公開資料ML11269A172. なお、この資料によれば、保安院および発電所所長は3月16日には熱交換機能の低下の懸念が示され、1号機および2号機は3月31日に、3号機は4月2日には堆積した塩の高さが燃料底部にまで達し、熱交換機能が失われるとの見積もりが示されている。
86 長島衆議院議員発言。また、米側もNRCの文書などに、なるべく前に出すぎないよう、助言役に努めることが注意書きされているものが見える。

週間、あるいは数カ月の中・長期的視点で事故の収束と安定化に必要な措置を検討し、日本側にアドバイスするという関与の方針の明確化を促した[87]。特にこうした変化は4月3日以降に明瞭になっていったという[88]。

　注水に使用する水を海水から淡水へと切り替えられたのは、3月28日である。米側の認識によれば、米国の姿勢が転換されたのち、最初に日本側に提案され採用されたのが、注水の水を海水から淡水へと切り替えることであった[89]。先に述べたように、海水注入の限界については日米の実務者会合で情報の共有がなされ、共通の認識の下で真水への切り替えが実施されたのである。他方で、発災当初には、米側が淡水を注入すべしとして淡水の提供を提案した件については、日本側がまずどのような水であっても原子炉の冷却を継続して行う必要性から、海水での冷却を選択したという経緯もある[90]。ただ、この発災当初の日米間の見解の相違は、情報のギャップから発生したものと思われる。

　日本側の支援のニーズと、米側が提供を申し出た支援アイテムの間に生じたミスマッチや重複の問題とその解消にも触れておきたい。日本側が海外からの支援の申し出の受け入れをためらっていたことも、日米間の協力に関する認識のギャップを生んだ原因となった。そもそも、初期の段階では、日本側に海外からの支援を受け入れる必要性への認識は希薄であった。むしろ、日本側の「原子力関係者」は特に、受け入れ態勢の整備等に資源を割かなければいけないことを考えると、むしろ二の足を踏む状況であったという[91]。さらに、たとえばヨード剤の提供に対しては国内の薬事法の規制をどうクリアするのか、あるいは放水車など技術上の基準への不適合の問題はどうするのか、など緊急時における規制緩和（たとえば免責など）のあり方が課題として浮上した。ただし、実際には、ヨード剤はすでに国内に十分な備蓄があったために申し出を受け入れることはなかったので、実際の調整上の問題になったわけではない。また、汚染水対策も含め、海外から提供の申し出のあった支援内容については、すでに日本にもそうした能力があったり、あるいは技術的に不適格であったりする場合もあり、その間のミスマッチをどのように解消するのかが課題となった。日米調整会合は、このような日米間のニーズと支援アイテムのミスマッチや情報格差を埋める重要な役割も果たした。

化学生物事態対処部隊（CBIRF）派遣の動き

　CBIRFの派遣は、米国が原子力災害へのコミットを示すという意味で日本のメディアや国民の関心を集めた。米政府は3月17日に海兵隊北方司令部の核問題専門家を日本に派遣[92]した。3月30日に国防長官が長官命令に署名し、12時間以内にCBIRFの状況把握チーム（CSAT）が派遣され、4月2日に来日した。輸送機の第一陣は24時間以内に日本に到着し、91時間後には、すべての航空機が日本に到着した[93]。CBIRFは、海兵隊北方司令部傘下にあり、米国内におけるCBRN事態におけるファースト・レスポンダー的機能を持つ

た部隊である。その基本的な機能としては、CBRN（化学、生物の放射性物質、核の略称）事態において被災者の救出、トリアージ、救急搬送などの初動対応の役割を担うことになっている。すなわち、本来の任務として原発事故への対処（事故収束に直接かかわる作業）は想定されていない。

また、現在のところCBIRFには二つの部隊しかない。そのため、その一つを海外に派遣することは、国内の緊急事態への対応への備えが不十分な状態になることを意味する。そのため、CBIRFの部隊派遣は、米国内において非常に大きなインパクトを持つ。ワシントンにおいても、CBIRFの派遣については、賛否両論あったというが、最後は大統領の決断によって派遣が決定されたという[94]。

第3節　ケーススタディ

ケース1：使用済み燃料プールへの冷却水注入

ヘリコプターからの散水については、日米両政府の多くの関係者が使用済み燃料プールへの注水と燃料の冷却という実質的な効果については疑問視していた[95]。にもかかわらず自衛隊のヘリコプターによる散水を実施したのは、国民に対して政府が対策を打っていることを示すとともに、日本側が何かしなければ、米側が納得しないであろう、との政治的な配慮が働いたからと言われる。このようなデモンストレーション効果を意図していたことは、北澤防衛相（当時）のインタビューなどからも、うかがえる。

ルース大使は、北澤防衛相に対して、燃料プール冷却の方法は、「持続可能」でなくてはいけない、と進言した[96]。この意味するところは、ヘリからの散水への事実上の反対表明であったが、これが容れられることはなかった。この会談が持たれたのは17日午後であったが、その際、ルース大使とNRCのカスト氏は防衛省内の北澤防衛相の部屋にいて、ヘリからの散水の様子をテレビで目撃していた。なお、北澤防衛相は、米側が継続可能な冷却を重視する姿勢には理解を示しつつも、その時点ではすでにヘリでの放水は実行に移されており、そして何よりも政府が対応をしているということを国民に対して見せることで安心させる必要があったという点を強調している[97]。

---

87 米エネルギー省関係者インタビュー、2011年11月3日。
88 細野補佐官、インタビュー。
89 米政府エネルギー省関係者インタビュー、2011年11月3日。
90 近藤駿介原子力委員会委員長インタビュー、2011年12月26日。
91 外務省関係者インタビュー、2011年10月18日。
92 毎日新聞、2011年3月18日夕刊。
93 "CBIRF: Continuing A Legacy of Marine Corps Innovation", Marine Corps Gazette, http://www.mca-marines.org/gazette/article/cbirf-continuing-legacy-marine-corps-innovation
94 NSC関係者インタビュー、2011年12月2日。
95 複数の日米政府関係者インタビュー、2011年10月28日、11月3、4日
96 NRC関係者インタビュー、2011年12月17日。
97 北澤氏インタビュー、2012年1月17日。

ケース２：４号機の使用済み燃料プールの水量をめぐる問題

　日米間のコミュニケーション・情報共有の欠如は、4号機の使用済み燃料プールの水量をめぐる見解の相違に表われている。4号機建屋が爆発し、壁が崩落を起こしたのは3月15日の6時過ぎであった。

　16日、NRCのヤツコ委員長は、使用済み燃料プールの水はすべて干上がっているとの見解を示し、復旧作業に支障をきたす可能性を指摘した。ヤツコ委員長が判断をする根拠となった情報には二つの可能性が指摘されている。第一に、4号機建屋の爆発メカニズムについて、ワシントンにおいて様々なシナリオの検討された結果である。

　NRCや大統領の科学技術担当補佐官周辺で検討されたシナリオでは、使用済み燃料プールが干上がることによって、定期点検のために一時的に取り出されていた燃料棒が冷却システムの停止によって発熱し、そのために被覆管のジルコニウムが溶けて水と反応し、それによって発生した水素による爆発である、との推論が最も合理的であると判断された[98]。

　第二に、東京電力の技術者と東京に駐在していたNRCスタッフの間の非公式な会話の中で、技術者が個人的見解として、プールの水が干上がっている可能性に言及したものがヤツコ委員長に伝わった、という点も判断材料になったのではないかと推測される。技術者からこの話を聞いたNRCスタッフは、これを東京電力の公式見解と理解し、ヤツコ委員長のスタッフに連絡、そのスタッフからヤツコ委員長にこの見解が伝えられた[99]。

　それに対し日本側（東京電力）は、プールに水があることを、16日夕にヘリコプターから撮影された映像の中に水面の反射が映っているのを確認したと17日に発表した。しかしその後、この報告には訂正がくわえられ、正しくは自衛隊ヘリから映像を撮影した東電社員が目視にて水が残っていることを確認したとされる。その後NRC日本駐在チームのリーダーは官邸において自衛隊が撮影した映像を見せられ、その中で2本の梁の間に水面の反射があることを示された。これは、モニターの解像度もよくなかったため、映像を見たNRCチームのリーダーは、確信をもってそれが水面の反射とは断定できなかったという[100]。その後、ヤツコ委員長の発言は、4月1日のチューエネルギー省長官が「すべてのプールで温度計測ができ、中に水があることを示している」という発言で公式に否定された。ただし実際にはそれ以前にアメリカ側では日本側から提供されたデータで、使用済み燃料プールに水が残っていることに確信を持っていた[101]。

ケース３：米国による避難指示──80km避難区域の設定をめぐって

　日米間の情報や認識のギャップはまた、米側の避難指示勧告の策定過程にも表れている。事故直後、米国は日本在住の米国民に対し、日本政府の避難指示に従って行動するように呼びかけていた。しかし、3月16日には方針を変更。日本政府とは異なる、福島第一原発周囲50マイル（80km）圏内に避

難勧告を出した。米国が日本よりも広い避難指示を行ったことに、不安を感じた地域住民は多数いたはずである。

事故直後の米国の動き

NRCは3月13日、日本在住の米国市民に日本政府の防護措置に従うよう呼びかけた[102]。また同月15日にも、日本政府による20km圏内避難指示、および30km圏内屋内退避は、「同様の状況下で米国が提案すると考えられる措置と同等である」との結論を発表している[103]。

だが、その翌日の16日、NRCは態度を一変させる。NRCは「新たなコンピューターによる予測結果」を「米国で同様の状況が生じた場合に使用される、市民の安全を確保するためのガイドライン」に照らし合わせ、福島第一原発周囲50マイルの米国民に避難指示を行った[104]。17日14時15分には、米国政府は日本に滞在中の米国民に対して出国の検討を勧告、国務省は東京などにいる米国政府職員のうち、該当する家族に対して自発的な出国を許可した[105]。

米国の「ガイドライン」

米国では原子力発電所で事故が起こった場合を想定し、「防災対策を重点的に充実すべき地域の範囲」（EPZ）を定めている。この基準はNRCと環境保護庁（EPA）が1978年に共同作成した報告書で初めて提案され、スリーマイルアイランド原子力発電所事故を受けて作成されたNRCと米連邦緊急事態管理局（FEMA）が1980年に策定した共同報告書で正式に取り入れられた。

米国のEPZは、原子力発電所の周囲8～10kmを唯一のEPZとして定めている日本[106]とは異なり、2種類のEPZを区別して設定している。第一に、事故後数時間から数日単位の短期的な汚染対策として、プルーム（放射能雲）の体への接触や、吸入による甲状腺やその他の臓器への汚染を主な被曝経路とする10マイル（約16km）の噴煙汚染経路が設定されている。第二には、数時間から数カ月単位の長期的な汚染対策として、主に牛乳や食物の摂取に

---

98 米政府科学技術政策局（OSTP）関係者インタビュー、2011年11月4日。
99 NRC東京派遣チーム関係者。ただし、この情報がおそらく間違いであろうということは、その直後にデータ等で確認されたために、東京からヤツコ委員長に伝えられたが、それは委員長が公聴会で発言した後であった。
100 NRC東京派遣チーム関係者インタビュー。
101 エネルギー省、OSTP関係者インタビュー、2011年11月3、4日。
102 NRC News. "(Revised) NRC Sees No Radiation at Harmful Levels Reaching U.S. From Damaged Japanese Nuclear Power Plants (No. 11-046)." March 13, 2011.
103 NRC News. "NRC Analysis Continues to Support Japan's Protective Actions (No.11-049)." March 15, 2011.
104 NRC News. "NRC Provides Protective Action Recommendations Based on U.S. Guidelines (No. 11-050)." March 16, 2011.
105 米国では、原子力災害時の避難勧告等は、NRCによって提供されるデータなどに従い、各州の知事が行うことになっている。福島原発事故の場合、海外での事故のため、知事に代わり米国大使がこの勧告を行うことになる。
106 原子力安全委員会「原子力施設等の防災対策について」

よる甲状腺や骨髄の被曝を想定した50マイル圏内の摂取汚染経路が設定されている。

以上を考慮すると、16日のNRCによる50マイルの避難指示は「長期的な摂取汚染経路のEPZ」と範囲が同一であるものの、16日時点の汚染対策として該当するのは「短期的な噴煙汚染経路のEPZ」であり、本来であれば10マイルがEPZが妥当な避難範囲区域であることは明らかだ。だが、EPZはあくまで原子力発電所事業者、地方自治体、および州政府が「事前に計画策定を行うべき範囲」であり、深刻な事故が生じた場合、EPZ範囲外まで高い線量の放射性物質が拡散してしまう可能性も考慮することとされている。

では、そのEPZ範囲外での避難に関する判断は、何を基準としているのであろうか。3月16日の発表では「米国の防御措置は予測される線量が体に1rem以上、または甲状腺に5rem以上である場合に実施される[107]」としている（なお、1remは10mSv）。この線量基準の根拠となる報告書が、1992年にEPAが策定した防御措置の指針（PAG）だ[108]。このPAGでは、事故の初期段階（数時間〜数日）における防護措置としての避難が必要となる事例として、「体全体へ1〜5rem、甲状腺へ5〜50rem、あるいは皮膚へ50〜250remの被曝が予測される場合」を挙げており、この基準は16日発表のNRC発表に合致している[109]。

新たなコンピューターによる予測結果

では、PAGには記述がない「50マイル」の避難範囲を決定するにあたり用いられた、「新たなコンピューターによる測定結果」とはどのように算出されたものであったのか。

NRCの発表[110]によると、50マイルの避難指示はRASCALという放射線解析コードを用いて算出した数値を基に決定されている。だが、RASCALは本来、複数の原子炉の事故が同時に生じる事態を評価することができない。NRCは代替的な措置として、三つの原子炉と使用済み燃料プールの状況を集約したモデルを作成し、そのモデルをRASCALで評価したとの説明を行っている。

しかし、2カ月弱後の6月7日にヤツコ委員長からウェッブ上院議員に向けて送られた文書によると、16日の避難指示を決定する際に用いられた2種類の計算の内、片方では、「4号機の使用済み燃料プールの損傷度が約15時間、100%であった[111]」ことを想定し計算を行っていたと説明している。また、6月15日、NRCの会合では「事故当初、（NRC）スタッフは4号機が完全に空になってしまったと懸念していたが……新たな映像や4号機の水のサンプル等の情報によると、4号機が完全に空になったとは考えにくい」とのボーチャード運営事務局長の発言がある[112]。

このように、16日の「50マイル」避難指示を決定する上で米政府は「4号機の使用済み燃料プールが空になっている」という最悪の事態の想定を前提としたソース・タームをモデルに入力したことになる。

保守的に決められた「50マイル」

　以上はNRCの公式見解に基づく検証結果である。しかし、東京に派遣されたNRCチームなどによると、RASCALによる放射性物質の飛散状況のシミュレーションで出てきた実際の数値は、30km圏を超える程度の広がりであったという。そこで、拡散の可能性を40km圏とした上でさらに万全を期し、さらにその2倍の範囲である80km圏からの退避勧告を決定した、というのだ。むしろ、前述のNRCのメール中の説明によれば、政治的な判断がこのようなソース・タームの設定時に行われていたことになる。しかし、いずれにしても不確実な情報の下、米政府は米国市民の保護においてきわめて保守的な見積もりに基づいて避難区域を策定したことになる。

　この「50マイル」の設定が的確であったかどうかについては、すでにみたようにNRC内部でも見解が分かれている。NRCが6月に公開した報告書では、福島原発事故の教訓をいかにして米国の原子力発電所の安全向上に生かせるかについてまとめている。しかし、EPZの変更については特別チームで検討が行われたものの、提案された12項目の中には含まれていない[113]。実際、ヤツコ委員長からウェッブ上院議員に宛てられた文書にも、「事情に精通している日本側担当者との連絡が制限されていたため、発電所の状況に関して大きな不確実性があり、潜在的な放射線障害の評価が難しかった[114]」と記載されている。

　この点は、米国の他省庁がとっていた行動も加えて検討するとより明らかになる。例えば、米国防総省は、空軍で福島第一原発の70マイル（約110km）圏内で活動する人員にヨウ素剤を配布し、また、3月17日には福島第一原発から200km以上離れた厚木基地や300km以上も離れた横須賀基地に住む米軍関係者の家族を、任意であるとはいえ、国外退避させる方針を発表している[115]。国防総省はこのような行動をとった理由として、情報不足を

---

107 NRC News (March 15)、および、NRC News (March 16)を参照。
108 Office of Radiation Programs, United States Environmental Protection Agency. "Manual of Protective Action Guides and Protective Actions for Nuclear Incidents (400-R-92-001)." May 1992.
109 400-R-92-001, pp. 2-6.
110 United States Nuclear Regulatory Commission. "Expanded NRC Questions and Answers related to the March 11, 2011 Japanese Earthquake and Tsunami (August 12, 2011) (ML 111650021)." p. 2.
111 United States Nuclear Regulatory Commission. "Letter from Chairman Gregory B. Jaczko to Senator Jim Webb." June 17, 2011. P. 3.
112 United States Nuclear Regulatory Commission. "Briefing on the Progress of the Task Force: Review of NRC Processes and Regulations Following the Events in Japan (Transcript of Proceedings)." June 15, 2011.
113 United States Nuclear Regulatory Commission. "Recommendations for Enhancing Reactor Safety in the 21st Century: The Near-Term Task Force Review of Insights From the Fukushima Dai-Ichi Accident (ML111861807)." June 12, 2011.
114 United States Nuclear Regulatory Commission. "Letter from Chairman Gregory B. Jaczko to Senator Jim Webb." June 17, 2011. P. 1.
115 Phil Stewart. "US readies to fly military families out of Japan."Reuters, March 17, 2011.

原因とする不確実性を挙げている[116]。

　情報の不確実性による影響は、エネルギー省においても見受けられる。米エネルギー省のチューエネルギー省副長官によると、事故直後の一番の懸念は原子炉内の計測機材が機能しておらず、原子炉建屋、および格納容器内の空気サンプルを取ることすらもできず、情報がない状態で判断をしなければならなかった点を挙げている[117]。米国のNRC、国防省、エネルギー省は、いずれも情報が不十分な状態で判断を強いられていたことが分かる。

　このように情報が不確実な中、日本の避難指示範囲が米国よりも狭い範囲であったことは、「自国で起きた事故」と「他国で起きた事故」という違いがあったことも挙げられるだろう。日本が安易に避難区域を拡大してしまうことは、住民保護の側面からしても必ずしも好ましい選択ではない。これに対し、米国にとっては、避難先の確保を日本ほど心配する必要がない。情報が不確実な環境下において、米国が日本よりも広い範囲に対する避難指示を行ったことは、自然な判断であったということもできるだろう[118]。

　このような最悪の事態を想定していたことは、日本側への避難勧告の通告に表れている。日本時間の16日夜から17日14時15分の米国市民の日本出国勧告までの間に、16日19時50分の松本外相とルース大使の電話会談、17日未明の枝野官房長官とスタインバーグ国務副長官の電話会談、17日10時22分の菅首相とオバマ大統領の電話会談などにおいて、日本側に対して自国民に出国勧告を出すという旨の通告を行っていた[119]。

第4節　国際支援受け入れ態勢をめぐる論点

　今回の日米協力をはじめとするさまざまな形での国際社会からの支援を受け入れるなかで、これまで長く支援する側であった日本が支援を受け入れる側に回るという新しい体制のあり方についていくつかの論点が提示された。その中でも、支援時における免責などをめぐる制度的問題と機微情報の管理について触れたい。

支援受け入れにあたっての免責

　今回のような海外からの支援提供問題から想起されるのは、国際協力における免責の適用の可否である。一般的に言って、国家の機関であれ民間企業であれ、福島第一原発事故のような緊急事態において支援物資を提供した場合、その提供された物資や資機材の利用時に万一トラブルが発生した場合の責任は免除されることが期待されるだろう。支援を要請・受領した側が民間企業であれば、双方の契約の中で提供者たる企業への免責が与えられることになる。また、国家間の場合、原子力災害時に提供できる支援内容の登録や支援の融通を規定した、原子力事故援助条約を活用すれば、国家間の協力における免責の規定に基づき支援国には被支援国から免責特権が与えられるこ

とが考えられる。ただ、この条約でも免責について合意できない場合、支援側が何らかの訴訟リスクを抱えたままで支援を行う可能性もある。

今回、日本は前述のように多くの支援の提供を受けているが、そのすべてが二国間の合意に基づくものであり、援助条約を通じた支援の受け入れは行っていなかった。二国間で支援の受け入れにあたって免責等にかかわる協定を締結した形跡も見あたらないので、万が一のトラブルが発生した場合の訴訟リスクは、支援提供側が抱えることになる。また、当初日本側は、このような免責に関する法的取り決めを含む受け入れ態勢の整備への懸念から、受け入れに後ろ向きであったとも伝えられている。

受け入れにあたり、支援国側の便宜を図る必要がなかったかどうか、また便宜を図るとしたら援助条約の枠組みが適切なのか、もしくはどのようにすれば援助条約が活用されるようになるのか、検討が進められるべきである。とりわけ、損害賠償額が高くなる可能性の高い原発事故への対応の場合、適切な措置が求められよう。

また、同様に原子力事故援助条約が活用されなかった点についても、日本側の問題および制度上の問題の両面から検討を深めるべきであろう。IAEAの事故・緊急センター（IEC）は、3月12日17時15分に、各国代表部あてにファクスを送信し、日本から支援要請があった場合を想定し、各国が提供できる能力について知らせるよう要請をしている[120]。しかしながら、日本政府は支援の受領に際してはこの相互援助条約を適用しなかった。今回の場合、このような免責等の取り決めがなくてもこれまでのところ当事者同士、もしくは政府間の紛争に発展したような事案は見られない。また、何か紛争事案が起きたとしても日本政府としておそらく真摯に対応したであろう。しかしながら、民間同士の支援契約における免責や支援要員の地位と免責など、日本の国内法で政府が損害を補償できない事例が発生する可能性もあった。もし今後不幸にして同様の事例が他の国で起きた場合を想定すれば、このような既存の条約の下でどのように国際支援を実施するのか、支援側のリスクの低減の観点からも検討していく必要があるであろう。

第5節　日米同盟は機能したのか

福島原発事故は、日米関係にとっては安全保障上の危機管理能力が問われる事態であった。原子炉の冷却機能と電源供給機能が同時に喪失した今回の事故の場合、発災直後から事態が急速に悪化していく中で、きわめて迅速な判断が求められた。まさに、各省庁にまたがる対処が必要な、核テロの実戦

---

116 国防総省関係者インタビュー、2011年11月3日。
117 チューエネルギー省長官（Steven Chu, Secretary of Energy）インタビュー、2011年11月2日。
118 枝野官房長官も同様の見解を示している。枝野官房長官インタビュー。
119 官邸作成クロノロジー、2011年8月31日作成。
120 NRC情報公開文書、ML11284A114。

になぞらえることもあながち誇張ではないほどの安全保障上の危機であった。しかし、こうした深刻な複合災害に対する想定や備えが欠如していたため、具体的な対処方法の決定では手探りの状態が続いた。

　日米調整会合と専門家レベルの技術実務者会合という2層での情報交換・認識共有体制が確立したことで、両国の政治レベルにおける日米関係へのコミットと専門家レベルにおける技術協力という二つのレベルで両国間に「全省庁横断的（whole of government）」アプローチの協調体制が確立された。これによって、日米間の安全保障上の危機という認識の相違や情報共有をめぐる摩擦解消だけでなく、日米両政府内での意思疎通も円滑になった。

　他方、22日にこうした会合が立ち上がるまでの間、とりわけ4号機爆発後の3月16日から17日にかけては、日米関係は極めて大きな危機に直面した。米国側は、日本側から提供される情報の少なさや、効果的な協力関係が確立できないことに苛立ち、日本側は米側の真意をつかみかね、米側に対する不信が高まった。米側は日本に対し、情報提供を強く申し入れるとともに、最悪事態を想定した放射性物質の拡散シミュレーションを行い、それに基づいて日本在住の米国民への出国勧告を行っている。

　この危機的な状況において、全省庁横断的なアプローチが確立されるまでの間、日米間の調整を担ったのは、自衛隊と米軍との同盟機能であった。発災直後から日米同盟は「日米調整所」を設置して意思疎通に努めていた。これは従来から緊急事態の際に想定されていた動きであった。しかし、自衛隊と米軍の協調においても、原子力災害への対応はまさに想定外だった。福島の災害現場における自衛隊の活動や警察や消防といった他の実行部隊を束ねる指揮統括と、22日までの政府間調整における防衛省の統括的役割は、事前に想定された任務ではなかった。

　日米同盟においても、今回の事故と似通った事態が想定される核テロ攻撃時の同盟の運用体制の構築は今後の課題である。防衛当局、軍、それに外交当局といった、従来から同盟の管理に携わってきた組織以外の政府組織や民間組織の関与がきわめて重要だった今回のような事故において、多層的な情報共有・協調体制を二国間だけでなく、政府内外のあらゆる機能を包含する形で、いかにシステマティックに構築できるかがカギになる。まさに、「whole of state」もしくは「whole of alliance」アプローチの構築が求められている。

最終章 福島第一原発事故の教訓
──復元力をめざして

レベル7：史上最大規模の原子力災害

　東京電力福島第一原子力発電所の事故は、東日本大震災の際の地震と津波による全電源喪失に端を発した、炉心溶融と水素爆発を伴うシビアアクシデント（過酷事故）だった。

　1号機、2号機、3号機の炉心はメルトダウンした。また、4号機の原子炉建屋が大破し、使用済み燃料プールの周辺部も破損した。その過程で、放射能汚染がきわめて広範囲に及び、旧ソ連のチェルノブイリ事故にも並ぶレベル7という史上最大規模の原子力災害となった。

　急性被曝による死者は、現時点では存在しないが、事故による放射性物質の飛散と環境汚染によって、約11万人の福島県民がいまなお避難生活を余儀なくされている。避難住民は生活の基盤と住み慣れた故郷を失い、子どもを含めた多くの人々は、今後長期にわたって健康への不安を抱き続けることになろう。

　環境汚染に伴う農畜産物と水産物への被害、消費不況、雇用喪失、不動産価値の崩落など経済への打撃も深刻である。

　この事故は、日本の戦後の最大の危機だったし、いまなお危機は終わっていない。そして、それは日本国内の放射能汚染にとどまらず、汚染水の海洋放出が近隣諸国の批判を浴びたことを含め、世界に大きな不安を与えた。

　福島第一原発の事故とそれに対する不十分な対応が、日本固有のガバナンスや危機管理の問題を反映していたことは間違いない。しかし、この事故は例外ではない。それは、世界のどこでも、いつでも起こりうる事故であり、被害である。

複合災害と並行連鎖原災

　福島第一原子力発電所事故は、地震、津波、原発災害が相互に絡み合った複合災害だった。2011年3月11日に起こったマグニチュード9の地震と10mを超える津波による壊滅的な被害により、道路、通信、輸送、物流が損壊、途絶し、地方、中央の行政機能が麻痺、停止したことが、原子力災害への取り組みを難しくした。加えて、放射能に対する恐怖が原災対応、そして自然災害対応をも難しくした。今回の原子力災害に当たって、政府の対応と危機管理を評価する際、それが複合災害であったことによる難しさを念頭においておく必要がある。

　原子力災害そのものも、1、2、3号機の3つの原子炉と4つの使用済み燃料

プールのメルトダウンの危険に同時に取り組むことになった。1号機の水素爆発が3号機の作業、なかでも冷却作業を妨げ、3号機の水素爆発が2号機のベント作業と海水注入作業を難しくする、つまり一つの事故が他の事故への対応を阻害し、他のプラントで起きなくてもよい水素爆発を招く「並行連鎖原災」の状況が生まれた。

　危機のさなかに、菅直人首相は、近藤駿介原子力委員会委員長に命じ、密かに「最悪のシナリオ」を策定させた。我々が入手した「福島第一原子力発電所の不測事態シナリオの素描」（近藤駿介、2011年3月25日）によれば、その最悪のケースの「線量評価結果」は、次のように考えられた。

①水素爆発の発生に伴って追加放出が発生し、それに続いて他の号機からの放出も続くと予想される場合でも、事象のもたらす線量評価結果からは現在の20kmという避難区域の範囲を変える必要はない。

②しかし、続いて4号機プールで燃料破壊とコアコンクリート相互作用が発生して放射性物質の放出が始まると予想されるので、その外側の区域に屋内退避を求めるのは適切ではない。少なくとも、その発生が本格化する14日後までに、7日間の線量から判断して屋内退避区域とされることになる50kmの範囲では、速やかに避難が行われるべきである。

③その外側の70kmの範囲ではとりあえず屋内退避を求めることになるが、110kmまでの範囲においては、土壌汚染レベルが高いため、移転を求めるべき地域が生じる。また、年間線量が自然放射線レベルを大幅に超えることを理由に移転することを希望する人々にはそれを認めるべき地域が200kmまでに発生する。

④続いて、他の号機のプールにおいても燃料破壊に続いてコアコンクリート相互作用が発生して大量の放射性物質の放出が始まる。この結果、強制移転を求めるべき地域が170km以遠にも生じる可能性や、年間線量が自然放射線レベルを大幅に超えることをもって移転を希望する場合にそれを認めるべき地域が250km以遠にも発生することになる可能性がある。

⑤これらの範囲は、時間の経過とともに小さくなるが、自然減衰にのみ任せておくならば、上の170km、250kmという地点で数十年を要する。

　この「最悪のシナリオ」は、それが現実のものとなった場合、首都圏3000万人の人間の避難計画を必要とすることを意味していた。「最悪のシナリオ」のポイントは、原子炉の水素爆発とそれによる作業の中断、そして4号機の使用済み燃料プールに貯蔵されている燃料棒の溶融、溶融した燃料とコンクリートとの相互反応に伴う放射性物質の大量放出が、もっとも恐ろしい脅威ととらえられていたということである。

　実際のところ、福島第一原発事故は、複数の炉が密集して並ぶことによって連鎖事故を起こす「並行連鎖原災」のリスクと、水素爆発によって建屋もなくなり、むき出しで、プールに水がなくなった場合の燃料プールの——おそらく原子炉以上の——リスクを露呈させた。

そして、吉田昌郎福島第一発電所所長は、これら3つの原子炉と4つの燃料プールの危機対応を行っていた。

事故は防げなかったのか

　決定的な瞬間はどこだったのか。全電源喪失を起こした11日から、炉心損傷が始まり、ベントを迫られ、海水注入を余儀なくされたその日の夜までの最初の数時間に、破局に至るすべての種はまかれたと思われる。
　「並行連鎖原災」の起点は、東京電力が、1号機のIC（非常用復水器）の隔離弁が「閉」か、それに近い状態であったことに気づかなかったことだったかもしれない。福島第一原発の吉田所長や東電本社は、ICが作動していると思いこみ、冷却機能が途絶えたことに迅速に気づかなかった。それに対応すべく、消火ポンプや消防車を使った1号機原子炉への代替注水が直ちに行われなかったこと、そして、格納容器のベントが11日夜までの間に速やかに行われなかったことが事態を決定的に悪化させた。
　危機の際、原発サイトでは、このような数々のヒューマン・エラーが起こったに違いない。ICの作動状況の誤認は、そのうちもっとも重大なエラーだったかもしれない。この点は、「東京電力福島原子力発電所における事故調査・検証委員会」（政府事故調査委員会）が中間報告で綿密に解明している点であり、我々の報告書もその成果を取り入れている。

人災――「備え」なき原子力過酷事故

　しかし、ここでのヒューマン・エラーは、一個人の誤認にとどまる話ではない。
　発電所の運転管理部長もユニット所長も発電所長も、さらには本店の原子力担当部門も等しく、それを誤認した。
　事故の際の東京電力の手順書（事故時運転操作手順書）は、全電源喪失を想定していない。東京電力は、過酷事故に対する備えを用意していなかった。オペレーターたちは誰一人として、それまでICを実際に動かした経験はなかった。彼らは全電源喪失への対処の教育、訓練を受けないまま、マニュアルもなく、計器も読めない、真っ暗闇の危機のただなかに放り込まれたのである。
　最後の頼みの綱の冷却機能が失われたのに、それへの対応が12日早朝までなされなかったことは、この事故が「人災」の性格を色濃く帯びていることを強く示唆しているが、その「人災」は、東京電力が全電源喪失過酷事故に対して備えを組織的に怠ってきたことの結果でもあり、「人災」の本質は、過酷事故に対する東京電力の備えにおける組織的怠慢にある。
　原子力安全に対する「第一義的な責任」は、国際原子力機関（IAEA）の「基

本安全原則」が明記しているように、「放射線リスクを生じる施設と活動に責任を負う個人または組織が負わなければならない」。すなわち、今回の場合、東京電力がその「第一義的な責任」を負わなければならない。ところが、今回の事故とその後の対応を見るとき、東京電力は責任感を著しく欠いているといわざるを得ない。

　備えを怠った背景には、原子力の安全文化を軽視してきた東京電力の経営体質と経営風土の問題が横たわっている。3月11日から12日10時まで、東京電力では、会長と社長の経営トップ2人が本店を同時に空けていた。この間、東京電力は、迅速な「組織的意思決定」ができなかった。事故対応の初動動作において、政府と東京電力は、危機管理の協力体制を組むことができなかった。その大きな原因は、東京電力が迅速かつ効果的な組織的対応に失敗したことに起因する。

　しかし、長期の全電源喪失に起因するシビアアクシデントを想定しない、不十分なアクシデント・マネジメント策しか用意していなかったことを許容した点では、安全規制当局である原子力安全・保安院も、保安院の「規制調査」を任務とする原子力安全委員会も責任は同じである。

　軽水炉に関する原子力安全委員会の「安全設計審査指針」は、「長期にわたる全交流電源喪失は、送電線の復旧または非常電源設備の修復が期待できるので考慮する必要はない。非常用交流電源設備の信頼度が、系統構成又は運用（常に稼働状態にしておくことなど）により、十分高い場合においては、設計上全交流電源喪失を想定しなくてもよい」と記している。この部分では、直流電源の喪失については言及がない。

　福島第一原発の事故では、「送電線の復旧または非常電源設備の修復」はついにできなかった。今回は、交流電源と直流電源の双方が長時間にわたって失われた結果として生じた事故である。原子力安全委員会の責任は重い。

　もう一つ、「備え」の象徴的な失敗例は、オフサイトセンターである。オフサイトセンターは、1999年のJCO臨界事故の際の対応を反省して、設置された。事故時には、そこを前線指揮の拠点として現地対策本部を直ちに置くことが定められている。しかし、オフサイトセンターは今回、まったく役に立たなかった。原災対策用の拠点であるにもかかわらず、そこには空気浄化用のフィルターさえ取り付けられていなかった。オフサイトセンターの運営・管理を担う原子力安全・保安院の責任は重い。

　もっとも問題だったのは、SPEEDI（緊急時迅速放射能影響予測ネットワークシステム）のケースである。これは、放射能拡散予測の「備え」として喧伝されながら、まったくの宝の持ち腐れに終わった。文部科学省や原子力安全委員会は「放出源データが取れないという不確実性」を理由に、その活用には消極的だった。

　11日から15日にかけて、政府（福島県を含む）は5次にわたる住民避難を実施した。

しかし、政府がSPEEDIの試算結果を公表した23日までの間、菅首相はじめ官邸政務は、その存在に気づいていたものの、それを住民避難の判断材料としては活用しなかった。原子力安全・保安院、文部科学省、原子力安全委員会、なかでも文科省が、その有用性についての限界と疑念を強調したことに加え、その公表が住民と国民に「無用の混乱を招く」恐れがあるという理由からである。

今から振り返ると、3月15日が運命の日だった。この日、放射性物質の飛散量が劇的に増えた。放射能を「閉じこめる」堤防はここで決壊した。どの地域の住民をいつまでに、どこへ、逃がすか、それとも屋内に止まらせるのか、それをいつまでとするか。この日の、その対応の判断材料とするため、SPEEDIは30年にわたり開発してきたのではなかったのか。

たしかに、ERSSからの放出源情報を入力して計算するSPEEDIはそのデータがなければ使えないと判断されても仕方がない面があったかもしれない。放出源情報が得られない以上、SPEEDIの予測の精度は格段に落ちることになるかもしれない。それでも材料としての使いようはあっただろうし、その工夫もほしかった。少なくとも15日の試算結果は、同日午後に、北西部の広い範囲に放射性物質が飛散することを指し示していた。それに気づきながら、これらの行政機構の中の誰一人、「北西部が危ない」と叫んだものはなかった。そして、このことが政治問題化するや否や、これらの行政機関、とりわけ文科省は、その評価任務を他に押しつけるいわゆる「消極的権限争い」に逃避しようとした。

SPEEDIもオフサイトセンター同様、結局は原発立地を維持し、住民の「安心」を買うための「見せ玉」にすぎなかったように見える。政府は、SPEEDI試算結果の情報を速やかに公開すべきであった。

もっとも、住民避難の判断材料としてのSPEEDIの効用に対する過度な期待は持つべきではない。住民避難は、もっとも難しい種類の政治判断を必要とする。それをシミュレーションの結果だけで決めることはありえない。そして、それは政治判断の代替にはなりえないし、ましてやそれを回避するための口実に使ってはならない。それは放射性物質放出を伴う原発事故の初期段階における予防的利用、つまりは「警報」の一つとみなすべきであろう。

絶対安全神話の罠

なぜ、原子力発電所の事故への備えがこのように不十分だったのか。おそらく、過酷事故に対する備えそのものが、住民の原子力発電に対する不安を引き起こすという、原子力をめぐる倒錯した絶対安全神話があったからだと思われる。

絶対安全神話とは、原子力災害リスクをタブー視する社会心理を上部構造

とし、原子力発電を推進する原子力ムラの利害関心を下部構造とする信念体系である。それは、原子力の導入、立地を受容するための環境作り、イメージづくりであり、社会的合意づくりのために必要とされてきた。その背景に、第二次世界大戦の際の広島と長崎への原爆投下という日本の被爆体験とそれによる反核感情の根強さがある。

　1970年代以降、日本の原発建設が進む中で、産官学と原発立地自治体の原発推進派——ヨコとタテの原子力ムラ——は、原発反対運動に対抗するため、原災リスクを封じ込めようとしてきた。リスクを露わにするとそれを除去するまで原発の運転停止を求められることを彼らは恐れた。原発の安全をめぐっては、電力会社も規制官庁も、「住民に不安と誤解」を与えかねないむき出しの安全策や予防措置を嫌った。人々の「小さな安心」を追い求めるあまりに、国民と国家の「大きな安全」をおろそかにする原発政治と原発行政が浸透した。その「安心」レベルを超える「不安と誤解」を招きかねないリスクは「想定外」という言葉で排除された。

　今回もまた、東京電力は、「今般の津波は当社の想定を大きく超えるもの」だったと主張している[1]。しかし、三陸一帯を襲った貞観津浪（西暦869年）の研究が進み、その意味合いが注目を集めるようになるにつれ、もはや津波の高さは「想定外」ではなくなっていたし、実際、東海第二原発では津波の想定される高さを上げ、海水ポンプの津波対策を強化していた。また、東北電力女川原発では建設当初より高い津波を想定し、敷地高に余裕を持たせていた。実は、東京電力の原子力技術・品質安全部は、福島原発が「想定」した以上の高さの津波の来る可能性を示すシミュレーション結果を2006年に発表していたが、これは東電原子力部門上層部から「アカデミック」との理由で却下された。

　津波の襲来は「想定外」ではなかった。多くの研究がそれを「想定」していたのに、東京電力は聞く耳を持たなかった。要するに東京電力の「想定が間違っていた」ということである。「想定外」を口にすることは、リスクマネジメントを放棄することにほかならない。ただ、規制当局も、津波リスクに対する新たな知見を織り込むよう事業者に勧めたものの、具体的措置は求めず、それを規制対象とはしなかった。

　絶対安全神話は、安全性向上のための新たな科学的知見や技術革新の最新の成果を、既存の原子力発電システムに取り入れるいわゆる「バックフィット対応」をも妨げた。改良すると、これまでの安全措置と安全規制が不十分だったのかと批判される恐れがあるし、それを認めることになりかねない。改良が終わるまで原子炉の運転を止めるべきだとの声を勢いづかせる恐れもある。電力会社も規制官庁も、そのような罠にはまってしまった。

安全規制ガバナンスの欠如

　日本の原子力安全規制体制は、当時の通商産業省（現在の経済産業省）と科学技術庁（その後、文部科学省に併合）の二元的原子力行政、規制官庁である経産省・資源エネルギー庁傘下の原子力安全・保安院と、その保安院を「規制調査」する内閣府所掌の原子力安全委員会との「ダブル・チェック」制度という、推進、規制両面の縦割り体制を特徴としている。

　この構造の問題点は、つとに国際的にも指摘されてきた。例えば、2007年6月、IAEAは、総合規制評価サービス（IRRS）による『日本政府への報告書』を発表し、その中で、「規制機関である原子力安全・保安院の役割と原子力安全委員会の役割、とくに安全審査指針策定における役割を明確にすべきである」と勧告した。

　しかし、これに対して、原子力安全委員会は2008年3月、「総じて、日本の規制は、国際的基準に照らしても非常に優れており、原子力安全の確保に有効に機能しているとの高い評価を、幸いにも得ている」との声明を委員長名で出し、勧告を一蹴した。

　このような声明がいかに的はずれであったかは今回、明白である。

　ここで示されたのは、日本の原子力安全規制に関する「一国安全主義」的な傾向と心理である。日本の原子力安全規制体制や安全規制文化は、世界の水準より上という思い込みと優越感を伴った「安全規制のガラパゴス化」が進んだ。過酷事故対策の義務化や対原発テロ対策の国際協調の観点が日本に根付かなかったのも、その表れである。

　原子力安全・保安院は、規制官庁としての理念も能力も人材も乏しかったといわざるを得ない。ここは、結局のところ、安全規制のプロフェッショナル（専門職）を育てることができなかった。事故の際、原子力安全・保安院のトップは、官邸の政務中枢の質問にまともに答えられず、事故収束の対応に向けて専門的な企画も起案も行えなかったし、東京電力に対しては、事故の進展を後追いする形で報告を上げさせる、いわば「御用聞き」以上の役割を果たすことができなかった。

　原子力安全規制に関わる官庁は、「東電を規制しているようで、道具にされている」と経産省出身の官邸中枢スタッフがいみじくも告白したように、原発安全規制をめぐる規制官庁側と東電の関係は、実際は技術力、情報力、政治力に優る東電が優位に立っていた。危機にあたって、保安院は、東電の資源と能力と情報に頼って対応せざるを得なかった。しかし、危機は、東電の能力の限界をはるかに超えていた。今回の原発危機は何よりも、安全規制ガバナンス危機として立ち現れた。

　こうした原子力の縦割り行政と安全規制の重複を克服し、そして何よりも

1　東京電力「福島原子力事故調査報告書（中間報告）」、2011年12月2日

原子力推進行政から独立した原子力安全規制機関をつくらなければならない。

現在、日本政府が検討している原子力規制庁は、環境省の外局に置かれることが決まっているが、これで筋金入りの独立性を確立することができるのかどうか、そして、原発テロや過酷事故の際に、危機対応できるのかどうか。疑問なしとしない。なにより、過酷事故に十分に対応できる専門的な実行部隊をつくらなければならない。そもそも、福島第一原発事故の教訓を真剣に引き出さないうちに新たな機構を拙速でつくるべきではない。

ただ、最大の挑戦は、組織より人である。「役職」と「肩書」の人間では、危機を乗り切れない。今回、そのことをイヤと言うほど思い知らされた。なぜ、プロが原子力安全・保安院トップにいなかったのか。それは、保安院のトップ人事が、本省（経済産業省・資源エネルギー庁）の定期人事の一環として2、3年で交代する日本の官僚人事と組織文化のせいである。規制官庁のトップは、その分野の専門職が長期にわたって担当するのでなければ、規制はホンモノにならない。規制される側が規制当局に真剣に向かい合わないからである。安全規制とは、政治家にとっても行政官にとっても、「得点」になりにくい分野である。何も起こらなくて当たり前、何か起こったら責任を国会で追及される。霞ガ関の官僚社会では"うまみのない"仕事である。しかし、原子力安全規制は、「国民を守る」という政府のもっとも大切な仕事にほかならない。安全規制をライフワークとする使命感の強いプロフェッショナルたち、いわば安全規制の「士官」たちを育成し、しかるべき待遇を与えなければならない。

「国策民営」のあいまいさ

日本の原子力発電は「国策民営」という名の下で、政府が掲げる原子力平和利用推進の「国策」を、民間企業が原子力発電事業を「民営」で担う体制で進められてきた。

今回、平時においては、民間企業（電力会社）が原子力発電事業を経営することは問題がないとしても、原災危機においては、政府が最大限の責任を持って取り組む以外ないということを如実に示した。東京電力の危機管理能力と意思決定、そしてガバナンスの弱さは、このような企業に原子力発電を行う資格があるのか、という疑問を国民に抱かせる結果となった。

しかし、その疑問は東京電力に対してのみ向けられるべきではないだろう。国もまた当事者意識の恐ろしいまでの欠如を露呈させた。このような政府に、原子力行政を委ねて大丈夫なのか、という深刻な疑問を国民は持つに至っている。それにもかかわらず、日本が今後どのような原発体制を採るにしても、原子力の安全規制や放射性廃棄物の処分、さらには過酷事故の対応に関しては、国が責任を持つ以外ない。

今回の並行連鎖原災の中で、4号機の燃料プールがもっとも「弱い環」で

あったことは示唆的である。青森県六ケ所村再処理工場の本格操業の遅れもあり、日本の原発の使用済み燃料は建屋のプール内に貯蔵され続けているが、これが大きなリスクであることが明らかになった。福島第一原発事故は、日本の核燃料サイクルのあり方にも根本的な問題を提起したと言える。

　3月15日未明の東京電力の「撤退」事件とそれに触発された菅首相以下官邸政務中枢の暁の東電本店乗り込みと対策統合本部の設置は、最後は国が責任を持って事故の収束に当たらなければならなかった真実を物語っている。菅政権中枢の政治家たちが我々に対して行った証言によれば、東電に乗り込んだ菅首相は、東電本店のオペレーション・ルームで働く200人以上の東電社員を前に、次のように「訓示」した。

「これらを放棄すれば何カ月かのちにはすべての原子炉と使用済み燃料プールが崩壊して、放射能を発することになる。チェルノブイリの2倍から3倍のものが10基、20基と合わさるんだ」

「そうなれば日本の国が成り立たなくなる。何としても命がけで、この状況を抑え込まないといけない」

「撤退を黙って見過ごすわけにはいかない。そんなことをすれば、外国が、アメリカもロシアも、何もしないでいるだろうか。『自分たちがやる』と言い出しかねない」

「君たちは、当事者なんだぞ。命をかけてくれ。東電は逃げても、絶対に逃げ切れない。金がいくらかかっても構わない。日本がつぶれるかもしれないときに撤退はありえない。撤退したら東電は100％つぶれる……」

　菅首相はこの時、東電の社員に「命をかけてくれ」と求めている。東電の現場の従業員は「決死隊」をつくり、放射線量を浴びながらベント作業などを行った。

　しかし、今回、最後の砦は、自衛隊だった。自衛隊は、放射線量の高まる原発敷地での原子炉と使用済み燃料プールへの注水作業を先導した。これは、統合幕僚監部の幹部の表現を使えば、「計画はない、作戦もない、情報もない中での対応」だったが、自衛隊員たちは、その任務を黙々と遂行した。

　過酷な原子力事故が起こった場合の国の責任と、その際に対応する実行部隊の役割を法体系の中により明確に位置づけなければならない。将来的には、米国の連邦緊急事態管理庁（FEMA）に匹敵するような過酷な災害・事故に対する本格的実行部隊の創設を目指すべきであろう。

セキュリティなき安全

　国の責任の明確化を必要とするもう一つの理由は、原発におけるセキュリティの重要性の高まりである。福島第一原発事故は、核テロの危険性を社会に知らしめるとともに、それに対する備えがきわめて不十分であることを明るみに出した。

核セキュリティ面での「備え」のなさが、セーフティー面での「備え」のなさを許してしまった側面が露わになった。国際社会、なかでも米国からは過去、日本の原発のセキュリティが手薄なことに対する懸念が何度も表明されてきた。とりわけ、2001年の9.11テロ以降、米国は原子力施設でのテロ対策を強化し、その一環として2002年2月、NRC（米国原子力規制委員会）がB.5.b対策で、攻撃を受けた場合の「被害の極小化」を図るとのガイドラインを事業者に示した。

B.5.b対策は、テロ攻撃で爆発や火災があっても、原子炉や使用済み燃料プールの冷却を確保するための対策である。ここでは、
①想定される事態に対応可能な機材や人材の備え
②使用済み燃料プールの機能維持及び回復のための措置
③炉心冷却と格納容器の機能の維持及び回復のための措置
を要求している。

このうち②については、給水手段の多重化と、給水装置の柔軟性と動力の独立性を求めている。また、③については、プラント運営に必要なあらゆる交流電源と直流電源が失われることなど１２のケースについて緊急事態対策を確立することを求めている。

NRCは原子力安全・保安院に対して、B.5.b対策を通知し、日本に核テロ対策強化を促したが、保安院は、その進言そのものの受け取りを拒んだという。この点について、保安院の現在の院長である深野弘行氏は「当時の保安院担当者によると、NRCからは、資料をもらえなかったし、メモも取らしてもらえなかったとのことだった」とし、核セキュリティに関する機微情報の取り扱いが政策協調の壁となったとの見方を示唆している。我々がインタビューしたNRC幹部は「保安院側は、当初、日本にはテロ問題は存在しないと述べた」と発言し、日本側のテロと核セキュリティに対する取り組みの姿勢そのものへのNRC側の不信感を表明している[2]。

同NRC幹部は、「日本に対しては、90年代にはシビアアクシデント・ガイドラインを示したが、日本側、とくに東電はまったく関心を示さなかった。それから9.11後、航空機が原発に突っ込む原発テロシナリオに備える準備を始めたが、今度は保安院が全く関心を示さなかった」と明かしている。この幹部の証言の通り、日本の安全規制当局が、米国からの警告を正面から受け止めなかったとしたら、それは規制当局としての重大な不作為と言える。

核テロ対応のセキュリティチェックを強化していれば、深層防護を厚くできた可能性が強いし、その面からの深層防護強化を図ることによって、「絶対安全神話」を超えた現実的なリスク管理への転換も不可能ではなかっただろう。

究極のところ、原子力（核）は、いったん事故を起こすと人間の命に重大な脅威を与える人間安全保障の問題だけでなく、国家の根幹にかかわる国家安全保障の課題であり、世界の安全とセキュリティを脅かす国際的安全保障

の問題であるとの認識が希薄だった。汚染水の海洋投棄を関係国に事前に連絡もせず、行ったのはこうした原発の"一国安全主義"的思考を映し出していたのだろう。

　A nuclear accident anywhere is an accident everywhere.——原子力事故はどこで起きようとどこへでも影響を及ぼす。

　日本は、この言葉を心にとどめ、原子力安全、核セキュリティ、核不拡散のいずれにおいても実効性の高い国際協調体制の構築を目指すべきである。

　危機がもっとも深刻だった3月14日から16日にかけて、官邸中枢政務は「福島はもはや戦場だ」という言葉を何度となく吐いた。「最悪のシナリオ」が現実となった場合、3000万人の首都圏の住民を避難させなければならない——このような実存的な脅威に直面したとき、日本は政府として、また、国としてきわめて不十分な体制にある。

　今回の危機は、そのことを痛切に想起させることになった。3月16日、米政府は、日本政府の原発事故対応について、「政府一丸となって、取り組む必要がある（You need a whole of government approach.）」と異例の注文をつけた。

　日本政府は、国家が持っているすべての資源を動員できていない。国の力を統合できていない。資源の動員は縦割り行政の壁に阻まれ、情報は官僚機構のたこつぼの底に滞留しているのではないか。国民を守るのにどこが最後に責任を持つのか、それを誰が決めるのか。米国のこのような深い懸念は、日本の「国の形」に向けられたのではなかったか。福島第一原発事故は、日本の戦後の歴史の中で「国の形」のあり方をもっとも深いところで問うたとも言える。

危機管理とリーダーシップ

　福島第一原発事故と事故後の東京電力と政府の対応は、危機管理とリーダーシップのあり方について根本的な問いかけをしている。東京電力福島第一原子力発電所の吉田昌郎所長は、東電本店から1号機への海水注入の停止を求められたにもかかわらず、吉田所長の「自己の責任」で注入を継続した。吉田所長は、本店とのテレビ会議では「中断」と本店に聞こえるように宣言しながら、その実、マイクに声を取られないように小声で担当責任者に「これから海水注入中断を指示するが、絶対に注水をやめるな」と指示した。この例は、東京電力の本店と現場、事務系と原子力ムラ、政府と事業者の二重、三重での「信頼の連鎖崩壊」であり、また、上位機関のリーダーシップ不在が現場に負担としわ寄せを強いた事例とみなすべきである。

2　NRC幹部インタビュー、2011年8月24日

吉田所長以下、東電福島第一の現場の職員たちは、事故対応に命がけで取り組んだ。あの危機の中での吉田所長の勇気と使命感と踏ん張りを讃える声は多いし、それは否定しない。海水注入事件に関しても、吉田所長の"独走"は、本店の意思決定力の弱さとガバナンスの貧困の裏返しという面もある。東電本店は、現場の起案に対し、明確な方針も的確な対案も示さず、また、官邸に現場の知見のフィードバックを伝えることもしなかった。本店はただただ"迷走"していた。

　そのような東電本店のガバナンスの深刻な不具合を指摘したうえでなお、現場の"独走"は、その判断が結果的に正しかったにせよ、問題を孕んでいることを指摘しておかねばならない。とりわけ、それをあたかも「現場力」の表れであるかのように讃える風潮は、危機管理の観点からも問題なしとしない。重大な事故・災害は往々にして、現場の責任者の「自己の責任」では到底及ばない広がりと複雑さを持つ。そのような事故のアップスケール（規模の拡大）の場合、最終責任を負うのは上位機関であり、最後は政府であり、所長はその責任を代替することはできない。福島第一原発事故は、最後は首都圏住民の避難を必要とするかもしれない、日本の国家としての生存そのものを脅かす広がりと複雑さを持つ危機であったことを忘れてはならない。

　官邸の政治主導による意思決定のうち、炉の安定策とともに死活的に重要だったのが、住民避難策だった。政府は、11日夜からの24時間以内に、2km圏（福島県指示）、3km圏、10km圏、20km圏へと4回も住民避難区域を広げた。主として予防的な対応であり、その結果、多くの住民の放射線被曝を予防しえた点は評価できる。

　ただ、指示を出したもののその確認や支援は不十分だったし、指示の根拠となる情報や評価の提供はさらに不十分だった。屋内退避の長期化による生活圧迫の可能性とそれに対する対応策を事前にもっと考慮すべきであった。また、3月25日に実施した「自主避難」指示は、もともと防災指針には規定されていない概念であり、情報を持たない住民に避難の判断を委ねるあいまいな決定だった。今後は、緊急防護の手段として「自主避難」を用いることはできるだけ避けるべきであろう。

　危機勃発後、予測していないことが次々と起こる中、政府は、事態を把握できず、制御もできなかった。科学的、技術的な把握力だけでなく、政治的、行政的な掌握力も発揮できなかった。とりわけ東電と政府の情報・評価共有と意思疎通がうまくいかなかった。

　それがようやくできるようになったのは15日、東電に政府と東電の対策統合本部を設置してからである。15日の対策統合本部と22日の日米調整会合の発足を受けてはじめて日本は「政府一丸」（whole of government）の態勢を整えることができた。

　対策統合本部の設置に関しては、その原因となった東京電力の「撤退」の真相はなお闇の部分に包まれている。東京電力は、清水社長が官邸に伝えた

ことは「プラントが厳しい状況であるため、作業に直接関係のない社員を一時的に退避させることについて、いずれ必要となるため検討したい」というものであり、「全員撤退」については、「考えたことも、申し上げたこともない」と主張している[3]。

しかし、海江田万里経産相と枝野幸男官房長官は我々のインタビューに対して、清水氏は両氏への電話の中で、「退避」の性格や規模や方法は具体的に言わなかったこと、そして、清水社長の発言を「撤退」と受け取ったこと、をそれぞれ証言している[4]。

それにしても、清水社長は、なぜ、真夜中に、官邸中枢の政治家に、何度も電話をかけるという異例の行動をとったのか。その点について、東京電力はこれまでに納得のいく説明をしていない。東電「撤退」に関する官邸の受け止め方が「誤解」だったとしても、清水社長はなぜ、あえて「誤解」を招くような言い方をしたのか。「全面撤退」を匂わすことにより、政府を全面的に介入させ、政府にげたを預けようとしたのだろうか。いや、12日未明の1号機のベントの遅れも、放射性物質放出の責任を逃れるべく、政府に強制命令を出させるためあえて遅らせたのだろうか。我々は、これらの点を含め東電の危機対応の判断と意思決定を解明しようと努めたが、東京電力は我々の経営陣に対するインタビューを拒否した。これらの仮説は、今の段階では、推測の域を出ない。これらの仮説のさらなる検証は、政府、国会の事故調査委員会にバトン・タッチせざるを得ない。

官邸主導による過剰なほどの関与と介入は、マイクロマネジメントとの批判を浴びた。菅首相が、個別の事故管理（アクシデントマネジメント）にのめり込み、全体の危機管理（クライシスマネジメント）に十分に注意を向けることがおろそかになったことは否めない。携帯電話で、電源車の手配を率先して行い、保安院のトップが頼りないと見ると同保安院の課長にも直接電話するなど菅首相の関心は、現場のロジスティックスと技術論に傾きがちだった。強い言葉遣いや相手を試す詰問調の質問が、官僚や助言者を萎縮させたケースも多かった。また、14日の3号機の水素爆発の後など菅首相の言動は時に、班目春樹原子力安全委員長の表現を使えば「テンパッた」印象を与えた。

この頃から一両日の間、菅首相はじめ官邸中枢が時に無力感や恐怖感に駆られていたように見える。彼らは放射線量に関する情報開示が住民と国民のパニックにつながるのではないかと神経を尖らせた。福山哲郎副官房長官は、ベントや水素爆発や放射性物質の飛散と住民避難の関係に関して「福島や日本中にパニックが起こらないかという議論をした」と回想しているが、国民

---

[3] 東京電力「福島原子力事故調査報告書（中間報告）」、2011年12月2日
[4] もっとも14日夜、清水社長のこの両氏への電話に先だって清水氏から電話を受けた寺坂原子力安全・保安院院長は、我々のインタビューで、「（清水社長が）撤退と言ったことは私は理解していない」と答えている。
[5] Clarke L, Chess C (2008) Elites and Panic. Social Forces. 87(2):993-1014

のパニックへの過剰なほどの懸念の表出そのものが、官邸中枢が「エリート・パニック」[5]に陥ったのではないかとの印象を国民に与えたことは否めない。

　一方で、菅首相はじめ官邸中枢の意思決定者が直面したさまざまな制約要因の大きさを認識しておく必要がある。そして、それらの制約要因が、菅首相をはじめ官邸政務中枢の過剰なほどのマイクロマネジメントを必要とした側面も否定できない。政治指導者に対する科学技術の助言機能は非常に弱かった。危機のさなか、首相は6人もの内閣官房参与を次々と任命し、携帯電話で直接連絡を取り合った。原子力のような巨大技術の失敗が起こった時、専門的知見を持つ人材による助言機能がいかに重要であるかを、今回の事故は教えている。日本にも独立した科学技術評価機関（機能）を創設し、首相に対する科学技術の助言機能を強化する必要がある。

　政府の危機管理機能も脆弱だった。最大の問題は、原災本部事務局が機能しなかったことである。その任を負うべき原子力安全・保安院は危機対応の備えがなかった。原子力安全・保安院は、原災本部も現地本部もオフサイトセンターもいずれも運営、管理がまともにできなかった。官邸に置かれた危機管理センターや危機管理監も十分に機能したとは言えない。官邸中枢のスタッフ（官僚出身）の一人は「危機管理センターから原発事故に関して、こんな情報があります、と上に上げてきたものは一人もいなかった。政治主導の問題が言われるが、官僚劣化の方がもっとひどかった。裸で見たら、これではどの総理が来てもうまくいかなかっただろう」と回想している[6]。官邸地下の危機管理センターは、各省担当者が声を掛け合う作業室ではあっても、政治指導者が担当責任者や専門スタッフとともに、選び抜かれた情報とオプションを踏まえ、静かに決断をするシチュエーションルームではない。

　政府の危機管理は、ルーティーン（通常）の価値観に則って行動する官僚機構を、どれだけ早く緊急時対応に切り替えるか、がカギである。官僚機構は平時においては、法遵守、公正、効率、稟議（ボトムアップ）などを重んじる。しかし、危機の際の意思決定では、柔軟性、臨機応変、優先順位の明確化、リダンダンシー（余剰）、トップダウンなどを優先させなければならない。縦割りとたこつぼの組織の垣根を取っ払い、資源と権限を統合し、能力を一気に増幅させなければならない。しかし、官僚機構はなかなかそれに適応できない。しかも、東京電力は官僚機構以上に官僚機構だった。

　東電本店に設置した対策統合本部は、このような状況の下で生まれた危機管理のための便法であった。それが、異常時における日本型行政指導の様相を呈しであり、規制ガバナンスの丸ごとの空洞化を伴ったとしても、あの状況下で、政府（官邸及び各省庁、特に防衛省・自衛隊、警察、消防庁、さらには米政府）と東電（本店と福島第一）の情報、資源、能力の最大限の共有を図る上で一定の効果を上げたことは認めるべきである。

　危機のさなかに「最悪のシナリオ」を策定したことも前向きに評価するべきである。その公表のあり方や記録の残し方について議論の余地はあるだろ

うが、「最悪のシナリオ」は最悪のケースをピンポイントで指し示すより、むしろそれをつくる過程で危機を立体的にとらえ直し、認識の死角を気づかせ、持続可能な根本的対応を探求することに意味がある。菅政権は、近藤駿介原子力委員長の作成した「不測事態シナリオの素描」を踏まえ、4号機の使用済み燃料プールの補強工事を含む放射線遮蔽・放射性物質放出量低減対策、核燃料取り出し・移送、リモートコントロール化、などのプロジェクトチームを立ち上げた。

危機に直面した政府は、「想定外」を放置したままの穴だらけの原子力災害マニュアルでは、事故に対応できなかった。菅首相が「事故にセオリーはない」[7]と割り切って事に当たったことは致し方なかったところもある。有事対応も「最悪のシナリオ」もまったく用意せずに、このようなマニュアルを放置してきた歴代政権の政治的責任も問わなければならない。

おそらく、菅政権の官邸の危機管理の中でもっとも難しかったのは、危機コミュニケーションだったかもしれない。国民のほとんどは、放射線量の数値を聞いても、理解できない。何を基準にして、どれだけ危ないのか、危なくないのか、分かりにくい。リスクを示す何らかの物差しが必要だったが、今回の事故対応では食品汚染にしても校庭の線量基準にしても、色々な数字がバラバラに示され、国民を混乱させた。

避難区域においては、避難し遅れた人々の家の前に、「白い防護服の男」が突然、現れ「逃げなさい」とただ言い渡すだけで、理由を聞かれても、答えない。そのような問答無用の危機コミュニケーション（の欠如）がまかり通った。

危機の核心は、政府が、危機のさなかにおいて国民の政府に対する信頼を喪失させたことだっただろう。危機コミュニケーションが最終的には政府と国民の信頼の構築に帰着するように、危機に際しては、政府と国民が力を合わせなければ乗り切ることはできない。政府は、「安全」に真剣に取り組み、国民をしっかりと守る。専門家もそれに寄与する。それに対する国民の信頼があってこそ、危機にあっても国民は「国に守られている」という「安心」の芯を維持できる。もとより、国民も危機管理に責任を負う。「小さな安心」の消費者としてだけではなく、「大きな安全」の建設者として、社会と政治に参画する責任である。

危機における政府と国民のコミュニケーションは、ソーシャルメディアの発達で一段と双方向性を強めている。ソーシャルメディアは今回、危機の際のコミュニケーションの道具としてきわめて有効であることを示した。たしかに、それが不確実な情報に基づく「風評被害」を増幅した面はある。手放しのソーシャルメディア礼賛は危険である。ただ「風評被害」も含む様々な

6　官邸中枢スタッフへのインタビュー、2012年1月6日
7　菅直人前首相　世界経済フォーラム2012年総会パネルでの発言（2012年1月26日）

ノイズ（騒音）の中に、国民が必死に発するSOSのシグナル（信号）が点滅していることを忘れてはならない。政府は、国民への発信とともに、国民からの受信にもっと気を配らなければならない。

復元力（レジリエンス）

　危機対応のすべての面で失敗したわけではない。例えば、2007年の新潟県中越沖地震の教訓を踏まえて建設した免震重要棟は、今回、原発災害対応の拠点として大きな役割を担った。免震重要棟そのものも放射能汚染されるなど、気密性は不十分でその機能には改善の余地があるが、免震重要棟がなかった場合、敷地内の原災対応はほとんど不可能に近かっただろう。

　たしかに東京電力は津波対策を怠った。しかし、東北電力の女川原子力発電所や日本原子力発電所の東海第二原子力発電所は、津波対策が功を奏し、全電源喪失を免れた。原災法も原災マニュアルも、そのままでは使えなかったが、意味がなかったのではない。問題はマニュアルなのではなくて、経営的、政治的な意図で織り込んだ「想定」と「想定外」であり、それを許した人間なのである。前の危機の経験を基に作ったマニュアルは、次の危機にはそのままでは使えないかもしれない。危機対策には、その「余地」をあらかじめ織り込んでおかなくてはならない。危機時において求められるのは、整いすぎたプラン（防災計画）というより、むしろつねに危機に備え、対応できるプランニング（防災計画中）の態勢である。同じ危機は、二度と同じようには起きない。

　福島第一原発は、レベル7の大災害であったにもかかわらず、そして約11万人の人々が今も避難生活を余儀なくされている悲劇であるにもかかわらず、急性被曝による犠牲者はこれまで存在していない。官邸中枢スタッフは我々のインタビューの中で「この国にはやっぱり神様がついていると心から思った」と思わず漏らしたものである。

　事故から時間が経つにつれて、事故のシミュレーション解析が進み、高温で溶融した核燃料の大半は、原子炉圧力容器を突き破って、格納容器のコンクリート床にまで沈み込んでいることが推定されている。（東京電力　福島第一原子力発電所「1～3号機の炉心損傷状況の推定について」、2011年11月30日）「最悪のシナリオ」にきわどいところまで向かっていた可能性は十分にあった。

　確かに、運の要素もあったに違いない。しかし、運を当てに、危機管理をすることはできない。同じ運は、二度と同じようにはやって来ない。

　危機管理は、事故や災害の原因と、それらへの取り組みから教訓を導き出し、そこから新たな目標と方法に向けての国民的合意をつくることで完結する。最後は、国と組織と人々の復元力（レジリエンス）を高めるために行うのである。

我々の検証の目的もまたそこにある。検証を終えて、まだまだ切り込まなければならない課題の多いことを痛感する。例えば、住民避難をめぐる国、県、自治体間の情報伝達やコミュニケーションのあり方、県のSPEEDIの活用はじめ危機管理の際の機能と役割、災害直後の住民に対する放射線管理や内部被ばく検査の遅れ——とりわけ子供の内部被ばく検査が放射性ヨウ素の消滅した8月以降になったこと——、食品汚染の広がりの原因と責任、リスクコミュニケーションにおけるメディアの役割、米国の日本政府に対する対原発テロ対策強化要請が受け止められなかったいきさつ、などがそれらの例である。

東京電力福島第一原子力発電所事故と被害を検証し、教訓を引き出す作業は、これからも息長く続けていかなくてはならない。

3.11（3月11日）を「原子力防災の日」とすることを提案したい。

福島第一原発事故の教訓を思いだし、原子力の安全・セキュリティを確認し、事故への備えを点検し、真剣な訓練を実施する。政治指導者は、リーダーシップと危機管理の大切さを胸に刻む。

この事故を忘れてはならない。

（文中肩書きは当時）

遠藤哲也委員　福島事故が露呈した原子力発電の諸問題

日本の原子力発電は、これまで一応順調に発展して来た。筆者もかつて原子力委員という推進側の一人として、その一翼を担って来た。日本の原子力発電は総発電量の3割近くを占めるに至り、技術的水準も高く、平和利用に徹してIAEAの保障措置を遵守し、世界の優等生と自負していた。しかし、その発展の影には、多くの問題を抱えていたが、日本の原子力界は官民と共に、内在する問題をあえて直視しようとせず、むしろ自信過剰、謙虚さに欠けるところがあった。

今回の福島事故は、日本の原子力発電が内包する諸問題を、甚だ悲惨な形ではあったが、露呈した。日本の原子力は今後これらの問題を踏み越えて再び立ち上がれるであろうか。それには、まず事故の原因を徹底的に解明する必要がある。

この調査報告書は、政府や国会の報告書と違い、何のしがらみもない民間の独立した報告書であることに意義があり、事故の背景にある要因を遠慮なく分析することと、事故の国際的な側面に光をあてることに特色がある。福島事故は、直接的には地震と津波という「天災」によって引き起こされたものであり、「天災」は自然の怒りであってどうしようもないところがあるが、「天災」を悲惨な原発の大事故にしたのは、筆者には「人災」の要素が大きかったように思われる。歴史にイフ（if）はないが、外部からの声に謙虚に耳を傾けていたならば、もし原子力施設に対し適切な設計、シビアアクシデントに対する十分な準備などがなされていたならば、少なくとも影響を大幅に減ずることが出来たのではなかったかと思われる。いずれにせよ、人災は人間の力によって、人智によってある程度は克服できるのだから、禍を転じて福となすことができよう。

これからの問題は、この事故から国内的にも国際的にもどのような教訓を得るかであり、かつ得た教訓をすみやかに実行に移すことである。我々の調査がそれに寄与することを期待している。原子力の安全に抜本的な改革を期待したい。この調査にあたっては、民間の調査であったにもかかわらず、多くの関係者の方々から御協力を頂いたが、残念であったのは、直接の当事者である東京電力の協力が得られなかったことである。

但木敬一 委員　国は原発事故の責任を自ら認めるべきだ

　メディアスクラムは東電に向かった。会長、社長は謝罪し、社長は辞職に追い込まれた。だが、政府は誰がどう謝ったのであろうか。政治家も、原子力安全委員会の委員長も、経産省や文科省の幹部も、原発事故の責任を取って辞めているだろうか。メディアスクラムに惑わされて、あるいは東電の対応ぶりの余りのまずさに怒って、本質的な責任が不問に付されているのではあるまいか。

　国は、原子力発電の安全性を確保すべき責任を負っている。国の当事者意識の欠落こそ、今回の事故を防げず、事故の被害を最小限に食い止めることができなかった大きな原因の一つではなかろうか。

　企業はコスト意識を捨てきれない。たとえば、東電は、貞観津波（869年）の学術研究が進んでいることも、国の地震対策調査研究推進本部が取りまとめた「三陸沖から房総沖にかけての地震活動の長期評価について」に従って計算すれば、これまでの数値を大幅に上回る高さの津波を想定せざるを得なくなることも知っていながら、防波堤を設ける費用（数百億円）や工事期間、機器取り付けの困難性などの障害を意識し、推進本部の長期評価の取り扱いについては、直ちに設計に反映させるレベルのものではないと先延ばしの結論を出した。企業にとって、1000年に一度の大津波や最悪の想定に基づく評価を根拠に、巨額の支出や長期にわたる困難を覚悟することは難しい。それゆえ安全性の最終責任を企業に委ねることはできない。

　そもそも立地条件の選定、原子炉の設計・設置・運転、使用済み核燃料の管理、防災計画の策定、災害発生後の緊急措置、被害拡大の抑止など原子力発電の初めから終わりまで、あらゆる分野の高度な専門的知見が必要であり、そのすべてを一私企業に求めることは望むべくもない。国民は一私企業ではなく、国の安全宣言を信じた。だからこそ、安全性については国に強い規制権限を持たせ、立地条件の適否、耐震性は勿論、原子炉のハンダ付けの方法に至るまで、こと細かく事前の審査と事後の検査を法制化し、行政機関による最新の知見に基づく不断の安全指針の改定と厳重な検査の継続を求めているのである。

　ところが国には、安全性を守るべき当事者である意識が欠落していた。放射性物質遮断装置も、非常時通信装置もないオフサイトセンター（原子力災害現地対策本部）、耐震性審査指針の改定の分科会委員に津波の専門家を入れることもせず、津波を軽視し続けた原子力安全委員会、自ら主催したワーキンググループで貞観津波を根拠とする委員の警告を受けながら、東電の先延ばし案に安易に妥協した原子力安全・保安院。3月11日から15日までの福島第一原発周辺のモニタリング結果、SPEEDIの推計結果など住民にとって最も重要な情報さえ伝えようとしなかった政府。

　原子力行政に対する国民の信頼は地に落ち、国の安全宣言は、原子力発電再稼動を決定づける力を持ち得ない。国が真正面から自己の責任を認めようとしなかったツケが回ってきたといえよう。原発を再稼働するにせよ、しないにせよ、国民と原子力行政との付き合いは相当長期間に及ぶであろう。国民の理解なしに、原子力行政は成り立たない。それには、まず、国自らが、今回の事故の責任を認め、将来の原発の安全についても全面的に責任を負うべきことを明確に示すべきである。

　民間事故調に参加し、一国民の立場から自由に発言させて頂いたことをありがたく思うとともに、将来の人類にわずかでも役に立てれば望外の幸せである。

野中郁次郎委員　現実直視を欠いた政府の危機管理

　原子力発電は、先端科学を結集した高度な知的システムであり連続するプロセス（コト）である。事故の分析・検証においては、発電所（モノ）の技術的マネジメントやエビデンスのみに着目するのでなく、起こった事象の背後にある当事者の認知、価値観、行動パターン、システム、組織文化など見えにくい関係性を顕在化させ、真実に迫る必要がある。そのような多元的アプローチにより露呈したのは、閉鎖的コミュニティがもたらした知の劣化が、福島第一原発事故による人災を引き起こした、ということである。官邸チームにも東電にも、危機対応リーダーシップと覚悟が欠如し、十分な機能を果たせなかったことが明白になった。

　菅首相は対話を触発せず、現場感覚抜きのバーチャルな分析に終始した。現場との重要な接点であった官邸地下の危機管理センターと5階の首相らの間では、リアルな共感の場が喪失した。情報伝達の階層が多すぎて、組織的連携の遅れ、データ隠蔽や相互不信を生んだ。菅首相は、個別事象に介入し、特定の側近を重視するあまり、衆知を集め全体像のコト（プロセス）を洞察し判断する迅速性を発揮できなかった。

　過去、チャーチルは非常事態に「War Room（内閣戦時執務室）」を設け、産官軍のトップと昼夜を問わず場を共有し、産官軍の全省庁横断チームで多角的な討議をし、大局と小局の双方を見据えた即断即決で対応した。一方、「官邸主導」を標榜する民主党政権では、官僚をはじめ自衛隊、消防、警察、企業、NPOや地域リーダーとの日頃からの人脈形成は希薄で、危機に際しても関係性構築が軽視された。今回の危機はまさに戦時であり、全体像を把握し機敏に状況対応する知恵、つまり「討議による独裁」と現場へのエンパワーメントが不可欠だった。ところが、菅首相は、このような集合実践知のリーダーと対極にあった。現場では、自衛隊と米軍の統合作戦が最後の砦の役割を遂行し、その協調関係が米国の積極支援を引き出した。

　福島原発の現場責任者であった吉田昌郎所長は、状況即応の判断を重ね海水注入による冷却を継続させていた。これに対し近年の東電トップ達はいずれも企画か資材畑出身で、霞が関への対応やコストダウンは得意であったが、緊急事態対応への実践知は希薄だった。かつて木川田一隆という「社会貢献」を目指し総合研修体系を推進したリーダーが存在した東電も、いつしか効率追求に溺れ、バーチャルな知に汚染されたオーバー・コンプライアンス／アナリシス／プラニング症候群が、実践知リーダーの育成を阻害した。産官学で連携し高度な知の創造が起こるはずだった知的ネットワークも「原子力ムラ」と揶揄され、異質の知を排除する閉鎖社会へと変遷し、組織的な知識劣化が起こり、事故に対してもバーチャルな知で対処してしまった。現実直視せず、政権の観念論に踊らされてきたメディアや国民にも責任はある。

　今回の原発事故は、想定の甘さに加え事故発生後の対応に問題を残した。特に危機管理の様相は、現実直視を欠いた二元論的なゲームに終始し、安全保障を軽視し、ダイナミックな危機対応ができない、リーダー不在の国家経営の縮図であった。原発事故関連の会議議事録の不作成は、失敗から学ぶことを難しくしている。その重い事実に真摯に向き合い、未来を担う賢慮のリーダーを育成し、有機的エネルギーシステム構築や安全保障、危機管理において世界をリードする、復元力ある知識国家の再構築にいささかでも貢献していきたい。

藤井眞理子委員　危機における情報開示に大きな課題

　20km圏の警戒区域内では暮らしの時間が止まり、1年近くが経過した現在でも多くの住民が明確な展望を得られないまま避難生活を余儀なくされている。「脱原発」あるいは「縮原発」に向かうにせよ、今後のエネルギー政策は現実的かつ将来志向で議論されなければならないが、すでに原子力発電所が数多く存在するという現実を考えれば、今後かなりの期間、廃炉への道筋を含め、原発のある社会をマネージしていかなければならない。そのために「なされるべき検証」とそれらを踏まえて我々が考えていかなければならない問題は、社会・経済の広範にわたる。

　リスクは、その可能性を具体的に認識しないと管理できないし、対処の備えもできない。津波が引き起こす問題についても、把握されていたが結果として十分な対策が講じられていなかった。認識し、対策を講じるまでの間にさまざまな観点からの判断が入り得るなかで、当事者が必要な「備え」を行うプロセスを確保する社会の仕組みが再検討されなければならない。

　事故や災害は、さまざまなパターンで起こり得るから、当事者である電力会社が事故の多様なシナリオの下で段階別に対策や対処方法を練り上げていくことは当然であるが、複合災害となった場合に総力を挙げて効果的に対処するためには、政府の責任ある司令塔が欠かせない。また、専門家がどのような役割を果たすべきかについて、思考実験を行い、あらかじめ明らかにしておく必要がある。避難等の判断には、その実行体制の確保など、例えば原子力の専門家だけでは判断できない要素も含まれる。しかし、科学的知見に基づいて判断すべきことについて、専門家が責任を持って見解を明らかにする仕組みが確立されていなければ、判断の基礎がしっかりしなくなる。

　今回の事故対応においては、国民に対する情報提供のあり方に大きな課題を残した。専門家や関係者は、炉心溶融などの事故経過について当初より認識していたとされているが、国民には適切に伝えられなかった。放射能拡散に関する情報も適時に公開されなかった。これによって避難が混乱し、政府に対する不信も高まった。そうした情報を開示すればパニックが懸念されるとも説明されるが、情報がなければ的確な行動はできないし、結局は住民に負担がかかることになる。関係当局は、危機における情報提供のあり方について真剣に検討しておくべきである。

　同時に、私たち一人一人が日常から原発事故のリスクや放射線に関する理解を深め、情報を落ち着いて受け止め、いざという場合の自分の行動について判断し、選択できるようにしておくことも重要だ。そうした判断と選択肢は、時点により異なることも学んだ。直ちには何を決断すべきなのか、時間の経過とともにどのような情報を得て対応していくべきかを考えておかなければならない。このためには、これまでの安全に関する広報とは異なるデータや情報の提供が必要であり、個々人の知る努力も求められよう。

　過酷事故からの教訓は、他の分野での危機管理でも生かされなければならない。リスクのある現実と向き合い、より備えのある社会の構築に向けて今回の検証プロジェクトが寄与することを期待するとともに専門の分野で努力していきたい。

山地憲治 委員　信頼の崩壊で危機を招いた事故対応

　今回の福島原発事故独立検証プロジェクトを通して、事故への対応過程で発生した信頼の連鎖崩壊が明らかになった。この背景には情報伝達の不備があり、結果として事故対応に専門的知見に基づいた総合力を発揮できず、事故収束後においても、放出された放射能に対する国民の不安という深刻な禍根を残した。

　事故経緯の調査結果を冷静に整理すると、残念な気持ちで一杯になる。1号機の非常用復水器が機能していなかったことに何故もっと早く気づかなかったのか？　格納容器ベントを何故速やかに行えなかったのか？　SPEEDIの結果を何故もっと早く避難計画に活用できなかったのか？

　これまでの原子炉安全対策が、炉心損傷の防止までを重視し、過酷事故対策と周辺避難という深層防護の第4層と第5層を軽視していたことは否定できない。しかし、これらの備えがまったく無かったわけではない。今回使われた格納容器ベントや炉心への代替注水系は、過酷事故対策として追加設置されたものである。巨大地震・大津波という悪条件下での事故ということを考慮しても、専門的知見を踏まえた適切な対応が迅速に出来ていれば、これほど大量の放射能放出にいたる事故は回避できたと思われる。

　事故対応の司令塔となるべきオフサイトセンターが機能不全に陥った結果とはいえ、情報共有が不十分な官邸5階に意思決定の中枢を置き、事故対応を首相が直接指揮するような緊急措置は決して適切なものとはいえない。事故対応の前面に立つべきは東京電力であり、原子力安全委員会と原子力安全・保安院が専門的知見を整理して支援し、原子力災害対策本部は情報の共有を図って対応の総合調整役になるべきだった。

　平時に何の準備もなく、緊急事態になって初めて顔を合わせるようなチームで情報伝達がうまく行くはずがない。1号炉の水素爆発を予見できなかった原子力安全委員長に対する首相の不信、ベントの遅れをめぐる経済産業大臣の東京電力に対する不信、3月15日未明の東京電力の「撤退」情報に対する官邸の不信等々は、いずれも情報不足と専門知識不足による誤解が生んだ不幸である。このような不信の連鎖が専門的知見の迅速な動員を妨げ、意思決定者に過剰な精神的負担を課すことになったと思われる。

　今回の福島事故によって原子力の安全性に対する国民の信頼は大きく損なわれた。この代償は大きい。国民の不信は、放出された放射性物質の被曝リスクの認知に深刻な影響を与えている。原子力安全で問われているのは、どの程度のリスクなら受け入れられるのかであり、これは究極的には社会の判断である。この判断はリスクの科学的理解だけでは決着できない。原子力の安全確保には、科学・技術に基づく総合的な対応が必要であるが、リスクをゼロにすることはできない。一方、社会的には安心が求められているが、安心は人間の感性を通して得られるものである。安全に関わる専門家を信頼できなければ、感性に基づく想像力によって不安は限りなく増大する。低線量被曝の健康影響など不確実領域の理解を含めて専門的知見に対する信頼の回復が必要である。

福島原発事故検証委員会ワーキンググループ・リスト

秋山　信将（あきやま　のぶまさ）
一橋大学大学院法学研究科および国際・公共政策大学院准教授。専攻は核不拡散、核軍縮、安全保障。日本国際問題研究所客員研究員　［第12章］

井形　彬（いがた　あきら）
慶應義塾大学大学院法学研究科政治学専攻・博士課程在籍。平和・安全保障研究所・奨学プログラム第15期生。Pacific Forum CSIS・SPFフェロー。［第5章・12章］

砂金　祐年（いさご　さちとし）
常磐大学コミュニティ振興学部准教授。博士（政治学）
　［第5章］

大塚　隆（おおつか　たかし）
一般財団法人日本再建イニシアティブ・客員主任研究員、元朝日新聞科学医療部長　［エディター］

開沼　博（かいぬま　ひろし）
東京大学大学院学際情報学府博士課程在籍。専攻は社会学　［第9章］

勝田　忠広（かつた　ただひろ）
明治大学法学部准教授。工学博士。主な研究分野は原子力政策、とくに核燃料サイクルにおける使用済み核燃料問題など　［第1・2・6章］

菊池　弘美（きくち　ひろみ）
フリージャーナリスト。元朝日新聞経済部記者　［第8章］

北澤　桂（きたざわ　けい）
一般財団法人日本再建イニシアティブ、福島原発事故独立検証委員会・スタッフディレクター　［第5章］

佐々木　一如（ささき　かずゆき）
明治大学専門職大学院ガバナンス研究科特任講師（行政学・公共政策）　［第5章］

塩崎　彰久（しおざき　あきひさ）
弁護士、専門は危機管理・コーポレートガバナンス等。ペンシルバニア大学ウォートン校MBA課程修了。第一東京弁護士会民事介入暴力対策委員会副委員長。一般財団法人日本再建イニシアティブ・監事　［第3・4章］

信田　智人（しのだ　ともひと）
国際大学研究所教授。ジョンズ・ホプキンス大学国際関係学博士号取得　［第3・4章］

菅原　慎悦（すがわら　しんえつ）
東京大学大学院工学系研究科原子力国際専攻・博士課程在籍。日本学術振興会特別研究員　［第6・7章］

鈴木　一人（すずき　かずと）
北海道大学・公共政策大学院・教授。サセックス大学欧州研究所博士課程修了。宇宙航空研究開発機構招聘研究員　［第5・8・9章］

戸﨑　洋史（とさき　ひろふみ）
日本国際問題研究所軍縮・不拡散促進センター主任研究員。博士（国際公共政策）。専門は核軍備管理・不拡散、安全保障問題　［第5章］

友次　晋介（ともつぐ　しんすけ）
名古屋短期大学・助教（国際関係論、地域研究）。名古屋大学大学院博士課程修了、博士（法学）。主な研究分野は民生原子力利用をめぐる国際関係、外交史　［第11章］

中林　啓修（なかばやし　ひろのぶ）
明治大学危機管理研究センター研究員。有限責任事業組合セキュリティ・ナレッジ・ネットワークス組合員。博士（政策・メディア）　［第10章］

藤代　裕之（ふじしろ　ひろゆき）
ジャーナリスト。早稲田大学大学院ジャーナリズムスクール非常勤講師。日本ジャーナリスト教育センター（JCEJ）代表運営委員　［第4章］

藤吉　雅春（ふじよし　まさはる）
フリージャーナリスト。元週刊文春記者［プロローグ、第8章］

堀尾　健太（ほりお　けんた）
東京大学大学院工学系研究科原子力国際専攻・博士課程在籍　［第1・2章］

村上　健太（むらかみ　けんた）
東京大学大学院工学系研究科原子力国際専攻・博士課程在籍。日本学術振興会特別研究員。専門は原子力安全、原子力材料、軽水炉高経年化対策　［第1・2・6・7章］

山口　孝太（やまぐち　こうた）
弁護士・ニューヨーク州弁護士、木村・多久島・山口法律事務所パートナー　［第3・4章］

(注)本人の希望によりメンバーの一部は名前を記載していません。

RJIF 一般財団法人　日本再建イニシアティブ

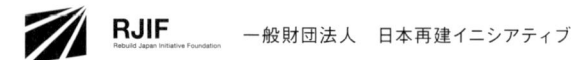

〈福島原発事故独立検証委員会事務局〉
大塚　隆　　エディター
北澤　桂　　スタッフディレクター
船橋　洋一　プログラム・ディレクター

〈一般財団法人　日本再建イニシアティブ・スタッフ〉
小畑　華子　　木寺　康　　鈴木　暁子
種村　佳子　　俵　健太郎　前田　三奈

著作権者の一般財団法人日本再建イニシアティブの意向により、同財団は印税の受け取りを辞退しました。本来印税に当たる定価の10％は、同法人と弊社との共同での国際シンポジウムの開催や外国語での報告書出版ほか、福島原発事故の調査・検証結果を日本と世界の未来のために生かす活動に使われます。

福島原発事故独立検証委員会　調査・検証報告書

発行日	2012年3月11日　第1刷
Author	福島原発事故独立検証委員会
Book Designer	パワーハウス （熊澤正人　大谷昌稔　尾形　忍　高山香弥乃　平本裕子　末本朝子　村奈諒佳）
Publication	株式会社ディスカヴァー・トゥエンティワン 〒102-0093　東京都千代田区平河町 2-16-1 平河町森タワー 11F TEL 03-3237-8321（代表）　FAX 03-3237-8323 http://www.d21.co.jp
Publisher	干場弓子
Marketing Group Staff	小田孝文　中澤泰宏　片平美恵子　井筒浩　千葉潤子　飯田智樹　佐藤昌幸　鈴木隆弘 山中麻吏　西川なつか　猪狩七恵　古矢薫　鈴木万里絵　伊藤利文　米山健一　原大士 井上慎平　芳賀愛　堀部直人　山﨑あゆみ　郭迪
Operation Group Staff Assistant Staff	吉澤道子　小嶋正美　松尾幸政 竹内恵子　熊谷芳美　清水有基栄　小松里絵　川井栄子　伊藤由美　伍佳妮 リーナ・バールカート
Productive Group Staff	藤田浩芳　千葉正幸　原典宏　林秀樹　石塚理恵子　三谷祐一　石橋和佳　大山聡子 徳瑠里香　田中亜紀　大竹朝子　堂山優子
Digital Communication Group Staff	小関勝則　谷口奈緒美　中村郁子　松原史与志
Proofreader	円水社

・定価はカバーに表示してあります。本書の無断転載・複写は、著作権法上での例外を除き禁じられています。インターネット、モバイル等の電子メディアにおける無断転載ならびに第三者によるスキャンやデジタル化もこれに準じます。
・乱丁・落丁本は小社「不良品交換係」までお送りください。送料小社負担にてお取り換えいたします。

ISBN978-4-7993-1158-5
© 一般財団法人　日本再建イニシアティブ, 2012, Printed in Japan.

資料「最悪シナリオ」の作成に関する経緯 (P89参照)

福島第一原子力発電所の不測事態シナリオの素描

平成23年3月25日
近藤　駿介

目　的

事故が起きている福島第一原子力発電所においては、今後新たな事象が発生して不測の事態に至る恐れがないとは言えない。
この資料はこの不測の事態の概略の姿を示すものである。

資料の構成
- 想定する新たな事象
- それぞれの事象の未然防止策、連鎖防止策
- 不測の事態：事象の連鎖
- 緊急時対策の範囲
- 土壌汚染
- 海洋汚染

想定する新たな事象

事象の発生施設

	1号炉	2号炉	3号炉	4号炉	共用プール	5号炉	6号炉
原子炉	○	○	○	—	—	○	○
使用済燃料プール	○	○	○	○	○	○	○

事象の内容

○原子炉
- 炉心損傷に伴って水蒸気爆発が発生し、放射性物質を放出
- 水素爆発によって冷却機能が失われ、過温破損
- 冷却機能が失われ、過温・過圧破損

○使用済燃料プール
- 冷却不足に伴うギャップ放射能[*1]放出の開始。
 メルトダウン後、溶融炉心とコンクリート相互作用により床コンクリートが抜けて、コリウム[*2]が下層階に落下していく過程

*1：燃料と被覆管のギャップに内包された放射性物質（希ガスなど）
*2：溶融燃料、溶融被覆管、コンクリートなどの混合体

水蒸気爆発と過温破損

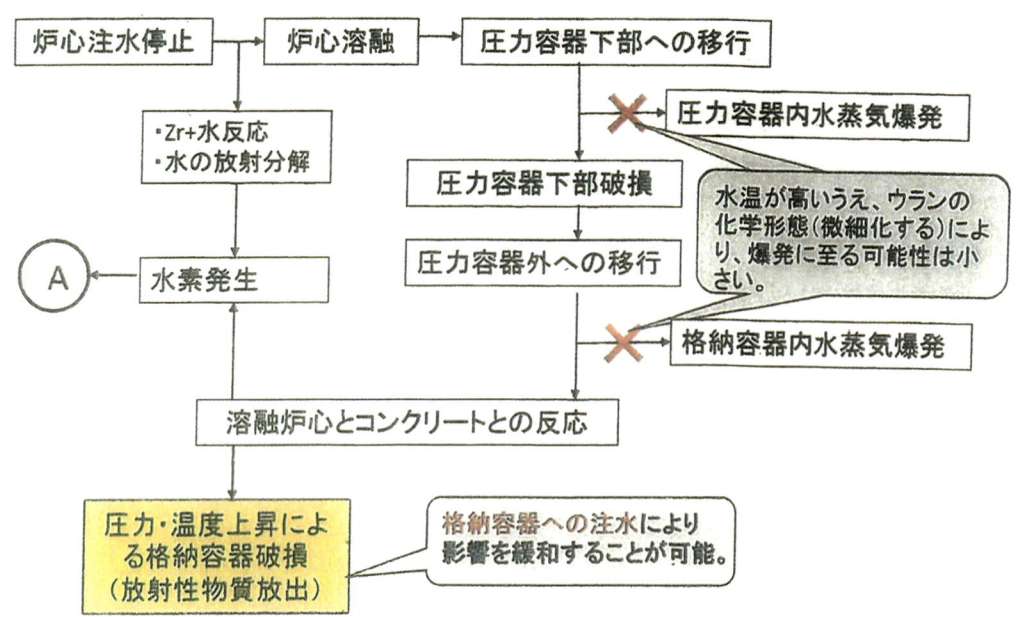

炉心注水停止 → 炉心溶融 → 圧力容器下部への移行

- Zr+水反応
- 水の放射分解

圧力容器内水蒸気爆発 ✕
（水温が高いうえ、ウランの化学形態（微細化する）により、爆発に至る可能性は小さい。）

圧力容器下部破損 → 圧力容器外への移行

格納容器内水蒸気爆発 ✕

水素発生 → Ⓐ

溶融炉心とコンクリートとの反応

→ 圧力・温度上昇による格納容器破損（放射性物質放出）

格納容器への注水により影響を緩和することが可能。

水素爆発

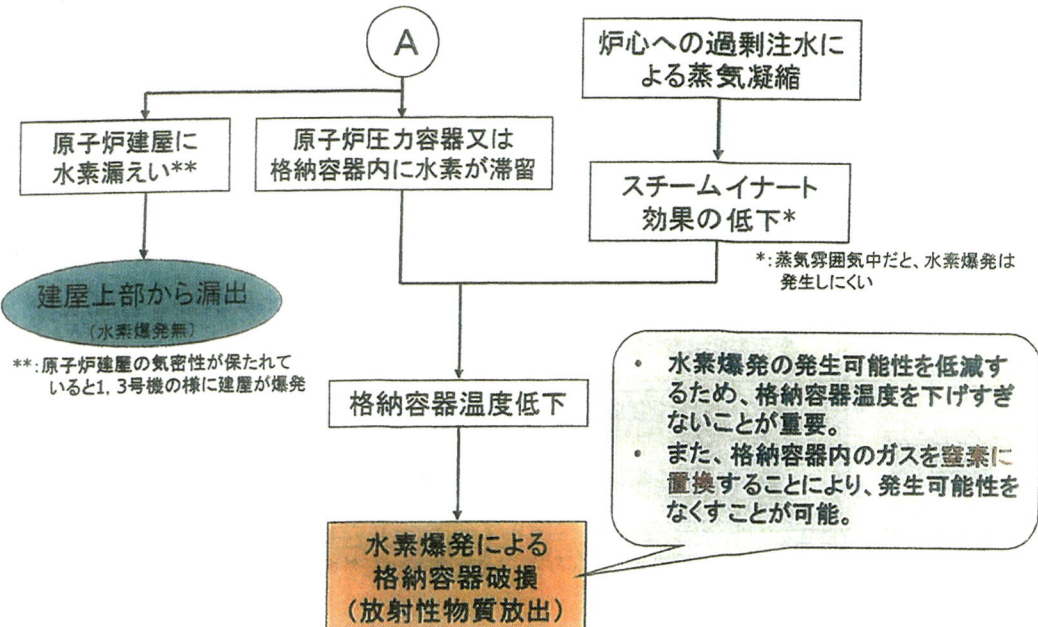

```
          (A)                    炉心への過剰注水に
           │                     よる蒸気凝縮
     ┌─────┴─────┐                    │
     ▼           ▼                    ▼
原子炉建屋に   原子炉圧力容器又は         スチームイナート
水素漏えい**   格納容器内に水素が滞留      効果の低下*
     │           │
     ▼           │            *：蒸気雰囲気中だと、水素爆発は
建屋上部から漏出  │                発生しにくい
 （水素爆発無）   │
                 ▼
**：原子炉建屋の気密性が保たれて   格納容器温度低下
  いると1,3号機の様に建屋が爆発         │
                                      ▼
                               水素爆発による
                               格納容器破損
                              （放射性物質放出）
```

- 水素爆発の発生可能性を低減するため、格納容器温度を下げすぎないことが重要。
- また、格納容器内のガスを窒素に置換することにより、発生可能性をなくすことが可能。

事象連鎖の防止策と効果（1）

新たな事象が発生した場合に1～4号機に事象が連鎖することを防止するため、予めとることが効果的な策

	予めとることが効果的な策
原子炉側	・早急な炉心冷却機能の回復 　✓ヒートシンクの回復（代替海水ポンプなど） 　✓注水手段の多様化 ・淡水注入への切替えと水源確保*1 ・注水した汚染海水の排水と処理
使用済燃料プール側	・淡水注入への切替えと水源確保*1 ・作業員のアクセス性確保（被ばく低減対策含む）と遠隔操作可能な注水設備の設置*2 ・注水手段の多重化

*1：必要注水量：1号機原子炉　約4ton/h
　　　　　　　2号機原子炉　約6ton/h
　　　　　　　3号機原子炉　約6ton/h　原子炉側合計　16ton/h＝384ton/日
　　　　　　　1～4号機プール、合計160ton/日（実績）　　　合計約560ton/日　以上

*2：不測の事態が水素爆発による場合、原子炉の炉心が大気に晒され、オンサイトの線量条件は極めて厳しく（1Sv/hr）、ヘリコプターによる投入はほぼ不可能。
　予め「キリン」を各号機に配置して、不測の事態に備える必要がある。（防衛省、消防庁の協力が必要）

上記の策を講じても、事象の進展が収まらない場合の最終手段として、「砂と水の混合物による遮へい」が最も有効（必要量　1100トン/基）

事象連鎖の防止策と効果（2）

1～4号機で新たな事象が発生した際に、5,6号機に事象が連鎖することを防止するため、作業員が退避する際にとるべき策及び予めとることが効果的な策は、下記のとおりである。

	対策	効果
退避時の策	・機器ウェルの水張り＋プールとのゲート開（プールの冷却材保有量増加＋格納容器上部の外部からの冷却） ・原子炉圧力容器の圧力逃がし安全弁の開操作	外部電源喪失または機器の故障がなければ、健全性は継続。 なお、外部電源喪失または機器の故障があった場合でも機器ウェルの水張り策により、半月程度＊の健全性の延長が可能。 ＊使用済燃料プールからの放出を約1ヶ月から約1.5ヶ月に延長できる。
予めとることが効果的な策	・海水冷却系の多重化 ・プラント監視の遠隔化とアクセス手段の確保 （遮へい機能を備えた移動車両等の確保）	軽微な機器の故障を検知でき、故障機器の修復が可能。

福島第二原子力発電所においては、高線量下においても運転員が発電所内へアクセス可能なように準備しておくことで、波及を防止できる。

事故連鎖の考え方

① 発生のリスクが比較的高い1号機の原子炉容器内或いは格納容器内で水素爆発が発生し、放射性物質放出。1号機は注水不能となり、格納容器破損に進展
② 線量上昇により、作業員総退避。
③ 2,3号機原子炉への注水／冷却不能、4号使用済燃料プールへの注水不能
④ 4号使用済燃料プールの燃料が露出し、燃料破損、溶融。その後、溶融した燃料とコンクリートの相互反応（MFCI）に至り、放射性物質放出。（次頁に使用済燃料プールの破損進展を示す）
⑤ 2,3号機の格納容器破損し、放射性物質放出。
⑥ 1,2,3号機の使用済燃料プールの燃料破損、溶融。その後、MFCIに至り、放射性物質放出。

使用済燃料プールの冷却不足

注水停止 → 燃料露出 → ギャップ放射能放出 → MFCI[*1]

> 東京電力の19日時点での評価を基にした事象進展。ただし、使用済燃料プールに構造的な問題が発生して水の漏えいがある場合には、事象はもっと早く進展する。
> なお、3号炉、4号炉については、使用済燃料プール冷却浄化系（本設）を通じて海水を注入中

	1号炉	2号炉	3号炉	4号炉	共用	5号炉	6号炉
ギャップ放射能放出開始（日）[*2]	172	35	14[3][*4]	6	46	21	27
MFCI開始（日）[*3]	294	58	67[56][*4]	14	72	34	44
MFCI停止（日）	354	69	93[82][*4]	18	85	40	52

*1：溶融燃料コンクリート相互作用
*2 放射能放出開始は、プール水位が燃料頂部に達した時と仮定
*3：MFCI開始は、プール水位が燃料下端に到達した時と仮定
*4：事故後3日後には白煙（水蒸気と思われる）が発生しており、何らかの原因で水位が予想より早く低下していることが想定されるため、早まった11日分を差し引いて評価

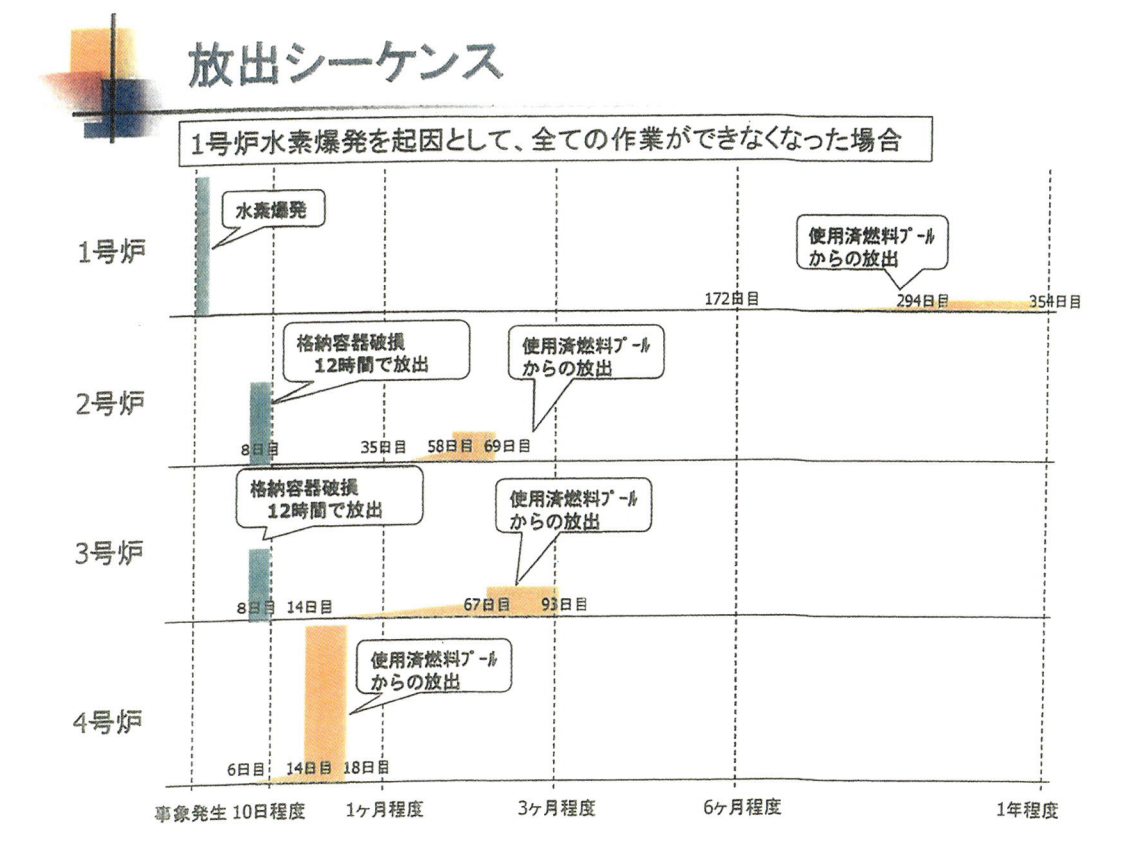

放出シーケンス

1号炉水素爆発を起因として、全ての作業ができなくなった場合

1号炉: 水素爆発 / 使用済燃料プールからの放出 172日目 294日目 354日目

2号炉: 格納容器破損 12時間で放出 / 使用済燃料プールからの放出 8日目 35日目 58日目 69日目

3号炉: 格納容器破損 12時間で放出 / 使用済燃料プールからの放出 8日目 14日目 67日目 93日目

4号炉: 使用済燃料プールからの放出 6日目 14日目 18日目

事象発生 10日程度 1ヶ月程度 3ヶ月程度 6ヶ月程度 1年程度

被ばく線量評価結果

想定された事象において指標線量を超える領域の発電所からの範囲

指標線量	水素爆発	格納容器破損	使用済燃料プール（4号） 1炉心分	使用済燃料プール（4号） 2炉心分
10mSv（屋内退避）	15km	10 km	50 km	70 km
50mSv（避難）	7km	6 km	15 km	18 km
100mSv	5km	4 km	9 km	10 km

線量は7日間の放射性雲からの外部被ばく、地表沈着からの外部被ばく及び吸入による内部被ばくによる実効線量の合計

チェルノブイリ事故に際して設けられた土壌汚染に伴う移転勧告、自主移転容認区域（1）

Cs-137の地表汚染濃度が指標*を超える領域の範囲
（*数値はチェルノブイリ事故の場合）

Cs-137地表汚染濃度の指標	1炉心分	2炉心分
1480 kBq/m^2（強制移転）	110 km	170 km
555 kBq/m^2（任意移転）	200 km	250 km

チェルノブイリ事故に際して設けられた土壌汚染に伴う移転勧告、自主移転容認区域（2）

移転領域（Cs-137汚染濃度で指定）における線量率(mSv/年)と積算線量(mSv)の経時変化

- 10 mSv/年 － ICRP Pub.82で居住上問題ないとされるレベル
- 1 mSv/年 － 一般公衆の線量限度

移転領域に留まった場合の積算線量の意味
生涯1Sv － ICRPの作業者の線量限度相当
あるいは、これ以上ではほとんど常に永久移転が正当化されるレベル

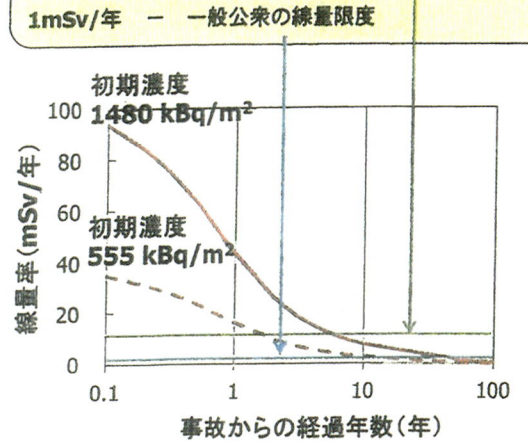

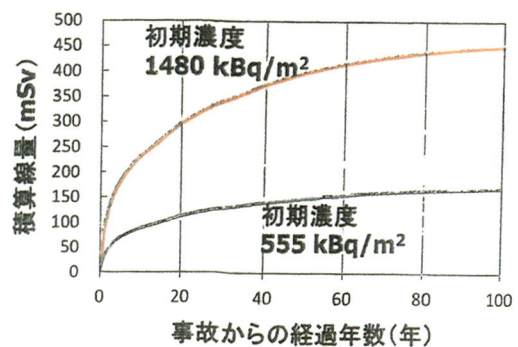

線量率(mSv/年) 初期濃度 1480 kBq/m²、初期濃度 555 kBq/m²
事故からの経過年数(年)

積算線量(mSv) 初期濃度 1480 kBq/m²、初期濃度 555 kBq/m²
事故からの経過年数(年)

海洋汚染評価

大気中を拡散し海洋上に沈着した放射性物質が一定の水深の領域に一様に分布したとした場合の水中濃度を推定し、そこに生息する海産物を1年間摂取した場合の体内被ばく線量を推定した。

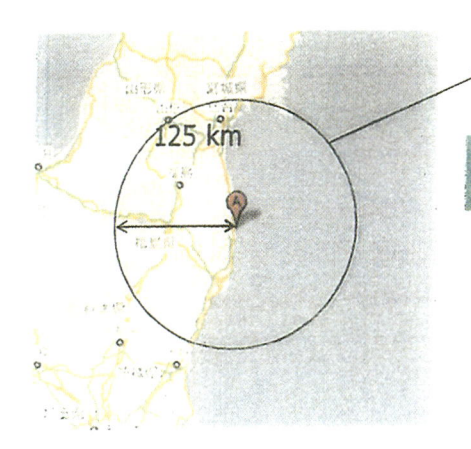

福島第一原子力発電所から125 km圏内、水深100mで一様分布

核種	海水中濃度 (Bq/kg)	年間線量 (mSv)
Sr-90	3.2	0.03
Cs-134	15	0.8
Cs-137	15	0.5

線量評価結果について

- 水素爆発の発生に伴って追加放出が発生し、それに続いて他の号機からの放出も続くと予想される場合でも、事象のもたらす線量評価結果からは現在の20kmという避難区域の範囲を変える必要はない。

- しかし、続いて4号機プールにおける燃料破損に続くコアコンクリート相互作用が発生して放射性物質の放出が始まると予想されるので、その外側の区域に屋内退避をもとめるのは適切ではない。少なくとも、その発生が本格化する14日後までに、7日間の線量から判断して屋内退避区域とされることになる50kmの範囲では、速やかに避難が行われるべきである。

- その外側の70kmの範囲ではとりあえず屋内退避を求めることになるが、110kmまでの範囲においては、ある程度の範囲に土壌汚染レベルが高いため、移転を求めるべき地域が生じる。また、年間線量が自然放射線レベルを大幅に超えることを理由に移転することを希望する人々にはそれを認めるべき地域が200kmまでに発生する(容認線量に依存)。

- 続いて、他の号機のプールにおいても燃料破損に続いてコアコンクリート相互作用が発生して大量の放射性物質の放出が始まる。この結果、強制移転をもとめるべき地域が170km以遠にも生じる可能性や、年間線量が自然放射線レベルを大幅に超えることをもって移転を希望する場合認めるべき地域が250km以遠にも発生することになる可能性がある。

- これらの範囲は、時間の経過とともに小さくなるが、自然(環境)減衰にのみ任せておくならば、上の170km、250kmという地点で数十年を要する。